प्रबन्ध एवम् उद्यमिता

प्रबन्ध एवम् उद्यमिता

Management and Entrepreneurship

द्वितीय संस्करण

लेखक

वी.के. शर्मा

सेवानिवृत उपनिदेशक
प्राविधिक शिक्षा मण्डल, राजस्थान, जोधपुर

एवं

ओ.पी. हरकुट

प्रधानाचार्य
राजकीय रामचन्द्र खेतान पॉलिटेक्निक कॉलेज, जयपुर

SCIENTIFIC
PUBLISHERS

प्रकाशक

Scientific Publishers (India)
5 A, New Pali Road, P.O. Box 91
Jodhpur 342 001 (India)

E-mail: info@scientificpub.com
Website: www.scientificpub.com

मुद्रित, 2019

ISBN: 978-81-7233-612-7

पुर्नमुद्रित, 2019
द्वितीय संस्करण, 2000
प्रथम संस्करण, 1998

लेजर टाईपसेट – राजेश औझा

भारत में मुद्रित

द्वितीय संस्करण

के सम्बन्ध में...

"प्रबन्ध एवं उद्यमिता" के प्रथम संस्करण को पाठकों एवं छात्रों की ओर से जो प्रोत्साहन मिला, उसी से उत्साहित होकर इस पुस्तक का संशोधित द्वितीय संस्करण प्रस्तुत करने का साहस जुटा पा रहे हैं।

प्रस्तुत संस्करण में अन्य संशोधनों के साथ-साथ "लघु उद्योगों के वित्तीय स्रोत" एवं "कर प्रणाली तथा बीमा" नामक अध्यायों में सरकार द्वारा किये गये सुधारों एवं परिवर्तनों के अनुरूप जो व्यापक संशोधन किये गये हैं, वे अवश्य ही उपयोगी सिद्ध होंगे, ऐसा हमारा विश्वास है।

ज्ञातव्य है कि पुस्तक के लेखकों को लघु उद्योगों से सम्बन्धित विषयों पर हिन्दी में मौलिक पुस्तक लेखन को प्रोत्साहित करने हेतु लिखित पुस्तक "औद्योगिक प्रबन्ध एवं उद्यमिता" को लघु उद्योग विकास संगठन, उद्योग मंत्रालय, भारत सरकार का वर्ष 1999 में द्वितीय पुरस्कार एवं प्रशस्ति पत्र से सम्मानित किया जा चुका है।

इस पुस्तक में सुधार हेतु हमें जो पाठकों के सुझाव प्राप्त हुए हैं उनके लिए हम उनके अत्यन्त आभारी है। उनके प्रोत्साहन व सुझावों के बगैर यह कार्य दुष्कर ही नहीं अपितु असंभव था।

– लेखक गण

प्रस्तावना
प्रथम संस्करण

इंजीनियर अपना स्वयं का लघुउद्योग लगाये अथवा किसी उद्योग, व्यवसाय या विभाग में कार्यरत हो, उसे अपना कार्य सुव्यवस्थित रूप से चलाने के लिए प्रबन्ध (Management) की आवश्यकता होती है। यह कहना भी अतिशयोक्ति नहीं होगी कि बिना प्रबन्ध के इंजीनियर का कार्य किसी भी क्षेत्र में असम्भव है। इसी उद्देश्य की पूर्ति हेतु "प्रबन्ध" विषय इंजीनियरिंग की सभी शाखाओं में रखा गया है।

ऐसा कोई इंजीनियर अथवा अन्य व्यक्ति शायद ही होगा जो अपना स्वयं का उद्योग लगाकर उद्योगपति न कहलाना चाहता हो। इस प्रतियोगी युग में भारत जैसे विशाल देश में जहाँ रोजगार हेतु पदों की उपलब्धता सीमित है, वहाँ रोजगार का सर्वोपरि साधन स्व-रोजगार है एवं उद्यमिता (Entrepreneurship) स्व-रोजगार की सर्वोतम सीमा है। उद्यमिता पैतृक उपलब्धता नहीं है और न ही जाति या धर्म पर निर्भर करती है, अपितु यह मानव के मानसिक व बौद्धिक स्तर पर निर्भर करती है। अतः मानव में उद्यमिता का विकास प्रशिक्षण, प्रेरणा एवं मार्गदर्शन द्वारा किया जा सकता है।

ऑल इंडिया कौंसिल फॉर टेक्नीकल एज्युकेशन (AICTE) के दिशा निर्देशों के अनुसार प्रबन्ध तथा उद्यमिता विषय इंजीनियरिंग की सभी शाखाओं के विद्यार्थियों के पाठ्यक्रम में होना चाहिए। अतः प्रबन्ध तथा उद्यमिता विषय में जिन बातों की जानकारी की विद्यार्थियों तथा उद्यमियों को आवश्यकता होती है उन सभी टॉपिक्स (topics) को इस पुस्तक में सरल तथा सारमर्भित रूप में देने का प्रयास किया गया है ताकि पाठकों को सभी जानकारी एक ही स्त्रोत से उपलब्ध हो सके।

इस पुस्तक में कर प्रावधानों (Tax provisions), श्रम विधायनों (Labour Logislations) एवं प्रदूषण नियंत्रण अधिनियमों (Pollution Control Acts) को संक्षिप्त व सारगर्भित रूप में दिया गया है। पाठक यदि विस्तृत जानकारी चाहें तो सरकार द्वारा प्रकाशित अधिनियमों का अवलोकन करें।

हम उन सभी महानुभावों का आभार प्रदर्शित करते हैं जिन्होंने इस पुस्तक के लिए उपयोगी सुझाव व सहयोग प्रदान किया है। इस पुस्तक में सुधार हेतु पाठकों के सुझावों के लिए लेखक उनके अत्यन्त आभारी रहेंगे।

जोधपुर
27 अगस्त, 1998

वी. के. शर्मा
ओ.पी.हरकुट

अग्रेषण

लघु उद्योगों से सम्बन्धित विषयों पर हिन्दी में मौलिक पुस्तक लेखन को प्रोत्साहन देने के लिए लघु उद्योग विकास संगठन, उद्योग मंत्रालय, भारत सरकार द्वारा प्रारम्भ की गई पद्मश्री ए.आर. भट्ट पुरस्कार योजना के अन्तर्गत श्री वी.के. शर्मा एवम् श्री. ओ.पी.हरकुट को सम्मानित तथा पुरस्कृत किया गया है। ऐसे लेखकों द्वारा प्रबन्ध एवं उद्यमिता (Management and Entrepreneurship) विषय पर हिन्दी में पुस्तक लिखने का कार्य बहुत ही सराहनीय है। इंजीनियर को अपना कार्य सुचारू रूप से करने के लिए 'प्रबन्ध' विषय का ज्ञान अति आवश्यक है। इस प्रतिस्पर्धा वाले युग में जहाँ रोजगार के सीमित साधन उपलब्ध हैं वहाँ स्व-रोजगार के साथ-साथ अन्य लोगों को भी रोजगार उपलब्ध कराना उद्यमिता द्वारा ही सम्भव है। अतः देश की उन्नति के लिए इंजीनियरिंग के छात्रों में उद्यमिता का विकास नितान्त आवश्यक है। इसी उद्देश्य की पूर्ति हेतु प्रबन्ध तथा उद्यमिता विषय इंजीनियरी की सभी शाखाओं के पाठ्यक्रमों में सम्मिलित किया हुआ है। इंजीनियरी के डिप्लोमा स्तर के छात्रों के लिए प्रबन्ध तथा उद्यमिता विषय पर अभी तक कोई एक ऐसी पुस्तक उपलब्ध नहीं थी जिसमें समस्त जानकारियाँ निहित हों। इस कमी की पूर्ति का प्रयास श्री शर्मा व श्री हरकुट द्वारा यह पुस्तक प्रस्तुत करके किया गया है। विषय से सम्बन्धित पूरे पाठ्यक्रम को इस पुस्तक में सम्मिलित किया गया है तथा पुस्तक की भाषा अत्यन्त सरल है एवं विषय वस्तु की जानकारी नवीनतम है। मुझे विश्वास है कि यह पुस्तक छात्रों एवं उद्यमियों के लिए उपयोगी सिद्ध होगी। लेखकों को हार्दिक शुभकामनाओं के साथ।

27 अगस्त 1998

(डी.एन. वर्मा)
निदेशक,
प्राविधिक शिक्षा, राजस्थान, जोधपुर

विषय सूची

अध्याय - 1

प्रबन्ध, प्रशासन तथा संगठन

(Management, Administration and Organisation)

1.1. प्रस्तावना (Introduction)

आधुनिक व्यावसायिक जगत में प्रबंध, प्रशासन और संगठन; ये तीनों ही शब्द काफी लोकप्रिय हैं। इन तीनों शब्दों का समान रूप से उपयोग किया जाता है। ऐसी स्थिति में एक सामान्य व्यक्ति का इस भ्रम में पड़ना स्वाभाविक है कि ये तीनों शब्द एक ही हैं अथवा पर्यायवाची हैं अथवा इन तीनों में अन्तर है। औद्योगिक प्रबंध के छात्र को इन बातों की जानकारी होना आवश्यक है। ये तीनों शब्द समान ही हैं अथवा पर्यायवाची हैं अथवा इनमें अन्तर है, इस बात को स्पष्ट करने से पूर्व नीचे इन तीनों शब्दों का अर्थ स्पष्ट किया गया है।

1.2 प्रशासन का अर्थ एवं परिभाषाएँ (Meaning and Definitions of Administration)

प्रशासन से आशय किसी औद्योगिक उपक्रम में नीतियों का निर्धारण करने, वितरण तथा वित्त संबंधी कार्यों पर नियंत्रण करने से लगाया जाता है। यदि किसी उपक्रम का संगठन श्रेष्ठ है तथा उसके मुखिया का उपक्रम पर अच्छा नियन्त्रण है तो कहा जाता है कि उसका प्रशासन अच्छा है। विभिन्न विद्वानों ने प्रशासन की भिन्न-भिन्न परिभाषाएँ प्रस्तुत की हैं। इनमें से कुछ प्रमुख परिभाषाएँ निम्न हैं–

1. जे.एन.शुल्ज के अनुसार, "प्रशासन उद्योग की वह शक्ति है जो उन उद्देश्यों को निर्धारित करती है, जिनकी पूर्ति हेतु प्रबंध एवं संगठन प्रयत्न करते हैं और जिनके अनुकूल ही उनका आचरण होता है।"
2. ई.एफ.एल.ब्रेच के अनुसार, "प्रशासन उद्योग का वह कार्य है जो विधियों के निर्धारण तथा पालन करने से संबंधित है, जिसके द्वारा कार्यक्रम बनाया जाता है और योजना के अनुरूप इसकी क्रियाओं की प्रगति का नियमन तथा नियन्त्रण किया जाता है।"
3. जी.ई.मिलवर्ड के अनुसार, "प्रशासन से तात्पर्य मुख्यतः उस साधन से होता है जो कि उस उद्देश्य को निर्धारित करता है, जिसे संस्था व उसके कर्मचारी वर्ग को प्राप्त करना है। गौण रूप से यह उस सामान्य सिद्धान्त की योजना बनाता है, जो कि संस्था का नियमन करते रहेंगे। इन्हीं को सामान्य सिद्धान्तों की नीतियां कहा जाता है।"

1.3 प्रबन्ध का अर्थ एवं परिभाषाएँ (Meaning and Definitions of Management)

प्रबन्ध एक विस्तृत शब्द है, जिसे कई अर्थों में प्रयोग किया जाता है। सामान्यतः कुछ व्यक्ति प्रबन्ध का संकीर्ण अर्थ लगाते हैं तो कुछ व्यक्ति विस्तृत अर्थ। संकीर्ण अर्थ में प्रबन्ध से आशय अन्य व्यक्तियों के कार्य कराने की युक्ति या कला से है। विस्तृत अर्थ में प्रबन्ध से आशय कला एवं विज्ञान से है जो निर्धारित लक्ष्यों की प्राप्ति हेतु मानवीय प्रयासों से संबंध रखता है। अतः संक्षेप में यह कहा जा सकता है कि प्रबन्ध एक विज्ञान एवं कला है, जो संगठन के सामान्य लक्ष्यों की प्राप्ति हेतु विभिन्न व्यक्तियों के वैयक्तिक तथा सामूहिक प्रयासों के नियोजन (planning,) संगठन (organisation), निर्देशन (direction), समन्वयन (co-ordination), एवं नियन्त्रण (control), से संबंध रखता है।

प्रबन्ध की कुछ प्रमुख विद्वानों द्वारा दी गई परिभाषाएँ निम्न हैं —

1. अमेरिकन सोसायटी ऑफ मैकेनिकल इंजीनियर्स के अनुसार, "प्रबन्ध शक्तियों के नियन्त्रण हेतु प्रयुक्त मानवीय प्रयासों को तैयार, संगठित एवं निर्देशित करने तथा मानव के लाभ के लिए प्राकृतिक सामग्री का उपयोग करने की कला एवं विज्ञान है।"
2. कून्टज् एवं ओ'डोनेल के अनुसार, "प्रबन्ध व्यक्तियों के औपचारिक रूप से संगठित वर्गों से काम लेने की कला है।"
3. किम्बाल एवं किम्बाल के अनुसार, "प्रबन्ध विचाराधीन उपक्रम में मानव एवं सामग्री के नियन्त्रण पर प्रयुक्त होने वाले आर्थिक सिद्धान्तों को प्रयुक्त करने की कला है।"
4. पीटरसन, प्लोमेन एवं ट्रिकेट के अनुसार, "प्रबन्ध को एक तकनीक के रूप में परिभाषित किया जा सकता है, जिसके द्वारा किसी विशिष्ट मानवीय समूह के उद्देश्य निर्धारित, स्पष्ट एवं प्रभावी किये जाते हैं।"
5. हैनरी फेयोल के अनुसार, "प्रबन्ध करने से आशय है पूर्वानुमान लगाना, आयोजित करना, संगठित करना, आदेश देना, समन्वित करना तथा नियन्त्रित करना है।"
6. जेम्स एल.लुण्डी के अनुसार, "प्रबन्ध प्रमुख रूप से विशिष्ट उद्देश्यों को प्राप्त करने के लिए दूसरों के प्रयत्नों को आयोजित, समन्वित, प्रेरित तथा नियन्त्रित करने का कार्य है।"

उपरोक्त परिभाषाओं के अध्ययन से स्पष्ट है कि किसी भी संगठन के निर्धारित उद्देश्यों की पूर्ति एवं लक्ष्यों की प्राप्ति के लिए की जाने वाली सभी क्रियायें प्रबन्ध में शामिल की जा सकती हैं।

1.4 संगठन का अर्थ एवं परिभाषाएं (Meaning and Definitions of Organisation)

व्यवसाय को उसके कार्यकलापों के लिए उपयोगी कच्ची सामग्री, मशीन, उपकरण, पूंजी, श्रमिक आदि की व्यवस्था करना ही संगठन कहलाता है। प्रबन्धकीय शस्त्रागार में 'संगठन' एक ऐसा

गतिशील शस्त्र है जो व्यवसाय के मालिक तथा मुख्य प्रबन्धक को योजनाबद्ध तरीके से चार महत्वपूर्ण 'म'- मनुष्य, मशीन, माल तथा मुद्रा (Four M's - Man, Machine, Material and Money) के नियन्त्रित प्रयोग तथा सफल क्रियान्वयन में सहायता देता है । इससे यह स्पष्ट होता है कि किसी भी कार्य को प्रारम्भ करने से पहले योजना बनाई जाती है । आयोजना/नियोजन (planning) के बाद का चरण संगठन है । संगठन वह प्रक्रिया है जो उत्पादन संबंधी विभिन्न कड़ियों को एक सूत्र में पिरोने का कार्य करती है । कम से कम साधन और अधिक से अधिक आय तभी सम्भव है जब व्यवसाय का संगठन अच्छा हो । संगठन ऐसी कुंजी है जो अपव्यय को समाप्त करती है तथा अनर्थक गतिविधियों पर रोक लगाती है साथ ही कर्मचारियों तथा प्रबन्धकों के लिए अवसरों की वृद्धि करती है ।

संगठन की कुछ प्रमुख विद्वानों द्वारा दी गई परिभाषाएँ निम्न हैं —

1. **मैकफरलेण्ड के अनुसार,** "संगठन व्यक्तियों का वह समूह है जो निश्चित उद्देश्यों की प्राप्ति के लिए मिलकर कार्य करता है ।"
2. **ऑलिवर शेल्डन के अनुसार,** "संगठन व्यक्तियों या समूहों द्वारा किये जाने वाले कार्यों को इस प्रकार संयोजित करने की प्रक्रिया है जिससे कि उन्हें उपलब्ध प्रयासों द्वारा कुशल, व्यवस्थित, क्रियात्मक तथा समन्वित रूप से सम्पादित किया जा सके ।"
3. **मिलवर्ड के अनुसार,** "संगठन से आशय उस साधन से है जो सम्पूर्ण कार्यों को समुचित भागों में बांटता है, विभिन्न भागों को एक मद में संयोजित करता है और प्रत्येक संयोजन के लिए उपयुक्त व्यक्ति की तथा योजनानुसार कार्य निष्पादन देखने के लिए उपयुक्त पर्यवेक्षकों की नियुक्ति करता है ।"
4. **शुल्ज के अनुसार,** "संगठन से आशय किसी वांछित उद्देश्य की पूर्ति के लिए आवश्यक व्यक्तियों, औजारों, उपकरणों, कार्य-स्थल एवं मशीनों के व्यवस्थित तथा प्रभावी समन्वययुक्त संयोजन से है ।"
5. **लेंसबर्ग एवं स्प्रीगल के अनुसार,** "एक प्रतिष्ठान में विभिन्न घटकों के मध्य संरचनात्मक सम्बन्ध संगठन कहलाता है ।"

एन्डूकोर्ने की इस टिप्पणी से तकनीकी क्षेत्र में संगठन का महत्व स्पष्ट किया जा सकता है कि 'हमारे कारखानें, व्यापार, यातायात, धन सब कुछ ले लो परन्तु हमारा संगठन छोड़ दो, अगले चार-पांच वर्षों में अपने आपको पुनः स्थापित कर लूँगा' ।

अतः संगठन किसी भी उद्योग तथा व्यापार के क्रियाशील तत्वों को उसकी आर्थिक, व्यापारिक तथा व्यवस्था संबंधी सीमाओं में इस प्रकार संगठित करना है जिससे उस पर उचित नियन्त्रण तथा नियमन रह सके और उससे मालिक को उचित लाभ प्राप्त हो सके तथा सभी वर्ग लाभान्वित हो सकें ।

1.5 प्रबन्ध तथा प्रशासन में अन्तर (Difference between Management & Administration)

'प्रबन्ध' तथा 'प्रशासन' दो विवादास्पद शब्द हैं । इस संबंध में मुख्यतः तीन धारणायें प्रचलित हैं ।

1. प्रबन्ध तथा प्रशासन पर्यायवाची हैं ।

2. 'प्रबन्ध' 'प्रशासन' का एक अंग है

3. 'प्रशासन' 'प्रबन्ध' का अंग है ।

4. निष्कर्ष — प्रबन्ध व प्रशासन एक दूसरे से ओत- प्रोत ।

विभिन्न विचार धाराओं के अनुसार प्रशासन व प्रबन्ध में निम्न अन्तर होता है—

क्रं.सं.	प्रशासन	प्रबन्ध
1	सम्पूर्ण उपक्रम को दिशा देता है, मार्गदर्शन करता है तथा नीतियों की उपादेयता बतलाता है ।	प्रशासन द्वारा निर्धारित कार्यों को निर्देशानुसार सम्पादित करता है ।
2	यह प्रबन्ध का सर्वोच्च स्तर होता है ।	यह प्रबन्ध का मध्यम एवं निम्न स्तर होता है ।
3	सामूहिक राजनीति अथवा जन साधारण की राय से प्रभावित होता है ।	मानव शक्ति द्वारा प्रभावित होता है ।
4	उद्योग का स्वामी होता है, जो आवश्यक पूंजी का निवेश कर प्रतिफल के रूप में लाभ प्राप्त करता है ।	स्वामी के निर्देशानुसार कार्य कर अपनी सेवाओं के प्रतिफल में वेतन अथवा लाभांश प्राप्त करता है ।
5	इसके अन्तर्गत नीतियों तथा उद्देश्यों का निर्धारण होता है ।	इसके अन्तर्गत प्रशासन द्वारा तय की गई नीतियों तथा उद्देश्यों का क्रियान्वयन किया जाता है ।
6	लक्ष्यों को निर्धारित करता है ।	लक्ष्यों की प्राप्ति हेतु प्रयास करता है ।
7	व्यवस्था का निर्धारणात्मक कार्य (determinative function) है ।	व्यवस्था का क्रियात्मक कार्य है ।

1.6 प्रबन्ध तथा संगठन में अन्तर (Difference between Management and Organisation)

विभिन्न विचारधाराओं के अनुसार प्रबन्ध व संगठन में निम्न अन्तर है –

क्रं.सं.	प्रबन्ध	संगठन
1	प्रबन्ध प्रभावपूर्ण क्रियान्वयन का निर्माण है ।	संगठन प्रभावपूर्ण तंत्र का निर्माण है ।
2	प्रबन्ध प्रशासन द्वारा निर्धारित संगठन का उपयोग करने वाली संस्था है ।	संगठन प्रबन्ध का तंत्र है, जो प्रबन्ध को लक्ष्यों की पूर्ति में सहयोग प्रदान करता है ।
3	प्रबन्ध का कार्य निर्धारित लक्ष्यों की पूर्ति हेतु संस्था का पथ प्रदर्शन, निर्देशन तथा नेतृत्व करता है ।	संगठन प्रबन्ध को प्रशासन द्वारा निर्धारित लक्ष्यों की पूर्ति में सहयोग देता है तथा इसके लिए मानवीय व भौतिक साधनों को एकत्रित कर संयोजित करता है ।

4	प्रबन्ध नीति के क्रियान्वयन के नियोजन एवं पर्यवेक्षण से सम्बन्ध रखने वाली प्रक्रिया तथा एजेन्सी है।	संगठन कार्यों, उत्तरदायित्वों व अधिकारों का वितरण एवं सुपुर्दगी करने वाली प्रक्रिया तथा एजेन्सी है।
5	प्रबन्ध को व्यवसायरूपी मानव शरीर में मस्तिष्क की संज्ञा दी जा सकती है।	संगठन को व्यवसाय रूपी मानव शरीर में तंत्रिकाओं (nerves) की संज्ञा दी जा सकती है।

1.7 प्रशासन, प्रबन्ध तथा संगठन में अन्तर (Difference between Administration, Management and Organisation)

विभिन्न विचारधाराओं के अनुसार प्रशासन, प्रबन्ध तथा संगठन में अन्तर निम्न प्रकार प्रदर्शित किया जा सकता है—

क्रं.सं.	प्रशासन	प्रबन्ध	संगठन
1.	यह निर्धारणात्मक (determinative) कार्य है।	यह कार्यकारिणी (executive) कार्य है।	यह दोनों के लिए प्रभावी तन्त्र (machinery) का निर्माण करता है।
2.	यह बाहरी घटकों द्वारा प्रभावित होता है।	यह मानव-शक्ति द्वारा प्रभावित होता है।	यह प्रबन्ध का सहायक तंत्र है।
3.	यह नीतियों का निर्माण करता है।	यह नीतियों के पालन की योजना तैयार करता है।	यह नीतियों को कार्यान्वित करने के लिए व्यक्तियों के समूह का निर्माण करता है।
4.	यह व्यवसाय का स्वामी तथा पूंजी प्रदान करने वाला है।	व्यवसाय के प्रबन्ध का दायित्व इसी का है।	यह प्रशासन तथा प्रबंध में समन्वय करता है।

प्रश्न

1. प्रबन्ध से क्या आशय है ? प्रशासन, प्रबन्ध तथा संगठन में क्या अन्तर है ?
2. प्रशासन से आपका क्या अभिप्राय है ? यह प्रबन्ध से किन बातों में भिन्न है ? समझाइये।
3. संगठन से क्या तात्पर्य है ? प्रबन्ध व संगठन में अन्तर बताइये।
4. संगठन के महत्व को स्पष्ट करते हुए विस्तृत टिप्पणी लिखिये।
5. प्रबन्ध तथा प्रशासन में क्या अन्तर है ? (राज. नव.94, नव.97, अप्रेल, 99)
6. प्रबन्ध, प्रशासन एवं संगठन में अन्तर स्पष्ट कीजिए। (राज. अप्रेल,96, नव.98, अप्रेल 2000)

अध्याय - 2

वैज्ञानिक प्रबन्ध (Scientific Management)

2.1 वैज्ञानिक प्रबन्ध का अर्थ (Meaning of Scientific Management)

वैज्ञानिक प्रबन्ध दो शब्दों का योग है- विज्ञान तथा प्रबन्ध। 'विज्ञान' शब्द में 'वि' का अर्थ अधिक अथवा विशिष्ट से है और ज्ञान का अर्थ जानकारी से है। इस प्रकार 'विज्ञान' का अर्थ विशिष्ट जानकारी अथवा ज्ञान की अभिवृद्धि से है जो नये प्रयोगों द्वारा हमारे सामान्य ज्ञान में जुड़ जाती है। 'प्रबन्ध' किसी कार्य को सुव्यवस्थित ढंग से चलाने की क्रिया को कहते हैं। इन दोनों शब्दों के समावेश से एक नये शब्द का बोध होता है 'लक्ष्य'। किसी भी कार्य को अभिवृद्धित ज्ञान के साथ सुव्यवस्थित रूप से चलाने की आवश्यकता तभी अधिक पड़ती है जब हमारे सामने कोई निश्चित लक्ष्य हो और हम उसकी अनुकूल प्राप्ति करना चाहते हों। इस प्रकार 'वैज्ञानिक प्रबन्ध' से आशय किसी भी कार्य को अभिवृद्धित ज्ञान की सहायता से योजनाबद्ध तरीके से किसी लक्ष्य की प्राप्ति के लिए सुव्यवस्थित रूप से चलाने से है। इसी को टेलर ने इस प्रकार व्यक्त किया है कि 'वैज्ञानिक प्रबन्ध सही रूप से यह जानने की कला है कि क्या कार्य किया जाना है तथा उसके करने का सर्वोत्तम तरीका कौनसा है ? इस प्रणाली के अन्तर्गत कर्मचारियों का चयन तथा प्रशिक्षण वैज्ञानिक तरीके से किया जाता है।" स्पष्ट है कि टेलर ने, जिन्हें 'वैज्ञानिक प्रबन्ध का जनक' (Father of Scientific Management) कहा जाता है, वैज्ञानिक प्रबन्ध का आशय एक ऐसी प्रणाली से लिया है जिसमें (i) उस कार्य का निर्धारण किया जाता है, जिसे कि करना है, (ii) उस सर्वोत्तम विधि का निर्धारण किया जाता है जिसे अपनाकर कार्य को कम से कम समय में मितव्ययतापूर्वक करना है, तथा (iii) कार्य को करने के लिए योग्य व्यक्तियों का वैज्ञानिक ढंग से चयन किया जाता है और उन्हें वैज्ञानिक तरीकों से प्रशिक्षित किया जाता है।

2.2 वैज्ञानिक प्रबन्ध की परिभाषाएँ (Definitions of Scientific Management)

वैज्ञानिक प्रबन्ध को विभिन्न विद्वानों ने विभिन्न रूपों एवं अर्थों में परिभाषित किया है। कुछ प्रमुख परिभाषाएँ इस प्रकार हैं —

एच. एस. पर्सन (H.S.Person) के अनुसार, "वैज्ञानिक प्रबन्ध से आशय ऐसे संगठन से है जो वैज्ञानिक अनुसन्धान तथा विश्लेषण द्वारा प्रतिपादित सिद्धान्तों तथा नियमों पर आधारित हो, न कि मनमाने तौर पर या परम्परागत त्रुटि सुधार (trial and error) प्रणाली के आधार पर।"

एफ. डब्ल्यू. टेलर (F.W. Taylor) के अनुसार, "वैज्ञानिक प्रबन्ध आपके यह जानने की कला है कि आप लोगों से यथार्थ में क्या कराना चाहते हैं तथा यह देखना चाहते हैं कि वे उसको सुन्दर से सुन्दर तथा मितव्ययतापूर्ण ढंग से कैसे करें।"

ऑलिवर शैल्डन (Oliver Sheldon) के अनुसार, "वैज्ञानिक प्रबन्ध से आशय किसी उद्योग में उसके प्रबन्धकों द्वारा निर्धारित योजना को इस प्रकार संचालित करना है कि उनके उद्देश्य सुविधापूर्वक प्राप्त किये जा सकें।"

मार्शल (Marshall) के अनुसार, "वैज्ञानिक प्रबन्ध का आशय एक बड़े व्यवसाय के कार्मिक प्रशासन की उस विधि से है, जिसका उद्देश्य उसके अधिकतम कर्मचारियों के दायित्वों की सीमा को कम करते हुए उनकी कार्य-क्षमता में वृद्धि करना है और सरलतम शारीरिक क्रियाओं के बारे में दिये गये निर्देशों का विवेकपूर्ण अध्ययन करना है।"

डीमर (Diemer) के अनुसार, "वैज्ञानिक प्रबन्ध से आशय प्रबन्ध के क्षेत्र में कार्य की दशाओं, पद्धतियों व विधियों से संबंधित ज्ञान प्राप्त करना व उनको समायोजित करके उपयोगी रूप में संगठित सिद्धान्तों की तरह विकसित करने से है।"

पी.एफ.ड्रकर (P.F.Drucker) के अनुसार, "वैज्ञानिक प्रबन्ध का तात्पर्य कार्य का संगठित अध्ययन, कार्य का सरलतम भागों में विश्लेषण और प्रत्येक भाग का श्रमिक द्वारा श्रेष्ठ प्रकार से निष्पादन हो सके, इसके लिए व्यवस्थित सुधार करना है।"

उपर्युक्त परिभाषाओं के आधार पर सरलतम शब्दों में यह कह सकते हैं कि 'वैज्ञानिक प्रबन्ध' प्रबन्धकीय समस्याओं के हल का वह मानवीय दृष्टिकोण है जो कि वैज्ञानिक अनुसन्धान तथा विश्लेषण से प्राप्त नियमों, सिद्धान्तों एवं परिणामों पर आधारित होता है और जिसका उद्देश्य न्यूनतम व्यय पर अधिकतम लाभों की प्राप्ति करना होता है।

2.3 वैज्ञानिक प्रबन्ध के लक्षण या विशेषताएँ (Characteristics or Features of Scientific Management)

वैज्ञानिक प्रबन्ध के मुख्य लक्षण/विशेषताएँ इस प्रकार हैं —

1. **निश्चित लक्ष्य एवं योजना** (Definite Object and Plan) – प्रबन्धक के पास जो पहले से निश्चित लक्ष्य उपलब्ध होते हैं, उन्हें प्राप्त करने के लिए आवश्यक साधन कैसे जुटाये जायें, साधनों का कैसे प्रयोग किया जाये तथा न्यूनतम लागत पर अधिकतम उत्पादन हेतु कौन-कौनसी विधियां संभव हैं, आदि के लिए योजना का अग्रिम निर्माण करना होता है।
2. **वैज्ञानिक विश्लेषण तथा प्रयोग** (Scientific Analysis and Experiment) – लक्ष्य प्राप्ति के लिए योजना तथा योजना का आधार लक्ष्य होते हैं। विभिन्न तथ्यों का विश्लेषण करना तथा विश्लेषण से प्राप्त निष्कर्षों को प्रयोग करके उनके गुण-दोष जाँचना वैज्ञानिक प्रणाली है। वैज्ञानिक प्रबन्ध में योजना का प्रायोगिक महत्व, उपयोगिता तथा उपलब्ध परिस्थितियों में उसकी उपयुक्तता जाँचने के पश्चात् ही योजना का क्रियान्वयन किया जाता है।

3. **सुनिश्चित नियम** (Definite Rules) – विश्लेषण तथा प्रयोग के पश्चात् उपयुक्त ठहराये गये निष्कर्षों को क्रियान्वित करने के लिए नियम बनाये जाते हैं। नियमों का पालन प्रत्येक कर्मचारी के लिए आवश्यक होता है जिससे अनुशासन बना रहे। नियमों का प्रयोग सामूहिक रूप से किया जाना चाहिए।

4. **मितव्ययता** (Economy)– वैज्ञानिक प्रबन्ध का आधार ही मितव्ययता है। साधनों के अपव्यय को कम करने के लिए सूझबूझपूर्ण आयोजन, योजना का सफल क्रियान्वयन, अनुशासन तथा अच्छे नियोक्ता-कर्मचारी संबंध आवश्यक हैं। सहयोग मितव्ययता की कुँजी है।

5. **अनुसन्धान में निरन्तरता** (Continuity in Research) – वैज्ञानिक प्रबन्ध, सुधरी हुई क्रियाओं का प्रबन्ध में प्रयोग है। अतः इसे जीवित रखने के लिए आवश्यक है कि समयानुसार अध्ययन किया जाता रहे। अनुसन्धान एवं शोध में निरन्तरता के बिना वैज्ञानिक प्रबन्ध सफल नहीं हो सकता क्योंकि औद्योगिक वातावरण व समाज कभी जड़ नहीं हो सकता।

6. **दक्षता में वृद्धि** (Increase in Efficiency)- वैज्ञानिक प्रबन्ध का मुख्य लक्षण दक्षता में वृद्धि है। समय बचाने, लागत कम करने तथा शीघ्र कार्य सम्पन्न करने वाली प्रणालियों के निरन्तर प्रयोग से दक्षता में वृद्धि स्वाभाविक है। दक्षता घटाने वाली किसी योजना को वैज्ञानिक योजना नहीं कहा जा सकता है।

7. **सामूहिक हित के लिए सामूहिक प्रयास** (Collective Effort for Collective Interest) – कार्य विभाजन, बड़े पैमाने पर उत्पादन, सामूहिक कार्य आदि वैज्ञानिक प्रबन्ध के प्रतीक हैं। वैज्ञानिक प्रबन्ध के अन्तर्गत प्रबन्धक का कार्य सभी कर्मचारियों में टीम भावना उत्पन्न करना है तथा उन्हें लक्ष्य प्राप्ति के लिए सामूहिक रूप से प्रेरित करना है।

8. **उत्तरदायित्व निर्धारण** (Responsibility Determination) – कर्मचारियों को सौंपा गया कार्य उचित अध्ययन व परीक्षण के पश्चात् करना होता है। प्रत्येक कार्य के प्रमाप निश्चित होते हैं तथा उसका निष्पादन समय, किस्म, लागत, अपव्यय आदि सभी पूर्व नियोजित होते हैं। अतः उत्तरदायित्व का निर्धारण अधिक निश्चिततापूर्वक किया जा सकता है। वैज्ञानिक प्रबन्ध में व्यक्ति अपना उत्तरदायित्व किसी अन्य व्यक्ति पर नहीं डाल सकता है और न ही किसी को अपनी सीमा से अधिक उत्तरदायी ठहराया जा सकता है।

9. **नियन्त्रण** (Control) – योजनाबद्ध विधि से कार्य होने पर तथा पूर्व निश्चित नियमों के अनुकूल कार्य-अपेक्षा किये जाने पर नियन्त्रण अधिक प्रभावी हो सकता है। ब्रीच के अनुसार "योजना से उपलब्धियों की जाँच करना ही नियन्त्रण है।"

10. **ढिलमिल नीति का अभाव** (Lack of Slackness) – नियमबद्ध कार्य प्रणाली अपनाये जाने से प्रबन्धकीय स्तर पर, कर्मचारी स्तर पर, पर्यवेक्षकीय स्तर पर तथा अन्य किसी भी स्तर पर ढिलाई नहीं बरती जा सकती। कार्य निष्पादन, कार्य समाप्ति आदि के बारे में दृढ़ निश्चय एवं संकल्प किये जा सकते हैं।

11. **श्रम एवं पूंजी में समन्वय** (Coordination amongst Labour and Capital) – वैज्ञानिक प्रबन्ध से ज्ञात हुआ है कि पूंजी तथा श्रम दोनों का उद्देश्य एक ही है। यदि दोनों मिलकर कार्य करें तो लक्ष्यों की प्राप्ति आसानी से हो सकती है।

2.4 वैज्ञानिक प्रबन्ध के उद्देश्य (Objects of Scientific Management)

वैज्ञानिक प्रबन्ध, प्रबन्ध क्षेत्र की समस्याओं को हल करने के लिए अपनाया गया एक ऐसा वैज्ञानिक दृष्टिकोण है जिसके प्रमुख उद्देश्य डॉ. जोन्स के अनुसार निम्नलिखित हैं —

1. कार्य की सभी क्रियाओं में अधिक दक्षता की दृष्टि से प्रशिक्षित व्यक्ति उपलब्ध कराना।
2. उपकरण, कच्ची सामग्री, कार्य विधि तथा कार्य दशा में सुधार और मानकीकरण (standardization) करना।
3. कार्य विन्यास, मार्ग निर्धारण (Routing), समय-क्रम निर्धारण, उत्पादकीय सामग्री का नियोजन, क्रम, भण्डारण तथा लेखा विधियों में सुधार करना।
4. संस्थानों तथा विभागों में समन्वय स्थापित करना और उस पर पर्याप्त नियन्त्रण रखना जिससे कार्य-विलम्ब, त्रुटियां, दुर्घटना तथा कार्य के प्रति उपेक्षा कम हो सके।
5. सामयिक प्रशिक्षण, निरन्तर मार्गदर्शन और तत्काल पुरस्कार की व्यवस्था करना।
6. अनुमान और पूर्वधारणाओं के आधार पर बने हुए नियमों के स्थान पर तथ्यों तथा विश्लेषण के आधार पर नियम बनाना।
7. विशेषज्ञ तथा सलाहकार व्यवस्था द्वारा व्यक्तिगत निर्णय के क्षेत्र को सीमित करना।
8. प्रचार की व्यवस्था करना।
9. श्रमिकों को अत्यधिक कार्यभार, थकान व दुर्घटनापूर्ण कार्यों से सुरक्षित रखना।
10. श्रमिकों को योग्यता के अनुसार काम उपलब्ध कराना, उन्हें प्रशिक्षण द्वारा उन्नति के अवसर प्रदान करना और कार्यक्षमता में वृद्धि करना।
11. मजदूरी बढ़ाने, कार्य के घण्टे कम करने, अधिक लाभ के उपाय करने तथा कम कीमत पर उपभोक्ताओं को वस्तुएँ उपलब्ध करने का प्रयास करना, तथा
12. श्रम व पूंजी में समन्वय स्थापित करना।

2.5 वैज्ञानिक प्रबन्ध के लाभ (Advantages of Scientific Management)

टेलर ने वैज्ञानिक प्रबन्ध से होने वाले लाभों के संबंध में कहा है कि वैज्ञानिक प्रबन्ध का सामान्य अनुकरण औद्योगिक कार्यों में लगे व्यक्तियों की औसत उत्पादकता को भविष्य में दुगुना कर देगा। टेलर का उपरोक्त कथन वैज्ञानिक प्रबन्ध को उत्पादकों/नियोक्ताओं, श्रमिकों, उपभोक्ताओं और राष्ट्र सभी के लिए एक वरदान मानता है। इस प्रबन्ध व्यवस्था से प्रत्येक वर्ग को होने वाले लाभ इस प्रकार हैं-

1. उत्पादकों/नियोक्ताओं को लाभ (Advantages to Producers/Employers) – वैज्ञानिक प्रबन्ध से सर्वाधिक लाभ उत्पादक/नियोक्ता को होता है – (i) साधनों का पूर्ण उपयोग; (ii) उत्पादन में मितव्ययता; (iii) औद्योगिक संबंधों में सुधार तथा शांतिपूर्ण वातावरण; (IV) वस्तुओं की

गुणवत्ता में सुधार; (v) पर्यवेक्षण व नियंत्रण लागत कम; (vi) श्रमिकों की कुशलता में वृद्धि; (vii) श्रम-विभाजन के लाभ; (viii) प्रतियोगिता के लिए सक्षम; (ix) समय तथा उत्पादन की मात्रा का पूर्ण आयोजन सम्भव; (x) आधुनिक मशीनों तथा प्रशिक्षित व्यक्तियों का उपयोग संभव; (xi) उत्पादन की प्रतिष्ठा में वृद्धि; (xii) व्यवसाय के स्थायित्व में वृद्धि; (xiii) शोध एवं अनुसन्धान को स्थान; (xiv) व्यवसाय की प्रतिष्ठा में वृद्धि।

2. श्रमिकों को लाभ (Advantages to the Laboures) – (i) रुचि का कार्य उपलब्ध होना; (ii) कार्यक्षमता वृद्धि के लिए प्रशिक्षण की सुविधा; (iii) प्रगति के उचित अवसर; (iv) उपयुक्त मजदूरी एवं अभिप्रेरण; (v) समय की बचत; (vi) अच्छी कार्य दशाएँ, (vii) जीवन स्तर में वृद्धि; (viii) मानसिक क्रान्ति से स्वतन्त्र चिन्तन का अवसर तथा मनोबल में वृद्धि; (ix) रोजगार में स्थायित्व; (x) समाज में प्रतिष्ठा।

3. उपभोक्ताओं को लाभ (Advantages to customers) – (i) सस्ती वस्तुएँ उपलब्ध होना; (ii) अच्छी गुणवत्ता की प्रमाणित वस्तुएँ उपलब्ध होना; (iii) चयन के लिए अधिक वस्तुएँ उपलब्ध होना; (iv) वास्तविक आय में वृद्धि से रहन-सहन के स्तर में सुधार।

4. राष्ट्र को लाभ (Advantages to the Nation) – (i) देश का औद्योगिक विकास; (ii) राष्ट्रीय उत्पादन एवं आय में वृद्धि; (iii) सामाजिक स्तर में वृद्धि; (iv) औद्योगिक क्रान्ति; (v) श्रमिक आन्दोलन से होने वाली क्षति से बचाव; (vi) कर क्षमता में वृद्धि; (vii) रोजगार में वृद्धि।

इस प्रकार व्यापारिक प्रबन्ध सभी क्षेत्रों में लाभकारी है। थॉम्पसन के अनुसार "वैज्ञानिक प्रबन्ध" ने घाटे में चलने वाले उद्योगों को लाभ दिलाया, जो लाभ में चल रहे थे उनका लाभ बढ़ाया तथा इस बात के पर्याप्त प्रमाण हैं कि उसका समाज पर गहरा प्रभाव पड़ा।"

2.6 टेलर एवं वैज्ञानिक प्रबन्ध (Taylor and Scientific Management)

प्रबन्धकीय उद्देश्यों एवं औद्योगिक प्रगति के मार्ग में आने वाली व्यावहारिक कठिनाइयों का सर्वप्रथम अध्ययन श्री चार्ल्स बैवेज ने किया था, जिन्होंने 1870-71 में लागत एवं समय आदि के प्रयोग किये। लेकिन वैज्ञानिक प्रबन्ध को सर्वाधिक सुव्यवस्थित रूप में प्रस्तुत करने का श्रेय श्री एफ. डब्ल्यू. टेलर को जाता है, जिन्होंने सन् 1911 में 'Principles and Methods of Scientific Management' नामक पुस्तक लिखी और प्रबन्ध को वर्तमानकाल के सर्वाधिक महत्वपूर्ण तथा उपयोगी विज्ञान के रूप में प्रतिष्ठित किया। इसी कारण इन्हें 'वैज्ञानिक प्रबन्ध के जनक' (Father of Scientific Management) के नाम से भी जाना जाता है।

टेलर का जन्म अमरीका के फिलाडेलफिया के जार्जटाउन में 1856 में हुआ था। ये मध्यम परिवार से संबंधित थे। इन्होंने हार्वर्ड की एण्ट्रेन्स परीक्षा पास की, लेकिन आँखों में दर्द के कारण अपने अध्ययन को आगे जारी न रख सके। इन्होंने 19 वर्ष की आयु में फिलाडेलफिया की एक कम्पनी में एप्रेंटिस के रूप में कार्य करना प्रारम्भ किया। लगभग तीन वर्षों के बाद 1878 में अमरीका की मिडवेल स्टील कम्पनी में एक श्रमिक के रूप में कार्य प्रारम्भ किया। अपने परिश्रम एवम् लगन के कारण इस कम्पनी में विभिन्न पदों पर कार्य करते हुये 1884 में मुख्य अभियन्ता के पद पर पहुंच

गये। टेलर ने इस कम्पनी में लगातार 20 वर्षों तक कार्य करने के पश्चात् 1898 में बेथलहेम स्टील कम्पनी में मुख्य अभियन्ता पद पर कार्य आरम्भ किया। टेलर इस कम्पनी में भी अपने वैज्ञानिक विचारों को लागू करना चाहते थे, लेकिन सभी प्रबन्धकों ने इनके विचारों का विरोध किया। फलस्वरूप 1901 में उन्हें बेथलहेम स्टील कम्पनी को छोड़ना पड़ा। इनका स्वर्गवास 1915 में हुआ। बेथलहेम स्टील कम्पनी छोड़ने के पश्चात् इन्होंने कई पुस्तकें व लेख लिखे, जिनके माध्यम से अपने विचारों को उद्योगपतियों व प्रबन्धकों के सम्मुख रखने का प्रयास किया।

वैज्ञानिक प्रबन्ध के जनक टेलर ने स्वयं अपनी विचारधारा को व्यक्त करते हुए वैज्ञानिक प्रबन्ध के मूलाधारों (fundamentals) का उल्लेख किया है तथा कहा है कि वैज्ञानिक प्रबन्ध आवश्यक रूप से किसी महान् आविष्कार या नवीन अपूर्ण तथ्यों की खोज नहीं है, अपितु यह तो कुछ ऐसे तत्वों का संयोजन है जो कि विगत काल में विद्यमान नहीं थे, जैसे पूर्व तथ्यों के विश्लेषण, समूहीकरण एवं वर्गीकरण के आधार पर निर्मित कानून तथा नियम, जो कि विज्ञान का निर्माण करते हैं। वैज्ञानिक प्रबन्ध उद्योगपतियों, प्रबन्धकों एवम् श्रमिकों के विचारों में मानसिक परिवर्तन की अपेक्षा रखता है तथा वह पारस्परिक दायित्वों एवं कर्तव्यों के नवीन विभाजन को प्रस्तुत करता है और मैत्रीपूर्ण सहयोग के वातावरण की आवश्यकता तथा स्थितियों को प्रकट करता है।

टेलर के शब्दों में वैज्ञानिक प्रबन्ध को निम्नलिखित द्वारा समझा जा सकता है —

1. **वैज्ञानिक प्रबन्ध का दर्शन** (Philosophy of Scientific Management)–वैज्ञानिक प्रबन्ध कोई एक तत्व नहीं वरन् एक सम्पूर्ण संयोजन है, जिसका निर्माण निम्नांकित तत्व करते हैं–

(i) विज्ञान, न कि अंगूठा नियम (*Science, not thumb rule*) – यह इस तथ्य को बतलाता है कि वैज्ञानिक प्रबन्ध की विचारधारा वैज्ञानिक दृष्टिकोण को लेकर चलती है। यह परम्परागत प्रबन्ध की विचारधारा के विपरीत है तथा परम्परागत पद्धतियों, विधियों और दृष्टिकोणों के स्थान पर वैज्ञानिक पद्धतियों, विधियों और दृष्टिकोणों को अपनाने पर बल देती है। यह परम्परा (tradition), अन्तर्ज्ञान (Intuition) तथा अन्ध-विश्वास (superstition) पर आधारित न होकर विज्ञान पर आधारित है। इस प्रबन्ध-व्यवस्था में प्रत्येक क्रिया का वैज्ञानिक विश्लेषण किया जाता है। इसलिए टेलर के अनुसार "वैज्ञानिक प्रबन्ध 75% विश्लेषण तथा 25% सामान्य बुद्धि है।"

(ii) समन्वय, न कि संघर्ष (Harmony, not discord) – यह इस तथ्य को बतलाता है कि संगठन की समृद्धि में सबकी समृद्धि है। यहाँ परस्पर तालमेल की आवश्यकता है, किसी प्रकार के विवाद की नहीं। सभी के लक्ष्य एक हैं व श्रमिक एवं मालिक एक ही पथ के पथिक हैं। इसमें कच्ची सामग्री, मशीनों, कार्य पद्धतियों आदि का मानकीकरण तथा सरलीकरण कर दिया जाता है, जिससे समन्वय व एकरूपता आ जाती है।

(iii) सहयोग, न कि व्यक्तिवाद (Cooperation, not individualism) – यह विचार बतलाता है कि सामूहिक लक्ष्यों की प्राप्ति के लिए सभी वर्गों का सहयोग आवश्यक है। व्यक्तिवाद सामूहिक प्रयासों को विफल बनाता है, इसलिए व्यक्तिगत लक्ष्यों के स्थान पर सामूहिक लक्ष्यों को एवम् व्यक्तिगत प्रयासों के स्थान पर सामूहिक प्रयासों को सही दिशा प्रदान करना प्रबन्ध का मूलाधार है।

(iv) **अधिकतम उत्पादन, न कि सीमित उत्पादन** (Maximum output in place of restricted output) – यह विचार अन्य उपरोक्त तत्वों के अनुरूप ही संगठन से संबंधित सभी वर्गों में वैचारिक क्रान्ति की आवश्यकता पर बल देता है। यह तत्व बतलाता है कि उत्पादन अधिकतम होना चाहिए, न कि सीमित। अधिकतम उत्पादन संस्था के सभी वर्गों के सामूहिक हितों व समृद्धि में वृद्धि करेगा तथा उद्योग के सभी वर्गों के लिए लाभकारी होगा।

(v) **प्रत्येक व्यक्ति का उसकी अधिकतम कुशलता एवं समृद्धि तक विकास** (Development of each man to his greatest efficiency and prosperity) – यह तत्व बतलाता है कि वैज्ञानिक प्रबन्ध व्यवस्था में प्रत्येक व्यक्ति का विकास उसकी अधिकतम कुशलता तक किया जाता है तथा उसे उच्चतम समृद्धि तक पहुंचने का अवसर प्रदान किया जाता है। इसके लिए उनका वैज्ञानिक चयन किया जाता है, उन्हें योग्यतानुसार कार्य सौंपा जाता है, अनुकूल कार्य दशाएँ प्रदान की जाती हैं तथा प्रेरणादायक मजदूरी आदि देकर उचित प्रोत्साहन दिया जाता है।

2. मानसिक क्रान्ति (Mental Revolution) – टेलर के मतानुसार, वैज्ञानिक प्रबन्ध की योजना को सफल बनाने के लिए श्रमिकों एवं प्रबन्धकों की मान्यताओं तथा विचारों में क्रान्तिकारी परिवर्तन आना आवश्यक है। सुन्दर, वैज्ञानिक तथा नवीनतम मशीनों तथा औजारों का प्रयोग तभी सुखद परिणाम दे सकता है जबकि उद्योगपति तथा श्रमिकों के मानवीय संबंध सुदृढ़ हों, तथा इनके बीच की विचार-विषमता को दूर किया जा सके। टेलर ने इसी प्रकार के रचनात्मक परिवर्तन को मानसिक क्रान्ति की संज्ञा दी है। उनके मतानुसार श्रमिक तथा प्रबन्धक एक ही कार्य के दो पहलू हैं, जब तक उनके विचारों में सामंजस्यता नहीं आयेगी तब तक कोई योजना सफल नहीं हो सकेगी।

3. प्रबन्धकों के कर्त्तव्य (Duties of Managers) – टेलर ने प्रबन्ध के निम्न चार कर्तव्यों का उल्लेख किया है, जिन्हें उन्होंने वैज्ञानिक प्रबन्ध के आधारभूत सिद्धान्त के नाम से पुकारा है:-

(i) प्रबन्धकों का कर्त्तव्य है कि वे कर्मचारियों के कार्य के प्रत्येक तत्व के लिए विज्ञान का विकास करें जिससे कि परम्परागत अंगूठा नियम को बदला जा सके।

(ii) प्रबन्धकों को चाहिए कि वे वैज्ञानिक आधार पर कर्मचारियों का चयन करें और तत्पश्चात् उनके प्रशिक्षण की व्यवस्था करें जिससे कि कर्मचारियों का अधिकतम विकास हो सके।

(iii) प्रबन्धकों को चाहिए कि कर्मचारियों के साथ पूर्ण सहयोग करें, जिससे कि प्रत्येक कार्य विकसित किये गये वैज्ञानिक सिद्धान्तों के अनुसार किया जा सके।

(iv) प्रबन्धकों एवं कर्मचारियों के मध्य कार्य एवं उत्तरदायित्व का समुचित विभाजन किया जाना चाहिए।

टेलर के वैज्ञानिक प्रबन्ध के आधारभूत सिद्धान्त निम्न चार्ट से स्पष्ट हो जाते हैं : –

टेलर के वैज्ञानिक प्रबन्ध के सिद्धान्त

- **विज्ञान के रूप में विकास**
  1. कार्य– अनुमान (तथ्यों के आधार पर)
  2. प्रयोगात्मक अध्ययन
     - (i) समय अध्ययन
     - (ii) गति अध्ययन
  3. प्रेरणात्मक मजदूरी प्रणाली का विकास
  4. अन्य उत्पादकीय कार्य
     - (i) मानकीकरण (Standardization)
     - (ii) कार्य का आयोजन (Planning the task)
     - (iii) मार्ग निर्धारण (Routing)
     - (iv) अनुसूचीयन (Scheduling)
     - (v) कार्य अनुसूचीयन (Work Scheduling)
     - (vi) कार्य सम्बन्धी निर्देश (Command)
     - (vii) रिकॉर्ड (Record)
     - (viii) चिन्ह प्रयोग (Coding)
     - (ix) लागत लेखांकन (Cost Accounting)
- **श्रमिकों का चयन, प्रशिक्षण एवं विकास**
  1. चयन में वैज्ञानिक विधि का प्रयोग
  2. चयन के पश्चात् प्रशिक्षण
- **प्रबन्ध और श्रमिकों में पूर्ण सहयोग**
  1. श्रमिकों और प्रबन्धकों का एक ही दिशा प्रयास
  2. आपसी सहयोग
  3. मानसिक क्रान्ति
- **प्रबन्धकों और श्रमिकों में कार्य और उत्तरदायित्व का समान विभाजन**
  1. क्रियात्मक संगठन या क्रियात्मक फोरमैनशिप
     - (i) कारखाना प्रबन्धक
       - (अ) टोली नायक (Gang Boss)
       - (ब) गति नायक (Speed Boss)
       - (स) मरम्मत नायक (Repair Boss)
       - (द) निरीक्षक (घ्हेजम्दे)
     - (ग) कार्यालय प्रबंधक
       - (अ) कार्यक्रम लिपिक (दलूहा एतेव)
       - (ब) निर्देशन-पत्र लिपिक (घ्हैल्मूदह र्ण् एतेव)
       - (स) समय तथा लागत लिपिक (ऊग्स ह् एदू एतेव)
       - (द) अनुशासक (एप्दज अेम्जत्- र्हैंह)

इस प्रकार वैज्ञानिक प्रबन्ध में वैज्ञानिक विधियों द्वारा प्रत्येक कार्य के करने की विधि तय की जाती है। इसके लिए समय व गति का अध्ययन किया जाता है, जिससे कार्य को करने के लिए

अनावश्यक समय व गति को हटाकर कार्य को पूरा करने के लिए कम से कम समय लगे ताकि लागत कम करके उत्पादन बढ़ाया जा सके। कार्य के लिए मानक तय किये जाते हैं तथा उपकरणों, मशीनों व कच्ची सामग्री का मानकीकरण किया जाता है। कार्य के अनुसार श्रमिकों का चयन करके उन्हें प्रशिक्षण व शिक्षा देकर तैयार किया जाता है। इससे प्रति श्रमिक उत्पादन बढ़ता है तथा श्रमिकों को प्रेरणादायी मजदूरी प्रणाली द्वारा अधिक वेतन प्राप्त होता है। इसके द्वारा अच्छी कार्यकारी दशाएँ प्रदान की जाती हैं। इससे औद्योगिक विवाद के कारणों को समाप्त किया जाता है, जिससे नियोजकों व श्रमिकों के बीच मधुर व घनिष्ट संबंध स्थापित होते हैं। नियोजकों को अधिक उत्पादन से अधिक लाभ प्राप्त होता है तथा समाज को अच्छी किस्म की अधिक वस्तुएँ कम मूल्य पर मिल जाती हैं। इससे सामाजिक स्तर में वृद्धि होती है तथा राष्ट्रीय उत्पादन बढ़ जाता है।

2.7. फेयोल के प्रबन्ध के सिद्धान्त (Fayol's Principles of Management)

प्रबन्ध विज्ञान ने आधुनिक विश्व को उन्नति के अनेक अवसर प्रदान किये हैं। इस विज्ञान के विकासक्रम में अन्य सामाजिक विज्ञानों की भांति कुछ सिद्धान्तों का विकास हुआ है। प्रबन्ध के सिद्धान्तों का प्रतिपादन अनेक विद्वानों के अध्ययन, अनुसन्धान एवं अनुभव का परिणाम है। प्रबन्ध की सिद्धान्त परिस्थिति सापेक्ष तथा व्यवहारनिष्ठ हैं। हेनरी फेयोल के अनुसार "प्रबन्ध के सिद्धान्त पूर्ण रूप से लचीले तथा प्रत्येक परिस्थिति में लागू करने योग्य होने चाहिये।" प्रबन्ध की तकनीकी का अत्यधिक विकास हुआ है तथा अनेक विद्वानों ने प्रबन्ध के सिद्धान्तों का प्रतिपादन किया है। हेनरी फेयोल को प्रबन्ध के आधुनिक सिद्धान्तों का जन्मदाता (Father of Modern Principles of Management) कहा जाता है क्योंकि उन्होंने ही प्रबन्धकीय सिद्धान्तों की आवश्यकता का सर्वप्रथम अनुभव किया। उनके द्वारा लिखित पुस्तक 'General and Industrial Management' में 14 सिद्धान्तों का वर्णन किया गया है।

एक सफल प्रबन्ध के लिए हेनरी फेयोल द्वारा प्रतिपादित सिद्धान्त इस प्रकार हैं —

1. **कार्य विभाजन** (Division of Work) – यह कार्य विशिष्टता का सिद्धान्त है। यह सिद्धान्त इस मान्यता पर आधारित है कि प्रत्येक व्यक्ति, प्रत्येक कार्य के लिए योग्य नहीं होता और न ही एक व्यक्ति को अनेक कार्य करने के लिए देने से वह किसी कार्य में दक्ष हो सकता है। अतः यह आवश्यक है कि कार्य का विभाजन कर विशिष्ट व्यक्तियों को विशिष्ट कार्य के लिए नियुक्त किया जाये ताकि लक्ष्य प्राप्ति के लिए अधिक तीव्रता से आगे बढ़ा जा सके।

2. **प्राधिकार एवं उत्तरदायित्व** (Authority and Responsibility) – फेयोल के अनुसार प्राधिकार तथा उत्तरदायित्व एक-दूसरे से संबंधित तथा पूरक हैं। प्राधिकार के अभाव में कोई व्यक्ति अपने उत्तरदायित्व का निर्वाह नहीं कर सकता है। अतः यह आवश्यक है कि जिन व्यक्तियों को कार्य करने का दायित्व सौंपा जाये, उन्हें आवश्यक अधिकार भी दिये जाने चाहिएँ।

3. **अनुशासन** (Discipline) – निर्धारित लक्ष्यों को प्राप्त करने के लिए किसी व्यक्ति या समूह को नीतियों, नियमों, कार्य विधियों तथा निर्देशों का पालन करना पड़ता है और इसी परिस्थिति को अनुशासित कार्य की संज्ञा दी जा सकती है। अनुशासन एक विस्तृत शब्द है, जिसमें किसी संस्था के कर्मचारियों की आज्ञाकारिता, व्यवहार तथा आदर की अभिव्यक्ति है। अनुशासन बनाये रखने से संस्थागत लक्ष्य प्राप्त करने में पूर्ण सहायता मिलती है।

4. **आदेश की एकता** (Unity of Command) – कार्य करने वाले व्यक्ति को एक समय में एक ही अधिकारी से आदेश मिलना चाहिए। आदेश देने वाले अधिक होने पर अनुशासन भंग होता है, अधिकार कमजोर पड़ता है तथा श्रमिक की प्रवृत्ति काम टालने की हो जाती है। अतः यह सिद्धान्त अनेक अधिकारियों के स्थान पर एक ही अधिकारी का औचित्य मानता है।

5. **निर्देश की एकता** (Unity of Direction) – एक ही प्रकार के कार्यों के लिए एक ही निर्देश तथा एक ही योजना होनी चाहिए। निर्देशों की एकता से फेयोल का आशय है कि "सामान्य उद्देश्य के लिए व्यक्तियों के एक समूह के लिए एक निर्देश होना चाहिए।" फेयोल के अनुसार "संगठन के कुशलतापूर्वक संचालन के लिए निर्देशों की एकता महत्वपूर्ण है जबकि कर्मचारियों के कुशलतापूर्वक कार्य सम्पन्न करने के लिए आदेश की एकता आवश्यक है।"

6. **सामान्य हित के सामने व्यक्तिगत हित गौण** (Subordination of Individual Interest to General Interest) – किसी समूह में व्यक्तिगत हित की अपेक्षा सामूहिक हित को अधिक महत्व दिया जाता है। यद्यपि व्यक्तिगत और सामूहिक हितों में समन्वय रखना प्रबन्धकों का प्रमुख दायित्व है फिर भी यदि इनमें कहीं टकराव होता है तो सामूहिक हितों की रक्षार्थ व्यक्तिगत हितों को समर्पित कर देना चाहिए।

7. **कर्मचारियों को पारिश्रमिक** (Remuneration to Personnel) – आर्थिक पारिश्रमिक के लिए ही प्रत्येक व्यक्ति कार्य करता है। अतः कर्मचारियों को उनके द्वारा प्रदत्त सेवाओं का पारिश्रमिक पर्याप्त होना चाहिए तथा भुगतान करने की उचित विधियों का निर्धारण किया जाना चाहिए। प्रेरणात्मक मजदूरी प्रणाली द्वारा कर्मचारी पूर्ण निष्ठा, लगन एवं क्षमता से कार्य करते हैं तथा श्रम संबंध अधिक अच्छे बने रहते हैं।

8. **केन्द्रीकरण** (Centralization) – फेयोल की मान्यता है कि किसी संस्था में प्राधिकारों का केन्द्रीकरण (Centralization of Authority) उसी सीमा तक होना चाहिए जहाँ तक सम्भव हो और विभिन्न स्तरों पर प्राधिकार एवं दायित्वों में सन्तुलन बना रहे। केन्द्रीकरण इस बात पर भी निर्भर करता है कि संस्था की प्रकृति कैसी है और अधीनस्थों की कार्य कुशलता का स्तर क्या है ?

9. **श्रेणी शृंखला** (Scalar Chain) – श्रेणी शृंखला से तात्पर्य यह है कि किसी उपक्रम में ऊपर से नीचे तक तथा नीचे से ऊपर तक पदाधिकारियों के मध्य सम्प्रेषण (Communication) के उद्देश्य से सम्पर्क रूपी एक शृंखला होनी चाहिए और सभी स्तर के अधिकारियों को इसका पालन करना चाहिए। श्रेणी शृंखला का सबसे बड़ा लाभ यह होता है कि इससे आदेश की एकता का स्वतः ही पालन हो जाता है।

10. **व्यवस्था** (Order) – इस सिद्धान्त के अनुसार प्रत्येक वस्तु अथवा व्यक्ति के लिए एक निश्चित स्थान निर्धारित हो तथा वह वस्तु अथवा व्यक्ति उसी निर्धारित स्थान पर रहे। प्रबन्ध का आधारभूत सिद्धान्त वस्तु एवं व्यक्ति दोनों की उचित व्यवस्था करना है ताकि न्यूनतम प्रयासों द्वारा निर्धारित लक्ष्यों की प्राप्ति की जा सके। इसके अतिरिक्त विशिष्ट स्थान पर कार्यरत विशिष्ट व्यक्ति को उसके कार्य के लिए उत्तरदायी ठहराया जा सकता है।

11. **समानता** (Equity) – प्रबन्ध न्यायपूर्ण व दयापूर्ण व्यवहार से कर्मचारियों की वफादारी एवं स्नेह को प्राप्त कर सकता है। प्रबन्धकों द्वारा किया गया समतापूर्ण व्यवहार कर्मचारियों में निष्ठापूर्वक व समर्पित कार्य करने की भावना को जन्म देता है, जिससे उनकी कार्य क्षमता में वृद्धि होती है।

12. **कर्मचारियों के कार्यकाल में स्थायित्व** (Stability of Tenure of Personnel) – इस सिद्धान्त के अनुसार स्थिर कार्मिक दल संस्था की पूंजी है। यदि कर्मचारियों के कार्यकाल में स्थायित्व होगा तो कर्मचारी सेवा असुरक्षा के भय से मुक्त रहेंगे। ऐसे वातावरण में कर्मचारी सेवा का अंग बनकर लगन और निष्ठा के साथ कार्य सीखता है तथा अपने दायित्वों के निर्वाह के लिए सजग रहता है। इससे उसकी कार्य-कुशलता में निरन्तर वृद्धि होती है। कर्मचारियों के कार्यकाल में स्थिरता न होना कुप्रबन्ध का प्रत्यक्ष प्रमाण है। फेयोल ने दर्शाया कि अनावश्यक कर्मचारी परिवर्तन की कीमत भयावह होती है।

13. **पहल** (Initiative) – फेयोल के अनुसार यदि कर्मचारी किसी अच्छी योजना को प्रस्तावित करता है तथा उसको कार्यरूप देने की सुव्यवस्था का सुझाव देता है तो प्रबन्ध को उसे मान्यता देनी चाहिए ताकि उनकी पहल-क्षमता का विकास हो सके। प्रबन्ध का प्रमुख ध्येय यही है कि व्यक्तियों का उस स्तर तक विकास कर दिया जाये कि वह अपने कार्यों को भली-भांति समझने लगें तथा उन्हें करने के लिए तत्पर रहें। व्यक्ति में स्वयं कुछ करने की भावना का विकास होना एक बहुत बड़ी उपलब्धि है। इससे निश्चित रूप से लक्ष्य प्राप्त करने में सहायता मिलती है।

14. **सहयोग की भावना** (Sense of Union or Espirit De-Corps)– यह सिद्धान्त 'संगठन ही शक्ति है' के महत्व को प्रदर्शित करता है। किसी भी उपक्रम के निर्धारित लक्ष्यों को प्राप्त करने के लिए सामूहिक प्रयास किये जाते हैं। यदि विभिन्न समूह तथा समूह के सदस्यों के बीच सहयोग नहीं है तो लक्ष्य प्राप्त करना भी असम्भव होगा। यह सिद्धान्त इस बात पर बल देता है कि सभी कर्मचारी एक-दूसरे के सहयोगी हों और आपसी मतभेद भुलाकर सदैव सहयोग की भावना से कार्य करें ताकि संस्था निर्बाध गति से अपने लक्ष्य की ओर अग्रसर हो।

2.8 प्रबन्ध के कार्य (Functions of Management)

प्रबन्ध के प्रमुख कार्य निम्न हैं —

1. नियोजन, 2. संगठन, 3. नियुक्तियां, 4. निर्देशन, 5. समन्वय, 6. नियन्त्रण, तथा 7. उत्प्रेरण।

प्रबन्ध के उपरोक्त कार्यों को चित्र 2.1 द्वारा प्रदर्शित किया गया है —

1. **नियोजन (Planning)** – नियोजन मस्तिष्क की एक प्रक्रिया है, जिसमें बुद्धिमता, कल्पना शक्ति, अग्रदृष्टि, पक्के इरादे आदि की आवश्यकता होती है। अतः नियोजन का अर्थ यह है कि पूर्व में ही यह निश्चय करना कि किसी कार्य को किसी निश्चित उद्देश्य की पूर्ति हेतु किस तरह, किस स्थान पर, किस समय तथा किसके द्वारा किया जाना चाहिए? दूसरे शब्दों में यह कहा जा सकता है कि नियोजन वांछित परिणामों को प्राप्त के लिए कार्य की विधि ज्ञात करना है।

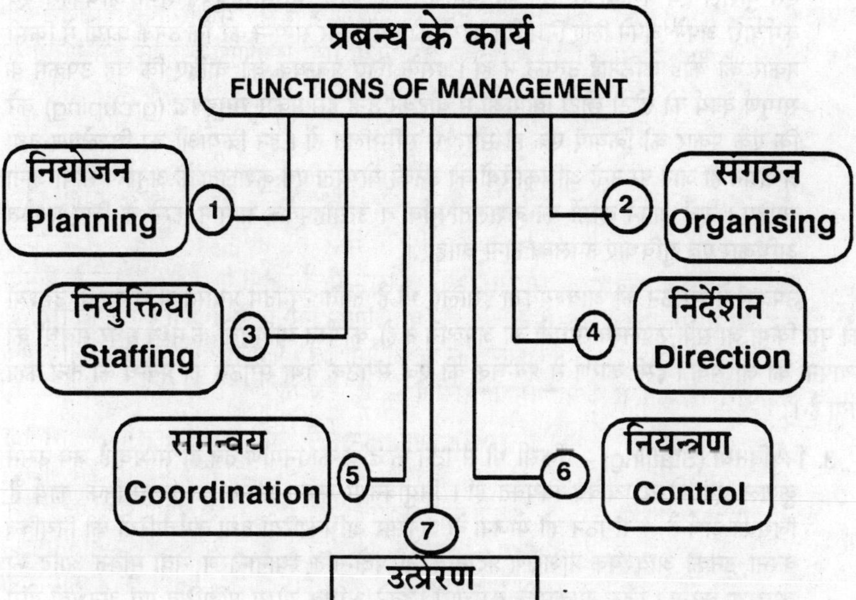

चित्र 2.1.

किसी भी प्रतिष्ठान के नियोजन में उद्देश्यों का ज्ञान, तथ्यों को एकत्रित कर उनका विश्लेषण, मान्यताओं के आधार पर विभिन्न विकल्पों का निर्धारण कर सही निष्कर्ष पर पहुंचना तथा उनका अवलोकन करना सम्मिलित होता है।

इससे स्पष्ट है कि नियोजन एक ऐसी प्रक्रिया है जो अनिश्चितता को निश्चितता में बदलती है, भविष्य की कल्पना करती है तथा प्रतिष्ठान के उद्देश्यों की प्राप्ति के लिए सर्वश्रेष्ठ विकल्प का चुनाव करती है। यही कारण है कि नियोजन को प्रबन्ध के कार्यों में सर्वोपरि स्थान मिला है। नियोजन प्रत्येक कार्य को इस प्रकार सम्पादन करने की विधि का चयन करता है, ताकि उत्कृष्ट परिणाम प्राप्त हों। इसलिए ही भविष्य में क्या करना है ? इसका पूर्व में निर्धारण कर लेने को ही नियोजन कहा गया है। नियोजन के लिए वैज्ञानिक ढंग से अध्ययन तथा अनुसंधान आवश्यक है ताकि कार्य कम से कम समय में मितव्ययतापूर्वक सम्पन्न किया जा सके।

2. संगठन (Organising) – नियोजन द्वारा उद्देश्य एवं लक्ष्य आदि निर्धारित करने के पश्चात् उन्हें कार्यान्वित करना होता है, जिन्हें प्रबंध 'संगठन' के माध्यम से करता है। संगठन का आशय योजना द्वारा निर्धारित लक्ष्यों की पूर्ति करने वाले तन्त्र से है। उपक्रम की योजनाएं चाहे कितनी ही अच्छी एवं आकर्षक क्यों न हों, यदि उनको कार्यान्वित करने के लिए संगठन का अभाव है तो सफलता की कामना करना निष्फल ही होगा। अतः नियोजन द्वारा निर्धारित उद्देश्यों एवं लक्ष्यों को क्रियान्वित करने तथा उन्हें प्राप्त करने के लिए यह आवश्यक है कि एक

ऐसे कुशल एवं प्रभावी संगठन का निर्माण किया जाय जिसमें नियुक्त सभी अधिकारी एवं कर्मचारी अपने-अपने लिए निर्धारित कार्यों को इस प्रकार सम्पन्न करें कि उनके कार्यों में किसी प्रकार की कोई कठिनाई उत्पन्न न हो। इसके लिए प्रबन्धक को चाहिए कि वह उपक्रम के सम्पूर्ण कार्य को छोटी-छोटी क्रियाओं में बांटकर उन्हें इस प्रकार समूहबद्ध (grouping) करे कि एक प्रकार की क्रियाएं एक ही समूह में सम्मिलित हों। इन क्रियाओं का विश्लेषण तथा श्रेणीयन हो जाने पर उन्हें अधिकारियों को उनकी योग्यता एवं कुशलता के अनुरूप सौंपा जाना चाहिए। उन्हें अपने कार्यों को कुशलतापूर्वक व उत्साहपूर्वक सम्पन्न करने के लिए पर्याप्त अधिकार एवं सुविधाएं उपलब्ध होनी चाहिएं।

उपक्रम में संगठन की आवश्यकता इसलिए भी है, ताकि न्यूनतम प्रयासों से संस्था के उद्देश्यों को पूरा किया जा सके, उपलब्ध साधनों का अपव्यय न हो, कार्यरत व्यक्तियों के मध्य मधुर संबंधों की स्थापना की जा सके। इसी कारण से प्रबन्धक को एक संगठक तथा संगठन को प्रबन्ध का तन्त्र कहा गया है।

3. **नियुक्तियां** (Staffing) – किसी भी संगठन के ढांचे का निर्माण तब ही सम्भव है जब उसमें कुशल एवं योग्य व्यक्ति नियुक्त हों। नियुक्तियां करना प्रबन्ध का प्रशासनिक कार्य है, जिसका अर्थ है— संगठन की योजना के अनुसार अधिकारियों तथा कर्मचारियों की नियुक्ति करना, उनको आवश्यक प्रशिक्षण प्रदान करना, पदोन्नति, स्थानान्तरण, सेवा मुक्ति आदि की व्यवस्था करना। जिस उपक्रम के कर्मचारी जितने अधिक योग्य, प्रशिक्षित एवं अनुभवी होंगे उस उपक्रम का प्रबन्ध उतना ही अधिक प्रभावी व कुशल होगा। इस कार्य को कुशलतापूर्वक सम्पन्न करने के लिए प्रबन्धकों को आवश्यक कर्मचारियों की संख्या का पहले से ही पूर्वानुमान लगा लेना चाहिए ताकि उनके चयन के लिए विज्ञापन देना, चयन करना, प्रशिक्षण देना तथा उन्हें नियुक्ति देकर कार्यभार सौंपना आदि कार्यों को सूझ-बूझ से निपटाया जा सके। यह सत्य है कि मानव शक्ति ही उत्पादन के साधनों में सजीव संवेदनशील तत्व है, जो निर्जीव तत्वों को सक्रियता प्रदान करता है। अतः इनकी नियुक्ति के कार्य को साधारण कार्य नहीं माना जा सकता। योग्य तथा कुशल कर्मचारी तो संस्था की सम्पत्ति होते हैं और इन्हीं के परिश्रम तथा कार्य निष्पादन से संस्था प्रगति के पथ पर अग्रसर होती है।

4. **निर्देशन** (Direction) – प्रबन्ध मूलतः व्यक्तियों से काम करवाने की कला है। दूसरे व्यक्तियों से काम करवाने के लिए यह आवश्यक है कि उनके कार्य को निर्धारित उद्देश्यों एवं लक्ष्यों की प्राप्ति हेतु निर्धारित दिशाओं में प्रशस्त तथा निर्देशित किया जाय। निर्देशन का अर्थ है— उपक्रम में विभिन्न नियुक्त व्यक्तियों को यह बतलाना कि उन्हें क्या करना है, कैसे करना है तथा यह देखना कि वे व्यक्ति अपना कार्य उसी प्रकार कर रहे हैं या नहीं। निर्देशन प्रबन्ध का महत्वपूर्ण कार्य इसलिए है क्योंकि यह संगठित प्रयत्नों को प्रारम्भ करता है, प्रबन्धकीय निर्णयों को वास्तविकता का जामा पहनाता है और उद्योग अथवा व्यवसाय को अपने उद्देश्यों एवं लक्ष्यों को प्राप्त करने की दिशा में अग्रसर करता है। प्रत्येक प्रबन्धक को, चाहे वह प्रबन्ध के किसी भी स्तर पर कार्य क्यों न करता हो, अपने अधीनस्थ कर्मचारियों के कार्यों को सही दिशा में प्रशस्त करने के लिए उनका निर्देशन करना पड़ता है। उस व्यक्ति में, जो निर्देश देता है, गतिशील नेतृत्व का गुण होना चाहिए। किसी भी व्यवसाय अथवा उद्योग में निर्देशक/प्रबन्धक की स्थिति एक जहाज के कप्तान की तरह होती है।

5. **समन्वय** (Co-ordination) – एक ही कार्य की विभिन्न व्यक्तियों द्वारा भिन्न-भिन्न रूप से व्याख्या करना मानव जाति का स्वभाव है। इन वैचारिक मतभेदों से उपक्रम के सामूहिक उद्देश्यों को पूर्ण करना कठिन है। इन उद्देश्यों की प्राप्ति के लिए व्यक्तिगत क्रियाओं, विचारों, कार्यकलापों तथा भावनाओं में सामंजस्य लाना आवश्यक है। इसी सामंजस्य को समन्वय कहते हैं। मूने तथा रैले (Mooney and Railey) के अनुसार विभिन्न क्रियाओं के मध्य एकता बनाये रखने के उद्देश्य से सामान्य उद्देश्य की पूर्ति हेतु सामूहिक प्रयत्नों में सुव्यवस्था करने को ही समन्वय कहते है।

उक्त विचारों से यह स्पष्ट है कि समन्वय वह प्रक्रिया है, जिससे व्यक्तिगत क्रियाओं में सामान्य उद्देश्यों की प्राप्ति के लिए सामंजस्य स्थापित किया जाता है। किसी भी उपक्रम को निर्बाध रूप से चलते रहने के लिए, अच्छे मानवीय संबंधों के विकास के लिए, सुदृढ़ निर्णयों तथा पूर्ण निर्धारित लक्ष्यों को पूर्ण कुशलता के साथ पूरा कराने के लिए सामंजस्य अति आवश्यक है। अतः समन्वय प्रबन्ध का आधारभूत कार्य है, क्योंकि समन्वय के अभाव में कोई भी प्रतिष्ठान अपने इच्छित उद्देश्यों की प्राप्ति नहीं कर सकेगा।

6. **नियन्त्रण** (Control) – क्या समस्त कार्य योजनाबद्ध चल रहे हैं? क्या क्रियाएँ निर्धारित लक्ष्यों की ओर अग्रसर हो रही हैं? और क्या इनमें कोई सुधार की आवश्यकता है? इन समस्त प्रश्नों का हल प्रभावशाली नियंत्रण में निहित है। नियंत्रण वर्तमान कार्यों को पूर्व निर्धारित लक्ष्यों से मिलान करने की वह प्रक्रिया है जिससे मानवीय तथा भौतिक साधनों के औचित्यपूर्ण उपयोग का ज्ञान हो सके तथा यदि आवश्यक हो तो उन प्रक्रियाओं में सुधार किया जा सके। इस कारण इसे प्रबन्ध का एक आवश्यक एवं आधारभूत कार्य माना जाता है।

उपक्रम में कितनी भी श्रेष्ठ योजना क्यों न बनाई जाए, यदि उसका भली भांति क्रियान्वयन नहीं होगा तो संगठन की श्रेष्ठ योजना का लाभ नहीं मिल पायेगा। कुछ स्वाभाविक गलतियां, अवांछनीय निर्देश तथा अनावश्यक कार्य उपक्रम के कार्यों के निष्पादन में अनावश्यक विचलन उत्पन्न कर देते हैं। इन्हें दूर करने के लिए तथा प्रतिष्ठान के कार्यों को गति प्रदान करने के उद्देश्य से प्रभावी नियन्त्रण की व्यवस्था को महत्व देना अति आवश्यक है। इसके अतिरिक्त नियंत्रण तुलनात्मक अध्ययन तथा उत्तरदायित्व की स्थापना करने के लिए भी आवश्यक है।

7. **उत्प्रेरण** (Motivation) – किसी भी व्यवसाय अथवा उद्योग को सुचारू रूप से चलाने के लिए भौतिक तत्वों के अतिरिक्त एक और तत्व की आवश्यकता होती है, जिसे मानव तत्व अथवा श्रम तत्व (human or labour factor) कहते हैं। इस श्रम तत्व के द्वारा ही भौतिक साधनों का उपयोग किया जाना सम्भव होता है। यह श्रम तत्व उसी समय अपनी पूर्ण कुशलता से कार्य करने को प्रेरित हो सकेगा जबकि उसे अधिक सन्तुष्टि प्रदान की जाय। इसी को उत्प्रेरण कहते हैं। क्योंकि प्रबन्ध को शुरू से लेकर अन्त तक श्रम तत्व अर्थात् श्रमिकों से व्यवहार करना पड़ता है और ये बिना पर्याप्त प्रेरणा के कार्य करने को तत्पर नहीं होते, इस कारण उत्प्रेरण को न केवल प्रबन्ध के एक महत्वपूर्ण कार्य करने के रूप में मान्यता दी गई है, अपितु इस पर प्रबन्ध द्वारा आजकल सबसे अधिक ध्यान दिया जाने लगा है। इसका कारण यह है कि मशीन की तरह श्रमिक से स्विच दबाकर कार्य नहीं कराया जा सकता है। श्रमिक के

अपने विचार, इच्छाएँ एवं आकांक्षायें होती हैं। अतएव एक श्रमिक में कार्य के प्रति रुचि उत्पन्न करना, उस रुचि में वृद्धि करना तथा विकास के लिए हार्दिक इच्छाएँ उत्पन्न करना आवश्यक है। ये सभी कार्य उत्प्रेरण के अन्तर्गत आते हैं। उत्प्रेरण का उद्देश्य उपक्रम के विभिन्न स्तरों पर कार्य कर रहे समस्त कर्मचारियों को उत्पादन बढ़ाने की प्रेरणा देना तथा इस दिशा में उन्हें सफलता प्रदान करने के लिए उचित अवसर प्रदान कराना है। कुशल उत्प्रेरण से स्वस्थ मानवीय संबंध विकसित होते हैं, जो कि उपक्रम की सफलता में बहुत सहायक होते हैं।

प्रश्न

1. वैज्ञानिक प्रबन्ध की परिभाषा दीजिए। (राज. नव.99)
2. टेलर के वैज्ञानिक प्रबन्ध से संबंधित विचारों को बताइये।
3. टेलर के वैज्ञानिक प्रबन्ध के आधारभूत सिद्धान्तों को संक्षेप में समझाइए।
4. फेयोल के प्रबन्ध के सिद्धान्तों को समझाइये। (राज. नव.97)
5. प्रबन्ध के क्या कार्य हैं ? समझाइए। (राज. अप्रैल 97)
6. वैज्ञानिक प्रबन्ध के क्या लाभ हैं ? विवेचना कीजिए।
7. वैज्ञानिक प्रबन्ध के क्या उद्देश्य है ? (राज. नव.95)
8. वैज्ञानिक प्रबन्ध पर संक्षिप्त टिप्पणी लिखिये। (राज. अप्रैल 96)
9. आदेश की एकता (Unity of command) का सिद्धान्त लिखिये। (राज. नव.96)
10. उपभोक्ताओं को वैज्ञानिक प्रबन्ध से लाभ लिखिये। (राज. अप्रैल 97)
11. नियंत्रण का विस्तार (span of control) से आप क्या समझते हैं ? (राज. अप्रैल 97, अप्रैल 98)
12. अधिकार (authority) एवं जिम्मेदारी (responsibility) में अन्तर स्पष्ट कीजिए। (राज. अप्रैल 98)
13. प्रबन्ध के प्रमुख कार्यों का वर्णन कीजिए। (राज. नव.98)
14. वैज्ञानिक प्रबन्ध के क्या लक्षण होते हैं ? समझाइये। (राज. अप्रैल,2000)

अध्याय - 3

स्वामित्व के प्रकार
(Types of Ownership)

3.1 प्रस्तावना (Introduction)

'स्वामित्व' एक विस्तृत शब्द है। साधारण भाषा में इसका अर्थ है कि व्यावसायिक संस्था या उपक्रम पर किसका अधिकार है— निजी व्यक्तियों का या राज्य का ? निजी व्यक्तियों में भी एक व्यक्ति का अधिकार है अथवा व्यक्तियों के समूह का। संस्था का 'स्वामित्व संगठन' एवं 'व्यावसायिक संगठन' का प्रारूप' दोनों एक दूसरे के पर्यायवाची हैं।

जब एक व्यवसायी, उद्यमी अपने व्यवसाय/ औद्योगिक प्रतिष्ठान की स्थापना का निर्णय लेता है तो उसके समक्ष एक महत्वपूर्ण समस्या यह उत्पन्न होती है कि वह स्वामित्व के कौनसे प्रारूप (form) का चुनाव करे ? यह निर्णय केवल निजी क्षेत्र में कार्य करने वाले व्यवसायियों को ही नहीं लेना पड़ता है बल्कि सार्वजनिक क्षेत्र को भी लेना पड़ता है। इसका कारण स्पष्ट है कि प्रारम्भ में निजी क्षेत्र में केवल एकाकी प्रारूप तथा सार्वजनिक क्षेत्र में केवल विभागीय प्रारूप ही प्रचलित था। लेकिन युग के परिवर्तन के साथ-साथ स्वामित्व के प्रारूप में भी परिवर्तन होता रहा है। परिणामस्वरूप आज निजी एवं सार्वजनिक दोनों क्षेत्रों के व्यवसायों को विभिन्न प्रारूपों में संगठित किया जा सकता है।

3.2 स्वामित्व के प्रकार (Types of Ownership)

व्यावसायिक संस्था या उपक्रम के प्रकार को निर्धारित करने वाले दो तत्व हो सकते हैं – (1) वैधानिक, एवं (2) स्वामित्व। संस्था का वैधानिक स्वरूप उसकी मर्यादा को निर्धारित करता है और उसके अनुसार उसकी कार्यविधि भी निर्धारित करता है। जहाँ तक संस्था के स्वामित्व का प्रश्न है, वह उसके वैधानिक स्वरूप से ही निर्धारित होता है। इस प्रकार से किसी भी व्यावसायिक संस्था के वैधानिक अथवा स्वामित्व के प्रकार को ही व्यावसायिक संगठन का स्वरूप कहते हैं।

स्वामित्व के आधार पर व्यावसायिक संस्था या उपक्रम को विस्तृत रूप से दो भागों में विभाजित कर सकते हैं—

1. निजी उद्यम (Private enterprises), तथा
2. सरकारी उद्यम (Public enterprises)

उपरोक्त दोनों प्रकार के उद्यमों को कई भागों में विभाजित किया जा सकता हैं, इन्हें निम्न रेखाचित्र में दर्शाया गया है —

व्यावसायिक स्वामित्व के प्रकार
(Types of Ownership)

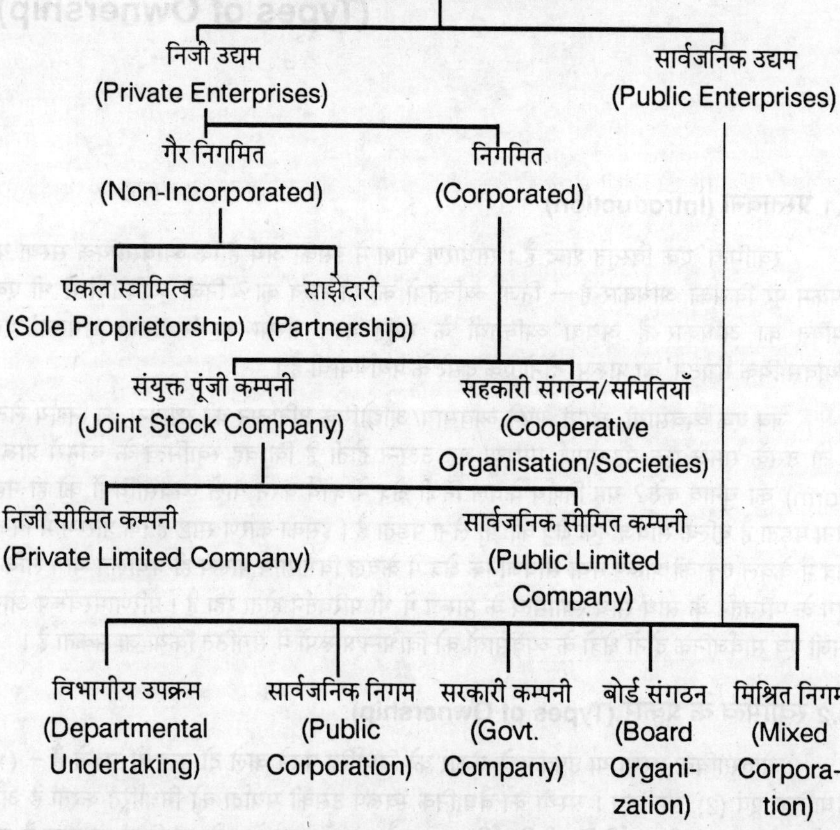

3.3 एकाकी व्यापार या एकल स्वामित्व (Sole Trading or Sole Proprietorship)

एकाकी व्यापार, व्यापार का वह स्वरूप है जिसे एक व्यक्ति ही प्रारम्भ करता है, चलाता है तथा जिसके लाभ और हानि उसके ही द्वारा सहन किये जाते हैं। चार्ल्स डब्ल्यू. गर्स्टनबर्ग के अनुसार 'एकाकी व्यापार वह व्यापार है जो एक व्यक्ति द्वारा ही प्रारम्भ किया जाता है तथा वही व्यक्ति उसका संचालन कर उसके लाभ-हानि का पूर्ण उत्तरदायी होता है।"

इससे इस निष्कर्ष पर पहुंचते हैं कि एकाकी व्यापार में पूंजी उसी व्यक्ति को लगानी पड़ती है जो व्यापार प्रारम्भ करता है। उसके संगठन तथा प्रबन्ध का पूर्ण दायित्व उसी पर होता है तथा वह उसे

अपनी रुचि के अनुसार कर सकता है। उन सेवाओं के प्रतिफल में व्यापार से जो कुछ लाभ होता है उसका अधिकारी भी वह स्वयं ही है। इसके विपरीत उसको व्यापारिक त्रुटियों के कारण यदि व्यापार में किसी प्रकार का घाटा हो जाय तो समस्त घाटे के लिए वह पूर्ण रूप से उत्तरदायी रहने को बाध्य है। एकाकी व्यापार का स्वरूप तथा आकार व्यापारी की स्वयं की स्थिति पर निर्भर करता है।

3.3.1. एकाकी व्यापार के लाभ (Advantages of Sole Trading)

1. यह बगैर कानूनी अड़चनों के प्रारम्भ किया जा सकता है।
2. इसमें एक ही व्यक्ति स्वामी होता है अतः वह व्यापार की उन्नति के लिए निरन्तर प्रयत्नशील रहता है।
3. इसमें व्यापारी को किसी कार्य को करने की अनुमति नहीं लेनी पड़ती, इसलिए वह व्यापारिक अवसरों का लाभ उठाकर लाभप्रद व्यापार करने में सफल हो जाता है।
4. इसमें व्यापार का संचालन एक ही व्यक्ति के हाथ में होने से व्यवसाय में गोपनीयता बनाये रखना सम्भव है।
5. इसमें व्यापारी ग्राहक के सीधे सम्पर्क में आता है अतः वह ग्राहक की रुचियों से परिचित रहता है।
6. इसमें कर्मचारियों के साथ सीधा संबंध सम्भव है, अतः उनसे मधुर संबंध बनाये रखने में सुविधा होती है।
7. होने वाला सभी लाभ मालिक को ही मिलता है, इसलिए वह अपनी योग्यता व रुचि से कार्य करता है।
8. ऊपरी खर्चे कम होने से माल सस्ता बेचा जा सकता है।

3.3.2. एकाकी व्यापार की हानियां (Disadvantages)

1. पूंजी सीमित होने के कारण आधुनिक फैक्टरी लगाना संभव नहीं है।
2. अपरिमित दायित्व (unlimited liabilities) होता है।
3. मालिक सभी तकनीकों (techniques) में दक्ष नहीं हो सकता है।
4. व्यवसाय का विस्तार सीमित होता है।
5. मालिक की अक्षमता (incapability) के कारण व्यवसाय में हानि होने पर उसे बन्द करना पड़ सकता है।
6. मालिक की मृत्यु हो जाने पर अथवा कार्य करने में असमर्थ होने पर आवश्यक नहीं कि उसके उत्तराधिकारी भी उतनी ही योग्यता से व्यापार चला सकें, इसलिए व्यापार प्रायः बिगड़ जाता है अथवा उसका अन्त हो जाता है।

3.4 साझेदारी (Partnership)

साझेदारी दो या दो से अधिक व्यक्तियों की वह संस्था है, जिसमें वह अपनी स्वतंत्र इच्छा से किसी व्यापार को वैधानिक रूप से चलाने, अपना स्वामित्व रखने तथा उसमें होने वाले सामूहिक लाभ को प्राप्त करने के लिये निजी धन, सम्पत्ति, श्रम तथा कुशलता का सामूहिक प्रयोग करते हैं। इस प्रकार जिस व्यापार के दो या दो से अधिक स्वामी होते हैं तथा उनका आपस में निश्चित व्यापारिक समझौता होता है, उसको साझेदारी कहेंगे। समझौते की सफलता साझेदारों के आपसी सहयोग व विश्वास पर निर्भर करती है।

भारतीय साझेदारी अधिनियम, 1932 अनुसूची-4 (Indian Partnership Act, 1932, Schedule-4) के अनुसार "साझेदारी ऐसे व्यक्तियों का समूह है जो परस्पर किसी व्यवसाय के लाभ में भाग लेने हेतु संगठित हों तथा जिसका संचालन वे सब अथवा उनमें से उनका एक प्रतिनिधि बनकर करता हो। जो व्यक्ति व्यवसाय में भाग लेते हैं उनको साझेदार कहा जाता है और संस्था को फर्म कहते हैं।"

कम्पनी अधिनियम के अनुसार बैंकिंग व्यवसाय (banking business) के लिए साझेदारी की अधिकतम संख्या 10 तथा दूसरे व्यवसायों (non-banking) के लिए 20 तक सीमित रखी गई है।

साझेदारी दो प्रकार से बनाई जा सकती है —

1. मौखिक अनुबन्ध,
2. लिखित अनुबन्ध द्वारा (written agreement)

भविष्य में किसी भी प्रकार के मतभेदों की संभावनाओं को मद्दे-नजर रखते हुए यह उचित ही है कि साझेदारों के बीच लिखित अनुबन्ध हो, इसे साझेदारी समझौता (partnership deed) कहते हैं।

3.4.1. साझेदारी के लाभ (Advantages of Partnership)

1. इसको बिना किसी वैधानिक कार्यवाही (Legal formalities) के प्रारम्भ किया जा सकता है तथा रजिस्ट्री व स्टाम्प ड्यूटी के भारी खर्चे की जरूरत नहीं है।
2. यह एक लचीला संगठन है और अधिकांश वैधानिक प्रतिबंधों से मुक्त रहता है।
3. इसमें अलग-अलग योग्यताओं के व्यक्तियों के सम्मिलित होने के कारण व्यापारिक कुशलता (skill) बढ़ जाती है।
4. एकाकी व्यापार की तुलना में इसमें अधिक साझेदार होने के कारण अधिक पूंजी लगाई जा सकती है।
5. इसमें सोचने के लिए तथा निर्णय लेने के लिए कई सदस्य होते हैं, इसलिए व्यापार का प्रबन्ध अच्छी तरह से हो सकता है।
6. साझेदारी में जितना अधिक परिश्रम किया जायेगा उतना ही अधिक साझेदारों को लाभ होगा।

3.4.2. साझेदारी की हानियां (Disadvantages)

1. इसमें दायित्व अपरिमित (Unlimited liabilities) रहता है।
2. कोई भी साझेदार अपने अंश को उस व्यक्ति को जो साझेदार नहीं है, नहीं बेच सकता है।
3. बड़े उद्योग के लिये अधिक पूंजी जमा नहीं हो सकती है।
4. यदि किसी साझेदार की नीयत खराब हो ज़ाय तो पूरे व्यवसाय को नुकसान हो सकता है।
5. जब कोई साझेदार अपनी पूंजी वापस लेना चाहे तो वह पूंजी तभी ले सकता है जबकि साझेदारी का अन्त कर दिया जावे।
6. किसी भी साझेदार की मृत्यु हो जाने पर साझेदारी को समाप्त माना जाता है।

3.5 एकल स्वामित्व तथा साझेदारी में अन्तर (Difference between Sole Proprietorship and Partnership)

अन्तर का आधार	एकल स्वामित्व	साझेदारी
1. सदस्यों की संख्या	इसमें एक से अधिक सदस्य होने का प्रश्न ही नहीं उठता।	इसमें कम से कम दो और अधिक से अधिक 20 सदस्य हो सकते हैं। बैंकिंग व्यवसाय करने वाली साझेदारी में अधिकतम 10 सदस्य होते हैं।
2. स्थापना	इसकी स्थापना बहुत सरल है। कोई औपचारिकता नहीं है।	इसकी स्थापना में कुछ औपचारिकताओं, जैसे अनुबंध को पूरा करना आवश्यक है। बिना अनुबंध के साझेदारी अस्तित्व में नहीं आ सकती।
3. रजिस्ट्रेशन या पंजीकरण	इसके लिए पंजीकरण का कोई प्रावधान किसी भी अधिनियम में नहीं है।	इसका पंजीकरण साझेदारी अधिनियम, 1932 तथा आयकर अधिनियम, 1961 के अन्तर्गत कराया जा सकता है।
4. साधन	इसके साधन सीमित होते हैं क्योंकि एक ही व्यक्ति को उन्हें जुटाना पड़ता है।	इसके साधन, पूंजी, प्रबंध कुशलता आदि अपेक्षाकृत अधिक होते हैं क्योंकि कई साझेदार मिलकर व्यवसाय चलाते हैं।
5. निर्णय	निर्णय शीघ्र लिये जा सकते हैं क्योंकि किसी अन्य व्यक्ति की सहमति लेना आवश्यक नहीं है लेकिन गलत और उतावले निर्णय लेने की संभावना अधिक रहती है।	महत्वपूर्ण मामलों पर सभी साझेदारों की सहमति से ही निर्णय लिये जा सकते हैं। अतः निर्णय लेने में देर लगती है। निर्णय अधिक सूझ-बूझ से लिये जाते हैं।

6. गोपनीयता	केवल एक व्यक्ति तक ही सीमित रहने से व्यावसायिक मसले अधिक सुरक्षित एवं गोपनीय रहते हैं।	कई साझेदारों के कारण व्यावसायिक बातों की गोपनीयता मुश्किल से रह पाती है।
7. कार्य-क्षेत्र	इसका कार्य-क्षेत्र साझेदारी की तुलना में सीमित होता है।	साझेदारी संस्था का कार्य-क्षेत्र एकाकी व्यापार की अपेक्षा विस्तृत होता है।
8. लाभ-हानि का बंटवारा	इसमें अकेला स्वामी ही समस्त लाभ-हानि का अधिकारी होता है।	इसमें समस्त लाभ-हानि का बंटवारा साझेदारों के बीच अनुबन्ध के अनुसार होता है।
9. उत्तराधिकार	एकाकी व्यापारी की मृत्यु होने पर उसका उत्तराधिकारी स्वयं एकाकी व्यापारी बन जाता है।	एक मृतक साझेदार का उत्तराधिकारी साझेदारी में साझेदार नहीं हो सकता।

3.6 संयुक्त पूंजी कम्पनी (Joint Stock Company)

कम्पनी व्यक्तियों का एक समूह है। इसका अस्तित्व अपने सदस्यों से अलग होता है। कई लोग मिलकर कम्पनी में पूंजी लगाते हैं, इस कारण इसे संयुक्त पूंजी कम्पनी कहते हैं। अतः ऐसे व्यक्तियों (सदस्यों) का स्वैच्छिक संगठन होता है जो लाभ कमाने के लिए विभिन्न मान के अंशों (shares) के रूप में व्यवसाय में पूंजी लगाते हैं। ऐसे व्यक्तियों को अंशधारी (share-holders) कहते हैं। इसके संचालन के लिए एक मण्डल (board) होता है, जिसे निदेशक मण्डल (board of directors) कहते हैं। इनका चुनाव अंशधारियों द्वारा किया जाता है। प्रबन्ध के लिये आवश्यक सभी अधिकार निदेशक मण्डल को मिले होते हैं। इसमें सदस्यों के परिमित दायित्व होते हैं। यद्यपि यह कोई निकाय (body) नहीं है, फिर भी इसको कानूनी माना जाता है। यह कम्पनी दो प्रकार की होती है —

1. **निजी सीमित कम्पनी (Private Limited Company)** — इस प्रकार की कम्पनी दो या अधिक सदस्यों द्वारा बनाई जा सकती है। इसमें अधिकतम 50 सदस्य हो सकते हैं। ये सभी अंशधारी कहलाते हैं। साधारणतया यह रिश्तेदारों या मित्रों को मिलाकर बनाई जाती है। इसमें अंश सिर्फ सदस्यों को ही हस्तांतरित किये जा सकते हैं। इस प्रकार की कम्पनी को प्रविवरण (prospectus) तथा अन्य विवरण प्रकाशित करने की आवश्यकता नहीं है। प्रत्येक सदस्य स्थिति विवरण (balance-sheet) व अंकेक्षण रिपोर्ट (audit-report) की प्रतिलिपि प्राप्त करने का हकदार होता है। इस प्रकार की कम्पनी में ऐसे व्यक्ति जो परिमित दायित्व के लाभ के साथ-साथ जहां तक संभव हो व्यवसाय को निजी रखना चाहते हैं, पूंजी लगा सकते हैं। प्राइवेट कम्पनी के नाम के साथ 'प्राइवेट' शब्द का लगाना कानूनी रूप से आवश्यक है।

2. **सार्वजनिक सीमित कम्पनी (Public Limited Company)** — भारतीय कम्पनी अधिनियम, 1956 की धारा 3(i) व (iv) के अनुसार, "सार्वजनिक कम्पनी का आशय एक ऐसी कम्पनी से है, जो निजी कम्पनी नहीं है।" दूसरे शब्दों में, एक सार्वजनिक कम्पनी न तो अंशों के हस्तान्तरण पर रोक लगाती है और न सदस्यों की संख्या पर। सार्वजनिक कम्पनी अपनी पूंजी अंशों एवं ऋण-पत्रों को जनता में बेचकर इकट्ठा कर सकती है।

इसकी सदस्यता देश के सभी व्यक्तियों के लिये खुली है। इसमें सदस्यों की न्यूनतम संख्या 7 है व अधिकतम संख्या के लिये कोई सीमा नहीं है। प्रत्येक सदस्य अंशधारी (Share-holder) कहलाता है। इस प्रकार की कम्पनी प्रारम्भ करने के लिये प्रविवरण व अन्य विवरण प्रकाशित करना होता है। इस प्रकार की कम्पनी पर सरकार का अधिक नियंत्रण होता है, ताकि अंशधारियों के हितों की रक्षा की जा सके। अंशों का हस्तान्तरण भागों में या पूर्ण रूप से किया जा सकता है, इसके लिये अग्रिम स्वीकृति आदि की आवश्यकता नहीं होती। कम्पनी का कार्य देखने के लिये निदेशक मण्डल (Board of directors) का चुनाव सभी सदस्यों द्वारा मिलकर किया जाता है। निदेशक मण्डल में सदस्य संख्या 7 तक होती है। प्रत्येक अंशधारी को वर्ष में एक बार बेलेन्स शीट व अंकेक्षण रिपोर्ट प्राप्त करने का हक होता है।

3.6.1. संयुक्त पूंजी कम्पनी के लिए पूंजी के स्रोत (Sources of Capital for Joint Stock Company)

व्यवसाय को प्रारम्भ करने, चालू रखने, बढ़ाने, परिवर्तन करने (alterations) तथा पुनः स्थापन (replacement) के लिये पूंजी की आवश्यकता होती है।

संयुक्त पूंजी कम्पनी के लिए पूंजी के स्रोत निम्न हैं —

1. अंशों द्वारा (By issue of shares)
2. डिबेन्चर्स द्वारा (By issue of debentures), यह ऋण बतौर है, सिर्फ ब्याज देना पड़ता है।
3. बैंकों से ऋण (Loan from Banks)
4. निम्न सरकारी संस्थाओं से ऋण लेकर —
   (i) औद्योगिक निगम (Industrial Corporation)
   (ii) राज्य वित्त निगम (State Finance Corporation or R.F.C.)
   (iii) औद्योगिक विकास बैंक (Industrial Development Bank)

3.6.2. संयुक्त पूंजी कम्पनी के लाभ (Advantages) –

1. अंशधारियों का दायित्व प्रत्यक्ष मूल्य तक ही सीमित रहता है।
2. इससे अधिक लोग धन लगाने को प्रेरित रहते हैं, अतः आधुनिक उद्योग चलाने के लिए अधिक पूंजी संग्रहित की जा सकती है।
3. यह कानूनी बंधनों के अन्तर्गत आती है इसलिए जनता का पूरा विश्वास रहता है।
4. अधिक सदस्य होने से हानि का खतरा बंट जाता है, अतः साधारण व्यक्ति भी बिना किसी झिझक के पूंजी लगा सकता है।
5. इसमें कार्य का विभाजन विभिन्न समुदाय के व्यक्तियों में किया जा सकता है, अतः कार्य सरल व अच्छा होता है।

6. इसमें उच्च अधिकारियों को अच्छा वेतन देकर उनसे दक्षतापूर्वक कार्य करवाया जा सकता है, इस कारण प्रशासन अच्छा रहता है।
7. किसी भी अंशधारी के अलग हो जाने या मृत्यु हो जाने पर व्यवसाय पर कोई प्रभाव नहीं पड़ता, अतः अस्तित्व निरन्तर बना रहता है।
8. कम्पनी बड़ी हो जाने के कारण अधिक लोगों को रोजगार देती है।

3.6.3. संयुक्त पूंजी कम्पनी की हानियाँ (Disadvantages) –

1. वेतन भोगी प्रबंधकों की रुचि कम रहने पर दक्षता कम हो जाती है, तथा घाटा हो सकता है।
2. इस प्रकार के संगठनों के निदेशक तथा प्रबन्ध के अन्य सदस्यों के व्यक्तिगत लाभ के अधिक अवसर रहते हैं, क्योंकि वे कम्पनी की आर्थिक स्थिति से वाकिफ रहते हैं तथा उसके अनुसार अंश खरीद व बेच सकते हैं।
3. इस प्रकार की कम्पनी में देश के विभिन्न भागों के व्यक्ति अंशधारी होते हैं। लेकिन शायद ही कभी सामान्य बैठक (general meeting) में भाग ले पाते हैं। अतः अधिकतर अंशधारियों का वास्तविक प्रबन्ध पर बहुत कम नियन्त्रण रहता है। इस कारण निदेशक मण्डल के सदस्य अपनी मनमानी करने लगते हैं।
4. कम्पनी को बनाने के लिये कई तरह के विवरण तैयार करने पड़ते हैं। यह महंगा भी पड़ता है तथा इसमें समय भी काफी व्यर्थ जाता है।

3.7 साझेदारी तथा संयुक्त पूंजी कम्पनी की तुलना (Comparision between Partnership and Joint Stock Company)

साझेदारी (Partnership)	संयुक्त पूंजी कम्पनी (Joint Stock Company)
1. इसमें साझेदारों से पृथक कोई कानूनी उपस्थिति (Legal existence) नहीं होती है।	1. इसमें अंशधारियों से पृथक कानूनी उपस्थिति (Legal existence) होती है।
2. गैर बैंकिंग व्यवसाय में अधिकतम 20 तथा बैंकिंग व्यवसाय में अधिकतम 10 सदस्य होते हैं।	2. निजी सीमित कम्पनी में अधिकतम 50 सदस्य व सार्वजनिक सीमित कम्पनी में अधिकतम सदस्यों की संख्या असीमित होती है।
3. साझेदारों की इच्छा के अनुसार कोई भी व्यापार किया जा सकता है।	3. प्रविवरण में वर्णित व्यापार ही किया जा सकता है तथा उतनी ही पूंजी लगाई जा सकती है।
4. साझेदारों की अनुमति के बगैर अंश स्थानान्तरित नहीं किये जा सकते।	4. बिना किसी की सहमति के अंश स्थानान्तरित किये जा सकते हैं।

5. दायित्व असीमित होते हैं।	5. दायित्व सीमित होते हैं।
6. सम्पत्ति साझेदारों की होती है।	6. सम्पत्ति कम्पनी की होती है।
7. प्रत्येक साझेदार प्रबन्ध कार्य कर सकता है।	7. प्रबन्ध कार्य अंशधारियों द्वारा चुने गये निदेशक मण्डल द्वारा किया जाता है।
8. इसमें लेखा, बैलेन्स शीट व अन्य विभिन्न प्रकार के विवरण, रजिस्टर एवं सूचनायें तैयार करने की आवश्यकता नहीं होती है।	8. इसमें ये सभी कार्य आवश्यक हैं तथा ऐसा न करने पर कम्पनी सरकार की ओर से दण्ड पा सकती है।
9. किसी साझेदार की मृत्यु हो जाने पर या हिस्सा हटा लेने पर व्यापार प्रभावित हो सकता है तथा समाप्त भी हो सकता है।	9. किसी अंशधारी की मृत्यु हो जाने पर अथवा अंश हटा लेने पर इसमें कोई प्रभाव नहीं पड़ता।
10. अधिक पूंजी इकट्ठी नहीं की जा सकती है।	10. अधिक पूंजी इकट्ठी की जा सकती है।
11. इसमें नियंत्रण साझेदारों में बंटा होने से प्रबन्ध में परेशानी उत्पन्न हो सकती है।	11. इस प्रकार की कम्पनी में प्रबन्ध अच्छा व दक्ष होता है।

3.8 सहकारी संगठन/सहकारी समिति (Cooperative Organisation/Society)

श्री एन. बेरोव (N.Barow) के अनुसार "सहकारी समिति उन व्यक्तियों का स्वैच्छिक संगठन होता है जो कि अधिकतर श्रमिक (wage earners) और छोटे उत्पादक होते हैं तथा अपनी घरेलू तथा व्यापारिक स्थिति में सुधार लाने के लिये लोकतांत्रिक तरीके पर संयुक्त प्रबन्ध के अन्तर्गत संगठित होते हैं व सभी मिलकर पूंजी इकट्ठी करते हैं।"

सहकारी संगठन अपने सदस्यों की सेवा करने के अभिप्राय से बनाये जाते हैं। समाज में जो लोग अपने आपको कमजोर महसूस करते हैं, वे अपनी स्वयं की रक्षा के लिये इस तरह के संगठन बना सकते हैं और उनके सदस्य बनकर अपने आपको आधुनिक उत्पादन एवं वितरण के साधनों से होने वाले शोषण से बचा सकते हैं।

3.8.1. विशेषताएँ

1. यह एक स्वेच्छिक (voluntary) संगठन है। सदस्य जब तक चाहे सदस्यता में रह सकता है तथा जब चाहे अपना अंश हटाकर सदस्यता छोड़ सकता है।
2. सदस्यता की कोई सीमा नहीं होती है। सामान्यतया अंश का मान 1 से 10 रुपये तक होता है। इस प्रकार अंश का मान कम होने से अधिक सदस्य बन सकते हैं, क्योंकि गरीब भी इतनी रकम जमा करा सकता है।
3. इसका प्रबन्धकीय मण्डल (managing board) लोकतांत्रिक समानता के आधार पर चुना जाता है। प्रत्येक सदस्य को एक वोट का अधिकार होता है, चाहे उसके कितने ही अंश हों।

मुख्य नीतियां तय करने के लिये सदस्यों की बैठक बुलाई जाती है और उनको कार्यान्वित करने का उत्तरदायित्व प्रबन्ध समिति पर है। समिति अपना पंजीकरण (रजिस्ट्रेशन) भी करवा सकती है। इनका रजिस्ट्रेशन सहकारी संस्थाओं के रजिस्ट्रार के यहां होता है।

पंजीकृत समिति का लाभ यह है कि उसको सरकार की तरफ से सुविधायें मिलती हैं, जैसे — आयकर (इनकम टैक्स) व स्टाम्प ड्यूटी से मुक्ति, ऋण सुविधा आदि ।

3.8.2. सहकारी समितियों के प्रकार (Types of Cooperative Societies)

1. **उत्पादक सहकारी समिति** (Producer's Cooperative Society) – वस्तुओं के निर्माण के लिए व्यक्तियों के संगठन द्वारा बनायी जाने वाली समिति है। यह उस स्थान पर उचित रहती है, जहाँ पर न तो अधिक पूंजी की आवश्यकता होती है और न ही अधिक तकनीकी ज्ञान की। इसमें होने वाला लाभ पूंजीपतियों के पास जाने से बच जाता है। यद्यपि यह औद्योगिक उत्पादन का लोकतांत्रिक प्रबन्ध है, परन्तु यह दुर्भाग्यवश भारत में सफल नहीं हो पायी है।

2. **उपभोक्ता सहकारी समिति** (Consumer's Cooperative Society) – यह समिति अधिक लोकप्रिय है। इसका उद्देश्य निर्माणकर्ता से सीधे माल खरीद कर सदस्यों तथा उपभोक्ताओं तक उचित मूल्य में पहुंचाना है। इस प्रकार से इस समिति के माध्यम से बिचौलियों (middlemen) का विलोपन हो जाता है, जिससे इसका लाभ सदस्यों को बच जाता है। सहकारी समिति द्वारा उचित व कम मूल्य पर वस्तुएँ उपलब्ध कराने के लिये शहरों में सुपर मार्केट/सहकारी बाजार खोले गये हैं। इन्हें प्रारम्भ में काफी सफलता मिली, लेकिन बाद में कुप्रबन्ध, भ्रष्टाचार व अनुभव की कमी के कारण इस प्रकार के बाजार अधिकतर शहरों में संतोषप्रद कार्य नहीं कर पाये।

3. **गृह-निर्माण सहकारी समिति** (Housing Cooperative Society) —यह समिति सदस्यों, जिनको भूखण्ड तथा मकान की आवश्यकता है, उपलब्ध कराने हेतु बनाई जाती है। इन कार्यों के लिए सरकार ने कई सुविधायें प्रदान कर रखी हैं ।

4. **ऋणदाता सहकारी समिति** (Cooperative Credit Society) – इसका उद्देश्य गरीब व मध्यम वर्ग के व्यक्तियों को आर्थिक सहायता ऋण के रूप में देना है, ताकि वे उस राशि को किसी ऐसे काम में लगा सकें जोकि उनके लिये लाभदायक हो। इसमें ऋण ब्याज की दर पर दिया जाता है।

5. **सहकारी कृषि** (Cooperative farming) – इसका उद्देश्य कृषकों के समूह द्वारा सहकारी समिति बनाकर कृषि योग्य भूमि का आकार बढ़ाना है। इस प्रकार कृषि में विज्ञान व टेक्नोलॉजी द्वारा आधुनिक उपकरण प्रयुक्त करते हुए उपज बढ़ाई जा सकती है।

3.8.3. सहकारी समितियों के लाभ (Advantages)

1. यह उत्पाद सस्ता बेचती है, क्योंकि इसमें विज्ञापन आदि पर कोई खर्चा नहीं करना पड़ता।

2. लेखा इत्यादि रखने तथा प्रबन्ध के कार्यों का खर्चा न्यूनतम होता है, क्योंकि सदस्य अवैतनिक रूप से स्वयं ही काम करते हैं।
3. यह अपने कर्मचारियों को अच्छा वेतन व स्थिति प्रदान करते हैं।
4. यह क्योंकि सामुदायिक सेवा के लिये है अतः इसमें अधिक लाभ, काला बाजारी (black-marketing) तथा जमाखोरी जैसी बुराइयाँ नहीं होती।
5. इसमें खरीद सीधे उत्पादकों से होती है, अतः बिचौलियों का लाभ कम हो जाता है।
6. यह भारतीय कृषकों की समस्याओं में सुधार हेतु उचित है, ताकि उन्हें भण्डारण (warehousing), ऋण, mechanised farming आदि की सुविधाएँ प्राप्त हो सकें।
7. इसमें लाभ का हिस्सा समान रूप से निश्चित दर से वितरित किया जाता है तथा शेष सामाजिक विकास कार्यों में लगा दिया जाता है।
8. सामान्य जनता को लाभ पहुंचाती है।
9. इसमें सरकार से ऋण के रूप में अधिक राशि लेना संभव है।
10. सदस्यों में सहकारिता एवं सहयोग की भावना उत्पन्न करती है।

3.8.4. सहकारी समितियों की हानियां (Disadvantages)

1. इसके सदस्य क्योंकि अधिकतर अल्प आय वर्ग वाले होते हैं अतः पूंजी सीमित मात्रा में इकट्ठी की जा सकती है।
2. आर्थिक स्रोत सीमित रहने से उच्च योग्यता प्राप्त व्यक्तियों को नौकरी में रख पाना सम्भव नहीं है।
3. इसमें कठोर व अच्छी देख-रेख की आवश्यकता होती है।
4. इसमें व्यापार यद्यपि सदस्यों के लिये किया जाता है परन्तु असदस्यों को मना कर पाना सम्भव नहीं है।
5. प्रबन्ध अधिकतर असक्षम होता है।
6. सदस्य सामान्यतया अनावश्यक लाभ उठाने की कोशिश करते हैं।

3.9. सार्वजनिक उपक्रम (Public Undertakings, Public Enterprises or State Ownership)

सार्वजनिक उपक्रम को कई नामों से सम्बोधित किया जाता है। इन्हें राजकीय उपक्रम, सार्वजनिक क्षेत्र के उपक्रम, राष्ट्रीयकृत उपक्रम, सरकारी उद्यम, सार्वजनिक उद्यम आदि नामों से भी जाना जाता है। वास्तव में ये ऐसे उपक्रम हैं, जिनकी स्थापना सरकार द्वारा जनहित में सरकारी कोष से धन प्रदान करके की जाती है। सार्वजनिक उपक्रम से आशय एक ऐसे औद्योगिक तथा वाणिज्यिक

उपक्रम से है, जिसका स्वामित्व, प्रबन्ध संचालन तथा नियंत्रण केन्द्रीय सरकार, राज्य सरकार, केन्द्रीय तथा राज्य सरकार या सरकारों अथवा किसी अन्य सार्वजनिक प्राधिकरण (public authority) के अधीन है। दूसरे शब्दों में सार्वजनिक उपक्रम से तात्पर्य एक ऐसे औद्योगिक तथा वाणिज्यिक उपक्रम से हैं जिसका प्रबन्ध या स्वामित्व अथवा दोनों ही सरकार के हाथ में हो तथा समस्त क्रियाओं की देखरेख उसके द्वारा की जाती हो।

सार्वजनिक उपक्रमों के प्रारूप (Forms of Public Enterprises)—सार्वजनिक उपक्रमों के कई प्रारूप हो सकते हैं, उनमें से प्रमुख प्रारूपों का वर्णन नीचे किया जा रहा है ।

1. **विभागीय उपक्रम** (Departmental Undertaking) — सरकारी उपक्रमों के संगठन का यह सबसे प्राचीनतम प्रारूप है। इस प्रकार के प्रारूप में सम्पूर्ण प्रबन्ध, नियन्त्रण, वित्तीय प्रबन्ध आदि सभी सरकार के हाथों में होता है। इस प्रकार के संगठन का सर्वेसर्वा सम्बन्धित मंत्री (minister) ही होता है। साधारणतया इस प्रकार के उपक्रम लाभ कमाने की दृष्टि से नहीं चलाये जाते हैं। इस प्रकार के प्रारूपों का चुनाव ऐसे उद्योगों को चलाने के लिए किया जाता है जिसमें गोपनीयता परमावश्यक है। दूसरे शब्दों में सुरक्षा संबंधी उद्योग, सार्वजनिक उपयोग के उद्योग, सैनिक महत्व के उद्योग का संचालन इस प्रकार के संगठन द्वारा किया जाता है। रेल्वे, पोस्ट एवं टेलीग्राफ तथा प्रतिरक्षा विभाग द्वारा चलाये गये प्रतिष्ठानों के अतिरिक्त केन्द्रीय सरकार के 20 अन्य प्रतिष्ठान विभागों द्वारा चलाये जाते हैं ।
2. **सार्वजनिक निगम** (Public Corporation) – एम.सी. शुक्ला के अनुसार "सार्वजनिक निगम वह संगठित संस्था है, जिसका निर्माण विधान बनाने वाली सभा द्वारा होता है, जिसके निश्चित अधिकार तथा कार्य होते हैं, जो वित्तीय मामलों में पूर्ण स्वतंत्र होती है और जिसकी निश्चित क्षेत्र में या निश्चित प्रकार की वाणिज्यिक क्रिया में कार्य सीमा निर्धारित होती है।" राजकीय उपक्रमों के संगठन की 'सार्वजनिक निगम' पद्धति ने व्यापारिक संगठन के स्वरूपों में एक महत्वपूर्ण स्थान प्राप्त कर लिया है। सार्वजनिक निगम बहुत कुछ संयुक्त पूंजी कम्पनी (Joint Stock Company) से मिलता-जुलता होता है। अन्तर केवल इतना होता है कि सार्वजनिक निगम की स्थापना संसद के विशेष अधिनियम के अन्तर्गत की जाती है। अधिनियम द्वारा ही उसमें प्रबन्ध तथा संचालन संबंधी विधियों की व्यवस्था की जाती है और यदि निगम को कोई विशेष अधिकार दिये जाते हैं तो उनका उल्लेख भी इसमें कर दिया जाता है। औद्योगिक रूप से निगम की स्वतंत्र स्थिति होती है। निगम के किसी भी कार्य के लिए सरकार को उतरदायी नहीं ठहराया जा सकता और न ही सरकार पर दावा ही किया जा सकता है। निगम के लिए वैधानिक रूप से यह आवश्यक नहीं है कि अपनी नीति निर्धारण करने, महत्वपूर्ण मामलों में निर्णय लेने, अधिकारियों की नियुक्ति करने आदि में सरकार से सलाह ले। कभी-कभी ऐसा आवश्यक कर दिया जाता है कि सरकार नीति का मार्गदर्शन करे। दामोदर वेली कॉरपोरेशन, औद्योगिक वित्त निगम, इण्डियन एयरलाइन्स कॉरपोरेशन, फूड कॉरपोरेशन आफ इण्डिया, सीमेन्ट कॉरपोरेशन आफ इण्डिया, राष्ट्रीय वस्त्र निगम, जीवन बीमा निगम आदि इसी के अन्तर्गत आते हैं।

3. **कम्पनी प्रारूप** (Company form of Organisation) – सार्वजनिक उपक्रमों के संगठन का एक महत्वपूर्ण प्रारूप संयुक्त पूंजी कम्पनी (Joint Stock Company) है। सरकारी स्वामित्व होने के कारण इन कम्पनियों को 'सरकारी कम्पनी' कहते हैं। कम्पनी अधिनियम की धारा 617 के अनुसार सरकारी कम्पनी से आशय एक ऐसी कम्पनी से है, जिसकी प्रदत्त अंश पूंजी (paid-up share capital) का कम से कम 51% भाग केन्द्रीय सरकार या किसी राज्य सरकार या सरकारों या अंशतः केन्द्रीय और अंशतः एक या अधिक राज्य सरकारों के पास हो। सरकारी कम्पनी के अन्तर्गत वह कम्पनी भी शामिल कर ली जाती है जो किसी सरकारी कम्पनी की सहायक कम्पनी (subsidiary) हो। सरकार उपक्रम में एक प्रमुख अंशधारी बन जाती है। अंश भारत के राष्ट्रपति के नाम से आवंटित किये जाते हैं। सम्बन्धित मंत्रालय अथवा राज्य के विभाग प्रमुख अंशधारी के अधिकारों का प्रयोग करते हैं। भारत इलेक्ट्रोनिक लिमिटेड, हिन्दुस्तान मशीन टूल्स (HMT), सिन्दरी फर्टिलाइजर फैक्टरी, हिन्दुस्तान शिपयार्ड, हिन्दुस्तान स्टील लिमिटेड, उड़ीसा माइनिंग कॉरपोरेशन, राष्ट्रीय औद्योगिक विकास निगम, स्टेट ट्रेडिंग कॉरपोरेशन आदि इसके अन्तर्गत आते हैं।

4. **बोर्ड या मण्डल द्वारा प्रबन्ध** (State Enterprises Managed by Board) – राजकीय उपक्रमों के प्रबन्ध एवं संचालन की एक विधि 'बोर्ड' संगठन है। इस बोर्ड में विभिन्न संबंधित मंत्रालयों के प्रतिनिधियों को सम्मिलित किया जाता है। इसकी स्थापना का उद्देश्य राजकीय उपक्रमों के नियमों से अधिक सुदृढ़ एवं शीघ्र निर्णय लेना होता है तथा समन्वय को सरल करना होता है। हमारे देश में कई बोर्ड बनाये गये हैं, जैसे भाकड़ा कन्ट्रोल बोर्ड, चम्बल कन्ट्रोल बोर्ड, कोयला कन्ट्रोल बोर्ड, ऑल इण्डिया हैण्डीक्राफ्ट्स बोर्ड आदि।

5. **मिश्रित निगम (Mixed Corporation)** – मिश्रित निगम से आशय ऐसे निगम से है, जिसके स्वामित्व तथा प्रबन्ध में सरकार तथा निजी क्षेत्र का मिश्रण हो। अर्थात् इनमें पूंजी सरकार तथा निजी क्षेत्र के व्यक्तियों द्वारा लगाई जाती है तथा इसके प्रबन्ध के लिए संचालक मण्डल का चुनाव निजी तथा सरकारी क्षेत्र के अंशधारी करते हैं। इनकी स्थापना से सार्वजनिक उपक्रमों की सफलता की आशा निजी क्षेत्र के समान की जा सकती है।

प्रश्न

1. व्यावसायिक स्वामित्व का अर्थ बताइए। व्यावसायिक स्वामित्व एवं संगठन के विभिन्न प्रारूप कौन-कौन से हैं ? संक्षेप में व्याख्या करें।
2. व्यवसाय-संगठन के एकाकी व्यापार की क्या-क्या विशेषताएँ हैं ? इसके गुण-दोषों का विवेचन कीजिए।
3. अनेक बड़ी-बड़ी संयुक्त पूंजी कम्पनी एवं साझेदारी संस्थाओं की तीव्र गति से वृद्धि होते हुए भी एकाकी स्वामित्व के अस्तित्व को खतरा क्यों नहीं है ? समझाइये।
4. साझेदारी की परिभाषा दीजिए। इसके गुण व सीमाओं का विवेचन कीजिए।

5. साझेदारी समझौता क्या है ?
6. एकाकी स्वामित्व व साझेदारी में क्या अन्तर है ? (राज. नव.94)
7. संयुक्त पूंजी कम्पनी से क्या तात्पर्य हैं ?
8. संयुक्त पूंजी कम्पनी कितने प्रकार की होती है एवं उनमें क्या अन्तर है ? (राज. अप्रैल 95)
9. संयुक्त पूंजी कम्पनी कितने प्रकार की होती है ? लाभ व हानि सहित समझाइए। (राज. नव.95, नवम्बर 99)
10. संयुक्त पूंजी कम्पनी कितने प्रकार की होती है ? समझाइए। (राज. नव.97, अप्रैल, 2000)
11. साझेदारी तथा संयुक्त पूंजी कम्पनी की तुलना कीजिये।
12. सहकारी संगठन की परिभाषा दीजिये। इसके गुण-दोषों की विवेचना कीजिये।
13. विभिन्न प्रकार की सहकारी समतियों का वर्णन कीजिए। (राज. नव.94, नवम्बर 99)
14. सार्वजनिक उपक्रम से क्या तात्पर्य है ? भारत में उनके संगठन के विभिन्न प्रारूपों की संक्षेप में विवेचना कीजिये।
15. विभागीय उपक्रम/संगठन का अर्थ बताइये। इनका उपयोग कहां किया जाता है ?

अध्याय - 4

संगठन के प्रकार
(Types of Organisations)

एंडूकॉर्न के अनुसार संगठन किसी भी उद्योग अथवा प्रतिष्ठान के लिये बहुत अधिक महत्वपूर्ण है। किसी भी उद्योग या प्रतिष्ठान की सफलता व विफलता इस बात पर निर्भर करती है कि उसके लिये किस प्रकार का संगठन काम में लाया गया है। प्रत्येक उद्योग में एक ही प्रकार का संगठन उपयोगी नहीं रहता वरन् उद्योग अथवा प्रतिष्ठान के आकार को व उत्पादन प्रक्रिया को देखते हुए भिन्न-भिन्न प्रकार का संगठन प्रयुक्त करना उचित रहता है। संगठन की संरचना को समझने के लिये इन्हें चार्ट द्वारा प्रदर्शित किया जाता है।

किसी भी उद्योग के उचित संचालन के लिये निम्न चार प्रकार के संगठनों में से किसी एक को प्रयुक्त किया जाता है –

1. लाइन या स्केलर संगठन (Line or Scalar Organisaion)
2. क्रियाशील संगठन (Functional Organisation)
3. लाइन एवं स्टाफ संगठन (Line and Staff Organisation)
4. लाइन, स्टाफ व क्रियाशील संगठन (Line, Staff and Functional Organisation)

4.1 लाइन या स्केलर संगठन (Line or Scalar Organisation)

इस संगठन को विभागीय संगठन (Departmental Organisation) भी कहा जाता है। इसे मिलीटरी संगठन (Military Organisation) की संज्ञा भी दी जा सकती है, क्योंकि इस प्रकार के संगठन में प्रबन्धक के आदेश मिलिटरी के आदेशों के समान बगैर किसी व्यवधान के माने जाने चाहिए। इस संगठन में प्राधिकार ऊपर से नीचे चलता है, इस कारण इसे लाइन या स्केलर संगठन कहा जाता है। (चित्र 4.1)

4.1.1. लाइन संगठन के गुण (Advantages)

1. प्राधिकार स्पष्ट रूप से बंटे होने से दायित्व एक दूसरे पर नहीं थोपा जा सकता है।
2. अनुशासन कठोर होता है।

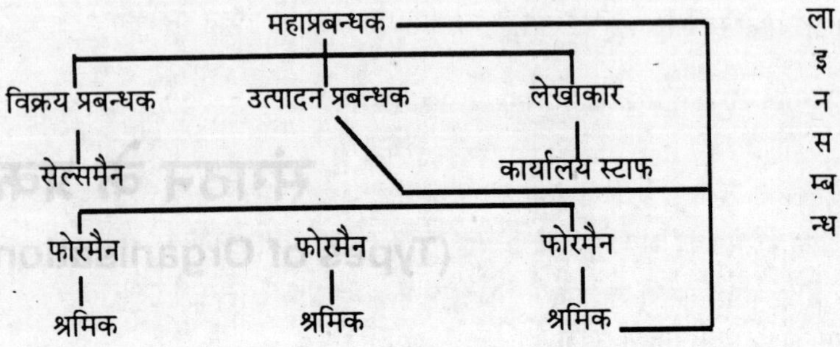

चित्र 4.1

3. निर्णय तुरन्त होते हैं ।
4. व्यक्तिगत दायित्व निश्चित रहने से दोष आसानी व शीघ्रता से ज्ञात हो जाता है ।
5. ऊपर से नीचे तक प्रत्येक व्यक्ति मशीन की तरह व्यस्त रहता है, अतः उत्पादन लागत कम होती है ।
6. समझने में सरल है ।
7. लचीला होने के कारण ठेका लेने तथा विस्तार करने में सक्षम है ।

4.1.2. लाइन संगठन के दोष (Disadvantages)

1. विशेष योग्यता की कमी रहती है ।
2. विभागीय मुखियाओं के ऊपर कार्य भार अधिक रहने के कारण वे विस्तार व आयोजना के बारे में नहीं सोच पाते ।
3. कुछ व्यक्तियों के महत्वपूर्ण होने से उन पर कार्यभार बढ़ता है ।
4. दुर्घटना तथा सामग्री व श्रमिक के अपव्यय के अवसर अधिक होते हैं ।
5. प्रबन्धक के आदेश श्रमिक तक पहुंचने में समय लगता है ।
6. फोरमैन के ऊपर कार्यभार अधिक रहने के कारण एक ही आदेश दो बार हो जाने से अपव्यय होता है ।
7. इसमें अच्छे व कुशल श्रमिकों को पारितोषिक प्रोत्साहन के रूप में नहीं दिया जा सकता है ।

4.1.3. उपयोग

1. लघु व मध्यम आकार के उद्योग अथवा फैक्ट्री के लिये उचित रहता है ।
2. शक्कर, पेपर, तेल शोधन, कताई व बुनाई जैसे लगातार प्रकार वाले उद्योगों के लिये अच्छा होता है ।

3. इसे वहाँ पर प्रयुक्त करना उत्तम है जहाँ श्रमिक समस्याएँ न हों ।
4. जिन उद्योगों में स्वचालित संयंत्र लगे हों वहाँ इसे प्रयुक्त करना उचित होता है ।

4.2. क्रियाशील संगठन (Functional Organisation)

लाइन संगठन में ऐसे फोरमैन की आवश्यकता होती है जो सभी कार्यों में निपुण हो । इस प्रकार का फोरमैन मिल पाना प्रायः असंभव होता है । क्रियाशील संगठन में यह कमी काफी हद तक दूर हो जाती है क्योंकि फोरमैन का कार्य विभिन्न योग्यता के क्रियाशील व्यक्तियों में बंट जाता है ।

यह संगठन इस कारण लाभप्रद है कि इसमें प्रत्येक व्यक्ति अलग क्षेत्र में योग्यता रखता है तथा वह श्रमिकों पर पूरा नियंत्रण रखता है ।

क्रियाशील संगठन का सरल चार्ट चित्र 4.2. के अनुसार होगा –

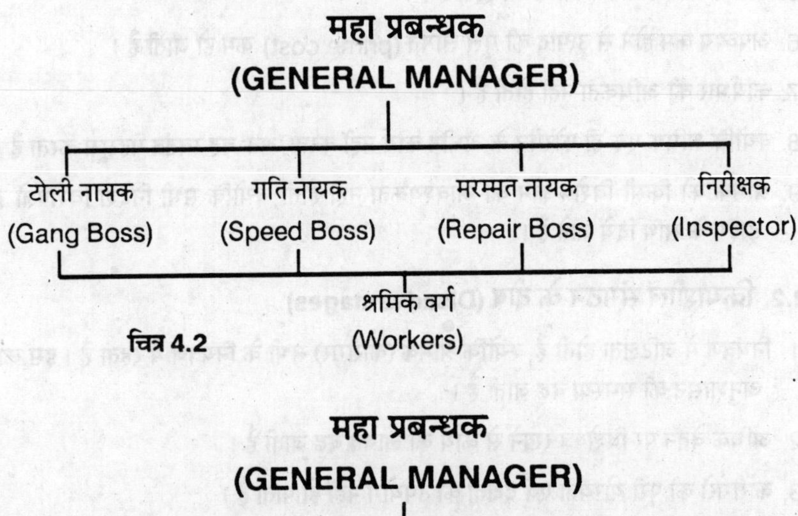

चित्र 4.2

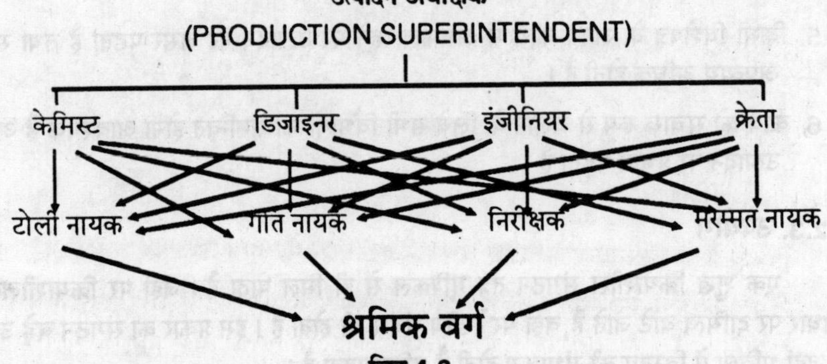

चित्र 4.3

क्रियाशील संगठन को प्राधिकार की श्रेणी के अनुसार विस्तृत रूप से चित्र 4.3 में दर्शाया गया है, जिसे टेलर ने प्रतिपादित किया था।

4.2.1. क्रियाशील संगठन के गुण (Advantages)

1. विशेष योग्यता के कारण कार्य की गुणवता (quality) अच्छी होती है।
2. विशेषज्ञों के द्वारा कर्मचारियों को निर्देश देने के कारण इस प्रकार के संगठन में ज्ञान बढ़ता है।
3. यह मानकीकरण तथा विशेषज्ञता से वृहद पैमाने पर उत्पादन (mass production) में सहायक होता है।
4. यदि किसी संक्रिया में सुधार की आवश्यकता हो तो उसे अन्तिम समय तक सुधारा जा सकता है।
5. फैक्टरी का विस्तार करना संभव होता है।
6. अपव्यय कम होने से उत्पाद की मूल लागत (prime cost) कम हो जाती है।
7. कार्यभार की अधिकता नहीं होती है।
8. क्योंकि श्रमिक एक ही फोरमैन के अधीन कार्य नहीं करता, अतः वह स्वतंत्र महसूस करता है।
9. श्रमिक को किसी विशेष ज्ञान की आवश्यकता नहीं होती, क्योंकि सभी निर्देश विशेषज्ञों द्वारा ड्राइंग के साथ दिये जाते हैं।

4.2.2. क्रियाशील संगठन के दोष (Disadvantages)

1. नियंत्रण में जटिलता होती है, क्योंकि श्रमिक (कारीगर) सभी के नियंत्रण में रहता है। इस कारण अनुशासन की समस्या बढ़ जाती है।
2. अधिक वेतन पर विशेषज्ञ रखने से कार्य की लागत बढ़ जाती है।
3. कारीगरों की पूरी योग्यता एवं दक्षता का उपयोग नहीं हो पाता है।
4. दायित्व को टालना संभव है।
5. किसी विशेषज्ञ के अपने कार्य में असफल रहने पर उत्पादन पर असर पड़ता है तथा सामग्री अपव्यय अधिक होती है।
6. कार्य को सुचारू रूप से चलाने के लिये सभी विभागों का समन्वित होना आवश्यक है अन्यथा उत्पादन पर प्रभाव पड़ता है।

4.2.3. उपयोग

एक शुद्ध क्रियाशील संगठन तंत्र मुश्किल से ही मिल पाता है। जहाँ पर क्रियाशीलता के आधार पर दायित्व बांटे जाते हैं, वहाँ पर रेखीय संबंध भी होता है। इस प्रकार का संगठन बड़े उद्योगों में, जहां भविष्य में विस्तार की संभावना होती है, उचित रहता है।

4.3 लाइन एवं स्टाफ संगठन (Line and Staff Organisation)

एक बड़े आकार के उद्योग में प्रबन्धक के लिये यह संभव नहीं है कि प्रबन्ध के हर भाग की ओर सावधानीपूर्वक ध्यान दिया जा सके। वह उत्पादन तथा विक्रय के कार्य में इतना व्यस्त हो जाता है कि उन्हें सही ढंग से आयोजना के कार्य को करने का समय नहीं मिल पाता। इस कारण से कुछ "स्टाफ" को शोध व अनुसन्धान के कार्य के लिये लगाया जाता है।

इस प्रकार से स्टाफ लाइन के अधिकारियों की सहायता करता हुआ विशेषज्ञता लाता है। लाइन अनुशासन व स्थिरता प्रदान करती है जबकि विशेषज्ञ निर्देश एवं सूचनाएं देते हुए दक्षता में सुधार करने में योगदान देता है। इस प्रकार से स्टाफ "अध्ययन करने वाला" तथा लाइन उसे "कार्यरूप में परिणित करने वाला" होता है।

स्टाफ केवल उसी भाग के क्रियाकलापों को नियंत्रित करता है जिसमें वह विशेष योग्यता रखता है। वह अपने अधिकारियों को इस क्षेत्र से संबंधित विशेष ज्ञान देता है। (चित्र 4.4)

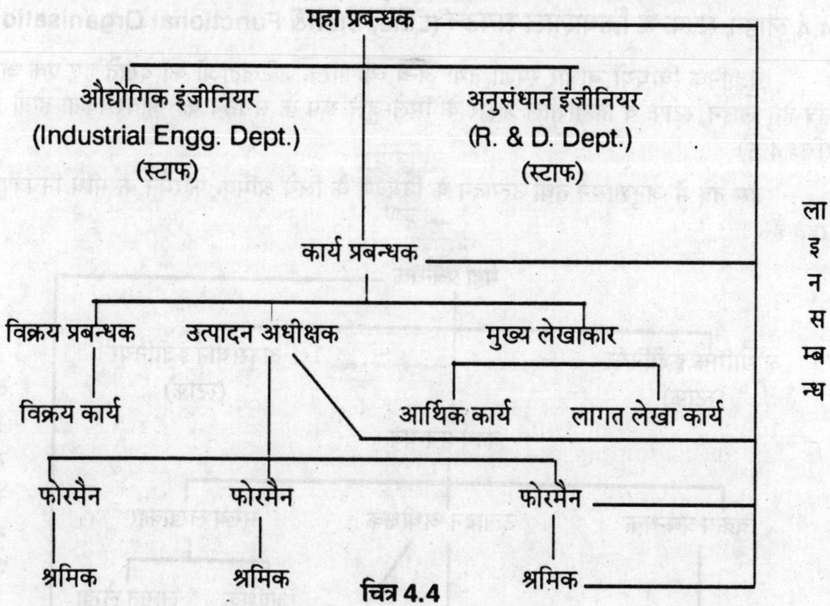

चित्र 4.4

4.3.1. लाइन एवं स्टाफ संगठन के गुण (Advantages)

1. यह सुनियोजित विशेषज्ञतापूर्ण होता है।
2. उत्पाद की गुणवता अच्छी रहती है।
3. विशेषज्ञ ज्ञान उपलब्ध रहता है।
4. अपव्यय कम होता है।

5. महाप्रबन्धक के पास आयोजना व विस्तार जैसे कार्यों के लिये समय उपलब्ध रहता है।
6. अनुशासन की समस्या लाइन संबंध के कारण सुलझ जाती है।

4.3.2. लाइन एवं स्टाफ संगठन के दोष (Disadvantages)

1. क्रियाशील संगठन की भांति इसमें विशेषज्ञ ज्ञान तथा मार्गदर्शन नहीं होता
2. उच्च वर्ग में दायित्व की कमी रहने से अनुशासन अच्छा नहीं रह पाता।
3. उच्च वेतन पर स्टाफ रखने से उत्पादन लागत बढ़ जाती है।
4. किसी भी विभाग में होने वाली ढील (slackness) कार्य को प्रभावित करती है।

4.3.3. उपयोग

इस प्रकार का संगठन आजकल मध्यम व बड़े आकार के उद्योगों में अधिक पसन्द किया जाता है। यह संगठन ऑटोमोबाइल उद्योगों तथा दूसरे इसी प्रकार के उद्योगों में भी प्रयुक्त किया जाता है।

4.4 लाइन, स्टाफ व क्रियाशील संगठन (Line, Staff& Functional Organisation)

वैज्ञानिक विधियों, बाजार स्पर्द्धा तथा अन्य व्यापारिक जटिलताओं को देखते हुए एक अच्छे तंत्र हेतु लाइन, स्टाफ व क्रियाशील प्रकार के मिले-जुले रूप के संगठन की आवश्यकता होती है। (चित्र 4.5)

इस तंत्र में अनुशासन तथा उत्पादन के नियंत्रण के लिये श्रमिक, फोरमैन के सीधे नियंत्रण में रहते हैं।

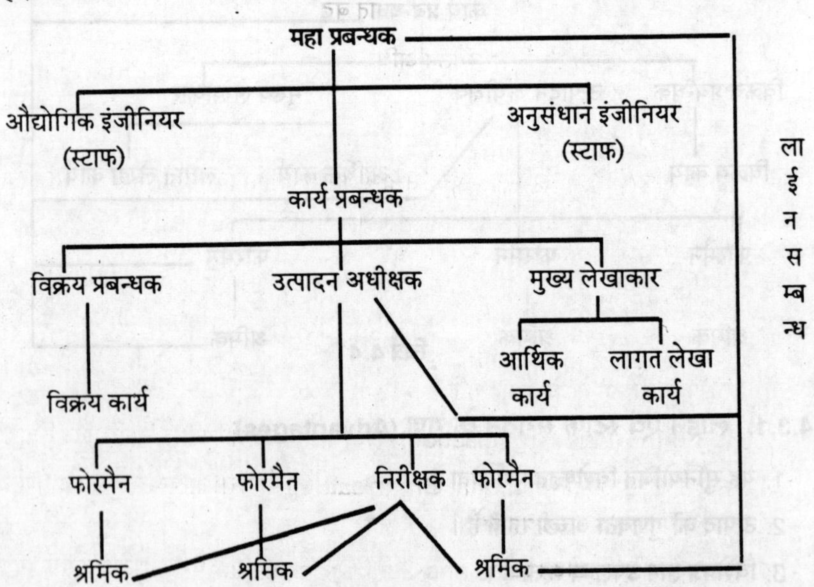

चित्र 4.5

गुणवत्ता का दायित्व निरीक्षक का होता है तथा वह इस कार्य के लिये क्रियाशील संगठन की तरह श्रमिक को सीधा आदेश दे सकता है।

स्टाफ के अन्तर्गत अनुसंधान विभाग, कच्ची सामग्री, तैयार सामग्री, अर्द्ध तैयार सामग्री के विश्लेषण कार्य को रखा जा सकता है।

इस प्रकार से इसमें तीनों संगठन मिल जाते हैं तथा यह संगठन अधिक जटिल हो जाता है।

4.4.1. लाइन, स्टाफ व क्रियाशील संगठन के गुण

1. यह सुनियोजित होता है।
2. विशेषज्ञता उपलब्ध रहती है।
3. श्रमिकों के सीधे फौरमेन के नियंत्रण में रहने से अनुशासन तथा उत्पादन पर नियंत्रण बना रहता है।
4. गुणवत्ता का दायित्व निरीक्षक का होने के कारण वह सीधा श्रमिक को आदेश दे सकता है, जिससे गुणवत्ता अच्छी रहती है।
5. अपव्यय कम होता है।

4.4.2. लाइन, स्टाफ व क्रियाशील संगठन के दोष

1. विशेषज्ञ, स्टाफ रखने के कारण उत्पादन लागत बढ़ जाती है।
2. तीनों संगठनों के मिल जाने से संगठन अधिक जटिल हो जाता है।

4.4.3. उपयोग

आजकल इस प्रकार का संगठन उन सभी राजकीय तथा निजी उद्योगों में प्रयुक्त होता है जहां पर अधिक जटिल प्रक्रम तथा संक्रियाएं होती हैं। जैसे रासायनिक उद्योग, राज्य विद्युत मण्डल, इस्पात संयंत्र तथा अन्य बड़े उद्योग आदि।

प्रश्न

1. उद्योगों में संगठन का क्या महत्व है ?
2. लाइन संगठन (Line Organisation) को गुण, दोष, उपयोगिता व चार्ट सहित बताइये।
3. क्रियाशील संगठन (Functional Organisation) से क्या तात्पर्य है ? इसके गुण, दोष व उपयोगिता चार्ट सहित बताइये।
4. लाइन एवं स्टाफ संगठन (Line and Staff Organisation) में लाइन व स्टाफ से क्या तात्पर्य है ? लाइन एवं स्टाफ संगठन के गुण, दोष व उपयोगिता पर चार्ट की सहायता से प्रकाश डालिये।

5. लाइन व स्टाफ संगठन का चार्ट बनाकर वर्णन कीजिए। (राज. अप्रैल 97)

6. "लाइन, स्टाफ एवं क्रियाशील संगठन अपने आप में एक सम्पूर्ण संगठन है।" क्या आप इस टिप्पणी से सहमत हैं ? इस प्रकार के संगठन का चार्ट बना कर इसके गुण, दोष व उपयोगिता लिखिये।

7. संगठन चार्ट द्वारा लाइन-स्टाफ एवं क्रियाशील संगठन को संक्षेप में समझाइए। (राज. नव.94)

8. एक क्रियाशील संगठन प्रायः मुश्किल से ही क्यों मिल पाता है ? समझाइये।

9. संगठन के प्रकार क्या-क्या है ? लाइन संगठन को लाभ-हानि सहित समझाइये। (राज. अप्रैल 99)

अध्याय - 5

कार्मिक प्रबन्ध
(Personnel Management)

5.1. प्रस्तावना (Introduction)

किसी भी उद्योग में नियोजन, प्रशिक्षण, स्वास्थ्य कल्याण तथा सुरक्षा सम्बन्धित समस्याओं के निदान के लिये कार्मिक विभाग की स्थापना की जाती है। आज के युग में श्रम विधान (Labour Legislation) तथा उद्योगों में श्रमिक संघ की बढ़ती हुई लोकप्रियता को देखते हुए कार्मिक विभाग का महत्व और अधिक बढ़ गया है।

किसी भी उद्योग के कार्मिक विभाग के दायित्व जिस अधिकारी के द्वारा संभाले जाते हैं, उसे मुख्य कार्मिक (Chief Personnel Officer) कहा जाता है। इस अधिकारी को ऐसे सभी कार्यों का ज्ञान होना आवश्यक है जो कि कार्मिक विभाग द्वारा सम्पन्न किये जाते हैं। इसे श्रम विधान, औद्योगिक संबंध, मजदूरी भुगतान की विधियों, संगठन तथा उद्योग की समस्त संक्रियाओं का पूरा ज्ञान होना चाहिए। एक अच्छे कार्मिक अधिकारी में व्यक्तियों के स्वभाव को परखने का गुण भी होना आवश्यक है ताकि वह उनसे भलीभांति कार्य ले सके।

5.2 कार्मिक विभाग के उद्देश्य (Objects of Personnel Department)

कार्मिक विभाग की स्थापना निम्न उद्देश्यों की पूर्ति हेतु की जाती है—

1. श्रमिकों के बारे में जानकारी प्राप्त करने के लिये।
2. श्रमिकों को नौकरी में लगाने के लिये।
3. श्रमिकों को कार्य के लिये तैयार करने के लिये।
4. झगड़ों का निपटारा करने का प्रयास करने के लिये।
5. श्रमिकों के नैतिक स्तर के उत्थान के लिये।

5.3 कार्मिक विभाग के कर्त्तव्य (Functions of Personnel Department)

कार्मिक विभाग के मुख्य कर्त्तव्यों को चार श्रेणियों में बांटा जा सकता है—

1. नियोजन (Employment) से संबंधित कार्य।

2. मानव संबंध (Human Relation) के कार्य ।

3. कर्मचारियों के पारिश्रमिक (Remuneration) के कार्य ।

4. श्रम कल्याण (Labour Welfare) संबंधी कार्य ।

1. नियोजन से संबंधित कार्य

(i) मानव शक्ति के स्रोतों के बारे में पूरी जानकारी रखना ।

(ii) उपलब्ध अभ्यार्थियों में से सबसे योग्य अभ्यार्थी का चयन कर भर्ती करना ।

(iii) चयनित व्यक्तियों के लिये आवश्यकतानुसार प्रशिक्षण की व्यवस्था करना ।

(iv) सभी कर्मचारियों के व्यक्तिगत रिकॉर्ड रखना ताकि उसके आधार पर उनकी पदोन्नति व स्थानान्तरण आदि की सिफारिश की जा सके ।

(v) उद्योग के सभी स्थाई व अस्थाई पदों का रिकॉर्ड रखना ।

(vi) कर्मचारियों की छुट्टियों का रिकॉर्ड रखना ।

2. मानव संबंध के कार्य

(i) कर्मचारियों में अनुशासन बनाये रखना ।

(ii) कर्मचारियों में नैतिकता का विकास करना ।

(iii) श्रमिक संघों के साथ मधुर संबंध बनाये रखना ।

(iv) कर्मचारियों के मध्य पनप रहे असंतोष के कारण मालूम करना तथा उन्हें दूर करने का प्रयास करना ।

3. कर्मचारियों के पारिश्रमिक के कार्य

(i) कर्मचारियों के वेतन संबंधी बिल इत्यादि समय पर तैयार करना ।

(ii) वेतन का भुगतान समय पर करना ।

(iii) वार्षिक वेतन वृद्धि की स्वीकृति निकालना ।

(iv) वार्षिक बोनस की गणना करके बिल बनवाना तथा भुगतान करना ।

(v) कर्मचारियों द्वारा अर्जित लाभ का ध्यान रखते हुए भुगतान करना ।

4. श्रम कल्याण संबंधी कार्य

(i) श्रमिकों के लिये आवास का प्रबन्ध करना ।

(ii) उद्योग में केन्टीन की व्यवस्था करना ।

(iii) कर्मचारियों के बच्चों के लिये शिक्षा का प्रबन्ध करना ।

(iv) कर्मचारियों व उसके परिवार के लिये स्वास्थ्य संबंधी सुविधाओं की व्यवस्था करना।

(v) कर्मचारी व उसके आश्रितों के लिये मनो-विनोद व मनोरंजन के साधनों का विकास करना।

(vi) उद्योग में सुरक्षा के प्रबन्ध करना।

(vii) उद्योग में अच्छी कार्यदशाएं बनाये रखना।

श्रम कल्याण की गतिविधियों को संपन्न करने के लिये अलग से श्रम कल्याण अधिकारी (Labour Welfare Officer) की नियुक्ति कार्मिक विभाग द्वारा की जाती है।

5.4 भर्ती (Recruitment)

किसी भी उद्योग में भर्ती से तात्पर्य यह है कि किसी कार्य को करने के लिये जिन व्यक्तियों की आवश्यकता हो, उसके लिये पर्याप्त संख्या में मानव शक्ति के विभिन्न स्रोतों से अभ्यार्थियों को जुटाना तथा उनमें से ऐसे उचित अभ्यार्थियों का चुनाव करना जो कि उस कार्य को पूरा करने के योग्य हों तथा जिनसे सुपरवाईजर पूरी तरह संतुष्ट हो सकें।

5.5 भर्ती के लिये मानव शक्ति के स्रोत (Sources of man power)

मानव शक्ति उपलब्ध करने के लिये निम्नलिखित स्रोत काम में लाये जा सकते हैं, जिनके द्वारा रिक्त पदों को योग्य व्यक्तियों द्वारा भरा जा सकता है:—

(1) उद्योग में कार्यरत व्यक्तियों की पदोन्नति द्वारा।

(2) उद्योग छोड़कर चले गये व्यक्तियों को वापस आने को प्रेरित कर।

(3) वर्तमान कर्मचारियों के मित्र अथवा संबंधियों को बुलाकर।

(4) ऐसे प्रार्थी जिन्होंने रिक्त पद हेतु आवेदन किया हो।

(5) महाविद्यालय, विद्यालय अथवा तकनीकी संस्था के उत्तीर्ण छात्र।

(6) नियोजन कार्यालय द्वारा।

(7) समाचार पत्र, रेडियो व टी.वी. पर विज्ञापन द्वारा रिक्त पदों के लिये आवेदन मांग कर।

(8) श्रमिक संघ के माध्यम से।

(9) ठेकेदारों के माध्यम से (अकुशल श्रमिक हेतु)।

5.6 भर्ती की प्रक्रिया (Recruitment Procedure)

जब भी किसी उद्योग में कर्मचारी की मृत्यु या उसके सेवा निवृत होने से कोई पद रिक्त हो जाता है अथवा भविष्य में विस्तार के कारण नया पद सृजित होता है तो कार्मिक विभाग उसकी सूचना नजदीकी नियोजन कार्यालय को भेजता है तथा यदि सम्भव होता है तो रिक्त पदों की सूचना समाचार पत्र, रेडियो अथवा टी.वी. पर विज्ञापन के माध्यम से अथवा फैक्टरी के नोटिस बोर्ड पर सूचना लगाकर देता है। कार्मिक विभाग को इस प्रकार की सूचना देते समय निम्न बिन्दुओं को ध्यान में रखना चाहिए—

(1) रिक्त पद का नाम

(2) रिक्त पदों की संख्या

(3) रिक्त पदों की वेतन शृंखला

(4) पद के कर्त्तव्य

(5) कार्य के लिये आवश्यक शैक्षिक व तकनीकी योग्यता

(6) कार्य संबंधी पूर्व अनुभव

(7) न्यूनतम व अधिकतम आयु

(8) आवेदन पत्र प्राप्त होने की अन्तिम तिथि

(9) मूल वेतन तथा अन्य भत्ते।

(10) पद से सम्बन्धित अन्य सूचनाएँ।

इस विज्ञापन/सूचना के आधार पर इच्छुक व्यक्ति अपना आवेदन सादे कागज पर अथवा नियोक्ता से प्राप्त आवेदन पत्र में भरकर नियोक्ता को भेजता है। इस आवेदन पत्र में निम्न सूचनाओं का समावेश किया जाना चाहिए—

1. नाम
2. पिता का नाम
3. जन्म तिथि
4. स्थाई पता
5. वर्तमान पता
6. मातृभाषा
7. धर्म
8. शैक्षिक योग्यता
9. तकनीकी योग्यता
10. पूर्व अनुभव (यदि कोई हो तो)
11. वर्तमान नौकरी (यदि कोई हो तो)
12. स्वीकार्य न्यूनतम वेतन।

अन्तिम तिथि तक प्राप्त सभी आवेदन पत्रों के आधार पर सभी अभ्यार्थियों का संक्षिप्त सारांश तैयार किया जाता है तथा इसके आधार पर योग्य अभ्यार्थियों को चयन के लिये बुलाया जाता है।

चयन करने के लिये अभ्यार्थियों पर विभिन्न परीक्षण किये जाते हैं, तत्पश्चात् चयनित अभ्यार्थियों को पद के लिये नियुक्ति पत्र दे दिया जाता है।

5.7. वैज्ञानिक चयन की आवश्यकता (Need of Scientific Selection)

पुराने समय में कच्ची सामग्री व मशीनों इत्यादि के चयन के बारे में तो बहुत शीघ्र आवश्यकता महसूस कर ली गई थी, परन्तु कर्मचारियों के चयन की आवश्यकता महसूस नहीं की गई। यद्यपि इसके परिणामस्वरूप अधिक श्रमिक हेर-फेर (labour turnover) तथा भारी नुकसान फैक्टरी को होता रहा। पिछले लगभग 50 वर्षों में जो खोज इस बारे में हुई उससे यह निष्कर्ष निकाला गया कि उद्योग में कच्ची सामग्री तथा मशीनों के चयन के साथ-साथ कर्मचारियों तथा श्रमिकों का चयन भी वैज्ञानिक विधि से किया जावे तो भारी श्रमिक हेर-फेर से बचने के साथ-साथ उद्योग को होने वाले नुकसान से भी बचाया जा सकता है। कर्मचारियों तथा श्रमिकों के वैज्ञानिक चयन द्वारा निम्नलिखित लाभ उद्योग को हो सकते हैं —

1. उत्पादन बढ़ता है।
2. उत्पादन की गुणवत्ता में सुधार होता है।
3. फैक्टरी को आर्थिक लाभ होता है।
4. श्रमिक हेर-फेर में कमी होती है।
5. दुर्घटनाओं में कमी आती है।
6. दुर्घटनाओं के कारण कम मुआवजा देना पड़ता है।
7. कार्य लगातार चलता रहता है।
8. व्यक्तियों के साक्षात्कार, नियुक्ति आदि में लगने वाला लिपिक का कार्य बचता है।
9. श्रमिक को प्रशिक्षित करने में फोरमैन का जो समय लगता है, उसमें बचत होती है।
10. फैक्टरी की साख अच्छी बनी रहती है।
11. अच्छी योग्यता व कुशलता वाले व्यक्ति उद्योग को प्राप्त होते हैं।

5.8 चयन परीक्षण (Selection tests)

वैज्ञानिक चयन के अन्तर्गत श्रमिक, फोरमैन यहां तक कि प्रबन्धक आदि के पद के लिये भी निम्नलिखित परीक्षण किये जाते हैं —

1. रोजगार परीक्षण (Employment test)
2. रोजगार साक्षात्कार (Employment interview)
3. शारीरिक परीक्षण (Physical examination)

1. **रोजगार परीक्षण (Employment test)**- इस प्रकार के परीक्षण किसी भी श्रेणी के पद पर व्यक्तियों के चयन में सहायक होते हैं। इसके विभिन्न प्रकार निम्नलिखित हैं —

(i) मानसिक परीक्षण (Mental tests)

(अ) बुद्धि परीक्षण (Intelligence test)

(ब) रुचि परीक्षण (Interest test)

(स) अभिरुचि परीक्षण (Aptitude test)

(द) व्यक्तित्व परीक्षण (Personality test)

बुद्धि का परीक्षण व्यक्ति की सामान्य बुद्धि की परख हेतु किया जाता है। बुद्धि परीक्षण के लिये उम्मीदवार में उपलब्ध बुद्धि सामान्यतया व्यक्ति द्वारा उत्तीर्ण परीक्षा से ज्ञात हो जाती है। अनपढ़ लोगों के लिये यह परीक्षण आवश्यक है तथा इसके लिये बुद्धि को व्यक्त करने के लिए व्यक्ति की बुद्धि लब्धि (Intelligent Quotient) की गणना निम्न सूत्र द्वारा की जाती है—

$$\text{बुद्धि लब्धि (I.Q.)} = \frac{\text{परीक्षण द्वारा ज्ञात की गई मानसिक आयु}}{\text{वास्तविक आयु}} \times 100$$

यह परीक्षण लिखित अथवा मौखिक रूप से किया जाता है।

कार्य के प्रति अभ्यार्थी की रुचि अथवा अरुचि जानने के लिये रुचि परीक्षण किया जाता है।

अभिरुचि परीक्षण यह जानने के लिए किया जाता है कि अभ्यार्थी में किस कार्य विशेष को करने की जन्मजात प्रतिभा निहित है। अभिरुचि रखने वाला व्यक्ति कार्य को करने में उस व्यक्ति से अधिक सफल होगा, जिसे कि उस कार्य के लिए प्रशिक्षित किया जाता है। अभिरुचि परीक्षण विश्लेषणात्मक (analytic) अथवा संश्लेषणात्मक (synthetic) प्रकार के हो सकते हैं। विश्लेषणात्मक परीक्षण में कुछ योग्यताओं का अवलोकन किया जाता है, जैसे कार्य करने की कुशलता, कार्य की गति, अवलोकन, शीघ्र निर्णय लेना आदि। जबकि संश्लेषणात्मक परीक्षण तब किया जाता है जब कि कार्य कठिन व जटिल हो। इस परीक्षण में उम्मीदवार के सामने समस्याएं उत्पन्न कर दी जाती हैं तथा फिर यह देखा जाता है कि वह किस प्रकार उन समस्याओं से निपट कर कार्य को पूरा कर सकता है।

व्यक्तित्व परीक्षण के लिये उम्मीदवार के सामान्य जीवन, परिवार के साथ उसके संबंध, उसकी आदतें, व्यवहार, पसन्द अथवा नापसन्द, आत्म-विश्वास आदि की जांच की जाती है। इस प्रकार के परीक्षण सुपरवाईजर व सेल्समैन आदि के चुनाव में अधिक सफल रहते हैं।

(ii) दस्तकारी परीक्षण (Trade test) या निष्पादन परीक्षण (Performance test) – रोजगार परीक्षण की यह दूसरी विधि है। इसमें उम्मीदवार को कार्य करना होता है। इस परीक्षण में उम्मीदवार को वह कार्य करने को दिया जाता है जो कि उसे पद पर रहकर करना होगा, जिसके लिये उसने आवेदन किया है। जैसे टाइपिस्ट के पद के लिये दस्तकारी परीक्षण के दौरान उसे टाइप करने का कार्य दिया जा सकता है। कार्य करने के आधार पर उसकी योग्यता का निर्णय किया जा सकता है।

उम्मीदवारों द्वारा दस्तकारी परीक्षण के दौरान कार्य के आधार पर उनका वर्गीकरण कर लिया जाता है तथा उनकी श्रेणी (rank) का निर्णय किया जाता है। जैसे कुशल (skilled), अर्धकुशल (semi-skilled) तथा अकुशल (unskilled) कारीगर आदि। कुशल कारीगर के लिये किसी भी प्रकार के प्रशिक्षण की आवश्यकता नहीं रह जाती, जब कि शेष दो श्रेणियों के व्यक्तियों को प्रशिक्षण

देने के पश्चात् ही कार्य पर लगाया जा सकता है। उनके कार्य के अनुसार ही उनके लिये प्रशिक्षण की योजना बनाई जा सकती है।

2. रोजगार साक्षात्कार (Employment Interview) – कई योग्यताओं का निर्णय रोजगार परीक्षण के आधार पर नहीं किया जा सकता जैसे व्यक्ति अच्छा लिख सकता है परन्तु वही बात बोलकर सही प्रकार से व्यक्त नहीं कर पाता। इस प्रकार की योग्यता की परख के लिये साक्षात्कार परीक्षण करना आवश्यक हो जाता है। इस परीक्षण के दौरान उम्मीदवार को परेशानी रहित बिठाकर आवश्यक समस्त जानकारी प्राप्त कर उसकी योग्यता का पता लगाना चाहिए। साक्षात्कार परीक्षण के लिए जो भी सिद्धान्त अपनाने हों अथवा जो भी मापदण्ड रखने हों, उन्हें पहले से ही तय कर लेना चाहिए। साक्षात्कार के दौरान वातावरण इस प्रकार का रखना चाहिए कि उम्मीदवार को अपना दृष्टिकोण प्रस्तुत करने में किसी प्रकार की कोई परेशानी न हो। कार्य से संबंधित जो प्रश्न साक्षात्कार में पूछे जाने हों, उनकी पहले से ही सूची बना ली जावे तो अच्छा रहेगा। उम्मीदवार के ऊपर किसी भी प्रकार का दबाव, साक्षात्कार के बीच, डालना सर्वथा अनुचित होगा।

3. शारीरिक परीक्षण (Physical Examination) – जब एक उम्मीदवार सभी प्रकार के परीक्षणों में सफल रहता है तो नियुक्ति पत्र देने से पूर्व उसका शारीरिक परीक्षण चिकित्सक के द्वारा कराया जाता है, ताकि यह ज्ञात हो सके कि उसमें ऐसा कोई संक्रामक रोग या स्थाई शारीरिक अपंगता तो नहीं है जो कि उसे उस कार्य के अयोग्य बनाती हो जो कि उसे नियुक्ति के पश्चात् करना है।

5.9 प्रभावी प्रशिक्षण की आवश्यकता (Need for effective Training)

जब भी किसी उद्योग में किसी नये व्यक्ति की नियुक्ति की जाती है या कोई नई आधुनिक मशीन स्थापित की जाती है अथवा किसी नई विधि को लागू किया जाता है तो पहले कार्य करने वाले व्यक्ति को, प्रशिक्षण देने की आवश्यकता महसूस होती है। इस प्रकार का प्रशिक्षण इसके महत्व को देखते हुए आजकल लगभग सभी राजकीय अथवा निजी संस्थाओं एवं उद्योगों में दिया जाता है। भारत के प्रथम प्रधानमंत्री स्वर्गीय पंडित जवाहर लाल नेहरू के इन शब्दों से प्रशिक्षण का महत्व और भी अधिक स्पष्ट हो जाता है—

It is good to have good knowledge.

It is good to have good will.

But it is essential, to have good 'TRAINING'.

सभी बड़े उद्योगों में प्रशिक्षण देने के लिए अलग से व्यवस्था की जाती है। उनके अपने स्वयं के विशेष प्रशिक्षण केन्द्र होते हैं, जहाँ प्रशिक्षुओं (apprentices) को उन सभी बातों का प्रशिक्षण दिया जाता है जिनसे उत्पादन में वृद्धि हो सके तथा सामग्री व मशीनों के अपव्यय (wastage) को रोका जा सके।

एक अच्छे प्रशिक्षण कार्यक्रम के द्वारा निम्न लाभ अर्जित किये जा सकते हैं—

1. कार्य को सही ढंग से दक्षतापूर्वक सम्पन्न किया जा सकता है।

2. श्रमिक हेर-फेर तथा अपव्यय को कम किया जा सकता है।

3. कच्ची सामग्री व मशीनों का अपव्यय कम होता है।

4. उत्पाद की गुणवत्ता (quality) में सुधार होता है।

5. प्रशिक्षण के दौरान उद्योग के नियम व नीतियां स्पष्ट हो जाती हैं।

6. प्रशिक्षित श्रमिकों की अधिक देखभाल की आवश्यकता नहीं होती।

5.10 प्रशिक्षण की विधियाँ (Method of Training)

नये नियुक्त किये गये श्रमिकों को दस्तकारी प्रशिक्षण देने की निम्न विधियां अपनाई जाती हैं—

1. अनुभवी श्रमिक द्वारा प्रशिक्षण (Training by experienced worker)- इस प्रशिक्षण में नये श्रमिक को एक अनुभवी श्रमिक के पास रख दिया जाता है। नया श्रमिक इसके कार्य को देखता रहता है तथा उसकी नकल करके कार्य सीखता है। अनुभवी श्रमिक नये श्रमिक को बीच-बीच में निर्देश देता रहता है। यह पूर्णतया नये श्रमिक के ऊपर ही निर्भर करता है कि वह किस प्रकार कार्य सीखने की इच्छा रखता है। इस प्रशिक्षण की मुख्य हानियां निम्न हैं —

(i) अनुभवी श्रमिक में प्रशिक्षण देने की क्षमता न होने पर सही प्रशिक्षण सम्भव नहीं हो पाता।

(ii) कारीगर का कार्य धीरे होने से उत्पादन में कमी हो सकती हैं।

(iii) कुशल कारीगर को प्रशिक्षण देने में रुचि न होने पर नये श्रमिक को प्रोत्साहन नहीं मिल पाता।

(iv) कुशल कारीगर के गलत तरीके से कार्य करने पर नया श्रमिक भी उसी गलत तरीके से कार्य करना सीख जाता है।

(v) उद्योग में प्रोत्साहन योजना (incentive scheme) लागू करने पर कुशल श्रमिक नये श्रमिक के प्रशिक्षण की ओर ध्यान नहीं देता क्योंकि इसका असर उसके उत्पादन पर पड़ता है।

यह प्रशिक्षण की विधि वहीं पर उपयोगी सिद्ध हो सकती है जहां अनुभवी श्रमिक को एक सहायक की आवश्यकता होती है।

2. सुपरवाईजर द्वारा प्रशिक्षण (Training by supervisor) — इस विधि में प्रशिक्षण का भार सुपरवाईजर पर डाल दिया जाता है। अतः सुपरवाईजर का कर्त्तव्य हो जाता है कि वह नये श्रमिक को सही ढंग से प्रशिक्षण दे। इसी श्रमिक से उसे प्रशिक्षण के पश्चात् कार्य भी लेना होता है, अतः उसे रुचि लेकर कार्य सिखाना होगा ताकि विभाग में उत्पादन की मात्रा व गुणवत्ता में वृद्धि हो सके। इस विधि का मुख्य दोष यह है कि इस प्रकार के प्रशिक्षण से सुपरवाईजर के स्वयं के कार्य में बाधा पड़ती है।

3. प्रशिक्षण केन्द्र (Training centres) — उद्योगों में प्रशिक्षण देने के लिये पृथक से प्रशिक्षण केन्द्र स्थापित कर प्रशिक्षण दिया जाता है। प्रशिक्षण देने के लिये अलग से अनुदेशकों की

नियुक्ति की जाती है। इससे श्रमिक को जॉब से संबंधित अच्छा प्रशिक्षण मिलता है। केन्द्र फैक्टरी से अलग होने से फैक्टरी के कारण होने वाली बाधाओं का प्रभाव नहीं पड़ता, साथ ही एक ऐसा वातावरण मिल जाता है जहां श्रमिक अच्छी तरह कार्य सीख सकता है। इस प्रकार के केन्द्र में फैक्टरी जैसी वास्तविक दशाएँ ला पाना तथा महंगी मशीनें प्रशिक्षण के लिये उपयोग में ला पाना कठिन होता है। अतः इन कठिनाइयों को दूर करने के लिये उप कार्यशाला (Satellite Workshop) प्रशिक्षण केन्द्र में स्थापित की जाती है। इसमें मशीनें व अन्य उपकरण वैसे ही होते हैं जैसे वास्तविक उत्पादन कार्य के लिये प्रयुक्त किये जाते हैं। इस कार्यशाला में प्रशिक्षणार्थियों को मशीनों पर स्वतंत्रता पूर्वक कार्य करने दिया जाता है तथा होने वाले अपव्यय की ओर ध्यान नहीं दिया जाता। इस प्रकार के प्रशिक्षण केन्द्र के कारण उत्पादन में किसी प्रकार की कोई बाधा उत्पन्न नहीं हो पाती। इसका स्वरूप संस्थान में प्रशिक्षण (Training within Industry or T.W.I.) की भांति होता है।

4. औद्योगिक प्रशिक्षण संस्थान (Industrial Training Institutes) – उद्योग के लिये कारीगर तैयार करने का भार उद्योग के बाहर औद्योगिक प्रशिक्षण संस्थानों पर होता है। इस प्रकार के काफी संस्थान केन्द्र व राज्य सरकारों द्वारा खोले जा चुके हैं। इन संस्थानों में विभिन्न प्रकार के व्यावसायिक दस्तकारी प्रशिक्षण दिये जाते हैं जिनकी अवधि 1 वर्ष या 2 वर्ष होती है। इस प्रशिक्षण के बाद उद्योग को तैयार श्रमिक मिल जाते हैं तथा उन्हें बहुत ही थोड़े प्रशिक्षण के पश्चात् सीधे उत्पादन कार्य पर लगाया जा सकता है।

5. शिक्षुता कार्यक्रम (Apprenticeship Training) – भारत सरकार बेरोजगारों को प्रशिक्षण देकर उन्हें नौकरी के अवसर प्रदान करने की ओर काफी प्रयत्नशील है। इस उद्देश्य की पूर्ति हेतु भारत सरकार ने शिक्षुता अधिनियम भी लागू किया है जिसके अन्तर्गत प्रत्येक उद्योग के लिये आवश्यक है कि वह कुछ प्रशिक्षुओं को अपने यहाँ कार्य का प्रशिक्षण दे। इस प्रकार के प्रशिक्षण के लिये न्यूनतम योग्यता आठवीं उत्तीर्ण रखी गई है। इस प्रशिक्षण की अवधि 3 वर्ष होती है जिसमें प्रशिक्षुओं को स्टाइपेण्ड भी दिया जाता है, जिसका आधा भाग केन्द्र सरकार तथा आधा उद्योग वहन करता है। ऐसे दस्तकार जिन्होंने 1 अथवा 2 वर्ष का औद्योगिक प्रशिक्षण संस्थान का दस्तकारी प्रशिक्षण प्राप्त कर रखा हो, वे भी इस योजना के अन्तर्गत प्रशिक्षण प्राप्त कर सकते हैं तथा उनके प्रशिक्षण काल में दस्तकारी प्रशिक्षण की अवधि कम कर दी जाती है। प्रशिक्षण समाप्त होने पर ऐसे प्रशिक्षणार्थियों को उद्योग नियमित नौकरी में रखने को बाध्य नहीं होता।

5.11 सुपरवाईजर व फोरमैन का प्रशिक्षण (Training of Supervisor and Foreman)

सुपरवाईजर व फोरमैन के प्रशिक्षण के लिये आवश्यक व्यवसाय में डिप्लोमा उत्तीर्ण अथवा इंजीनियरी स्नातकों को अनुदेशकों के पद पर लगाया जाता है। इस प्रकार के प्रशिक्षण की अवधि दो वर्ष होती है तथा प्रशिक्षण प्राप्त करने वाले व्यक्तियों को फैक्टरी में नौकरी करने का बॉण्ड (Bond) भरना होता है जो कि प्रशिक्षण समाप्ति के बाद 3 से 5 वर्ष की अवधि का हो सकता है। इस प्रकार के प्रशिक्षण में सैद्धान्तिक तथा प्रायोगिक दोनों ही प्रकार का ज्ञान दिया जाता है। सैद्धान्तिक प्रशिक्षण के

लिए व्याख्यान आयोजित किये जाते हैं; जबकि प्रायोगिक प्रशिक्षण के दौरान मशीनों पर कार्य कराया जाता है। सुपरवाईजर का मुख्य कर्त्तव्य श्रमिकों द्वारा कार्य को उचित तरीके से कराना होता है, अतः उन्हें अपने कार्य में पूरी तरह निपुण होना चाहिए, अन्यथा श्रमिक उन्हें आदर की दृष्टि से कभी नहीं देखेगा।

इस प्रकार का प्रशिक्षण उद्योग तथा उसमें होने वाले उत्पादन पर निर्भर करता है। प्रशिक्षण की अवधि में सुपरवाईजर या फोरमैन प्रशिक्षु के व्यवहार, योग्यता इत्यादि का पूरा रिकॉर्ड रखा जाता है जिसके आधार पर ही प्रशिक्षण के पश्चात् उन्हें सुपरवाईजर के रूप में विभिन्न विभागों में नियुक्त किया जाता है।

5.11.1. संस्थान में प्रशिक्षण (Training within Industry of T.W.I.) – सुपरवाईजर के प्रशिक्षण के लिये संस्थान में प्रशिक्षण योजना का प्रारम्भ विश्व युद्ध के दौरान हुआ था। इस प्रकार का प्रशिक्षण बहुत ही संतोषजनक पाया गया है। सामान्यतया एक सुपरवाईजर में निम्न विशेषताएँ होनी चाहिए —

1. तकनीकी कार्य का ज्ञान
2. दायित्व, संगठन, नियम व प्रावधानों का ज्ञान
3. निर्देश देने की कुशलता
4. श्रमिकों से कार्य लेने की कुशलता
5. उत्पादन विधियों में सुधार करने की कुशलता।

पहली विशेषता प्रशिक्षणार्थियों में तभी आ जाती है जब वह किसी तकनीकी संस्थान से परीक्षा उत्तीर्ण करके निकलता है। दूसरी विशेषता उसे फैक्टरी के बारे में छापे गये विवरण द्वारा प्राप्त हो जाती है। शेष तीन विशेषताएं उत्पन्न करने के लिये उसे संस्थान में प्रशिक्षण के अन्तर्गत अग्रलिखित योजनाओं के द्वारा ज्ञान अर्जित कराया जाता है।

1. जॉब अनुदेश कार्यक्रम (Job Instruction Programme) – इस कार्यक्रम के अन्तर्गत यह बतलाया जाता है कि अपने श्रमिक को निर्देश देने के लिये वह स्वयं को किस प्रकार तैयार करे कि श्रमिक उन निर्देशों को आसानी से ग्रहण कर सके तथा आसानी व शीघ्रता से समझाने के लिये कार्य को किस प्रकार छोटे भागों में विभाजित किया जावे। इस कार्यक्रम में यह प्रायोगिक रूप से भी सिखलाया जाता है कि किस प्रकार निर्देश दिये जाने चाहिएँ और निर्देशों में कहां पर उन्हें दोहरा कर बल देने की आवश्यकता होगी।

2. जॉब संबंध कार्यक्रम (Job Relation Programme) – इस प्रकार के कार्यक्रम में उन्हें श्रमिकों व उनकी शिकायतों से निपटना सिखलाया जाता है। यह एक प्रकार की संहिता (Code) होती है, जिसके द्वारा समस्याओं को बढ़ने से रोका जाता है। यह कार्य कठिन होने पर भी करना आवश्यक होता है।

3. जॉब विधि कार्यक्रम (Job Method Programme) – इस कार्यक्रम में इस बात

का प्रशिक्षण दिया जाता है कि उत्पादन की वर्तमान विधि को किस प्रकार सुधारा जावे तथा उसे सुधारने के लिए सामग्री, श्रमिक व समय में किस प्रकार परिवर्तन किये जावें जिससे वांछित परिणाम प्राप्त हो सके।

5.12 फोरमैन या सुपरवाईजर के सामान्य कर्त्तव्य (General Duties of Foreman/ Supervisor)

एक फोरमैन के निम्नलिखित कर्त्तव्य होते हैं —

1. प्रबन्ध (Management) के प्रति कर्त्तव्य

(i) फोरमैन कर्मचारी वर्ग का मुखिया होता है, अतः इस नाते उसे प्रबन्ध समिति से सम्पर्क रखना अनिवार्य है। प्रबन्ध समिति द्वारा उसे किसी शॉप विशेष का कार्य सुचारु रूप से चलाने के लिये सौंपा जाता है।

(ii) उसे कार्य प्रबन्ध से भलीभांति परिचित होना चाहिए ताकि वह अपने प्रयास, योग्यता और कुशलता के बल पर संयंत्र तथा उत्पादन पर उचित रूप से पूरा नियंत्रण रख सके। कर्मचारी वर्ग का हित तथा अच्छे उत्पादन द्वारा सामान्य जनता की सेवा भी कर सके।

(iii) किसी भी कर्मचारी की नियुक्ति, स्थानान्तरण, पदोन्नति अथवा सेवा से हटाने के बारे में प्रबन्ध समिति को परामर्श देना।

(iv) उसे अपने दायित्व को निभाने के लिये प्रबन्ध, निर्देशन तथा परीक्षण कार्य हेतु प्राप्त अधिकारों का पूरा उपयोग करना चाहिए।

(v) कर्मचारियों की दृष्टि में फोरमैन प्रबन्ध समिति का प्रतिनिधि होता है।

(vi) फोरमैन प्रत्येक कर्मचारी की योग्यता, स्वभाव एवं कठिनाइयों से परिचित होता है अतः प्रबन्ध समिति कर्मचारियों की सेवा का पूरा लाभ फोरमैन के माध्यम से ही प्राप्त करती है।

(vii) फोरमैन को दृढ़-निश्चयी व न्यायप्रिय होना चाहिए।

2. कर्मचारियों के प्रति कर्तव्य

(i) अपने अधीनस्थ कर्मचारियों को कार्य के प्रति प्रोत्साहित करना।

(ii) अपने कर्मचारियों के हित व कल्याण का ध्यान रखना।

(iii) अपने कर्मचारियों को उच्चतर पद पर कार्य करने के लिये प्रशिक्षण देकर योग्य बनाना।

(iv) अच्छा कार्य करने वाले कर्मचारियों के लिए पुरस्कार या पदोन्नति की सिफारिश करना।

(v) कर्मचारियों की कार्य करते समय सुरक्षा का ध्यान रखना।

(vi) कर्मचारियों का पूरा विश्वास प्राप्त करने का प्रयास करना।

3. भण्डार सामग्री, भवन एवं उपकरणों के प्रति कर्त्तव्य

(i) शॉप एवं शॉप की प्रत्येक मशीन की सफाई का ध्यान रखना।

(ii) शॉप की प्रत्येक मशीन की सुरक्षा के प्रति सजग रहना।

(iii) शॉप अथवा विभाग की प्रत्येक मशीन को अधिक उपयोगी बनाने का प्रयास करना।

(iv) उत्पादन की विधियों को परिष्कृत व उन्नत करने की कोशिश करना।

(v) उसे इस बात का ध्यान रखना चाहिए कि शॉप में सामग्री, श्रम, मशीन व समय की क्षति न्यूनतम हो।

(vi) कच्ची सामग्री व आवश्यक औजारों की व्यवस्था समय पर करना।

(vii) कच्ची सामग्री, औजार व उपकरण तथा उत्पादित सामग्री के शॉप में भण्डारण की उचित व्यवस्था करना।

(viii) मशीनों के अनुरक्षण व मरम्मत आदि की ओर समय पर ध्यान देना ताकि कार्य भंग (break down) की स्थिति न आने पावे।

(ix) भविष्य में होने वाले कार्यों का आयोजन समय रहते करना।

5.13 उद्योग में कार्मिक प्रबन्ध की भूमिका (Role of Personnel Management in Industries)

ऐसे व्यक्ति जो कार्मिक विभाग के कर्त्तव्यों व दायित्वों से पूरी तरह अवगत नहीं होते हैं, वे कार्मिक विभाग के महत्व व उसकी उद्योग में भूमिका का अन्दाजा लगाने में असफल रहते हैं, क्योंकि कार्मिक विभाग की उद्योग के आर्थिक लाभ में उत्पादन व विक्रय विभाग की तरह स्पष्ट भूमिका नहीं रहती है। इसमें कोई अतिशयोक्ति नहीं है कि उद्योग को वास्तविक लाभ दिलाने में उत्पादन व विक्रय विभाग की बहुत ही महत्वपूर्ण भूमिका है, परन्तु वित्त, इंजीनियरी, सामग्री अनुसंधान (Material research) तथा कार्मिक विभाग की भूमिका को भी नगण्य नहीं माना जा सकता है। कार्मिक विभाग उत्पादन, विक्रय, इंजीनियरी तथा सामग्री अनुसंधान विभागों को उनके उद्धेश्यों की प्राप्ति में बहुत अधिक सहयोग करता है। इन सभी विभागों में आन्तरिक समन्वय स्थापित करने में कार्मिक विभाग की एक गहन भूमिका रहती है। कार्मिक विभाग का संबंध संगठन में मानवीय साधनों (Human resources) से जुड़ा रहता है, अतः यह उन्हें उद्योग के लक्ष्यों की प्राप्ति हेतु विभिन्न प्रकार से प्रेरित या प्रोत्साहित (Motivate) करता है। यदि इन मानवीय साधनों को कार्य के प्रति प्रेरित नहीं किया जावे तो वे उस उद्योग के विस्तार तथा स्थायित्व के लिये खतरनाक सिद्ध हो सकते हैं।

कार्मिक विभाग की भूमिका उद्योग में निम्न मुख्य कार्यों के लिए बहुत उपयोगी व महत्वपूर्ण होती है—

1. नियुक्ति एवं पदोन्नति (In Appointments and Promotions) — कार्मिक विभाग का कार्य केवल उद्योग में कारीगरों या श्रमिकों की नियुक्ति के साथ ही समाप्त नहीं हो जाता है। यदि इनके चयन तथा स्थापन में जानबूझ कर अथवा अनजाने में कोई गलती हो जाती है तो कार्मिक विभाग उस गलती को सुधारने में प्रबन्धकों के साथ सहयोग करता है। इस गलती के निवारण हेतु वह स्थानान्तरण नीति बनाता है जिसके द्वारा इस गलती को सुधारा जा सकता है। कार्मिक विभाग उद्योग के प्रत्येक व्यक्ति के बारे में पूरा रिकॉर्ड रखता है, जिसके आधार पर विभागीय मुखिया कारीगरों की पदोन्नति के बारे में उचित निर्णय ले सकते हैं।

2. प्रशिक्षण में (In Training) — कार्मिक विभाग उद्योग के विभिन्न समुदाय के व्यक्तियों के प्रशिक्षण व विकास के लिये उत्तरदायी होता है। यह विभिन्न अधिकारियों के सहयोग से कारीगरों के ज्ञान न कुशलता में विकास के लिये समय-समय पर विभिन्न कार्यक्रम आयोजित करता रहता है।

3. प्रोत्साहन में (In Motivation) — कार्मिक विभाग क्योंकि वेतन इत्यादि के कार्य के लिये भी उत्तरदायी होता है अतः यह कारीगरों को प्रोत्साहित करने की दृष्टि से ऐसी योजनाएं तैयार करता है जिसके कारण दक्ष कारीगरों को अतिरिक्त राशि प्रोत्साहन के रूप में प्रदान कर उन्हें कार्य के प्रति प्रोत्साहित किया जा सके।

4. विवादों (Disputes) को सुलझाने में — कार्मिक विभाग की एक महत्वपूर्ण भूमिका उद्योग के श्रमिकों के विवाद सुलझाने तथा उनकी समस्याओं के निवारण में भी है। कार्मिक विभाग इस कार्य को सम्पन्न करने के लिये श्रमिक संघों से अच्छे संबंध बनाये रखता है तथा उनकी हड़ताल के समय वह श्रमिक संघ के प्रतिनिधियों से बातचीत करके उनकी समस्याओं के बारे में जानकारी प्राप्त करता है तथा प्रबन्ध की मजबूरियों से श्रमिक संघ को अवगत कराता है। इस प्रकार कार्मिक विभाग श्रमिक संघ व प्रबन्ध के बीच समझौता कराने का भरसक प्रयास करता है। उद्योग में श्रमिक समस्याएँ विकट रूप धारण न कर पावें इसके लिये कार्मिक विभाग श्रमिक समस्याओं के बारे में निरन्तर प्रयास करता हुआ उनके निवारण हेतु आवश्यक कदम उठाता है।

5. कार्मिकों के निष्पादन (Performance) स्तर को मापने में — कार्मिक विभाग उद्योग के दूसरे अन्य विभागों के कर्मचारियों व कारीगरों के निष्पादन स्तर को मापने में सहायता करता है। इस कार्य के लिये वह मेरिट रेटिंग या परफोरमेंस एप्रेजल (Performance appraisal) की उचित व आवश्यक विधियां तैयार करता है जिनके द्वारा कारीगर की मेरिट रेटिंग ज्ञात की जा सके अथवा उनके अपने कार्य के निष्पादन को आंका जा सके।

6. मानव व्यवहार (Human behaviour) ज्ञात करने में — कार्मिक विभाग कारीगरों के व्यवहार की जानकारी करने के उद्देश्य से सर्वेक्षण करता है। इन सर्वेक्षणों के आधार पर प्राप्त जानकारियों को प्रत्येक प्रबन्धक अपने अधीनस्थों के व्यवहार को जानने के लिये प्रयुक्त कर सकता है।

प्रश्न

1. कार्मिक विभाग क्या होता है ? इसके उद्देश्य क्या हैं ? प्रकाश डालिये ।
2. कार्मिक विभाग के विभिन्न कर्त्तव्यों को सूचीबद्ध कीजिए । (राज.अप्रैल 98)
3. भर्ती के लिये मानव शक्ति के कौन-कौन स्रोत से होते हैं ? (राज. नव.97, अप्रैल, 99)
4. कार्मिक विभाग की चयन प्रणाली को समझाइए । (राज. अप्रैल 96)
5. वैज्ञानिक चयन से क्या आशय है ? इसकी आवश्यकता क्यों महसूस की गई ? वैज्ञानिक चयन के द्वारा क्या लाभ उद्योग को होते हैं ?
6. चयन परीक्षण से क्या तात्पर्य है ? विभिन्न प्रकार के चयन परीक्षण कौनसे होते हैं ? प्रत्येक को संक्षेप में समझाइये । (राज. अप्रैल 2000)
7. उद्योग में प्रशिक्षण के महत्व को समझाते हुए उद्योग को प्रशिक्षण द्वारा होने वाले लाभों की जानकारी दीजिये ।
8. श्रमिकों को प्रशिक्षण देने की क्या आवश्यकता है ? उन्हें प्रशिक्षण कैसे दिया जाता है ? (राज. नव.95, अप्रैल, 99)
9. कार्मिकों के वैज्ञानिक चयन में किये जाने वाले परीक्षणों के नाम लिखिये तथा रोजगार परोक्षण को सविस्तार समझाइए । (राज. नव.98)
10. दस्तकारी प्रशिक्षण किन विधियों द्वारा दिया जाता है ? संक्षेप में समझाइये ।
11. पर्यवेक्षकों को प्रशिक्षित किये जाने वाली विधियों के नाम लिखिए । (राज. अप्रैल 98)
12. भर्ती एवं चयन में अन्तर स्पष्ट कीजिए । (राज. अप्रेल,96)
13. जॉब अनुदेश कार्यक्रम, जॉब संबंध कार्यक्रम तथा जॉब विधि कार्यक्रम पर संक्षिप्त टिप्पणियाँ लिखिये ।
14. एक सुपरवाईजर/ फोरमैन के सामान्य कर्त्तव्यों को समझाइए । (राज. अप्रैल 95, अप्रैल 96)
15. उद्योगों में कार्मिक प्रबन्ध की क्या भूमिका है ? (राज. नव.94)
16. श्रमिकों के प्रशिक्षण, श्रमिकों को प्रोत्साहित करने, उनके विवादों को सुलझाने तथा श्रमिकों के निष्पादन स्तर को मापने में कार्मिक विभाग की भूमिका को सविस्तार समझाइये ।
17. औद्योगिक प्रशिक्षण संस्थान की उपयोगिता लिखिए । (राज. अप्रैल 97)
18. अच्छे प्रशिक्षण के क्या लाभ है ? (राज. नव. 98)
19. उद्योग में कार्मिक प्रबन्ध की भूमिका पर प्रकाश डालिये । (राज. नव. 98)
20. कार्मिक विभाग के मुख्य कार्यों को समझाइये । (राज. नव.99)

अध्याय - 6

मजदूरी तथा प्रोत्साहन
(Wages and Incentives)

6.1 प्रस्तावना (Introduction)

देखा जाये तो उद्योग व मजदूरी दोनों ही एक समान पुराने हैं, परन्तु यदि और पीछे की ओर देखा जाये तो प्रतीत होगा कि उद्योगों के प्रादुर्भाव से पूर्व दास प्रथा का बोलबाला था। धनी व्यक्ति दास रखते थे और उनसे सभी तरह के कार्य लिये जाते थे तथा बदले में उन्हें खाना, कपड़ा व रहने का स्थान प्रदान करते थे। जमींदारी के समय में बन्धुआ मजदूरी का रूप भी उपस्थित रहा। एक पीढ़ी द्वारा ऋण लेने पर पीढ़ी दर पीढ़ी उसके परिवार के लोगों को जमींदार के यहां मजदूरी करनी पड़ती थी। आज के युग में उद्योग में जो श्रमिक कार्य करते हैं उन्हें उनके कार्य के बदले में मजदूरी प्रदान की जाती है। मजदूरी साधारणतया श्रमिकों की मांग व सप्लाई के अनुसार निर्धारित की जाती है। अलफोर्ड (Alford) के मजदूरी के सापेक्ष नियम के अनुसार जब श्रमिकों की सप्लाई उनकी मांग से अधिक हो जाती है तो मजदूरी कम हो जाती है, इसके विपरीत माँग बढ़ने पर जब सप्लाई कम हो जाती है तो मजदूरी बढ़ जाती है। मजदूरी का फैक्टरी में उत्पादित वस्तुओं की कीमत पर अप्रत्यक्ष प्रभाव पड़ता है।

6.2 मजदूरी की परिभाषा (Definition of Wages)

मजदूरी उत्पादन के कार्य में व्यक्ति को उसके द्वारा किये जाने वाले कार्य अथवा प्रयास का भुगतान होता है। दूसरे शब्दों में कोई भी व्यक्ति किसी उद्योग के लिए अपने श्रम के बदले में जो राशि भुगतान के रूप में प्राप्त करता है, उसे मजदूरी कहा जाता है। किसी भी श्रमिक और उसके परिवार का रहन-सहन इस बात पर निर्भर करता है कि वह अपने काम के बदले में क्या मजदूरी पाता है।

मजदूरी इतनी होनी चाहिए कि श्रमिक को उसके श्रम के प्रयास का पूरा मुआवजा मिल सके तथा वह उसके द्वारा अपने परिवार का भरण-पोषण अच्छी तरह कर सके।

6.3 अच्छी मजदूरी प्रणाली की आवश्यकताएँ (Requirements of Good Wage System)

एक अच्छी मजदूरी प्रणाली में निम्न आवश्यकताएँ होना आवश्यक है—

1. एक अच्छी मजदूरी प्रणाली में न्यूनतम मजदूरी की गारन्टी होनी चाहिए।
2. यह सरल तथा आसानी से समझने योग्य होनी चाहिए।
3. नियोक्ता तथा श्रमिक दोनों के लिये न्यायपूर्ण होनी चाहिए।
4. नियोक्ता व श्रमिक दोनों का ही इसे समर्थन प्राप्त होना चाहिए।
5. इसमें मजदूरी का उत्पादिता (Productivity) से संबंध रहना चाहिए।
6. प्रणाली में लिपिक कार्य न्यूनतम रहना चाहिए।
7. इसके द्वारा सामग्री अपव्यय तथा औजारों व उपस्करों के लापरवाह उपयोग को कम किया जाना चाहिए।
8. बजट तथा लागत नियंत्रण के कार्य में सहयोग देने वाली होनी चाहिए।
9. इसके लिये प्रयुक्त सभी मानक समय-अध्ययन पर आधारित होने चाहिए।
10. यह इस प्रकार की होनी चाहिए कि इसके द्वारा विभिन्न विभागों की दक्षता का पता लगाया जा सके।
11. अच्छी मजदूरी प्रणाली में श्रमिकों को प्रोत्साहित करने वाले तत्व उपस्थित रहने चाहिए।
12. अर्जित मजदूरी पर इसमें कोई प्रतिबन्ध नहीं होना चाहिए।
13. प्रभावी सुपरविजन में इसके द्वारा सहयोग मिलना चाहिए।
14. टीम भावना जागृत करने में सहायक होनी चाहिए।
15. यह लचीली होनी चाहिये ताकि परिवर्तनों के अनुरूप इसे ढाला जा सके।
16. श्रमिक हेर-फेर को कम करने वाली होनी चाहिए।
17. मजदूरी प्रणाली इस प्रकार की होनी चाहिए कि श्रमिक अपने परिवार का भरण-पोषण कर सके।
18. अनुपस्थिति को कम करने वाली होनी चाहिए।

6.4 मजदूरी भुगतान की विधियाँ (Methods of Wage Payment)

विभिन्न उद्योगों में मजदूरी भुगतान के लिये निम्नलिखित विधियाँ प्रयोग में लाई जाती हैं—

1. समय मजदूरी प्रणाली (Time wage system)
2. कार्य मजदूर प्रणाली (Piece wage system)
3. समय व कार्य की मिश्रित मजदूरी प्रणाली (Combined time and piece wage system)
4. टेलर की भिन्नक कार्य मजदूरी प्रणाली (Taylor's differential piece wage system)

6.4.1. समय मजदूरी प्रणाली

इस प्रणाली में मजदूरी भुगतान के लिये समय को आधार माना जाता है, तथा उत्पादन की मात्रा पर विचार नहीं किया जाता है। इस प्रणाली में एक निश्चित अवधि के कार्य के लिये निश्चित मजदूरी प्रदान की जाती है। श्रमिकों को निश्चित अवधि तक कार्य करने के लिये एक निश्चित राशि के भुगतान की गारन्टी प्राप्त होती है। इस प्रणाली में मजदूरी की दर प्रति घंटा, प्रतिदिन, साप्ताहिक, पाक्षिक अथवा मासिक हो सकती है। श्रमिक संघों की शक्ति तथा उद्योग में यांत्रिक कार्य अधिक होने के कारण आजकल यही प्रणाली अधिक प्रचलित है।

लाभ

1. यह सरल तथा आसानी से समझने योग्य है।
2. इसमें न्यूनतम मजदूरी की गारन्टी होती है।
3. दरें समय आधारित होने के कारण मूल्य को संतोषप्रद रूप से प्रदर्शित किया जा सकता है।
4. इसके द्वारा श्रम लागत जानना आसान रहता है।
5. समान मजदूरी के कारण मजदूर तथा श्रमिक संघ इसे अधिक पसन्द करते हैं।
6. उत्पाद की गुणवत्ता व मात्रा महत्वपूर्ण होने पर यह प्रणाली सस्ती रहती है।
7. छोटे उद्योग के लिये सस्ती व सफल सिद्ध होती है।
8. इस प्रणाली में किसी कार्य को पूरा करने में श्रमिक अपने हिसाब से समय लेता है, अतः उत्पादन की गुणवत्ता अच्छी बनी रहती है।
9. मशीनों की धीमी गति से कार्य होने के कारण दुरुपयोग नहीं हो पाता है।
10. मशीनों में कार्य भंग (break down) के कारण श्रमिकों की मजदूरी पर कोई प्रभाव नहीं पड़ता।

हानियाँ

1. परिश्रमी श्रमिकों को प्रोत्साहित नहीं किया जा सकता।
2. इसमें दक्ष व्यक्ति भी धीमे कार्य करने के आदी हो जाते हैं तथा उनके अदक्ष बन जाने की संभावनाएं अधिक हो जाती हैं।
3. उत्पादन की मात्रा को बनाये रखने के लिए अच्छे सुपरविजन की आवश्यकता होती है।
4. उत्पादन लागत बढ़ जाती है।
5. सुस्त श्रमिकों के लिये यह प्रणाली उचित नहीं रहती।
6. उद्योग को हानि होने पर भी श्रमिकों को मजदूरी का पूरा भुगतान करना पड़ता है।
7. इसमें निष्क्रिय समय अधिक बढ़ जाता है।

8. निविदाएँ तैयार करने के लिए श्रमिक लागत की गणना करना कठिन हो जाता है।
9. श्रमिकों के लिए किसी भी प्रकार के मानक निश्चित कर पाना कठिन होता है।

उपयोगिता

1. ऐसे उद्योगों में जहां महंगी मशीनों व सामग्री का उपयोग हो, यह प्रणाली उचित रहती है।
2. जहाँ श्रमिकों की बुद्धि व उनके ज्ञान के उपयोग की आवश्यकता हो, वहाँ इस प्रणाली को प्रयुक्त करना उचित रहता है।
3. जहां कार्य की गुणवत्ता अधिक महत्वपूर्ण होती है।
4. जहां अच्छा सुपरविजन किया जा सकता है।
5. जहां श्रमिक के कार्य को ज्ञात कर पाना मुश्किल हो।

6.4.2. कार्य मजदूरी प्रणाली

इस प्रणाली में श्रमिक द्वारा उत्पादन की मात्रा को मजदूरी भुगतान के आधार के रूप में प्रयुक्त किया जाता है। इस प्रणाली के अनुसार श्रमिक यदि कम समय में कार्य को समाप्त करता है तो वह अतिरिक्त राशि लाभ के रूप में अर्जित कर सकता है और अधिक समय लगाने पर उसे हानि होती है। इस प्रणाली के द्वारा परिश्रमी व कुशल श्रमिक अपनी दक्षता द्वारा अपनी मजदूरी की वृद्धि कर सकते हैं।

लाभ

1. दक्षता पर निर्भर रहने के कारण श्रमिक की मजदूरी में वृद्धि होती है।
2. इस प्रकार की प्रणाली होने पर श्रमिक को अच्छी मशीन व औजारों की आवश्यकता होगी, अतः मशीन की सफाई व देखभाल की ओर भी अधिक ध्यान देगा।
3. इस प्रणाली के द्वारा उत्तरदायित्व व स्वाभिमान की भावना को बल मिलता है।
4. अधिक सुपरविजन की आवश्यकता नहीं होती।
5. उत्पादन में वृद्धि होने के कारण प्रति इकाई उत्पादन लागत कम हो जाती है।
6. उत्पादन लागत की गणना सरल व आसान हो जाती है।
7. नियोक्ता व श्रमिक के मध्य संबंध अच्छे बने रहते हैं।
8. कार्य की मात्रा के अनुसार मजदूरी की गणना के कारण लिपिक का कार्य कम होता है।
9. बेकार जाने वाले समय की मजदूरी नहीं देनी पड़ती।
10. काम जल्दी पूरा होने के कारण बाजार में साख अच्छी बनी रहती है।
11. कुशल व परिश्रमी श्रमिकों को आकर्षित करती है।
12. इकाई लागत आसानी से ज्ञात हो जाने के कारण निविदायें तैयार करना सरल हो जाता है।

हानियाँ

1. प्रति इकाई मजदूरी निश्चित करने में कठिनाई होती है।
2. अधिक कमाई के लालच में श्रमिक अपनी क्षमता से अधिक कार्य करते हैं, अतः उनके स्वास्थ्य पर प्रतिकूल असर होता है।
3. जब श्रमिक अधिक कार्य के कारण अधिक मजदूरी कमाने लगते हैं तो नियोक्ता दर को कम कर सकता है, जिसके कारण श्रमिक व नियोक्ता में मनमुटाव बढ़ता है।
4. उत्पादन बढ़ जाने के कारण कुछ श्रमिकों को नौकरी से हटाया जा सकता है।
5. उत्पादन की गुणवत्ता घट जाती है।
6. अत्यधिक व शीघ्र उत्पादन की कोशिश में सामग्री का अपव्यय होता है।
7. तीव्रता से कार्य के कारण दुर्घटनाओं की संभावना बढ़ जाती है।
8. मशीनों से क्षमता से अधिक लगातार कार्य लेने से उनका दुरुपयोग बढ़ता है।
9. क्षमता से अधिक उत्पादन होने पर बाजार में मांग घट जाने से हानि हो सकती है।
10. न्यूनतम मजदूरी की गारन्टी नहीं होती।
11. उत्पादन गुणवत्ता बनाये रखने के लिए अच्छे व महंगे निरीक्षण की आवश्यकता पड़ती है।
12. अलग-अलग मजदूरी प्राप्त होने से श्रमिकों में द्वेष भावना बढ़ती है।
13. व्यक्तिगत उत्पादन का रिकॉर्ड रखने में अधिक समय लगने से उत्पादन लागत पर प्रभाव पड़ता है।

उपयोगिता

1. इस प्रकार की प्रणाली का उपयोग वृहद मात्रा में उत्पादन करने वाले उद्योगों में उचित रहता है।
2. इसे ऐसे स्थान पर प्रयुक्त किया जाता है जहाँ कार्यों को दोहराया जाता हो तथा जिन्हें मापना, गिनना व जिनका निरीक्षण करना आसान होता हो।
3. ऐसे व्यवसायों में जहां पहले आदेश लिया जाता है, फिर उत्पादन का कार्य किया जाता है, इस प्रणाली को प्रयुक्त करना उत्तम है, जैसे जूता उद्योग तथा कपड़ा उद्योग आदि।
4. जहां पर कार्य बीच-बीच में रुक जाता हो।

6.4.3. समय व कार्य मजदूरी की मिश्रित प्रणाली

इस प्रणाली में साप्ताहिक न्यूनतम मजदूरी प्रत्येक श्रमिक के लिए निश्चित रहती है, जो श्रमिक के उत्पादन के बारे में जाने बिना ही उसे दे दी जाती है। इसके लिए आवश्यक है कि श्रमिक निर्धारित अवधि के लिए कार्य करे। यदि श्रमिक अधिक समय के लिए कार्य से अनुपस्थित रहता है तो उसके वेतन में से उतने समय की मजदूरी काट ली जाती है। इसे कार्य मजदूरी प्रणाली से सम्बद्ध करने के

लिए प्रत्येक श्रमिक का जॉब कार्ड रखा जाता है तथा सप्ताह में जितना कार्य श्रमिक करता है, उसे इस कार्ड में अंकित कर दिया जाता है। यदि कार्य के आधार पर मजदूरी, समय मजदूरी से अधिक बनती है तो अतिरिक्त राशि का भुगतान श्रमिक को कर दिया जाता है। यदि कार्य मजदूरी, समय मजदूरी से कम रहती है तो श्रमिक को कोई अतिरिक्त भुगतान नहीं किया जाता और उसे वास्तविक कार्य के समय की मजदूरी ही दी जाती है।

लाभ

1. श्रमिकों को अधिक कार्य करने के लिये प्रोत्साहन प्राप्त होता है।
2. न्यूनतम मजदूरी की गारन्टी रहती है।
3. उत्पादन के ऊपरी खर्चे (overheads) कम हो जाते हैं।

हानियाँ

1. कार्य मजदूरी की दर सावधानीपूर्वक निर्धारित करनी पड़ती है।
2. गुणवत्ता स्तर पर नियन्त्रण रखना आवश्यक होता है।
3. जॉब कार्ड रखने के कारण लिपिक का कार्य बढ़ जाता है।

उपयोगिता

वृहद उत्पादन करने वाले उद्योग में प्रयुक्त करना उचित रहता है।

6.4.4. टेलर की भिन्नक कार्य मजदूरी प्रणाली

इस प्रणाली में समय व गति अध्ययन के आधार पर मानक उत्पादन (standad production) की न्यूनतम मात्रा का लक्ष्य निश्चित कर दिया जाता है। इसके साथ ही अधिक उत्पादन के लिए उच्च दर तथा न्यूनतम से कम उत्पादन के लिए निम्न दर भी निर्धारित कर दी जाती है। जब श्रमिक मानक अथवा उससे अधिक उत्पादन करता है तो उसे उच्च दर पर मजदूरी दी जाती है, परन्तु जो श्रमिक मानक उत्पादन के लक्ष्य को प्राप्त करने में असफल रहता है तो दण्ड स्वरूप निम्न दर से मजदूरी दी जाती है। जैसे माना की मानक उत्पादन 400 इकाइयों का है तथा निर्धारित उच्च व निम्न दरें क्रमशः 10 पैसे व 9 पैसे प्रति इकाई है। इस प्रणाली के अनुसार यदि कोई श्रमिक 400 अथवा अधिक इकाईयां उत्पादित करेगा तो उसे मजदूरी 10 पैसे प्रति इकाई के देय होगी जबकि 400 इकाइयों से कम का उत्पादन करने षर मजदूरी का भुगतान 9 पैसे प्रति इकाई की दर से ही किया जावेगा।

लाभ

1. इस प्रणाली में अधिकतम उत्पादन के लिए प्रोत्साहन मिलता है।
2. उच्च श्रेणी के श्रमिक आकर्षित होते हैं।
3. उत्पादन में वृद्धि होने से उत्पादन लागत घट जाती है तथा उद्योग को लाभ होता है।

हानियाँ

1. न्यूनतम मजदूरी की कोई गारन्टी नहीं होती।
2. श्रमिकों में आपस में द्वेष व वैमनस्य उत्पन्न होता है।
3. श्रमिकों के दिल में यह आशंका बनी रहती है कि कहीं नियोक्ता मानक उत्पादन के लक्ष्य को बढ़ा न दे। इस कारण दक्ष व कुशल श्रमिक भी अधिक उत्पादन, समर्थ होते हुए भी नहीं करता।
4. प्रत्येक श्रमिक के उत्पादन का पूरा रिकॉर्ड रखना पड़ता है जिसके कारण उत्पादन लागत बढ़ जाती है।

6.5 मजदूरी प्रोत्साहन योजनाएँ (Wage Incentive Plans)

यदि कोई श्रमिक निश्चित अवधि में मानक न्यूनतम उत्पादन से अधिक उत्पादन करता है तो उसको अतिरिक्त मजदूरी प्रोत्साहन के रूप में दी जाती है। इसके द्वारा श्रमिक को अच्छी मजदूरी कमाने का अवसर तो मिलता ही है, साथ ही उद्योग का उत्पादन बढ़ जाने से उद्योग को भी लाभ होता है।

6.6. मजदूरी प्रोत्साहन योजनाओं के प्रकार (Types of Wage Incentive Plans)

ये योजनाएँ समय मजदूरी प्रणाली तथा कार्य मजदूरी प्रणाली दोनों के ही दोषों को दूर करते हुए उनके लाभों को अपने में संग्रहित करते हुए अधिक उत्पादन करने के लिए श्रमिकों को प्रोत्साहन देती है। इनमें श्रमिक को न्यूनतम मजदूरी की गारन्टी मिलती है। इस प्रकार की प्रोत्साहन प्रणाली को प्रीमियम बोनस प्रणाली (Premium bonus system) अथवा प्रगतिशील मजदूरी प्रणाली (Progressive wage system) की संज्ञा भी दी जाती है।

प्रोत्साहन योजनाएं मुख्य रूप से दो प्रकार की होती हैं —

(अ) वित्तीय प्रोत्साहन योजनाएं (Financial Incentive Plans)

(ब) अवित्तीय प्रोत्साहन योजनाएं (Non-Financial Incentive Plans)

6.7 वित्तीय प्रोत्साहन योजनाएँ

विभिन्न प्रकार की वित्तीय प्रोत्साहन योजनाएँ निम्नलिखित हैं —

1. हाल्से योजना (Halsey Plan)
2. रोवन योजना (Rowan Plan)
3. गैंट टास्क तथा बोनस योजना (Gant Task and Bonus Plan)
4. इमरसन योजना (Emerson Plan)
5. लाभांश वितरण योजना (Profit sharing scheme)

6.7.1. हाल्से योजना (Halsey Plan)

इस योजना के अन्तर्गत बोनस, जो कि मजदूरी के अतिरिक्त होता है, बचाये गये समय के मूल्य का कुछ प्रतिशत (K) होता है। साधारणतया यह 50 प्रतिशत होता है।

इस योजना के अन्तर्गत कुल देय मजदूरी = कार्य के समय की मजदूरी + बोनस

= कार्य के समय की मजदूरी

$$+ \frac{K}{100} \times \text{बचाया गया समय} \times \text{मजदूरी की दर}$$

उदाहरण 1 – एक कार्य के लिये मानस समय 5 घंटे है तथा मजदूरी की दर रू.3.50 प्रति घंटा है। एक श्रमिक कार्य को 3.5 घन्टे में पूरा करता है तो हाल्से योजना के अन्तर्गत उसकी मजदूरी क्या होगी, यदि बोनस बचाये गये समय का 40 प्रतिशत होता है ?

हल :— मानक समय = 5 घन्टे

कार्य को पूरा करने का समय = 3.5 घन्टे

मजदूरी की दर = रु.3.50 प्रति घन्टा

बोनस = बचाये गये समय का 40%

बोनस = 0.4 x (5 – 3.5) 3.5 = 0.4 x 1.5 x 3.5 = रु.2.10

कुल देय मजदूरी = 3.5 x 3.5 + 2.10

= 12.25 + 2.10

= रु.14.35

अर्थात् श्रमिक को 3.5 घन्टे में कार्य समाप्त करने पर सामान्य मजदूरी के अतिरिक्त रु.2.10 का लाभ होता है।

6.7.2. रोवन योजना (Rowan Plan)

यह योजना भी हाल्से योजना के समान होती है। अन्तर केवल इतना है कि बोनस का प्रतिशत K भिन्न विधि से ज्ञात किया जाता है। इस योजना के लिय बोनस का प्रतिशत

$$K = \frac{Hs - Ha}{Hs} \times 100 \text{ होता है।}$$

जहाँ Hs = कार्य को पूरा करने का मानक समय घन्टों में

तथा Ha = कार्य को पूरा करने का वास्तविक समय घन्टों में।

$$\text{बोनस} = \frac{K}{100} \times \text{लिया गया समय} \times \text{मजदूरी की दर}$$

श्रमिक को कुल मजदूरी = कार्य के वास्तविक समय की मजदूरी + बोनस

उदाहरण 2 – एक कार्य को पूरा करने का मानक समय 6 घन्टे है तथा मजदूरी की दर रु.3.40 प्रति घन्टा है। एक श्रमिक कार्य को 4 घन्टे में पूरा कर लेता है तो उसकी कुल मजदूरी रोवन योजना के अन्तर्गत क्या होगी ?

हल :— मानक समय = 6 घन्टे

कार्य को पूरा करने का वास्तविक समय = 4 घन्टा

मजदूरी की दर = रु.3.40 प्रति घन्टा

बोनस का प्रतिशत $K = \frac{Hs - Ha}{Ha} \times 100$

$= \frac{6-4}{6} \times 100$

$= \frac{100}{3}$ %

बोनस $= \frac{100}{3 \times 100} \times 4 \times 3.40$

$= \frac{4}{3} \times 3.40 =$ रु.4.53

कुल मजदूरी = 4 घन्टे की मजदूरी + बोनस

= 4 x 3.40 + 4.53

= 13.60 + 4.53

= रू.18.13

इस प्रकार श्रमिक को समय बचाने के कारण 4 घन्टे की मजदूरी से 4.53 रु. अतिरिक्त प्राप्त होंगे।

हाल्से व रोवन योजना में अन्तर (Difference between Halsey & Rowan Plans)

1. रोवन योजना, हाल्से योजना की तुलना में समय की 2/3 बचत तक अधिक लाभदायक होती है, उसके बाद कम लाभदायक होती है।
2. रोवन योजना में बोनस की राशि की वृद्धि सीमित होती है जबकि हाल्से योजना में इस राशि की वृद्धि की कोई सीमा नहीं होती।
3. रोवन योजना में हाल्से योजना की तुलना में कम मजदूरी प्राप्त होती है।

6.7.3. गैंट टास्क बोनस योजना (Gant Task and Bonus Plan)

इस योजना की विशेषताएँ हैं—

1. मानक समय की गणना समय अध्ययन के द्वारा पहले ही कर ली जाती है।
2. इसमें न्यूनतम मजदूरी की गारन्टी होती है।
3. काम को मानक समय से पूर्व सम्पन्न करने पर कार्य को पूरा करने के लिये किये गये समय का 20 प्रतिशत से 40 प्रतिशत तक बोनस के रूप में मानक समय की मजदूरी के अतिरिक्त प्राप्त होता है।
4. जो श्रमिक कार्य को समय में पूरा करने में असफल रहते हैं उन्हें केवल न्यूनतम मजदूरी मिलती है। उन्हें बोनस देय नहीं होता।

उदाहरण 3 — किसी कार्य को पूरा करने का मानक समय 10 घंटे तथा मजदूरी की दर रू.4.00 प्रति घंटा निश्चित की गई। चार श्रमिक अ,ब,स व द कार्य को पूरा करने में क्रमशः 11, 9, 8 व 7 घंटे लेते हैं। कार्य के लिये प्रत्येक की मजदूरी ज्ञात करो।यदि गेंट योजना के अन्तर्गत बोनस कार्य को पूरा करने में लिये गये समय का 20 प्रतिशत देय हो।

(हल पृष्ठ 67 पर है)

हल : मानक समय = 10 घंटे

मजदूरी की दर = रु.4.00 प्रति घंटा

बोनस = लिये गये समय का 20 प्रतिशत

6.7.4. इमरसन योजना (Emerson Plan)

इस योजना की विशेषताएँ हैं —

1. न्यूनतम मजदूरी की गारन्टी होती है।
2. पुराने रिकॉर्ड के आधार पर मानक समय निश्चित कर लिया जाता है, तथा इस मानक को 100 प्रतिशत दक्ष माना जाता है।
3. जिस श्रमिक की दक्षता 67 प्रतिशत तक पहुंच जाती है उसे बोनस देय हो जाता है। इस दक्षता के नीचे कोई बोनस नहीं दिया जाता।

$$\text{दक्षता} = \frac{\text{मानक समय}}{\text{लिया गया समय}} \times 100$$

4. जो श्रमिक कार्य को मानक समय अथवा कम समय में पूरा करते हैं, उन्हें मानक समय की मजदूरी के अतिरिक्त बोनस भी मिलता है।
5. बोनस की दर सामान्यतया निम्न प्रकार ली जाती है —

100% अथवा अधिक दक्षता के लिए 20%

67% से 100% तक दक्षता के लिए 10%

यह बोनस कार्य को पूरा करने में लिये गये समय पर दिया जाता है।

उदाहरण 4 — किसी कार्य के लिए मानक समय 9 घंटे तथा मजदूरी की दर रु.4.00 प्रति घंटा निश्चित की गई है। श्रमिक A,B,C व D कार्य को पूरा करने में कर्मशः 14, 12, 9 व 8 घंटे लेते हैं। प्रत्येक की कुल मजदूरी कार्य को पूरा करने के लिए इमरसन योजना के अन्तर्गत ज्ञात करो तथा प्रत्येक श्रमिक द्वारा प्राप्त मजदूरी की दर प्रति घंटा भी ज्ञात करो।

(हल पृष्ठ 68 पर है)

6.7.5. लाभांश विभाजन प्रणाली (Profit sharing scheme)

लाभांश विभाजन प्रणाली नियोक्ता व श्रमिकों के मध्य एक समझौता होता है, जिसके अनुसार श्रमिक पहले से ही लाभ का एक भाग पाने का अधिकारी बन जाता है। नियोक्ता यह समझौता

श्रमिक	लिया गया समय (घन्टे)	बोनस = लिये गये समय का 20 प्रतिशत	कुल मजदूरी रूपये	प्राप्त मजदूरी दर प्रति घन्टा	टिप्पणी
अ	11	—	11 × 4.00 + 0 = 44.00	$\frac{44}{11} = 4.00$	लिया गया समय अधिक होने से बोनस नहीं मिलेगा।
ब	9	02. × 9 × 4.00 = 7.20	10 × 4.00 + 7.20 = 47.20	$\frac{47.20}{9} = 5.24$	
स	8	0.2 × 8 × 4.00 = 6.40	10 × 4.00 + 6.40 = 46.40	$\frac{46.40}{8} = 5.80$	
द	7	0.2 × 7 × 4 = 5.60	10 × 4.00 + 5.60 = 45.60	$\frac{45.60}{7} = 6.51$	

पद संख्या	गणनाओं का क्रम	श्रमिक			
		A	B	C	D
1	मानक समय (घन्टों में)	9	9	9	9
2	मजदूरी (रुपयों में)	4.00	4.00	4.00	4.00
3	लिया गया समय (घन्टों में)	14	12	9	8
4	प्रतिशत दक्षता	$\frac{9}{14}$ X 100 = 64.3%	$\frac{9}{12}$ X 100 = 75%	$\frac{9}{9}$ X 100% = 100%	$\frac{9}{8}$ X 100 = 112.5%
5	बोनस (रुपयों में)	–	0.1 x 12x 4.00 = 4.80	0.2 x 9 x 4.00 = 7.20	0.2 x 8 x 4.00 = 6.40
6	सामान्य मजदूरी (रुपयों में)	14 x 4.00 = 56.00	12 x 4.00 = 48.00	9 x 4.00 = 36.00	9 x 4.00 = 36.00
7	कुल प्राप्त मजदूरी (रुपयों में) (6) + (5)	56.00 + 0 = 56.00	48.00 + 4.80 = 52.80	36.00 + 7.20 = 43.20	36.00 + 6.40 42.40
8	प्राप्त मजदूरी की दर प्रति घन्टा (रु/घं.) (7) / (3)	$\frac{56.00}{14}$ = 4.00	$\frac{52.80}{12}$ = 4.40	$\frac{43.20}{9}$ = 4.80	$\frac{42.40}{8}$ = 5.30

श्रमिकों को कार्य करने के लिए प्रोत्साहित करने की दृष्टि से करते हैं। इस योजना के फलस्वरूप दक्षता में वृद्धि, सामग्री के अपव्यय तथा मशीनों की टूट-फूट में कमी होती है। यह प्रणाली, मजदूरी भुगतान की कोई प्रणाली नहीं होती बल्कि इसे मजदूरी के साथ केवल प्रोत्साहन देने की दृष्टि से जोड़ा जाता है। इस प्रणाली के अन्तर्गत लाभ का हिस्सा निम्न प्रकार श्रमिकों को दिया जा सकता है।

1. नगद राशि के रूप में।
2. बचत खाते अथवा भविष्य निधि खाते में जमा करके।
3. उद्योग के अंश के रूप में मानकर निदेशक मंडल में श्रमिकों को समानुपात में प्रतिनिधित्व देकर।

6.8. अवित्तीय प्रोत्साहन (Non-Financial Incentives)

कई उद्योगों अथवा फैक्टरियों में अवित्तीय प्रोत्साहन तत्वों की व्यवस्था होती है, जिनसे श्रमिकों को आर्थिक लाभ नहीं होता परन्तु इन प्रोत्साहन तत्वों द्वारा आकर्षित होकर वे उत्पादन बढ़ाने को प्रोत्साहित होते हैं। ये प्रोत्साहन एक प्रकार से मनोवैज्ञानिक प्रोत्साहन हैं। इनके अन्तर्गत संगठन में कार्यरत कर्मचारियों को सुविधाएँ प्रदान की जाती हैं जो कि या तो निःशुल्क होती हैं अथवा कर्मचारियों को इनके लिए आंशिक राशि देनी पड़ती है। अवित्तीय प्रोत्साहन निम्न हो सकते हैं —

1. स्वास्थ्य एवं सुरक्षा सुविधाएँ।
2. अच्छी कार्य दशाएँ।
3. सस्ता अनाज।
4. आवास की सुविधा।
5. सस्ती केन्टीन की सुविधा।
6. यातायात की सुविधा।
7. बच्चों की मुफ्त शिक्षा।
8. कर्मचारियों व उनके परिवार के सदस्यों के लिये चिकित्सा सुविधा।
9. खेलकूद व मनोविनोद की सुविधाएँ।
10. अवकाश यात्रा (Leave travel) सुविधा।
11. पेंशन, भविष्य निधि, ग्रेचुटी आदि।
12. निःशुल्क युनीफोर्म व बचाव वस्त्र आदि।
13. निःशुल्क चाय व दूध आदि।
14. प्रशिक्षण।
15. रोजगार में स्थायित्व।
16. अच्छा व मृदु व्यवहार।
17. कर्मचारियों के कार्यों को मान्यता देना।
18. कर्मचारियों के सुझावों पर विचार कर उन्हें कार्यरूप में परिणित करना।
19. कम कीमत पर भ्रमण व यात्रा।
20. श्रम कल्याण सुविधाएँ।

6.9. सुपरवाईजर को प्रोत्साहन (Incentives to Supervisors)

सुपरवाईजरों व फोरमैनों को प्रोत्साहन देने की दृष्टि से कोई विशेष योजना का प्रावधान नहीं है। उद्योग इन्हें अपनी ओर से विभिन्न प्राकर से प्रोत्साहित कर सकता है। इसके लिए कुछ प्रोत्साहन तत्व निम्नलिखित हो सकते हैं —

1. आवास सुविधा।
2. यातायात सुविधा।
3. अच्छी वार्षिक वेतन वृद्धि।
4. देश अथवा विदेश में प्रशिक्षण के अवसर प्रदान कर।
5. पदोन्नति।
6. वार्षिक विशेष बोनस।
7. विशेष अधिकार देना।
8. अच्छा व महत्वपूर्ण कार्य करने पर उनके कार्य को मान्यता प्रदान करना।

6.10 अच्छी प्रोत्साहन प्रणाली के सिद्धान्त (Principles of Good Incentive Scheme)

एक अच्छी प्रोत्साहन प्रणाली हेतु निम्न बिन्दुओं की ओर ध्यान देना आवश्यक है ताकि —

1. यह समझने में सरल व आसान होनी चाहिए।
2. प्रणाली की प्रचालन लागत कम हो।
3. सुपरविजन कम हो।
4. श्रमिक के प्रयास व पारितोषिक के मध्य समय अवधि न्यूनतम रहे।
5. यह नियोक्ता व श्रमिक दोनों के लिए उचित हो।
6. चाहे गये मानक प्राप्त हो सकें।
7. मानक से ऊपर के कार्य को प्रोत्साहित किया जा सके।
8. श्रमिकों को कठोर परिश्रम हेतु प्रेरित करने के लिए प्रीमियम अधिक होना चाहिए।
9. सभी श्रमिकों को कमाने के समान अवसर प्रदान किये जावें।
10. इसके द्वारा बजट नियंत्रण तथा मानक लागत आसानी से ज्ञात की जा सके।
11. निरीक्षण अच्छा रहे।
12. अच्छी कार्य दशाएँ प्रदान की जा सकें।
13. प्रणाली को स्थाई रूप से लागू किया जा सके।
14. दर में कमी करने की अनुमति न हो और न ही श्रमिक की कमाई पर कोई प्रतिबन्ध रहे।
15. समान प्रयास की मात्रा के लिए पारितोषिक समान रहे।
16. अप्रत्यक्ष श्रमिक भी प्रेरित हो सकें।

6.11 प्रोत्साहन प्रणाली के लाभ (Advantages of Incentive Scheme)

1. कम सुपरविजन की आवश्यकता होती है।

2. अधिक कमाई के कारण श्रमिकों का मनोबल बढ़ता है।
3. उत्पादकता में वृद्धि होती है।
4. अधिक उत्पादन के कारण उत्पादन लागत कम हो जाती है।
5. श्रमिक लागत की गणना की जा सकती है।
6. श्रमिकों के लिए मानक आसानी व सूक्ष्मता से निश्चित किये जा सकते हैं।
7. उपलब्ध साधनों का अधिकतम उपयोग किया जा सकता है।
8. कार्य मितव्ययी रूप से किये जाने के कारण श्रमिक लागत कम हो जाती है।

6.12 प्रोत्साहन प्रणालियों के दोष (Demerits of Incentive Schemes)

1. यदि समान कार्य की दरें समान न रखी जाएँ तो असंतोष पनपता है।
2. उत्पादन की मात्रा बढ़ाने की होड़ में गुणवत्ता में कमी आती है।
3. गणना का कार्य बढ़ जाता है।
4. उत्पादन की मात्रा को बढ़ाने के लिए श्रमिक सुरक्षा सावधानियों की ओर ध्यान नहीं देते, जिससे दुर्घटनाओं की संभावना अधिक हो जाती है।
5. अधिक शारीरिक व मानसिक तनाव के कारण श्रमिकों के स्वास्थ्य पर बुरा असर पड़ता है।
6. अधिक उत्पादन होने से दर में कमी होने की संभावना बढ़ जाती है।
7. श्रमिकों में द्वेष की भावना पनपती है।
8. यदि कुशल कारीगर समय के आधार पर कार्य करते हों, तो अकुशल कारीगर कभी-कभी उनसे अधिक कमाई कर सकते हैं।

6.13. मजदूरी प्रोत्साहन तथा बोनस में अन्तर (Different between wage incentive and bonus)

जैसा कि पूर्व में बतलाया जा चुका है कि किसी श्रमिक को निश्चित अवधि में मानक न्यूनतम उत्पादन से अधिक उत्पादन करने के लिए अतिरिक्त भुगतान, मजदूरी प्रोत्साहन के रूप में किया जाता है, यह मजदूरी प्रोत्साहन श्रमिक को उद्योग द्वारा अपनाई गई प्रोत्साहन योजना के अनुरूप मजदूरी के साथ ही देय होता है।

बोनस वर्ष में एक बार किसी महत्त्वपूर्ण त्योहार के अवसर पर उच्च उत्पादिता के फल स्वरूप समस्त श्रमिकों तथा कर्मचारियों को उनके वेतन के अतिरिक्त उद्योग या विभाग द्वारा वेतन के एक पूर्व निश्चित प्रतिशत पर नगद राशि के रूप में दिया जाता है। कई उद्योग इस बोनस को उत्पादिता के साथ जोड़कर वेतन के अतिरिक्त भुगतान करते हैं।

प्रश्न

1. मजदूरी किसे कहते हैं ? मजदूरी को प्रभावित करने वाले घटक कौन-कौन से हैं ? समझाइए।
2. एक अच्छी मजदूरी प्रणाली की क्या विशेषताएँ है ? (राज. नव.98)
3. मजदूरी भुगतान की कौन-कौन सी प्रणालियां हैं ? इनमें से किसी एक प्रणाली को समझाइये तथा इसके लाभ व अलाभ बताइये। (राज. नव.97)
4. समय-मजदूरी प्रणाली एवं कार्य मजदूरी प्रणाली को गुण, दोष व उपयोगिताओं सहित समझाइए।
5. समय मजदूरी प्रणाली एवं कार्य-मजदूरी प्रणाली को इनके लाभ-हानियों सहित वर्णन कीजिए। (राज. नव.99)
6. टेलर की भिन्नक कार्य मजदूरी प्रणाली क्या होती है ? इसके गुण व दोषों की विवेचना कीजिए।
7. समय मजदूरी तथा कार्य मजदूरी प्रणाली की तुलना कीजिए। (राज. अप्रैल,97)
8. मजदूरी प्रोत्साहन की विभिन्न प्रणालियाँ क्या हैं ? किन्हीं दो प्रणालियों को समझाइये। (राज. अप्रैल 98)
9. रोवन प्रोत्साहन वेतन प्रणाली को समझाइये। (राज. अप्रैल 96)
10. हाल्से व रोवन योजना में अन्तर स्पष्ट कीजिए। (राज. नव.96)
11. वेतन एवं प्रेरणात्मक लाभांश (incentive) में अन्तर स्पष्ट कीजिए। (राज. अप्रैल,98)
12. एक कार्य के लिए मानक समय 6 घंटे है तथा मजदूरी की दर रु.1.50 प्रति घंटा है। यदि कोई श्रमिक कार्य को 4 घंटे में पूरा करता है तो ज्ञात कीजिए—

    (i) हाल्से योजना के अन्तर्गत श्रमिक की कुल मजदूरी।

    (ii) रोवन योजना के अन्तर्गत श्रमिक की कुल मजदूरी।

    (रु.7.50 ; रु.9.00) (राज. अप्रैल, 95)
13. प्रश्न सं.12 में श्रमिक की कुल मजदूरी व प्राप्त मजदूरी की दर प्रति घंटा ज्ञात कीजिए। यदि गैंट योजना के अन्तर्गत बोनस कार्य को पूरा करने में लिये गये समय का 20% देय हो। (रु.10.20, रु.2.55 प्र.घं.)
14. किसी कार्य को पूरा करने में 4 श्रमिक क्रमशः 7, 6, 5, व 3, घंटे लेते हैं। मजदूरी की दर रु. 1.00 प्रति घंटा निश्चित की गई। कार्य को 6 घंटे के अन्दर पूरा करने वाले श्रमिक को लिये गये समय पर 25% बोनस देय है। प्रत्येक श्रमिक की मजदूरी तथा उनकी प्रति घंटा दर गैंट टास्क एवं बोनस योजना के अनुसार ज्ञात कीजिए। (राज. नव.94)
15. प्रश्न सं.12 में श्रमिक की कुल मजदूरी व प्राप्त मजदूरी की दर प्रति घंटा, इमरसन योजना के अन्तर्गत, ज्ञात कीजिए।

16. लाभांश विभाजन प्रणाली पर संक्षिप्त टिप्पणी लिखिये ।
17. अवित्तीय प्रोत्साहन से क्या आशय है ? विभिन्न अवित्तीय प्रोत्साहन कौन-कौन से हो सकते हैं ?
18. एक अच्छी प्रोत्साहन योजना की विशेषताओं तथा गुण व दोषों पर प्रकाश डालिये ।
19. 'सुपरवाईजर को प्रोत्साहन' पर संक्षिप्त टिप्पणी लिखिये ।
20. मजदूरी प्रोत्साहन तथा बोनस में अन्तर समझाइये । (राज. नव.97)
21. मजदूरी प्रोत्साहन की इमरसन योजना को समझाइये । (राज. अप्रैल 2000)
22. एक अच्छी प्रोत्साहन प्रणाली में किन-किन बातों का समावेश होना चाहिए । (राज. अप्रैल 2000)

अध्याय - 7

क्रयण विभाग
(Purchase Department)

7.1. प्रस्तावना (Introduction)

किसी भी उद्योग का सर्वप्रथम महत्वपूर्ण कार्य विभिन्न सामग्री का क्रयण करना है तथा उत्पादन प्रारम्भ करने से पूर्व यह कार्य होना आवश्यक है। किसी भी उद्योग के लिए क्रयण में भी उतनी दक्षता आवश्यक है जितनी कि उत्पादन तथा विक्रय में। क्रयण का उद्देश्य उन सभी वस्तुओं को बाजार से प्राप्त करना है जिनकी आवश्यकता उद्योग स्थापित करने तथा तत्पश्चात् उत्पादन प्रारम्भ करने के लिए होती है। इस कार्य के लिए प्रत्येक उद्योग में अलग से क्रयण विभाग की स्थापना की जाती है।

7.2 क्रयण विभाग के उद्देश्य (Objects of Purchase Department)

क्रयण विभाग के निम्नलिखित पांच मुख्य उद्देश्य होते हैं—

1. क्या खरीदना है ?
2. कब खरीदना है ?
3. कहां से खरीदना है ?
4. कितना खरीदना है ?
5. किस दर पर खरीदना है ?

7.3 क्रयण विभाग के कर्तव्य (Duties of Purchase Department)

1. पूर्णतया सही मांग के अनुसार क्रयण करना।
2. एक सही व अच्छे सप्लायर को सामान की सप्लाई हेतु आदेश देना।
3. कम से कम मूल्य पर सही प्रकार व अच्छी गुणवत्ता का सामान खरीदना।
4. सही समय पर सही मात्रा में सामग्री की खरीद करना।
5. यह ध्यान रखना कि आदेश दिये गये सामान की प्राप्ति दी गई अवधि में हो जावे।
6. यह ध्यान रखना कि प्राप्त सामग्री क्रयण आदेश (purchase order) में वर्णित मात्रा, गुणवत्ता एवं विनिर्देशों के अनुसार हो।
7. प्रबन्ध को यह सिफारिश करना कि किसी वस्तु विशेष को खरीदने के स्थान पर उद्योग में ही

तैयार करवाना उचित व मितव्ययी होगा अथवा नहीं।

8. बाजार की स्थिति का गहन अध्ययन करना तथा सप्लायर्स से दर अनुबन्ध (Rate contract) करना ताकि सामग्री बगैर किसी अड़चन के समय पर उपलब्ध होती रहे।
9. सामग्री प्राप्त करने के विभिन्न स्रोतों के बारे में जानकारी बनाए रखना।
10. उपलब्ध व विश्वासपात्र सप्लायर्स की सूची बनाकर रखना।
11. उद्योग के लिए आवश्यक विभिन्न सामग्री की सूची मात्रा सहित तैयार करना ताकि उचित समय पर सामग्री खरीदने की कार्यवाही की जा सके।
12. निविदाएँ प्राप्त करने के लिए सामग्री के विनिर्देश तैयार करना तथा निविदाएँ प्राप्त हो जाने पर तुलनात्मक विवरण तैयार करने के पश्चात् न्यूनतम दर पर सामग्री के क्रयण हेतु आदेश भेजना।
13. सामग्री प्राप्त हो जाने के पश्चात् उसके निरीक्षण तथा बाद में उसके शीघ्र भुगतान की व्यवस्था करना।
14. ऐसे सभी सामान बाजार में सीधे खरीदना जिनके लिए निविदा की आवश्यकता न हो।
15. विभिन्न विभागों से सामग्री के क्रयण हेतु लगातार संबंध बनाये रखना।
16. अपने उद्योग के लाभ को देखते हुए क्रयण करना।
17. क्रयण के संबंध में सभी विभागों से पूरी तरह सहयोग करना।

7.4. क्रयण विभाग का संगठन (Organisation of Purchase Department)

क्रयण विभाग के सफल संचालन हेतु क्रयण विभाग का संगठन निम्न प्रकार रखा जा सकता है।

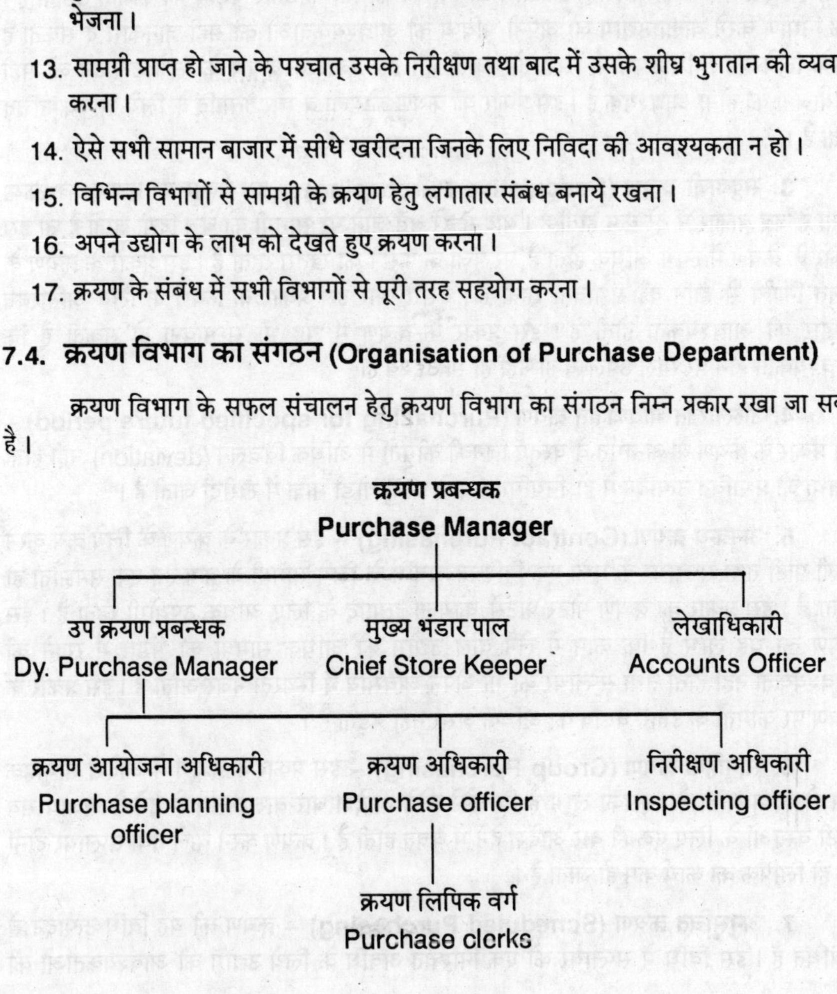

7.5 क्रयण विधियाँ (Methods of Purchasing)

क्रयण की विधियाँ मंडी की दशाओं तथा मांग के अनुसार काम में लाई जाती हैं। कुछ मुख्य क्रयण विधियाँ अग्रलिखित हैं—

1. आवश्यकतानुसार क्रयण (Purchasing when required) – यह विधि उस स्थिति में प्रयुक्त की जाती है जब सामग्री की आवश्यकता बहुत ही कम हो। ऐसी सामग्री को यदि पहले से ही खरीद लिया जायेगा तो पूंजी व्यर्थ फंस जायेगी। इसलिए ऐसी सामग्री को जब व जितनी आवश्यकता होती है उस समय उतना ही खरीद लिया जाता है।

2. बाजार क्रयण (Market Purchasing) – इस विधि में क्रयण बाजार में जाकर किया जाता है। इस क्रयण का सबसे मुख्य लाभ सामग्री की कीमतों के उतार-चढ़ाव का फायदा उठाना है। एक निर्माण करने वाला उद्योग जो अपनी भविष्य की आवश्यकताओं की सही जानकारी दे सकता है उसके लिये यह विधि उपयोगी सिद्ध हो सकती है। इस प्रकार के क्रयण के लिये उत्पादन की सही आयोजना का होना आवश्यक है। इस प्रकार का क्रयण कोयला व रबर इत्यादि के लिये अधिक उचित होता है।

3. सट्टेबाजी क्रयण (Speculative Purchasing) – इस प्रकार का क्रयण तब किया जाता है जब बाज़ार में दरें कम होती हैं। बाद में दरें बढ़ जाने पर सामग्री को बेच दिया जाता है, तो इस प्रकार के क्रयण में लाभ अधिक होता है, पर पूंजी के फंसने का खतरा रहता है। इस प्रकार के क्रयण के गलत निर्णय से हानि की संभावना रहती है। दूसरी ओर इस प्रकार के क्रयण के लिये अतिरिक्त भण्डार की आवश्यकता होती है। इस प्रकार के क्रयण में यह भी सम्भावना हो सकती है कि आवश्यकता होने पर माल उपलब्ध ही नहीं हो सके।

4. उल्लिखित भविष्य हेतु क्रयण (Purchasing for specified future period) – इस प्रकार के क्रयण के अन्तर्गत वे वस्तुएँ जिनकी कीमतों में अधिक विचलन (deviation) नहीं होता है तथा जो प्रभावित उत्पादन में हों, नियमित रूप से परन्तु थोड़ी मात्रा में खरीदी जाती है।

5. अनुबन्ध क्रयण (Contract Purchasing) – इस प्रकार के क्रयण के लिये क्रय करने वाली पार्टी तथा सप्लायर के मध्य एक निश्चित अवधि के लिये सामग्री के क्रय हेतु एक समझौता हो जाता है। इस प्रकार का क्रयण मोटर पार्ट्स, कोयला इत्यादि के लिए अधिक उपयोगी रहता है। इस क्रयण का यह लाभ है कि काम में लेने वाले उद्योग को अधिक सामग्री को भंडार में रखने की आवश्यकता नहीं होती तथा सप्लायर को भी अपने व्यवसाय में स्थिरता नजर आती है। इस प्रकार के क्रयण पर कीमतों के उतार-चढ़ाव का अधिक असर नहीं पड़ता है।

6. सामूहिक क्रयण (Group Purchasing) – इस प्रकार के क्रयण में आदेश सामूहिक रूप से दिया जाता है। इसका लाभ है कि छोटे-छोटे आदेश बार-बार अलग से देने के बजाय सब छोटी वस्तुओं के लिए एक ही बार आदेश देने में बचत होती है। क्रयण करने वाले तथा सप्लायर दोनों का ही लिपिक का कार्य कम हो जाता है।

7. अनुसूचित क्रयण (Scheduled Purchasing) – क्रयण की यह विधि उत्पादन से संबंधित है। इस विधि में सप्लायर को एक निश्चित अवधि के लिये उद्योग की आवश्यकताओं की

जानकारी दे दी जाती है तथा आवश्यकता पड़ने पर जब उद्योग द्वारा आदेश भेजा जाता है तो सप्लायर द्वारा उसकी पूर्ति कर दी जाती है। इस क्रयण का लाभ यह है कि इसमें न तो क्रेता (Purchaser) को अधिक वस्तुसूची (Inventory) के नियंत्रण में कोई कठिनाई आती है और न ही सप्लायर को भारी मांगों का सामना करना पड़ता है।

7.6 विनिर्देश (Specifications)

क्रयण करने के पूर्व माल के सही रूप का निर्णय लेना अत्यावश्यक है। माल के मानक (Standards) जो किसी फर्म द्वारा माल की आवश्यकताओं की परिभाषा देने के लिये स्थापित किये जाते हैं, विनिर्देश कहलाते हैं। विनिर्देश उन अवयवों अथवा अंगों इत्यादि का पूरा विवरण देते हैं जो उत्पाद को बनाने के लिये प्रयुक्त किये जाते हैं। अच्छे, मितव्ययी एवं उचित क्रयण के लिये विनिर्देश आवश्यक ही नहीं वरन् महत्वपूर्ण होते हैं तथा सही ढंग से निविदायें व माल खरीदने में महत्वपूर्ण भूमिका निभाते हैं। विनिर्देश देते समय माल के बारे में उसके गुण, विशेषताएँ, संगठन, आकार, आकृति, शक्ति, निर्माता का नाम इत्यादि का पूरा विवरण लिखा जाता है। विनिर्देशों के लिये प्रयुक्त भाषा, सही, स्पष्ट, उचित तथा निश्चित होनी चाहिए। विनिर्देशों में जरा-सी भी कमी सही माल प्राप्त करने में बाधा बन जाती है।

7.7 टेण्डर या निविदा (Tender or Quotation)

यह सप्लायर द्वारा क्रेता को भेजी जाने वाली लिखित सूचना (Offer) होती है जो विनिर्देशों के अनुसार निश्चित दरों पर, निश्चित अवधि के लिए अनुबन्ध की शर्तों के अनुसार सप्लायर की शर्तों का विवरण देती है। इसमें निम्न बातों का समावेश होना चाहिए—

1. सप्लायर का नाम
2. क्रेता की निविदा सूचना संख्या का उल्लेख
3. निविदा खोलने की तारीख एवं समय
4. माल का नाम व विवरण (सम्पूर्ण विनिर्देशों सहित)
5. मात्रा
6. सुपुर्दगी का समय (Time of Delivery)
7. माल सुपुर्दगी का स्थान
8. अन्य आवश्यक शर्तें

साधारणतया आवश्यक होने पर क्रेता द्वारा मांगे जाने पर निविदा के साथ साई (Earnest Money) भी भेजी जाती है।

7.8. निविदा की आवश्यकता (Necessity of Tenders)

जब नियोजक कोई कार्य (जिस पर होने वाला व्यय भी अधिक हो) करवाना चाहता हो तब

सर्वप्रथम उस कार्य के लिए योग्य कॉन्ट्रेक्टर का चयन ही महत्त्वपूर्ण कार्य होता है। योग्य कॉन्ट्रेक्टर का तात्पर्य अनुभवी व कार्य कुशल कॉन्ट्रेक्टर से है। नियोजक के लिए यह आवश्यक नहीं है कि वह सभी सक्षम व योग्य कॉन्ट्रेक्टरों को निजी तौर पर जानता हो। उस स्थिति में निविदा आमंत्रण ही उत्तम तरीका है जिससे कॉन्ट्रेक्टर स्वयं अपने स्तर पर कार्य का आंकलन कर उस कार्य के लिए अपने प्रस्ताव दे सकता है। प्रस्ताव के साथ कॉन्ट्रेक्टर अपने पिछले अनुभव, कार्य करने की क्षमता, उसके पास उपलब्ध संसाधन आदि की जानकारी भी देता है। जिससे नियोजक सभी प्राप्त प्रस्तावों में से उचित प्रस्ताव पर विचार कर कॉन्ट्रेक्टर का चयन करता है।

7.9. टेण्डर/निविदा के प्रकार (Types of Tenders)

निविदाएं सामान्यतया निम्न तीन प्रकार की होती हैं—

1. एकाकी निविदा (Single Tender) – जब क्रयण बहुत ही कम मूल्य का होता है तथा उसकी आवश्यकता शीघ्र होती है तो एक ही निविदा के आधार पर क्रयण किया जा सकता है। इसके लिए निविदा सूचना भेजने की कोई आवश्यकता नहीं होती। केवल एक ही फर्म को निविदा देने व माल भेजने के लिए आदेश दे दिया जाता है। 2000 रु. तक के सामान के क्रयण के लिए इस प्रकार की निविदा का उपयोग किया जा सकता है।

2. सीमित निविदा (Limited Tender) – इस प्रकार की निविदा का प्रयोग तब किया जाता है जब कम कीमत की सामग्री का क्रयण करना हो तथा जिसके लिए आम निविदाएं आमंत्रित करने की आवश्यकता न हो। इसके अन्तर्गत निविदाएं क्रेता की मंजूर की गई सूची के अनुसार कुछ फर्मों से ही मांगी जाती है। राजस्थान सरकार के नियमों के अन्तर्गत 2000 रु. से अधिक परन्तु 30000 रु. तक कीमत की सामग्री के क्रयण के लिए इस प्रकार की निविदाएं मांगी जाती हैं।

3. आम निविदा (Open Tender) – यह निविदा सभी सप्लायर्स के लिए खुली होती है तथा इसके लिए क्रेता द्वारा अखबार में विज्ञापन दिया जाता है। इस विज्ञापन के आधार पर कोई भी इच्छुक सप्लायर वांछित मूल्य भेजकर क्रेता से निविदा का विवरण प्राप्त कर सकता है तथा उसके लिए अपनी दरें व सप्लाई की शर्तें निविदा खोले जाने की तारीख से पूर्व भेज सकता है। इस प्रकार की निविदा तब आवश्यक होती है जब माल बहुत अधिक मात्रा में खरीदना हो। राजस्थान सरकार के अधीन विभागों में 30000 रु. से अधिक आकलित मूल्य की सामग्री एक साथ क्रय करने के लिए इस प्रकार की निविदाएं आमंत्रित की जाती हैं।

निविदा को ही सामान्यतया कोटेशन (Quotation) भी कहा जाता है। वैसे इन दोनों में कोई खास अन्तर नहीं होता है।

7.10. निविदा प्रक्रिया (Tendering Procedure)

प्रत्येक विभाग या नियोजक जब निविदायें आमंत्रित करता है तो इस कार्य को व्यवस्थित तथा दोष रहित बनाये रखने के लिए कुछ निर्धारित प्रक्रिया की अनुपालना करता है। निविदा आमंत्रण व कॉन्ट्रेक्टर चयन के मुख्य चरण निम्न है –

(i) निविदा प्रपत्र तैयार करना (Preparation of Tender Documents)

(ii) निविदा सूचना जारी करना (Release of Tender Notice)

(iii) मुहरबन्द निविदा प्रस्ताव प्राप्त करना (Acceptance of Sealed Tender Offers)

(iv) निविदा प्रस्ताव खोलना (Opening of Tender Offers)

(v) निविदा प्रस्तावों की सुरक्षा (Security of Tender offers)

(vi) निविदा प्रस्तावों की जांच करना (Scrutning of Tender offers)

(vii) तुलनात्मक आलेख तैयार करना (Preparation of Comparative Statement)

(viii) निविदा प्रस्ताव का स्वीकार करना (Acceptance of Tender offer)

निविदा प्रस्ताव स्वीकार करने के पश्चात् नियोजक कॉन्ट्रेक्टर को कार्य-आदेश (Work-order) जारी करता है। नियोजक व कॉन्ट्रेक्टर के मध्य कार्य निष्पादन के लिए अनुबन्ध तैयार किया जाता है तथा उसमें पूर्व वर्णित सभी आवश्यक शर्तों का निगमन किया जाता है।

7.11. निविदा प्रपत्र (Tender Documents)

नियोजक या विभाग सूचना जारी करने से पूर्व उस कार्य संबंधी सम्पूर्ण जानकारी व सूचनाएँ एकत्रित करके निविदा आमंत्रण के पश्चात् निश्चित राशि पर निविदा प्रपत्र कॉन्ट्रेक्टर को उपलब्ध कराता है। उक्त निविदा शुल्क सिर्फ इसलिए रखी जाती है जिससे इच्छुक व्यक्ति या कॉन्ट्रेक्टर ही निविदा प्रपत्र खरीदे। निविदा प्रपत्र के तहत मुख्यतः निम्न प्रकार की सूचनाएँ विस्तृत रूप से दी जाती है -

(i) कार्य का उद्देश्य व स्वरूप।

(ii) कार्य की परिकल्पना (Design) व रेखाचित्र (Drawings)

(iii) कार्य की अनुमानित लागत

(iv) कार्य की गुणवत्ता का स्तर

(v) विभाग/नियोजक द्वारा उपलब्ध संसाधन

(vi) कार्य निष्पादन की प्रक्रिया

(vii) कार्य समापन की समय-अवधि

(viii) कार्य के एवज में भुगतान प्रणाली

(ix) अनुबन्ध की मुख्य शर्ते इत्यादि।

उक्त जानकारी व सूचनाओं के आधार पर कॉन्ट्रेक्टर कार्य का आंकलन करता है तथा अपने स्तर पर कार्य निष्पादन के लिए धन राशि की गणना करता है तथा उसी के अनुसार निविदा प्रस्ताव प्राप्त करता है।

7.12. निविदा सूचना (Tender Notice)

निविदा प्रपत्र तैयार करने के पश्चात् समाचार पत्रों में विज्ञापन के लिए निविदा सूचना तैयार की जाती है। इस निविदा सूचना में मुख्यतः निम्न बिन्दुओं का समावेश होना आवश्यक है –

(i) कार्य का नाम व विवरण

(ii) अनुमानित लागत

(iii) निविदा शुल्क

(iv) धरोहर राशि

(v) कार्य पूर्ण करने की अवधि

(vi) निविदा बेचने की अन्तिम तिथि

(vii) निविदा प्राप्त करने की अन्तिम तिथि

(viii) निविदा खोलने की तिथि व समय आदि।

निविदा सूचना आलेख या तालिका के रूप में हो सकती।

7.13. मुहर बंद निविदा (Sealed Tenders)

निविदा सूचना की विज्ञप्ति जारी होने के पश्चात निविदा की शर्तों के अनुसार जो भी व्यक्ति या कम्पनी उस कार्य को करना चाहते हों वे अपना प्रस्ताव भेजते हैं। निविदा का प्रस्ताव कुछ विशेष परिस्थितियों को छोड़कर मुहर बंद लिफाफे में ही स्वीकार किये जाते हैं। अतः जो प्रस्ताव मुहर बंद लिफाफे में दिये जाते हैं उन्हें मुहर बंद निविदा कहते हैं। निविदा प्रस्ताव को मुहर बंद लिफाफे में स्वीकार करने का मुख्य कारण हैं कि भिन्न व्यक्तियों या कम्पनियों द्वारा दिये गये निविदा गुप्त रहें तथा निविदा खोलने से पूर्व किसी व्यक्ति, कम्पनी, निविदा आमंत्रणकर्ता या उनके किसी कर्मचारी या अधिकारी को प्रस्ताव की राशि या शर्तों के बारे में जानकारी न हो सके, अन्यथा कोई भी व्यक्ति या कम्पनी दूसरों के प्रस्ताव की राशि आदि जानकर अपने प्रस्ताव को उससे अधिक प्रभावशाली व कम राशि का प्रस्तुत कर देगा तथा भिन्न-भिन्न लोगों से निविदा आमंत्रित करना निष्फल रह जायेगा। अतः निविदा प्रस्ताव मुहर बंद लिफाफे में ही स्वीकार करना आवश्यक हैं।

7.14 धरोहर राशि (Earnest Money)

निविदा प्रस्ताव स्वीकार करते समय निविदा प्रस्ताव के साथ एक निश्चित राशि का बैंक ड्राफ्ट भी लिया जाता हैं, जिसे धरोहर राशि कहते हैं। निविदा खोलने के पश्चात सफल व्यक्ति या फर्म के अतिरिक्त सभी असफल निविदा प्रस्तावों की धरोहर राशि लौटा दी जाती है। सफल आवेदक की धरोहर राशि कार्य प्रारम्भ होने पर तथा कभी-कभी कार्य की संपूर्णता के पश्चात लौटा दी जाती हैं। निंविदा प्रस्ताव के साथ धरोहर राशि लेने का मुख्य कारण निम्न हैं –

(1) निविदा प्रस्ताव केवल सक्षम व योग्य व्यक्ति या फर्म ही प्रस्तुत करें।

(2) निविदा प्रस्ताव यथार्थ हों तथा उसमें प्रस्तावित राशि वास्तविकता के निकट हो।

(3) निविदा प्रस्ताव स्वीकार होने पर उक्त व्यक्ति या फर्म कार्य निष्पादन के लिऐ बाध्य हो।

यदि किसी परिस्थिति में निविदा प्रस्ताव स्वीकार होने के पश्चात वह व्यक्ति या फर्म कार्य प्रारम्भ नही करता है तो इस स्थिति में फर्म या व्यक्ति द्वारा जमा कराई गयी धरोहर राशि जब्त कर ली जाती है तथा अन्य व्यक्ति या फर्म के निविदा प्रस्ताव स्वीकार कर लिये जाते हैं। सामान्यतया धरोहर राशि कार्य की अनुमानित लागत की दो प्रतिशत होती है लेकिन कार्य की विविधता के अनुसार धरोहर राशि 2% से कुछ कम या अधिक भी हो सकती है। धरोहर राशि पर नियोजक द्वारा कोई ब्याज देय नहीं होता है।

7.15 प्रतिभूति राशि (Security Money)

निविदा खोलने के पश्चात जिस फर्म या व्यक्ति के प्रस्ताव किये जाते हैं, उसे कार्य-आदेश (Work-Order) दिया जाता है। कार्य के सफलतापूर्वक निष्पादन, कार्य निष्पादन में गुणवत्ता बनाये रखना तथा कार्य को निश्चित समय अवधि में समापन करने हेतु बाध्य करने के लिए प्रतिभूति राशि ली जाती है। प्रतिभूति राशि कार्य के प्रकार के अनुसार ली जाती है। साधारणतः प्रतिभूति राशि अनुमानित लागत की 5% होती है लेकिन कार्य की विविधता के अनुसार कम या ज्यादा भी हो सकती है। जब कभी कोई विभाग या कार्यालय किसी सामान/उपकरण/सामग्री की आपूर्ति आदि जैसे कार्य के लिए निविदा आमंत्रित करता है तो सफल निविदादाता को प्रतिभूति राशि कार्य प्रारम्भ के पूर्व में ही जमा करवानी होती है, जो कि आपूर्ति कार्य के पश्चात् निविदादाता को लौटा दी जाती है, जबकि किसी निर्माण कार्य आदि के लिए निविदा आंमत्रित की जाती हैं तब निविदादाता को कार्य प्रारम्भ होने के पश्चात मिलने वाले प्रत्येक भुगतान में से प्रतिभूति राशि काट ली जाती है। इस प्रतिभूति का भुगतान कार्य समाप्ति के बाद एक निश्चित अवधि के पश्चात निविदादाता को कर दिया जाता है। कार्य समापन या आपूर्ति में कोई कमी रह जाने की अवस्था में निविदादाता कार्य में परिशोधन करने तथा दोषयुक्त सामग्री के एवज में दूसरी दोषमुक्त सामग्री की आपूर्ति के लिए बाध्य होता है। परिशोधन या दोषमुक्त सामग्री की आपूर्ति न करने पर निविदादाता की प्रतिभूति राशि नियोजक द्वारा जब्त की जा सकती है। धरोहर राशि की तरह प्रतिभूति राशि पर भी निविदादाता को नियोजक द्वारा ब्याज नहीं दिया जाता है।

7.16 निविदा खोलना (Opening of Tenders)

जैसा कि हम पहले पढ़ चुके हैं कि निविदा प्रस्ताव मुहरबंद लिफाफे में स्वीकार किये जाते हैं। अतः मुहरबंद लिफाफे को निश्चित समय पर अन्य व्यक्तियों के समक्ष अधिकारी द्वारा ही खोला जाता है। साधारणतः निविदा सूचना में निविदा खोलने का समय व तिथि दी जाती है। कभी परिस्थितिवश उक्त तिथि को निविदा नहीं खोली जाती है तो अगली निश्चित तिथि के लिए विज्ञप्ति जारी की जाती है। अधिकांशतः निविदायें निविदादाताओं के समक्ष खोली जाती हैं तथा कभी-कभी विभिन्न वर्ग के अधिकारियों के समूह के समक्ष भी खोली जाती है। निविदा खोलने के समय प्रत्येक उपस्थित अधिकारी द्वारा सभी निविदा प्रस्तावों को हस्ताक्षरित करवाया जाता है, जिससे कोई प्रस्ताव बदला नहीं जा सके।

तुलनात्मक प्रपत्र
(Comparative Statement)

क्रं. सं. S. No.	विवरण व विनिर्देश Particulars & Specifications	मात्रा Qty.	अनुमानित मूल्य Approx. Cost	फर्म नं. 1 Firm No.1		फर्म नं. 2 Firm No.2		फर्म नं. 3 Firm No. 3		फर्म नं. 4 Firm No. 4	
				विवरण Particulars	दर Rate	विवरण Particulars	दर Rate	विवरण Particulars	दर Rate	विवरण Particulars	दर Rate

तैयार करने वाले के हस्ताक्षर	जाँचकर्ता के हस्ताक्षर	सिफारिश करने वाले अधिकारी के हस्ताक्षर	स्वीकृति देने वाले अधिकारी के हस्ताक्षर

7.17 निविदा प्रस्तावों की सुरक्षा (Security of Tender Offers)

निविदादाता द्वारा निविदा प्रस्ताव जमा करवाने के पश्चात उस निविदा प्रस्ताव की सुरक्षा की जिम्मेवारी विभाग की होती है। अतः परेशानियों से बचने के लिए विभाग द्वारा एक अधिकारी को ही प्रस्ताव प्राप्त करने व निविदा खोले जाने तक उसकी सुरक्षा की जिम्मेवारी दी जाती है। निविदा प्राप्त करने वाला अधिकारी लिफाफे की जांच करता है कि लिफाफा पूर्णतः मुहरबंद हो तथा कहीं से कटा-फटा न हो तथा उस लिफाफे पर अपने हस्ताक्षर के साथ-साथ प्राप्त करने की तिथि व समय भी लिखता है। अधिकारी सभी प्राप्त निविदा प्रस्तावों की सूचि भी बनाता है तथा उसे निविदा खोले जाने के समय प्रस्तुत करता है। इस कार्य अवधि के दौरान उस अधिकारी की व्यक्तिगत जिम्मेवारी होती है कि वह उन सभी लिफाफों की सुरक्षा का ध्यान रखें।

7.18 तुलनात्मक प्रपत्र (Comparative Statement)

निविदा प्रस्तावों को खोलने के पश्चात राशी निविदादाताओं के प्रस्तावों की विस्तृत जानकारी एक पृष्ठ पर चार्ट के रुप में तैयार की जाती है, जिसे तुलनात्मक प्रपत्र कहा जाता है। इसमें सभी निविदादाताओं की योग्यता, अनुभव, कार्य करने की क्षमता, प्रस्ताव राशि, कार्य सम्पूर्ण की अवधि तथा कार्य करने के लिऐ विशेष शर्त या मांग आदि अंकित किये जाते हैं।

तुलनात्मक प्रपत्र का नमूना आगे (पृष्ठ) पर दिया गया हैं।

7.19 निविदा जांच एवं स्वीकृति (Scrutning & Acceptance of Tenders)

नियोजक द्वारा प्राप्त निविदा प्रस्तावों की निविदा खोलने के पश्चात् जांच की जाती है। निविदाओं की जांच के दौरान निविदादाता की कार्य करने की क्षमता, कार्य कुशलता, पूर्व में किये गये कार्यो का विवरण, उसका अनुभव, उपलब्ध संसाधन, आदि का विवरण तैयार करके एक निश्चित मानदण्ड पर खरे उतरने वाले निविदादाताओं की सूची तैयार की जाती है। निविदा प्रस्तावों की जांच के समय धरोहर राशि संलग्नता भी जांची जाती है। इसके अभाव में भी निविदा प्रस्ताव अयोग्य माने जायेंगे। निविदाओं की जांच के पश्चात योग्य निविदादाताओं के प्रस्तावों का पूर्व वर्णित तुलनात्मक प्रपत्र तैयार किया जाता है। यदि द्विपदीय निविदा हो तो तुलनात्मक प्रपत्र के अनुसार कम लागत पर अच्छा कार्य, उचित समय में पूर्ण करने वाले चार-पांच निविदादाताओं को विस्तृत में समझौता वार्ता हेतु आमंत्रित किया जाता है तथा एक निविदा प्रस्ताव को उसके गुण सीमाओं तथा शर्तों को देखते हुए स्वीकार किया जाता है। जबकि अन्य निविदाओं में तुलनात्मक पत्र के आधार पर योग्य, सक्षम, अनुभवी, उचित समय-सीमा, लागत तथा निविदादाता के गुण, सीमाओं व शर्तो के आधार पर चयन समिति द्वारा एक निविदा प्रस्ताव को स्वीकार किया जाता है।

7.20 क्रय आदेश (Purchase Order)

तुलनात्मक प्रपत्र में स्वीकृत प्रस्ताव चिन्हित व अनुमोदित हो जाने के पश्चात् सक्षम अधिकारी से आज्ञा प्राप्त कर क्रय आदेश तैयार किये जाते हैं और सप्लायर्स को भेज दिये जाते हैं। आदेश

स्वीकार करने, सभी शर्तों को मानने व नियत अवधि में सप्लाई पूर्ण करने की सूचना सप्लायर द्वारा क्रेता को भेजी जाती है।

क्रय आदेश में चुने हुए अनुकूल शब्दों का प्रयोग किया जाना चाहिए अन्यथा भ्रांति होने की सम्भावना रहती है। समस्त वर्णन संक्षिप्त व स्पष्ट होना चाहिए, नियत व शर्तें पूरे विस्तार में पीछे लिखी होनी चाहिए। माल संबंधी पूर्ण विवरण जैसे माप, आकार, प्रकार, गुणवत्ता स्तर, निर्माण कर्ता का नाम आदि का पूरा उल्लेख क्रय आदेश में होना चाहिए। आदेश में इस शर्त का आग्रह दृढ़तापूर्वक किया जाता है कि सप्लायर सभी सामान आदेश के अनुसार ही सप्लाई करेगा। सप्लायर को भेजे जाने वाले क्रय आदेश का नमूना निम्न प्रकार है :—

क्रय आदेश
(Purchase Order)

सन्दर्भ :– आपकी निविदा संख्या .... क्रय आदेश संख्या ....

अभियाचना पत्र संख्या .... दिनांक ....

कृपया निम्नलिखित सामग्री पीछे वर्णित शर्तों पर निम्नांकित मूल्य व अवधि में हमारे भण्डारगृह में सप्लाई करें :—

क्रं. सं. S.No.	माल का विवरण Description of Materials	मात्रा Quty.	दर Rate	मूल्य Cost	टिप्पणी Remarks

क्रयण अधिकारी के हस्ताक्षर

Signature of Purchase Officer

7.21. अनुबन्ध (Contract)

काम की निश्चिंतता पूर्वक समाप्ति के लिए कभी कभी वायदों को लिखित रूप में कानूनन मान्यता भी आवश्यक हो जाती है। किसी कार्य की पूर्णता के लिए किन्हीं दो या अधिक पक्षों में किसी एक निर्णय पर सहमति ही अनुबन्ध कहलाती है।

"अनुबन्ध विभिन्न पक्षों के बीच एक प्रकार की सहमति होती है जिसके अनुसार उसमें उल्लेखित कार्य के निष्पादन हेतु सभी पक्ष अपने अपने उत्तरदायित्व निभाने के लिए बाध्य होते हैं।" अधिकांशतः अनुबन्ध का प्रलेख लिखित रूप में तैयार किया जाता है तथा प्रत्येक पक्ष एवं गवाहों से हस्ताक्षरित होता है। अनुबन्ध सभी पक्षों के उत्तरदायित्व व उनके निजी अधिकारों को लागू करने व उन्हें कानूनन पूर्ण करने को बाध्य करता है।

7.22. अनुबन्ध की आवश्यकता (Necessity of a Contract)

जब कभी भी किसी कार्य के निष्पादन के लिए किसी व्यक्ति विशेष या फर्म को अधिकार दिया जाता है तब उस कार्य के सम्पूर्ण विनिर्देश स्पष्ट कर दिये जाते हैं तथा अपेक्षा की जाती है कि कार्य निश्चित समय में पूर्ण हो जाये एवं उसकी गुणवता के मानदण्ड भी विनिर्देशों के अनुरूप हों। लेकिन आमतौर पर देखा गया है कि परिस्थितियोंवश कई बार या तो कार्य समय पर पूर्ण नही होता है या उसकी गुणवता के स्तर में अन्तर पाया जाता है। यह आवश्यक नहीं है कि कॉन्ट्रेक्टर नें जानबूझकर देर की है या निम्न स्तर का कार्य किया हो, हो सकता है कि नियोजक ने भी निम्न स्तर की सामग्री प्रदान की हो। कारण कोई भी हो लेकिन कार्य सम्पूर्णता में देरी या गुणवता में अन्तर मतभेद का कारण बन जाती है। जिससे सभी पक्षों को परोक्ष या प्रत्यक्ष रूप में हानि उठानी पड़ सकती है। ऐसी मतभेद की स्थिति से बचने के लिए विभिन्न पक्षों के बीच एक मान्य अंनुबन्ध तैयार किया जाता है, जिसके तहत सभी पक्षों को अधिकार एवं उतरदायित्व सौपे जाते हैं जिनकी पालना करना उनका कर्तव्य होता है तथा उनका पालन न होने पर कार्य की हानि के लिए जिम्मेवार होते हैं। अनुबन्ध में कर्तव्य व उतरदायित्व न निभाने पर क्षतिपूर्ति प्रतिकार का प्रावधान भी रखा जाता है, जिससे कोई भी पक्ष अकारण ही अपने कर्तव्य व उतरदायित्व से विमुख न हों।

7.23 मान्य अनुबन्ध (अनुबन्ध की वैधानिकता) (Valid Contract/Legality of Contract)

अनुबन्ध प्रलेख तैयार होने के पश्चात सभी पक्षों व गवाहों के हस्ताक्षर करवाये जाते हैं। कोई भी पक्ष जब अनुबन्ध तैयार होने के पश्चात् कार्य की प्रगति के मध्य अनुबन्ध के अनुसार कार्य करना बन्द कर दे उस परिस्थिति में कानून की शरण लेनी पड़ती है लेकिन न्यायालय में कानूनन् मान्य अनुबन्ध के तहत ही याचना की जा सकती है। अतः न्यायिक तौर पर मान्य अनुबन्ध में निम्न तथ्यों का उल्लेख होना आवश्यक है:-

(1) प्रत्येक पक्ष अनुबन्ध की शर्तों को मानने के लिए कानूनन बाध्य होगा।

(2) यदि अनुबन्ध एक पक्ष द्वारा तैयार किया गया हो तो अन्य सभी पक्षों द्वारा बिना शर्त स्वीकृति होना आवश्यक है।

(3) अनुबन्ध की शर्तें व्यावहारिक हों।

(4) अनुबन्ध की शर्तें विचारणीय व महत्वपूर्ण हों।

(5) अनुबन्ध में उल्लेखित बिन्दु न्यायसंगत हों।

(6) शराब पी हुई अवस्था या पागलपन के दौर मे किया गया अनुबन्ध कानूनन मान्य नहीं होता है।

यदि अनुबन्ध उपरोक्त बिन्दुओं पर आधारित न हो तो वह अनुबन्ध निरर्थक या अबाध्य कहलाता है।

7.24 अनुबन्ध के प्रकार (Types of Contracts)

अनुबन्ध की शर्तें, कार्य के प्रकार, कार्य के मूल्य, कार्य के निष्पादन की अवधि एवं प्रकार आदि

पर निर्भर करती है। अतः अनुबन्ध के प्रकार भी अनुबन्ध की कार्य अवधि, कार्य सीमा, कार्य मूल्य आदि के अनुसार होते हैं। अनुबन्ध के प्रकार मुख्य रूप से निम्न होते हैं :-

(i) एकल कार्य अनुबन्ध (Piece\Single work contracts)

(ii) लम्पसम अनुबन्ध (Lumpsum Contracts)

(iii) वस्तु मूल्य अनुबन्ध (Item rates Contracts)

(iv) प्रतिशतता अनुबन्ध (Percentage Contract)

(i) एकल कार्य अनुबन्ध-

जब नियोजक द्वारा कॉन्ट्रेक्टर को किसी एक निश्चित कार्य के लिए अनुबन्धित किया जाता है तो उक्त प्रकार का अनुबन्ध करार होता है। इस प्रकार के अनुबन्ध की शर्तें कार्य समाप्ति पर स्वतः ही समाप्त हो जाती है। उदाहरण के तौर पर किसी वस्तु की खरीद के लिए ग्राहक दुकानदार से भाव-ताव करके निश्चित रकम तय कर लेता है तो ग्राहक द्वारा उक्त वस्तु का मूल्य चुका कर वस्तु प्राप्त करने के बाद अनुबन्ध स्वतः ही समाप्त हो जाता है अर्थात यदि ग्राहक उसी वस्तु की अन्य इकाई उसी मूल्य पर खरीदना चाहे तो दुकानदार उसके लिए बाध्य नहीं होगा।

लाभ-इस प्रकार के अनुबन्ध का मुख्य लाभ यह है कि अनुबन्ध के तहत बाजार के उतार-चढ़ाव का असर मात्र एक वस्तु या कार्य पर ही पड़ेगा। अगले कार्य या वस्तु खरीद के भाव उस समय के बाजार भाव पर निर्भर करेगा। इसी प्रकार यदि नियोजक कॉन्ट्रेक्टर के कार्य से संतुष्ट न हो या कॉन्ट्रेक्टर नियोजक के कार्यप्रणाली या भुगतान प्रक्रिया से संतुष्ट न हो तो अगले कार्य के पूर्व ही इन बातों पर विचार किया जा सकता है या अन्य व्यक्ति को भी अनुबंधित किया जा सकता है।

अलाभ-यदि एक ही प्रकार के कार्य की पुनरावृति होनी हो या उसी कॉन्ट्रेक्टर को अगले कार्य के लिए अनुबन्धित करना हो तो प्रत्येक बार अनुबन्ध तैयार करने की कानूनी प्रक्रिया से गुजरना पड़ेगा जो कि आर्थिक हानि ही है। इसके अतिरिक्त यदि कॉन्ट्रेक्टर को ज्ञात हो कि उसे इसी प्रकार के भविष्य में और भी कार्य करने हैं तो संभवत कार्य की अधिकता को देखते हुए कान्ट्रेक्टर अपनी कार्य संपादन की दरों में कमी कर सके जिसका आर्थिक लाभ भी नियोजक को होगा।

(ii) लम्पसम अनुबन्ध (Lumpsum Contracts)

इस प्रकार के अनुबन्ध में कार्य निष्पादन के लिए विस्तृत दर नहीं निकाली जाकर मोटे तौर पर एक निश्चित राशि पर कार्य निष्पादन करना तय कर लिया जाता है। जैसे के एक 200 वर्ग मी. के भूखण्ड पर 120 वर्ग मीटर का भवन निर्माण भूतल पर करवाना है जिसमें बैठक, तीन शयन कक्ष, चौक, रसोई, स्नानघर व सीढ़ियां आदि बनाना है तथा इस कार्य को सम्पूर्ण करने का अनुबन्ध रु.दस लाख में तय कर दिया जाता है तो इस प्रकार के अनुबन्ध को लम्पसम अनुबन्ध कहते हैं।

लाभ-इस प्रकार के अनुबन्ध के लिए विस्तृत लेखा कार्य करने व अनुमानित लागत निकालने की आवश्यकता नहीं होती। इस प्रकार के अनुबन्ध तोड़ने पर कॉन्ट्रेक्टर को ही हानि होगी न कि नियोजक को। अनुबन्ध पर बाजार भाव के उतार चढ़ाव, माल की आपूर्ति आदि के बारे में कॉन्ट्रेक्टर को ही सोचना पड़ेगा।

अलाभ-अनुमानित राशि से बनाये अनुबन्ध से कभी कभी नियोजक को भारी हानि हो सकती है क्योंकि हो सकता है कि कार्य निष्पादन की बाजार दर अनुबन्ध की दर से बहुत कम हो। इसी प्रकार कभी कभी कॉन्ट्रेक्टर को भी भारी हानि का सामना करना पड़ सकता है। इस प्रकार के अनुबन्ध में कार्य की गुणवता का पूरा पूरा ध्यान रखना संभव नहीं होता है।

(iii) वस्तु मूल्य अनुबन्ध (Item Rates Cortacts)

जब कभी भी एक ही प्रकार के कार्य को बार बार दोहराना हो तो उस कार्य की एक कार्य की एक इकाई के मूल्य की गणना कर ली जाती है तथा जितना गुणा कार्य अधिक होता रहेगा, उसी के अनुसार कार्य का भुगतान किया जाता रहेगा। जैसे कि एक फर्नीचर फैक्ट्री में कुर्सी पर रंग करने की दर अस्सी रु. प्रति कुर्सी है तो जितनी भी कुर्सियों पर रंग किया जायेगा उसी के अनुसार भुगतान भी किया जायेगा। अन्य उदाहरण के तौर पर एक कि.मी. लम्बी सड़क बनाने की लागत यदि रु.20 लाख है तो सड़क बनाने पर उसकी लम्बाई के अनुसार प्रति कि.मी. रु20 लाख का मूल्यांकन कर भुगतान होगा।

लाभ- इस प्रकार के अनुबन्ध में बार बार वस्तु का मूल्य निकालने व कुल मूल्य निकालने की आवश्यकता नहीं रहती। उक्त मूल्यांकन अनुबन्ध के तहत कार्य की गुणवत्ता प्राप्त न होने पर अनुबन्ध कभी भी समाप्त किया जा सकता है तथा नये कॉन्ट्रेक्टर को कार्य दिया जा सकता है।

अलाभ-इस प्रकार के अनुबन्ध के तहत कार्य के विनिर्देशों में अन्तर होने पर कॉन्ट्रेक्टर अपनी दरें लागू कर लेते हैं। वस्तु मूल्य अनुबन्ध में कार्य की गुणवत्ता पर पूरा नियंत्रण नहीं रहता है।

(iv) प्रतिशतता अनुबन्ध (Percentage Contract)

इस प्रकार के अनुबन्ध का प्रचलन अधिकतर कार्य की देखरेख, जांच, मरम्मत आदि के कार्यों में होता है। इसमें कार्य की कुल लागत की गणना कर ली जाती है तथा कार्य सम्पादन के लिए उसकी निश्चित प्रतिशतता तय कर ली जाती है। जैसे कि एक भवन निर्माण के लिए वास्तुकार से अनुबन्ध किया जाता है तथा उसके डिजाइन, नक्शे, कार्य सुपरविजन आदि के लिए भवन की कुल लागत का 2 % देना तय होता है तो इस प्रकार के अनुबन्ध को प्रतिशतता अनुबन्ध कहते हैं।

लाभ-इस प्रकार के अनुबन्ध में कार्य संबधी सभी पक्षों के बारे में नियोजक को अनावश्यक दौड़-धूप की आवश्यकता नहीं होती। इस अनुबन्ध में भुगतान को लेकर मतभेद नहीं होते क्योंकि कुल व्यय राशि की निश्चित प्रतिशतता का ही भुगतान करना होता है।

अलाभ-इस अनुबन्ध के तहत कभी कार्य सामग्री का अपव्यय भी अधिक होता है, क्योंकि कार्य सामग्री के अपव्यय पर कॉन्ट्रेक्टर को हानि नहीं होती बल्कि अपव्यय पर भी उसे अपना भुगतान प्रतिशतता के आधार पर मिलता है।

7.25 विभागीय कार्यप्रणाली (Departmental Execution of Work)

जैसा कि विदित है कि किसी कार्य का सही प्रारम्भ ही सफलता की पहली सीढ़ी है। इसी प्रकार कार्य के प्रारम्भ से पूर्व उसका आंकलन, गणना, कॉन्ट्रेक्टर का चयन, अनुबन्ध पत्र तैयार करके कार्य का सम्पादन/निष्पादन करना ही उचित प्रक्रिया है। अतः प्रत्येक विभाग चाहे वह सरकारी, अर्द्ध सरकारी या निजी कम्पनी हो, को कार्य प्रारम्भ करने से पूर्व उस कार्य के बारे में मुख्य-मुख्य जानकारी एकत्रित करनी होती है, जैसे कि-

— कार्य का उद्देश्य व स्वरूप

— कार्य का अनुमानित लागत

— कार्य सम्पूर्णता में संभावित समय अवधि

— उपलब्ध संसाधन

— कार्य की डिजाइन (Design) एवं रेखाचित्र (Drawings)

— कार्य में संभावित कठिनाइयाँ

उपरोक्त जानकारी एकत्रित करने के पश्चात उक्त कार्य के निष्पादन के लिए योग्य कॉन्ट्रेक्टर का चयन किया जाता है। कॉन्ट्रेक्टर चयन विभिन्न प्रकार से किया जा सकता है लेकिन आम प्रचलित एवं निष्पक्ष तौर पर चयन के लिए निविदाएँ आमंत्रित की जाती हैं।

7.26 दर अनुबन्ध (Rate Contract)

यह क्रेता तथा सप्लायर के मध्य समझौता होता है जिसमें सप्लायर अनुबन्ध में वर्णित सभी वस्तुएं एक निश्चित अवधि के लिए उस विशेष दर पर तथा कुछ शर्तो पर देने को तैयार होता है। एक बार समझौता हो जाने के बाद क्रेता को उस वस्तु के लिये उस अवधि में निविदाएं अथवा कोटेशन मंगाने की आवश्यकता नहीं होती है। इस प्रकार के अनुबन्ध में निम्न लाभ तथा हानियां हैं-

लाभ-

1. समय की बचत होती है।
2. यदि कीमतें बढ़ जाती है तो उद्योग को लाभ होता है।
3. क्रयण शीघ्र व समय पर हो जाता है।
4. क्रयण हेतु कार्यवाही बार-बार नहीं करनी पड़ती है।

हानियाँ

1. समझौते के बाद कीमतें गिर जाने पर हानि होती है।
2. सप्लायर द्वारा माल समय पर नहीं देने पर या भेजने पर उत्पादन कार्य में बाधा आने की सम्भावना होती है।

7.27 डी.जी.एस.एण्ड डी. (D.G.S. & D.)

रेल्वे, सुरक्षा व अन्य केन्द्रीय विभागों तथा राज्य सरकारों हेतु सार्वजनिक क्रय का कार्य आपूर्ति व निस्तारण महानिदेशालय (Director General of Supply & Disposal or D.G.S. & D.) द्वारा किया जाता है। लघु उद्योग क्षेत्र से सरकारी खरीददारी में वृद्धि करने के लिए भारत सरकार ने कुछ उत्पादों को केवल लघु क्षेत्र से ही खरीदने के लिए आरक्षित किया है। इस आरक्षण से न केवल लघु उद्योग क्षेत्र के उत्पादों के विपणन में बढ़ावा मिलेगा बल्कि उन्हें क्रय विभागों/ऐजेंसियों द्वारा निर्धारित विभिन्न मानकों के अनुसार माल के उत्पादन के लिए प्रोत्साहन मिलेगा।

7.27.1 डी.जी.एस. एण्ड डी. के मुख्य कार्य

1. सरकारी योजनी के अनुसार आपूर्ति की स्थिति बनाये रखना।
2. सरकारी क्रय की वार्षिक रिपोर्ट तैयार करना।
3. क्रय की जाने वाली सामग्री का निरीक्षण, मानकीकरण व विभिन्न स्त्रोत की किस्म निर्धारण का कार्य करना।
4. अपनी विभिन्न प्रयोगशालाओं में सामग्री का परीक्षण करना।
5. आयातित माल के स्थान पर उपयुक्त राष्ट्रीय उत्पादन की सूचना प्रदान करना।
6. दर अनुबन्ध व अन्य अनुबन्ध करना।
7. लघु उद्योगों से उत्पादों का क्रय करना। 409 विभिन्न वस्तुएं लघु उद्योगों से क्रय के लिए आरक्षित है।
8. निभागों में उपलब्ध अतिरिक्त सामग्री का निस्तारण (disposal) करना।

7.27.2 डी.जी.एस. एण्ड डी. में उद्योगों का पंजीकरण व लाभ

महानिदेशालय द्वारा निर्धारित प्रपत्र में उद्योगों को पंजीकरण हेतु आवेदन करना पड़ता है। आवेदक पत्र में उत्पादन, उसकी किस्म, तकनीकी विकास सामर्थ्य एवं वित्तीय स्थिति की सूचना देनी होती है। महानिदेशालय अपने अधिकारियों द्वारा उद्योग का निरीक्षण कराता है तथा आश्वस्त होने पर पंजीकरण कर दिया जाता है। डी.ज़ी.एस. एण्ड डी. में पंजीकरण होने पर उद्योगों को निम्न लाभ है-

1. सरकारी क्रय की सार्वजनिक व अन्य सूचनाएं पंजीकृत उद्योगों को प्रदान करना तथा भविष्य में किये जाने वाले क्रय की अग्रिम सूचना प्रदान करना।
2. रक्षा व अन्य सेवाओं के लिए शीघ्र आवश्यक क्रय मुख्यतया पंजीकृत उद्योगों से किया जाता है।
3. अनुबन्ध केवल पंजीकृत उद्योगों से ही किया जाता है।
4. पंजीकृत उद्योगों को जमानत राशि जमा कराने की आवश्यकता नहीं होती है।
5. पंजीकृत उद्योग के उत्पादन की सूचना विदेशों तक भी पहुंचनी सम्भव हो जाती है।

7.27.3. डी.जी.एस. एण्ड डी. की कार्य विधि

विभिन्न विभागों से प्राप्त मांग पत्रों का पूर्णतया अध्ययन किया जाता है तथा उनके विशिष्ट विवरणों (Specifications) की मानक उपलब्ध वस्तुओं के विशिष्ट विवरण से तुलना की जाती है। इसके फलस्वरूप कई बार मांग पत्र के विशिष्ट विवरण को परिवर्तित करने की सलाह दी जाती है। विशिष्ट विवरण के सही होने पर मांग की निविदा सूचना भेजी जाती है।

सम्भारकों (Suppliers) से निविदा प्राप्त होने के पश्चात् उनकी तुलना कर उसके साथ अनुंबन्ध कर उसे आदेश प्रदत कर दिया जाता है।

सम्भारक सामग्री तैयार करने के पश्चात डी.ज़ी.एस. एण्ड डी. को सूचना भेजता है। निदेशालय का निरीक्षण विभाग माल का निरीक्षण कर किस्म का प्रमाण पत्र प्रदान करता है। इसके पश्चात् सम्भारक अपना माल मांग प्रस्तुत करने वाले विभाग को भेज देता है। डी.ज़ी.एस. एण्ड डी. के अनुसार विभाग अग्रिम भुगतान कर सकता है। यह दर अनुबन्ध (Rate Contract) साधारणतया एव वर्ष की अवधि के लिए मान्य होता है।

7.28 केन्द्रीय भंडार क्रय संगठन (Central Stores Purchase Organisation, C.S.P.O.)

आपूर्ति, व निस्तारण महानिदेशालय की तरह ही राज्य स्तर पर सरकारी विभागों की आवश्यकता की पूर्ति हेतु केन्द्रीय भंडार क्रय संगठन "C.S.P.O." कार्य करता है। यह संगठन विभिन्न उद्योगों के साथ विभिन्न वस्तुओं की सप्लाई हेतु अनुबन्ध (Rate Contract) करता है, जिसकी अवधि साधारणतया एक वर्ष की होती है। इन दर अनुबन्ध में दिये विशिष्ट विवरण तथा शर्तो के अनुसार कोई भी विभाग इन वस्तुओं की आवश्यक मात्रा की सप्लाई हेतु क्रय आदेश दे सकता है। सप्लाई करने से पूर्व माल का निरीक्षण सी.एस.पी.ओ. के निरीक्षण विभाग द्वारा किया जाता है।

केन्द्रीय भंडार क्रय संगठन की खरीद में राज्य की लघु इकाईयों को लाभ देने के लिए वित्त विभाग नें क्रय नियम निर्धारित किये हैं। लगभग 130 वस्तुओं को लघु उद्योगों से क्रय करने हेतु आरक्षित किया गया है। उद्योग विभाग द्वारा राज्य की लघु उद्योग इकाईयों को मूल्य वरीयता प्रमाण पत्र जारी किया जाता है जिससे इकाईयों को राजकीय खरीद में 50 प्रतिशत तक टेण्डर की कीमत में छूट मिलती है तथा अमानत राशि व जमानत राशि (Earnest Money & Security Money) से मुक्ति का लाभ मिलता है।

प्रश्न

1. क्रयण विभाग से क्या तात्पर्य है ? क्रयण विभाग के क्या उद्देश्य होते हैं।
2. क्रयण विभाग के कार्यों को समझाइये। (राज. नव.95)
3. क्रयण के लिए कौनसी विभिन्न विधिया काम में लाई जाती हैं ? वर्णन कीजिए।
4. बाजार क्रयण से आप क्या समझते हैं। (राज. अप्रेल,97)
5. क्रयण से संबंधित विनिर्देशों से क्या आशय होता है ?
6. निविदा (टेंडर) क्या होती है ? निविदा में किन बातों का समावेश होना चाहिए ? विभिन्न प्रकार की निविदाओं के बारे में संक्षिप्त जानकारी दीजिए।
7. टेंडर द्वारा क्रयण करने की विधि को समझाइये। (राज. नव.95)
8. निविदा प्रक्रिया से कोई सामग्री खरीदने की विधि का विस्तारपूर्वक वर्णन कीजिए एवं विभिन्न प्रकार की निविदाओं को समझाइये। (राज. अप्रेल 98)
9. मुहरबन्द निविदा तथा खुली निविदा से क्या तात्पर्य है ? (राज. अप्रैल 95)

10. तुलनात्मक प्रपत्र का प्रारूप बनाइए। (राज. नव.96)

11. धरोहर राशि व प्रतिभूति राशि पदों को समझाइये। (राज. नव.97)

12. अनुबंध कितने प्रकार के होते हैं ? इनमें से प्रत्येक को समझाते हुए उनके लाभ व अलाभ बताइये। (राज. नव.97, नव. 98)

13. एकल कार्य अनुबन्ध के लाभ लिखिये। (राज. नव.96)

14. केन्द्रीय भंडार क्रय संगठन का क्या कार्य है ? (राज. अप्रैल,95)

15. क्रय आदेश क्या होता है ? सविस्तार वर्णन कीजिए।

16. सीमित निविदा से आप क्या समझते हैं ? (राज. अप्रैल,97)

17. आपूर्ति एवं निस्तारण महानिदेशालय के कार्य लिखिये। (राज. अप्रेल 97)

18. संक्षिप्त टिप्पणी लिखिये -
    (i) तुलनात्मक प्रपत्र (राज. नव.94)
    (ii) दर अनुबन्ध (राज. नव.94, नव.95, नव.98)
    (iii) स्थानीय क्रयण
    (iv) डी.जी.एस. एंड डी. एवं सी.एस.पी.ओ. (राज. अप्रैल,96)
    (v) केन्द्रीय भंडार क्रय संगठन (राज. नव.96)

19. निविदायें कितने प्रकार की होती है ? (राज. नव. 98)

20. डी.ज़ी.एस. एंड डी. के मुख्य कार्य लिखिये। (राज. अप्रैल 2000)

अध्याय - 8

भण्डार तथा भण्डारण

(Stores and Store-keeping)

8.1 प्रस्तावना (Introduction)

भण्डार करने का अर्थ ऐसे कार्य से है, जिसमें भण्डार पाल (Store Keeper) भण्डार में रखी वस्तुओं के लिए अभिरक्षक (Custodian) का कार्य करता है। एलफोर्ड के अनुसार "भण्डारण विभिन्न प्रकार की सामग्री को भण्डार करने से संबंधित नियंत्रण का कार्य होता है। भण्डार वह स्थान होता है, जहां विभिन्न सामग्री को क्रमबद्ध तरीके से रखा जाता है।"

8.2 भण्डार विभाग के कार्य तथा कर्तव्य (Functions and duties of Store Department)

एक अच्छे भण्डार में सभी वस्तुएं नियत स्थान पर रखी जाती हैं तथा उसके लिए आवश्यक पर्याप्त रिकॉर्ड भी रखे जाते हैं। भण्डार विभाग के कार्य निम्नलिखित हैं—

1. बाहर से आने वाले माल को प्राप्त करना, चैक करना तथा उसे अन्दर एक तरफ रखना।
2. प्राप्त होने वाले माल की सुरक्षा का पर्याप्त व उचित प्रबंध करना।
3. आये हुए माल के इनवॉइस (invoice) क्रय आदेश (purchase order) के साथ मिलाना तथा गलती अथवा भिन्नता होने पर संबंधित फर्म तथा क्रयण विभाग को सूचना भेजना।
4. माल की प्राप्ति कर उसकी गिनती करना, उसे तोलना अथवा उसकी मात्रा को मापना।
5. सभी माल की सामग्री को व्यवस्थित रूप से जमाकर रखना।
6. अधिकृत व्यक्ति द्वारा मांग करने पर सही मात्रा में सही सामग्री तत्परता से देना।
7. सभी आवश्यक ऐसे रिकॉर्ड रखना, जिनको देखते ही ज्ञात हो सके कि कितनी सामग्री अब तक दी गई है तथा भण्डार में कितनी सामग्री उपलब्ध है।
8. समाप्त हो जाने वाली वस्तुओं की सूचना क्रयण विभाग को समय पर भेजना।

9. इस विभाग का मुख्य कर्त्तव्य यह भी है कि भण्डार में भीड़-भाड़ अधिक न होने पावे तथा सामान को भी अच्छी तरह व्यवस्थित रूप से रखा जा सके ताकि किसी को भी किसी भी प्रकार की असुविधा न होने पावे और किसी भी प्रकार का नुकसान न हो सके।

10. सभी सामान को चोरी अथवा खराब होने से बचाना।

8.3 भण्डार का स्थान निर्धारण (Location of Store)

सामान के उठाने व रखने को कम करने के लिए आवश्यक है कि भण्डार कक्ष माल को काम में लाये जाने वाले स्थान के निकट हो। भण्डार केन्द्रीकृत हो या विभागीय हो, यह काम में लेने वाले उद्योग, विभागों के ले-आउट आदि पर निर्भर करता है। बड़े उद्योगों के लिए आवश्यकता एक बड़े भण्डार की तो होगी ही, साथ ही साथ प्रत्येक शॉप में अलग से एक छोटा-सा भण्डार रखना भी उचित होगा। इस प्रकार की व्यवस्था से कम परेशानी तथा कार्य करने में सुविधा रहती है। मुख्य भण्डार में ही क्रयण कार्यालय तथा आये हुए माल की जांच व निरीक्षण विभाग भी स्थित होने चाहिए।

भण्डार ऐसे स्थान पर होना चाहिए जहां पर्याप्त स्थान हो तथा भविष्य में विस्तार हेतु भी अतिरिक्त स्थान उपलब्ध हो सके। एक अच्छे भण्डार में प्रकाश व रोशनी की अच्छी व्यवस्था होने के साथ-साथ इस बात का ध्यान रखा जाना भी आवश्यक है कि यह चोरी अथवा आग इत्यादि लगने की दृष्टि से सुरक्षित स्थान पर होना चाहिए।

8.4 भण्डार का ले-आउट (Lay-Out of Store)

भण्डार के ले-आउट के लिए कोई निर्धारित अथवा निश्चित नियम नहीं बनाये जा सकते क्योंकि यह प्रत्येक उद्योग के लिए भिन्न-भिन्न प्रकार का होगा और इसे उद्योग की आवश्यकता के अनुसार बनाया जाना चाहिए। ले-आउट बहुत ही सावधानीपूर्वक तैयार किया जाना चाहिए ताकि यह अधिक प्रभावी हो सके। भण्डार का ले-आउट तैयार करते समय निम्न बातों पर अवश्य ध्यान दिया जाना चाहिए—

1. माल को इधर-उधर ले जाने के लिए रास्ते चौड़े होने चाहिए।
2. माल को उतारने के लिए आवश्यक प्लेटफार्म, ट्रक के फर्श की ऊँचाई तक होना चाहिए।
3. आन्तरिक परिवहन के लिए माल उठाने व रखने के सही उपकरण आदि की सुविधाओं का प्रावधान होना चाहिए।
4. कार्य को सुचारु रूप से चलाने के लिए भण्डार में सबसे निकट के स्थान को माल प्राप्ति व उसके निरीक्षण के लिए रखा जाना चाहिए।
5. भविष्य में विस्तार के प्रावधान के साथ-साथ बड़े आकार के सामान को रखने के लिए खुला स्थान भी रखना चाहिए।
6. स्थान पर्याप्त होना चाहिए। कम स्थान होने से भीड़-भाड़ अधिक होगी तथा अधिक स्थान होने से अप्रत्यक्ष लागत (Indirect cost) बढ़ जायेगी। प्रत्येक भण्डार में प्रत्येक रैक के पास भविष्य में विस्तार के लिए स्थान रखा जाना चाहिए।

7. भारी सामान को भण्डार में रखने के लिए फर्श पर ही पर्याप्त स्थान रहना चाहिए ताकि चलने-फिरने में असुविधा न होने पावे।
8. ज्वलनशील सामान को भण्डार में अलग से रखने कीसुविधा होनी चाहिए।
9. कीमती व घातक सामग्री को पूर्ण रूप से अलग से आलमारी में ताले में रखने की सुविधा होनी चाहिए।
10. सामग्री लेने व देने का काउन्टर ऐसे स्थान पर बनाया जाना चाहिए कि सम्पूर्ण सामान पर भण्डारपाल निगाह रख सके।

8.5 बिन कार्ड (Bin Card)

बिन कार्ड प्रत्यक्ष स्टॉक तथा भण्डार लेखा के बीच की एक कड़ी है। बिन कार्ड तथा भण्डारपाल के रिकॉर्ड पारस्परिक जांच हैं और यदि रिकॉर्ड खो जाता है या नष्ट हो जाता है तो बिन कार्ड की सहायता से भण्डार की स्थिति निश्चित रूप से जानी जा सकती है, बशर्ते की बिन कार्ड की प्रविष्टियां नियमित रूप से की जाती रही हों।

इसे माल के साथ उसकी बगल में रखा जाता है। आवश्यकता होने पर इसे ग्रीज प्रूफ लिफाफे में भी रखा जा सकता है, यदि ग्रीज, तेल इत्यादि से उसके खराब होने की संभावना हो। बिन कार्ड को देखते ही माल की उपलब्ध न्यूनतम स्थिति तुरन्त ज्ञात हो जाती हैं। परन्तु इसके लिए आवश्यक है कि भण्डारपाल माल की प्राप्ति व निर्गम के समय तुरन्त इसमें प्रविष्टि कर दे। बिन कार्ड पर वस्तु के नाम के साथ-साथ माल की पहिचान के लिए कोड संख्या लिखा होना आवश्यक है। बिन कार्ड का नमूना अगले पृष्ठ पर दिया गया है। *(देखें पृष्ठ 95 पर)*

8.6 माल की प्राप्ति (Receipt of Materials)

बाहर से आने वाला माल पहले प्राप्ति विभाग में आता है। प्राप्ति विभाग भण्डार के नियंत्रण में भी हो सकता है तथा अलग भी। इस विभाग को प्राप्त माल से संबंधित सभी जानकारी होनी चाहिए, जैसे प्राप्त करने की दिनांक, आदेश संख्या, मात्रा, भार अथवा संख्या, पैकेट या बण्डलों की संख्या, भाड़ा चुका दिया गया है अथवा चुकाया जाना है आदि आदि, ताकि इनवॉइस के साथ प्राप्त माल की समुचित जांच की जा सके। इस कार्य के लिये क्रयण विभाग द्वारा आदेश की एक प्रति प्राप्ति विभाग को सौंपी जानी चाहिए। माल को प्राप्त करने के बाद भण्डारपाल को क्रय आदेश के साथ उसका मिलान कर लेना चाहिए और क्रयण विभाग को प्राप्त माल की मात्रा व दशा के बारे में रिपोर्ट भेज देनी चाहिए। इस रिपोर्ट को पहुंच का नोटिस (Notice of arrival) कहा जाता है। इस रिपोर्ट की एक प्रति निरीक्षक विभाग को भी भेजी जानी चाहिए, ताकि निरीक्षक वहाँ आकर निरीक्षण करके अपनी रिपोर्ट दे सके। निरीक्षण रिपोर्ट की प्रतियाँ लेखा विभाग को माल की राशि के भुगतान हेतु तथा क्रयण विभाग को सूचनार्थ भेज दी जाती हैं।

यदि माल में टूट-फूट है, खराबी है, कमी है अथवा अतिरिक्त मात्रा में प्राप्त हुआ है या आदेश के विनिर्देशों (Specifications) के अनुसार नहीं है तो उसे एक ओर रख देना चाहिए तथा संबंधित फर्म को इसकी सूचना तुरन्त भेज देनी चाहिए और फर्म के आदेश प्राप्त होने पर माल वापस भेजने की

बिन कार्ड
(BIN CARD)

नाम वस्तु .... अधिकतम मात्रा ....

Name of article Max. Quantity

स्थान .... न्यूनतम मात्रा ....

Location Minimum Quantity

पहचान कोड संख्या ....

Identification Code No.

दिनांक Date	आदेश संख्या या इन्डेन्ट संख्या Order No. or Indent No.	प्राप्त मात्रा Quantity Received	दी गई मात्रा Quantity issued	शेष मात्रा Balance Quantity	भण्डार पाल के सूक्ष्म हस्ताक्षर Initial of Store Keeper	जांच करने वाले अधिकारी के हस्ताक्षर Initial of Verifying Officer

कार्यवाही की जानी चाहिए। ऐसे माल की राशि का भुगतान करने हेतु कार्यवाही तब तक नहीं की जानी चाहिए जब तक कि सही माल पुनः प्राप्त न हो जाये।

निरीक्षक की रिपोर्ट सन्तोषजनक होने पर भण्डारपाल को प्राप्त माल की रिपोर्ट तैयार करनी चाहिए। भण्डार लिपिक को भी माल को भण्डार में रखने से पूर्व चैक करना चाहिए। माल से संबंधित बिलों की जांच क्रयण विभाग द्वारा की जानी चाहिए तथा बिल के भुगतान की कार्यवाही लेखा विभाग द्वारा की जानी चाहिए।

8.7 माल का निर्गम (Issue of Materials)

भण्डार से सामग्री के निर्गम हेतु पहले मांग पत्र या इन्डेन्ट (Indent) जिस पर प्राधिकृत सक्षम अधिकारी के हस्ताक्षर हों, प्राप्त कर लेना चाहिए। इस इन्डेन्ट में सम्पूर्ण विवरण निम्न प्रपत्र के अनुसार होना चाहिए। माल देने पर प्राप्तिकर्ता के हस्ताक्षर करा लेना चाहिए। इन्डेन्ट की यह व्यवस्था माल के निर्गम के लिये प्राधिकार तो है ही साथ ही आंकड़े ज्ञात करने का एक साधन भी है, जिसके द्वारा लागत विभाग को निर्मित उत्पादों की लागत ज्ञात करने में सहायता मिलती है। इन्डेन्ट के आधार पर माल देते समय एक निर्गम वाउचर (Issue Voucher) भी माल लेने वाले को दिया जाता है। माल देने से पूर्व ही इन्डेन्ट के अनुसार दी जाने वाले सामान की प्रविष्टि संबंधित रजिस्टरों तथा बिन कार्ड में तुरन्त कर देनी चाहिए। भंडार इन्डेन्ट व निर्गम वाउचर का प्रारूप पृष्ठ 97 व 98 पर है।

8.8 भण्डार रजिस्टर या भण्डार खाता या स्टॉक रजिस्टर (Store Register or Stock Ledger or Stock Register)

भण्डार में रखे प्रत्येक सामान की सभी प्रविष्टियां करने के लिए इस रजिस्टर का उपयोग किया जाता है। प्रत्येक सामग्री की प्रविष्टि अलग-अलग पेज पर की जाती है। माल की प्रत्येक प्राप्ति तथा प्रत्येक निर्गम के समय तुरन्त प्रविष्टि कर देनी चाहिए ताकि उस सामग्री का इस रिकॉर्ड के अनुसार शेष, भण्डार में रखे उस सामग्री के अधिशेष से मेल खाता रहे।

इस रजिस्टर के एक पेज का नमूना पृष्ठ 99 पर दिखाया गया है।

8.9 भौतिक सत्यापन जांच (Physical Verification)

बड़े भण्डार में कार्य की अधिकता के कारण रिकार्ड तैयार करते समय गलतियां रह जाने की काफी संभावना रहती है तथा भण्डार के रिकॉर्ड तथा भण्डार में रखे सामान की मात्रा में अन्तर आ जाता है। इसके लिए भौतिक सत्यापन जांच आवश्यक हो जाती है। भौतिक सत्यापन जांच के समय भण्डार में रखे प्रत्येक सामान तथा रिकॉर्ड में शेष सामान आपस में मिलना चाहिए। इस प्रकार की जांच प्रत्येक विभाग अथवा उद्योग द्वारा वर्ष में कम से कम एक बार अवश्य ही की जानी चाहिए तथा सुविधा के लिएइसे वित्तीय वर्ष समाप्त होने से पूर्व ही कर लेना चाहिए। यह भौतिक सत्यापन जांच स्वयं संबंधित विभाग द्वारा तो की ही जाती है, साथ ही राजकीय विभागों में सरकार द्वारा प्राधिकृत एकाउन्टेन्ट जनरल के दल द्वारा भी की जाती है। यह जांच समय-समय पर अथवा लगातार भी की जा सकती है। जब यह जांच समय-समय पर की जाती है तो उस समय निर्गम का कार्य बन्द कर देना चाहिए और तब जांच की जानी चाहिए। अनियमितता नजर आने पर उसकी सूचना तुरन्त भण्डार नियंत्रक को दे दी जानी चाहिए। यदि अतिरिक्त मात्रा भण्डार में पाई जाती है तो इसका अर्थ है कि किसी विभाग से वापस प्राप्त सामान को रिकॉर्ड में लिखने में भूल हो गई है और उसे सुधारने का

भण्डार मांग पत्र
(STORE INDENT)

पुस्तक संख्या ______________________
Book No.

नांग पत्र क्रमांक ______________________
Indent No.

विभाग ______________________
Department

मांगकर्त्ता का नाम ______________________
Name of Indentor

दिनांक ______________________
Date

क्रं.सं. S.No.	सामान का नाम तथा विवरण Name and description of materials	मात्रा या संख्या Quantity or No.	कार्य का विवरण जिसके लिए मांग की गई Description of work for which material is required

____
अधिकारी के हस्ताक्षर (Sign. of Officer)

____
मांगकर्ता के हस्ताक्षर (Sign. of Indentor)

____
भण्डार अधीक्षक के हस्ताक्षर (Sign. of Store Suptd.)

____
भण्डार पाल के हस्ताक्षर (Sign. of Store Keeper)

____
प्राप्तिकर्ता के हस्ताक्षर (Sign. of receiver)

निर्गम वाउचर
(ISSUE VOUCHER)

..............................शॉप को दिया गया

पुस्तक संख्या ....
Book No.

वाउचर संख्या ....
Voucher No.

दिनांक ....
Date

क्रं. सं. S.No.	इंडेट संख्या Indent No.	कार्य आदेश संख्या Job Order No.	सामान का विवरण Description of Materials	भण्डार खाते का सन्दर्भ Reference of Store ledger	मात्रा Quty.	दर Rate	मूल्य Cost	टिप्पणी Remarks

....
प्राप्तिकर्ता के हस्ताक्षर
(Sign. of receiver)

....
भण्डार पाल के हस्ताक्षर
(Sign. of Store Keeper)

भण्डार रजिस्टर या भण्डार खाता या स्टॉक रजिस्टर

नाम वस्तु .... पहचान कोड संख्या .... अधिकतम मात्रा ....
Article Name Identification Code No. Maximum Quantity

विवरण .... बिल संख्या .... न्यूनतम मात्रा ....
Particulars Bill No. Minimum Quantity

क्रं.स. S.No.	दिनांक Date	(Receipt) प्राप्ति					Issue निर्गम				दर Rate	प्राप्ति या निर्गम का मूल्य Cost of Receipt of Issue	शेष Balance	टिप्पणी Remarks
		बीजक या वाउचर सं. Bill or Voucher No.	सप्लायर Supplier	प्राप्ति पुस्तिका का संदर्भ Reference of Receipt Book	विवरण Description	मात्रा Quantity	इंडेंट संख्या Indent No.	शॉप Shop	निर्गम वाउचर स. Issue voucher No.	निर्गम की गई मात्रा Quantity Issued				

प्रबन्ध किया जाना चाहिए। यदि सामान कम पाया जाता है तो संबंधित व्यक्ति को इसका उत्तर देना होगा।

कमी पाये जाने पर या तो इस कमी के लिये भण्डार से संबंधित किसी व्यक्ति को इसका उत्तरदायी ठहराया जाता है अन्यथा किसी का दोष न होने की स्थिति में इस माल को बट्टे खाते के नाम से समाप्त (Write off) किया जा सकता है। सभी अनियमितताओं का विवरण तैयार करके भण्डार नियंत्रक को उचित कार्यवाही हेतु सौंप दिया जाता है। इस जांच के दौरान ऐसे सामान को भी बट्टे खाते के नाम समाप्त कर दिया जाता है जो बिलकुल खराब हो चुका हो तथा किसी भी काम नहीं आ सकता है।

8.10 भण्डार का बचाव (Protection of Stores)

भण्डार में रखे सामान को नुकसान अथवा खराब होने से बचाने के लिए निम्नलिखित कदम उठाये जाते हैं—

1. आग लगने से बचाना। इसके लिए अग्नि शमन उपस्करों का प्रबन्ध सदैव रखना चाहिए।
2. मौसम के असर से बचाना। जैसे यदि कोई सामग्री नमी से खराब हो सकती है, तो उसे ऐसे स्थान पर रखा जाना चाहिए, जहां बारिश अथवा नमी से बचाव हो सके।
3. भण्डार में रखे माल को धूल व गन्दगी से बचाना।
4. माल की चोरी से सुरक्षा की दृष्टि से खिड़कियों में सलाखें लगी होनी चाहिये।
5. माल को नष्ट होने से बचाने काप्रबन्ध करना।
6. घातक सामग्री को मुख्य भण्डारपाल की देखरेख में ताले में रखना ताकि वह हर किसी के हाथ न लग सके।
7. अत्यधिक कीमती सामान को भी भण्डार में ताले में अच्छी तरह रखना।
8. ऐसी सामग्री को अच्छी तरह बन्द रखना, जो वाष्पित हो सकती हों, जैसे पेट्रोल आदि।
9. लकड़ी आदि को भण्डार में रखते समय इस बात का ध्यान दिया जाना चाहिए कि उसमें दीमक न लग सके। इसके लिए समय-समय पर anti turmide का स्प्रे करते रहना चाहिए।

8.11. अनुपयोगी सामग्री के निस्तारण की विधियाँ (Disposal methods of unserviceable materials)

कई उद्योगों में मशीनन प्रकम के दौरान छीलन, छाटन अथवा छोटे टुकड़े शेष रह जाते हैं, जिन्हें रोका नहीं जा सकता है। कुछ स्थितियों में इनका उपयोग अन्य वस्तुएँ बनाने के लिए किया जा सकता है वरना इस प्रकार के अपशिष्ट (waste) को भंडार में एक स्थान पर इकट्ठा कर लिया जाता है।

इसी प्रकार उद्योगों में मशीनों के लगातार प्रयोग के कारण कुछ मशीने अथवा मशीनों के कुछ अवयव (parts) खराब हो जाते हैं जिन्हें उपयोग में नहीं लाया जा सकता और उन्हें हटाकर उनके स्थान पर नई मशीनें/पुर्जे लगाकर खराब मशीनों/पुर्जों को भंडार में निस्तारण हेतु संग्रहित कर दिया जाता है।

कहीं कहीं पर उद्योग के उपयोग हेतु सामग्री क्रय तो कर ली जाती है परन्तु कतिपय कारणों से उस सामग्री का उपयोग नहीं हो पाता तथा वह अधिशेष सामग्री के रूप में भंडार में पड़ी रहती है।

कुछ उद्योगों में प्रौद्योगिकी के विकास के कारण पुरानी मशीनों को हटाकर नई विकसित मशीनें लगानी पड़ती हैं तथा इस कारण पुरानी मशीनें अप्रचलित (obsolete) हो जाने के कारण भंडार में बेकार पड़ी रहती है।

उपरोक्त समस्त कारणों से अनुपयोगी मशीनें /पुर्जे/ अन्य सामग्री भंडार में अनावश्यक स्थान घेरती हैं इस कारण यह उद्योग का दायित्व हो जाता है कि इस प्रकार की समस्त सामग्री का कम से कम वर्ष में एक बार निस्तारण किया जावे। अनुपयोगी/ अधिशेष/ अप्रचलित सामग्री के निस्तारण हेतु निम्न विधियाँ अपनाई जा सकती हैं -

1. अधिशेष सामग्री को यदि सम्भव हो तो सप्लायर को लौटा दिया जावे।
2. संग्रहित छीलन, छाटन अथवा टुकड़ों का अन्य कार्यों में उपयोग किया जावे।
3. समस्त सामग्री को एक स्थान पर इकट्ठा करके नीलामी (auction) के द्वारा बेच दिया जावे।
4. उपरोक्त विधियों द्वारा भी कुछ सामग्री का निस्तारण नहीं हो सकने की स्थिति में उस सामग्री को जलाकर अथवा जमीन में गाढ़कर निस्तारण किया जा सकता है।

प्रश्न

1. भण्डार, भण्डारण तथा भण्डारपाल पदों को समझाइये।
2. भण्डार के उद्देश्यों को संक्षेप में समझाइये।
3. भण्डार का स्थान निर्धारण किस प्रकार किया जाता है ? संक्षिप्त टिप्पणी लिखिये।
4. भण्डार के ले-आउट से क्या तात्पर्य है ? इसके बनाने में किन बातों का ध्यान रखना चाहिए ? (राज. नव.97)
5. बिन कार्ड क्या है ? (राज. नव.98, नव.99)
6. माल की प्राप्ति तथा निर्गम की विधि पूर्णतया समझाइये। मांग पत्र व निर्गम वाउचर का नमूना भी दीजिए।
7. भण्डार रजिस्टर क्या होता है ? भण्डार रजिस्टर के एक पृष्ठ को नमूने सहित समझाइये।
8. भंडार का भौतिक सत्यापन किस प्रकार किया जाता है ? (राज. नव.94)

9. एक भंडार से कुछ सामग्री प्राप्त करने की विधि का वर्णन कीजिए एवं उन सभी दस्तावेजों के नाम लिखिये जो इस दौरान प्रयुक्त होते हैं अथवा जिनमें इस लेन देन की प्रविष्टियाँ दर्ज की जाती है । (राज. अप्रैल,98)

10. एक भंडार के भौतिक सत्यापन से क्या अभिप्राय है ? अलग-अलग प्रकार के भंडारों के भौतिक सत्यापन की विधि का वर्णन कीजिए । (राज. अप्रैल,98)

11. संक्षिप्त टिप्पणी लिखिए -

(i) भौतिक सत्यापन (राज. अप्रैल,96, नव.99)

(ii) भण्डार का बचाव (राज. अप्रैल,97, नव.99)

(iii) बिन कार्ड (राज. नव.94)

(iv) भंडार खाता (राज. नव.94)

(v) अनुपयोगी सामग्री का निस्तारण (राज. नव.99)

12. उद्योगों में अनुपयोगी सामान के निस्तारण की विधियों को समझाइये । (राज. अप्रैल 2000)

अध्याय - 9

विक्रय विभाग
(Sales Department)

9.1 प्रस्तावना (Introduction)

कोई भी वस्तु उस समय तक पूर्णतया उत्पादित नहीं मानी जा सकती जब तक कि वह उपभोक्ता तक उपयोग हेतु नहीं पहुंच जाये। किसी भी उद्योग में उत्पादन के पश्चात् विक्रय कार्य महत्वपूर्ण होता है क्योंकि उस कार्य के माध्यम से ही उत्पाद उपभोक्ता तक पहुंच पाता है। विक्रय प्रबन्ध के कार्य हेतु अलग से एक विक्रय विभाग की स्थापना प्रत्येक उद्योग अथवा उपक्रम में की जाती है। अतः कहना अतिश्योक्ति नहीं होगी कि उद्योग के लक्ष्य की प्राप्ति के लिये विक्रय विभाग का सफल संचापन भी उत्पाद तथा उसकी गुणवत्ता के समान ही महत्वपूर्ण होता है।

9.2 विक्रय विभाग के कार्य (Functions of Sales Department)

विक्रय विभाग के महत्वपूर्ण कार्य निम्न प्रकार हैं—

1. किसी उत्पादित वस्तु का विक्रय मूल्य निश्चित करना।
2. उद्योग के उत्पाद के लिए विज्ञापन एवं प्रचार का प्रबन्ध करना।
3. विक्रय की आवश्यक शर्तें तैयार करना।
4. बिक्री के लिये निविदा (Tenders) तथा कोटेशन तैयार करना।
5. विक्रय के परिणामों का विश्लेषण करना तथा उसका पूरा रिकॉर्ड तैयार करना।
6. विक्रय के बारे में पूर्वानुमान लगाना।
7. अलग-अलग क्षेत्रों में विक्रय हेतु कोटा (quota) निर्धारित करना।
8. विक्रय हेतु इस प्रकार की नीतियाँ बनाना कि विक्रय के क्षेत्र में उन्नति हो सके।
9. बाजार के हाव-भाव व रुख की पूरी जानकारी बाज़ार सर्वेक्षण के द्वारा ज्ञात कर रखना।
10. यदि आवश्यक हो तो उपचर्या सेवा (Service after sales) का प्रबन्ध करना।
11. विक्रय के लिये अलग-अलग क्षेत्रों में वितरक (Distributors) तथा विक्रय एजेन्ट नियुक्त करना।
12. विक्रय से संबंधित उपभोक्ताओं की शिकायतों का निपटारा करना।

13. उद्योग के उत्पाद के विक्रय के प्रवर्तन के लिये विज्ञापन एजेन्सियों से समझौता करके विज्ञापन तैयार करवाना।

9.3 विक्रय प्रवर्तन (Sales Promotion)

विक्रय में निरन्तर वृद्धि के लिये विक्रय प्रवर्तन एवं विज्ञापन विभाग की अलग से स्थापना की जाती है अथवा किसी विज्ञापन एजेन्सी की सेवाएँ प्राप्त की जाती है। यह विक्रय प्रवर्तन विभाग विक्रेताओं एवं वितरकों से निरन्तर सम्पर्क बनाये रखता है तथा यह पता लगाता है कि बिक्री किस कारण से गिर रही है तथा उसे किस प्रकार बढ़ाया जा सकता है? उपरोक्त दोनों बातों का विश्लेषण करके बिक्री बढ़ाने में यह विभाग सहयोग देता है। इस विभाग को उपभोक्ता और व्यवसाय की पूरी जानकारी रखनी पड़ती है। इसके अतिरिक्त उत्पाद के संबंध में भी पूरा ज्ञान रखना पड़ता है तथा उपभोक्ताओं की शिकायतों, सुझावों और आवश्यकताओं आदि को ध्यान में रखकर उत्पाद में आवश्यक परिवर्तन करने के लिये अधिकारियों कोसुझाव देने होते है। उत्पाद की बिक्री की वृद्धि के लिए मात्र उसकी गुणवत्ता ही काफी नहीं है, बल्कि इसके लिये क्या प्रयास किये जाते हैं, यह पक्ष भी कम महत्वपूर्ण नहीं है।

9.4 विज्ञापन (Advertisement)

विज्ञापन, विक्रय प्रवर्तन का एक सबल माध्यम है। आज के युग में उत्पादक व उपभोक्ता को जोड़ने की मुख्य भूमिका विज्ञापन ही निभाता है। विज्ञापन के माध्यम से उत्पाद संबंधी पूरी जानकारी, विशेषताएँ व लाभ आदि से उपभोक्ताओं को अवगत कराया जाता है तथा उन पर मनोवैज्ञानिक प्रभाव डालकर उन्हें अपने उत्पाद के प्रति आकर्षित किया जाता है। पिछले कुछ वर्षों में यह सिद्ध हो चुका है कि बिक्री के लिये केवल उत्पाद की गुणवत्ता हीकाफी नहीं है। उदाहरण के लिये पिछले कई वषी से एक प्रसिद्ध जूतापॉलिश कम्पनी बिक्री में सबसे ऊपर थी और उसके लिए कोई विज्ञापन नहींकिया जा रहा था तथा इसके उत्पादक अपनी बिक्री को स्थाई मानकर चल रहे थे। बाद में अन्य जूता पॉलिश निर्माताओं ने धुँआधार विज्ञापन के माध्यम से बाजार में एक बड़े भाग पर कब्जा कर लिया। पिछले 12 वर्षों से जूता पॉलिश के बाजार में काफी वृद्धि हुई, परन्तु इस प्रसिद्ध जूता पॉलिश की बिक्री वही रही। इस हालत को देखकर कम्पनी ने जब अपना विज्ञापन अभियान प्रारम्भ किया तो दो माह के अन्दर ही उस प्रसिद्ध पॉलिश की बिक्री 15% बढ गई।

इसी प्रकार एक वूल सिंडीकेट के प्रमुख की स्वीकारोक्ति के अनुसार पांच वर्ष पूर्व उनकी बिक्री 3-4 लाख रुपये प्रति वर्ष थी। बाद में विज्ञापन अभियान के कारण उनकी वार्षिक बिक्री 3 करोड़ रु. तक पहुँच गई।

तो देखा आपने कि बिक्री के लिए मात्र उसकी अच्छी गुणवत्ता हीकाफी नहीं होती है। बिक्री बढ़ाने के लिये विज्ञापन भी एक महत्वपूर्ण भूमिका निभाते हैं। विज्ञापन के विभिन्न माध्यम निम्न हैं—

1. दैनिक, साप्ताहिक, पाक्षिक समाचार पत्रों व पत्रिकाओं, तकनीकी पत्रिकाओं एवं व्यवसाय निर्देशिकाओं (Business directories) में विज्ञापन छपा कर।

2. उपयुक्त केन्द्रीय आम स्थलों (बाजार, चौराहों व स्टेशन आदि) पर विज्ञापन स्तम्भों द्वारा।
3. प्रदर्शनियों में उत्पाद को प्रदर्शित करके उसकी गुणवत्ता तथा लाभों के बारे में उपभोक्ताओं को जानकारी देकर।
4. उत्पादक/वितरक की लीफलेट्स (leaflets), बुकलेट्स तथा बुलेटिन इत्यादि के माध्यम द्वारा विज्ञापन प्रकाशित कर।
5. सिनेमा की स्लाइड्स व फिल्मों के द्वारा उत्पादक की पूरी जानकारी देकर।
6. रेडियो व टी.वी. के माध्यम द्वारा उत्पाद के बारे में रुचिपूर्ण व आकर्षक कहानी/फिल्में प्रसारित करके।
7. मुख्य राष्ट्रीय मार्गों तथा बाजार के मुख्य चौराहों व भवनों पर प्रदर्शित होर्डिंग बोर्ड्स के द्वारा।
8. तांगों व टैक्सी के द्वारा जनता में उत्पाद की जानकारी प्रसारित करना।
9. Neon sings के द्वारा।
10. दैनिक उपयोग की वस्तुओं/दवाओं आदि के नमूने वितरित करके।

9.5 उपचर्या सेवा या विक्रय पश्चात् सेवा (Service after sales)

उपचर्या सेवा विक्रय व्यवस्था का एक अभिन्न अंग है। दो समान गुणवत्ता स्तर पर आकर के संयंत्र क्रय करते समय उपभोक्ता उपचर्या सेवा शर्तों का विशेष ध्यान रखता है। अपने उत्पाद की बिक्री बढ़ाने के लिये उपचर्या सेवा के अन्तर्गत निम्न कार्य सम्पन्न किये जाते हैं—

1. तकनीकी परामर्श सेवा।
2. संस्थापन (Installation) सेवा।
3. विक्रय के पश्चात् निर्धारित अवधि के लिए मुफ्त मरम्मत (Repair) व अनुरक्षण (maintenance)।
4. अनुरक्षण प्रशिक्षण सेवा।
5. कल पुर्जों का संग्रह तथा आपूर्ति करना।

उपयुक्त व संतोषप्रद उपचर्या सेवा से उत्पादक की साख (reputation) जमती है और विक्रय में उत्तरोत्तर प्रगति एवं वृद्धि होती है।

प्रश्न

1. विक्रय विभाग की स्थापना उद्योगों में करना क्यों आवश्यक है ?
2. विक्रय विभाग के प्रमुख कार्य लिखिये। (राज. नव.97)
3. विक्रय प्रवर्तन से क्या आशय है ? संक्षेप में समझाइये। (राज. अप्रैल 2000)

4. 'विज्ञापन, विक्रय प्रवर्तन का सबल माध्यम है', समझाइये। (राज. नव.98)
5. विज्ञापन अभियान के लिये कौन-कौनसे माध्यम प्रयुक्त किये जाते हैं ? संक्षिप्त विवरण दीजिये।
6. संक्षिप्त टिप्पणी लिखिये।
   (i) विक्रय प्रवर्तन (राज. नव. 94, अप्रैल, 96, नव.96)
   (ii) उपचर्या सेवा (राज. नव.94, अप्रैल 96, अप्रैल 97, नव.98)
7. विक्रय विभाग के निम्न कार्यों को समझाइये -
   (i) विक्रय प्रवर्तन
   (ii) उपचर्या सेवा
   (iii) विज्ञापन (राज. अप्रैल 1999)
8. विक्रय विभाग के मुख्य कार्यों को समझाइये। (राज. नव.99)

अध्याय - 10

वित्तीय प्रबन्ध
(Financial Management)

10.1 प्रस्तावना (Introduction)

प्रत्येक औद्योगिक प्रतिष्ठान की स्थापना, प्रसार, सुधार व संचालन हेतु वित्त की आवश्यकता होती है। अतः उद्योग के लिए वित्त का अनुमान लगाना, व्यवस्था करना, उपयोग करना, लेखा रखना व उस पर नियंत्रण रखना वित्तीय प्रबन्ध के अधीन आते हैं। किसी भी उद्योग के संचालन हेतु उचित वित्तीय प्रबन्ध अति आवश्यक है, ताकि उद्योग की आयोजना को मूर्त रूप दिया जा सके तथा वांछित परिणाम प्राप्त किये जा सकें।

वित्तीय व्यवस्था स्थाई पूंजी निवेश (Fixed capital investment) व कार्यशील पूंजी (Working capital) के लिए करनी होती है। स्थाई पूंजी निवेश से तात्पर्य है उद्योग की स्थापना (फैक्टरी के लिए भूमि का अधिग्रहण, भवन निर्माण, मशीनें व उपकरण खरीदना), मशीनों व उपकरण के संस्थापन (Installation) में लगाई गई पूंजी। उद्योग के संचालन हेतु कच्चा माल खरीदने, मजदूरी व वेतन चुकाने, स्टॉक में सामान रखने व अन्य आवश्यक खर्चों आदि के लिए आवश्यक पूंजी को कार्यशील पूंजी कहते हैं। स्थाई पूंजी व कार्यशील पूंजी की मात्रा उद्योग की प्रकृति पर निर्भर करती है।

10.2 वित्त विभाग के कार्य एवं कर्त्तव्य (Functions and duties of Finance Department)

वित्त विभाग के मुख्य कार्य निम्न हैं—

1. **पूंजी की आवश्यकता का आकलन (Estimation of requirement of funds)**– व्यापार में पूंजी की आवश्यकता के बारे में बहुत ही गहराई से आंकलन करना चाहिये। दीर्घकालीन पूंजी एवं कार्यशील पूंजी में कितनी व किस समय पूंजी लगानी चाहिये, यह वित्त विभाग का मुख्य कार्य है।
2. **पूंजी के प्रारूप का निर्णय (Decision regarding capital structure)** – पूंजी की आवश्यकता के बाद पूंजी के स्रोत व प्रकार के बारे में निर्णय किया जाता है। दीर्घकालीन पूंजी व कार्यशील पूंजी में व्यवसाय के अनुरूप उचित अनुपात रखा जाता है। इसके अतिरिक्त स्वयं की पूंजी व बाहरी पूंजी में भी एक निश्चित अनुपात रखा जाता है।

3. **पूंजी के विनियोजन के बारे में निर्णय (Decision about capital investment)** – विभिन्न स्रोतों से प्राप्त पूंजी को विभिन्न सम्पत्तियों में विनियोजित किया जाता है। स्थायी सम्पत्तियों में विनियोजन, देनदारों में विनियोजन, कच्चे एवं पक्के माल में विनियोजन के बारे में व्यवसाय के प्रारूप, लागत व लाभ की सम्भावनाओं को देखते हुए निर्णय लिया जाता है।

4. **लाभांश निर्णय (Dividend Decision)** – वित्त विभाग, प्रबन्धकों को वर्ष के अन्त में देने वाले लाभांश की रकम के बारे में बताता है। व्यवसाय के लाभ व भविष्य की योजनाओं को ध्यान में रखकर लाभांश की रकम का आकलन किया जाता है।

5. **व्यवसाय के सभी विभागों को पूंजी उपलब्ध कराना (Supply of funds to all departments of the organisation)** – वित्त विभाग का यह कार्य है कि व्यवसाय की सभी शाखाओं, विभागों व फैक्टरियों को समय पर व समुचित मात्रा में पूंजी उपलब्ध कराये ताकि पूंजी के अभाव में व्यवसाय पर कोई बुरा प्रभाव न पड़े।

6. **वित्तीय स्थिति का विवरण (Evaluating financial performance)** – किसी भी व्यवसाय के विभिन्न घटकों की वित्तीय स्थिति का अध्ययन करना वित्त विभाग का कार्य है। वित्त विभाग द्वारा किये गये अध्ययन की रिपोर्ट के आधार पर प्रबन्धक पूंजी के समुचित उपयोग की सम्भावनाओं पर विचार करते हैं।

7. **वित्तीय समझौते (Financial Negotiation)** – वित्त प्रबन्धक का अधिकांश समय विभिन्न वित्तीय संस्थानों (financial institutions), बैंकों (Banks) से बातचीत में गुजरता है। इन संस्थाओं को वित्तीय स्थिति के बारे में बहुत-सी सूचनाऐं देनी पड़ती हैं।

इसके अलावा वित्त विभाग के और भी कार्य हैं, जैसे — दैनिक, मासिक तथा वार्षिक रोकड़ पूंजी की व्यवस्था करना व उस पर नियंत्रण करना, सामग्री का मूल्यांकन करना व उस पर नियंत्रण रखना, कर्मचारियों को समय पर भुगतान करना, वित्तीय लेखे तैयार करना आदि।

10.3 वित्तीय लेखांकन (Financial Accounting)

वित्तीय लेखांकन को विस्तृत आधार पर निम्न दो भागों में बांटा जा सकता है :—

1. बही खाता या लेखे की पुस्तकें (Book-keeping) – व्यवसाय से संबंधित व्यवहारों के मौद्रिक रूप को जब लिख लिया जाता है, तब इन्हीं लेखों को बहीखाता कहा जाता है। इस प्रकार बहीखाता में व्यापारिक हिसाब-किताब का लेखा किया जाता है। बुक-कीपिंग का शाब्दिक अर्थ पुस्तकें रखना है, लेकिन पुस्तकें रखने का अर्थ व्यापारिक बहियों या पुस्तकों में व्यापारियों द्वारा किये गये लेन-देनों का लेखा करना है। अतः बहीखाता वह कला तथा विज्ञान है जिसमें व्यापारिक लेन-देनों (व्यक्ति, फर्म, संस्था, कम्पनी या निगम आदि द्वारा व्यावसायिक तथा इससे संबंधित अन्य सौदों) का लेखा निश्चित पुस्तकों में निश्चित प्रणाली के आधार पर नियमानुसार व नियमित रूप से किया जाता है जिससे व्यापारी अपने व्यापार का लाभ या हानि तथा आर्थिक स्थिति का ज्ञान किसी भी समय सरलता से प्राप्त कर सके।

बहीखाता के अन्तर्गत जर्नल में लेखा करना, खाताबही (Ledger) में पोस्टिंग (खतियाना) करना और शेष निकालना आदि आते हैं। इस प्रकार तलपट बनाने से पूर्व की सारी प्रक्रियाएँ बहीखाता में आती है। यह कार्य बड़े-बड़े व्यवसायों में अधिकतर लिपिकों के सुपुर्द किया जाता है, क्योंकि इस कार्य को करने के लिए अधिक ज्ञान कीआवश्यकता नहीं है। उन्नतिशील देशों जैसे अमरीका, इंग्लैण्ड आदि में बहीखाता में लेखा मशीनों द्वारा होने लगा है।

2. लेखा शास्त्र (Accountancy) – लेखा पुस्तकों में खोले गये खातों का सारांश तैयार किया जाना आवश्यक है। इसके अतिरिक्त इनका विश्लेषण करना पड़ता है जिससे उचित निष्कर्ष निकाला जा सके। इस प्रकार लेखा-शास्त्र के अन्तर्गत तलपट (Trial Balance) बनाना, व्यापार खाता एवं लाभ-हानि खाता बनाना, चिट्ठा (Balance Sheet) बनाना, भूल सुधार के लेखे करना, समायोजन के लेखे करना तथा परिणामों से निष्कर्ष निकालना सम्मिलित है।

बहीखाता का कार्य जहां समाप्त होता है वहां से लेखा-शास्त्र का कार्य प्रारम्भ होता है।

10.4 लेखे की पुस्तकें (Books of Accounts or records)

व्यवसायिक सौदों या लेन-देनों का लेखा रखने के लिए जिन पुस्तकों का प्रयोग किया जाता है, उन्हें लेखा पुस्तकें या बहियाँ कहते हैं। छोटे व्यापारी बहुधा स्मरणार्थ पुस्तक (Memorandum Book) रखते हैं, जिसमें प्रतिदिन के सौदों को तुरन्त याददाश्त के लिये लिख लिया जाता है, बाद में सौदों का उपयुक्त लेखा पुस्तकों में लेखा कर लिया जाता है। बड़े व्यापारी स्मरणार्थ पुस्तक का प्रयोग न करके विभिन्न प्रमाणकों (Vouchers) जैसे बीजक, कैश मीमो आदि की सहायता से सीधे ही प्रारम्भिक लेखे की पुस्तकों में व्यवहारों की प्रविष्टियां कर लेते हैं ।

एक व्यवसाय गृह कितनी और किस प्रकार की लेखा पुस्तकें रखता है, यह उसकी आवश्यकता पर निर्भर है। किन्तु प्रत्येक व्यवसायी के लिए निम्न दो पुस्तकों का रखना अनिवार्य रूप से आवश्यक होता है—

1. जर्नल या रोजनामचा या लेखा बही (Journal)
2. खाता बही या लेजर (Ledger)

1. जर्नल (Journal) – जर्नल या रोजनामचा प्रारम्भिक लेखे की वह पुस्तक है, जिसमें सौदों का लेखा तारीखवार किया जाता है। एक विशेष नियम यह है कि इस पुस्तक में क्रमानुसार लेखा किया जाता है। जर्नल वह सहायक पुस्तक है जिसमें प्रत्येक सौदे के दोनों रूपों (Aspects) का प्रारम्भिक लेखा तारीखवार एवं क्रमानुसार किया जाता है। जर्नल को खातों की सहायक बही या पुस्तक कहते हैं। हर लेन-देन का लेखा पहले जर्नल में किया जाता है तथा इसकी मदद से खाताबही में विभिन्न खातों की पोस्टिंग करते हैं।

(अ) उद्देश्य तथा महत्व (Objects and Importance)

(i) लेजर में लेखा करने के लिए जर्नल अत्यन्त सहायक होता है।

(ii) जर्नल में लेखा करने से, प्रत्येक सौदे का संक्षिप्त ब्यौरा भी ज्ञात हो जाता है। इससे समय पड़ने पर इसे देखकर पूरे सौदे का ज्ञान किया जा सकता है।

(iii) प्रत्येक सौदे के दो रूप होते हैं। इन दोनों रूपों का इसमें लेखा किये जाने के कारण सौदे का अच्छा ज्ञान प्राप्त होता है।

(iv) व्यापारिक झगड़ों में सबसे अधिक महत्व इसी को दिया जाता है।

(ब) जर्नल का प्रारूप (Form of Journal) – इसमें चार खाने (Columns) होते हैं, जिनको निम्नलिखित प्रयोगों में लेते हैं —

Journal of ....

तिथि Date	विवरण Particulars	खा. पृ. L.F.	राशि (Amount)	
			Dr. (नाम)	Cr. (जमा)

(i) तारीख (Date)- जिस तारीख पर सौदा हुआ है उसका लेखा करते समय उसी तारीख को लिखा जाता है। इसमें वर्ष, महीने का नाम तथा सौदों की तारीख लिखी जाती है।

(ii) विवरण (Particulars)- यह दो लाइनों में लिखा जाता है। पहली लाइन में डेबिट तथा दूसरी लाइन में क्रेडिट लेखा किया जाता है। लेकिन पहली लाइन में खाते का नाम लिखने के बाद नाम (Debitor) का सूक्ष्म रूप Dr. लिखा जाता है। दूसरी लाइन में जमा (Creditor) का सूक्ष्म रूप Cr. नहीं लिखा जाता है क्योंकि जब एक डेबिट है तो दूसरा क्रेडिट अपने आप होगा। दूसरी लाइन किनारे से कुछ जगह छोड़कर लिखी जातीहै तथा अंग्रेजी में इसके पहिले To और हिन्दी में इसके बाद "का" शब्द प्रयोग किया जाता है।

जैसे:- फर्नीचर खाता Furniture A/c Dr.

रोकड़ खाते का To Cash A/c

इसी खाते में प्रत्येक प्रविष्टि के नीचे लेन-देन का संक्षिप्त (Narration) दिया जाता है जिससे ज्ञात हो सके कि उपरोक्त प्रविष्टि किस व्यवहार की है। विवरण के पश्चात् एक लाइन खींच दी जाती है और उसके पश्चात् दूसरी प्रविष्टि प्रारम्भ की जाती है।

(iii) खाता पृष्ठ संख्या (Ledger folio)- यह खाना छोटा बनाया जाता है क्योंकि इसमें खाता बही के खाते के उस पृष्ठ की संख्या लिखी जाती है जिस पर यह खाता खतियाया गया है।

(iv) राशि (Amount)- इस खाते को दो भागों में बांट देते हैं। पहले खाने में नाम (डेबिट) वाली राशि और दूसरे खाने में जमा (क्रेडिट) वाली राशि लिखी जाती है। डेबिट वाली राशि को डेबिट वाले खाने में डेबिट की लाइन में लिखते हैं और क्रेडिट वाली राशि को क्रेडिट वाले खाने में क्रेडिट लेखे की लाइन में लिखते हैं।

जोड़ लगाना तथा आगे ले जाना (Casting and Carry Forward)- जब जर्नल का पन्ना पूरा भर जाता है तो इस पन्ने की डेबिट तथा क्रेडिट वाली राशियों का जोड़ एक सीध में लगाकर जोड़ के ऊपर व नीचे एक रेखा खींच देते हैं तथा विवरण के खाने में C/F (Carried Forward) लिख

नाम वस्तु .... Article Name	पहचान कोड संख्या .... Identification Code No.	अधिकतम मात्रा .... Maximum Quantity
विवरण .... Particulars	बिल संख्या .... Bill No.	न्यूनतम मात्रा .... Minimum Quantity

दिया जाता है। अगले पन्ने पर बचे हुए सौदों का लेखा करने से पूर्व पिछले पन्ने की जोड़ की राशि को क्रमशः डेबिट तथा क्रेडिट वाले खाने में लिख दिया जाता है तथा विवरण के खाने में B/F (Brought Forward) लिख दिया जाता है। अगले पृष्ठ के ऊपर शीर्षक के रूप में "Journal Continued" लिख दिया जाता है। जहाँ सब सौदों के लेखे समाप्त हो जाते हैं वहां विवरण वाले खाने में योग (Total) लिख दिया जाता है। इस योग (Total) वाली राशि के ऊपर एक रेखा तथा नीचे दो रेखाएं खींच दी जाती हैं। इस कार्य को जोड़ लगाना (Casting) कहते हैं। सभी व्यवहारों का जर्नल में लेखा करने के उपरान्त डेबिट तथा क्रेडिट वाली राशियों का जोड़ बराबर होना चाहिए। जोड़ में अन्तर होने की अवस्था में जर्नल लेखों की दुबारा जाँच करनी चाहिये ताकि भूल सुधार की जा सके।

जर्नल में लेखा करने के नियम (Rules of Journalising)

जर्नल में लेखा करने के नियम

व्यक्तिगत खाता (Personal Accounts)

पाने वाले का खाता (नाम) डेबिट
देने वाले का खाता (जमा) क्रेडिट
(Debit the receiver and Credit the giver)

अवास्तविक खाता (Nominal Accounts)

व्यय व हानि खाता (नाम) डेबिट
आय तथा हानि (जमा) क्रेडिट
(Debit expenses and losses and credit income and gains)

वस्तुगत अथवा वास्तविक खाता (Real Accounts)

प्राप्त हुई वस्तु या सम्पत्ति खाता नाम (डेबिट) Dr.
गयी हुई वस्तु या सम्पत्ति खाता जमा (क्रेडिट) Cr.
(Debit what comes in and Credit what goes out)

उपरोक्त खातों में निम्नलिखित कुछ खातों के प्रकार निम्नलिखित हैं —

व्यक्तिगत खाता (Personal Accounts)

(i) राम का खाता

(ii) हरीश एण्ड कं. का खाता

वस्तुगत या वास्तविक खाता (Real Accounts)

(i) फर्नीचर खाता

(ii) मशीनरी खाता

असामान्य खाता (Nominal Accounts)

(i) व्यय व हानि खाता, जैसे– कमीशन खाता, खर्च खाता, खरीद खाता (Purchase Account)

(ii) आय व लाभ खाता, जैसे – ब्याज प्राप्ति खाता, बिक्री खाता आदि।

2. खाता बही (Ledger)- खाताबही एक ऐसी पुस्तक है, जिसमें व्यवसाय के खाते खोले जाते हैं। खाताबही में हर व्यक्ति, वस्तु एवं लाभ-हानि, आय-व्यय को एक अलग खाता होता है। इस प्रकार खाताबही में व्यापार के मालिक के व्यक्तिगत, वास्तविक तथा असामान्य खाते रखे जाते हैं। इस बही में समस्त व्यापारिक सूचनाएं उपलब्ध हो जाती हैं तथा इसके बाद किसी भी अन्य लेखा पुस्तक में व्यवहारों को दर्ज नहीं किया जाता है। अतः इसे अन्तिम लेखे की पुस्तक या व्यापार की मुख्य पुस्तक कहते हैं। यह एक रजिस्टर के रूप में होती है। इसके प्रत्येक पृष्ठ पर पृष्ठ संख्या पड़ी रहती है। इस रजिस्टर के शुरू के पृष्ठों में बहुधा अनुक्रमणिका बनी रहती है, जिसकी सहायता से यह आसानी से ज्ञात किया जा सकता है कि इसमें अमुक खाते का विवरण किस पृष्ठ पर है। इसके पृष्ठों पर वे खाते बनाये जाते हैं जिनका लेखा जर्नल में दिया गया है। प्रत्येक खाते से संबंधित सूचना जर्नल में से छाँटकर इसमें लिखी जाती है। इसके प्रत्येक पृष्ठ पर प्रायः एक ही खाता खोला जाता है। परन्तु, यदि खाता बहुत बड़ा हो तो उसके लिए एक से अधिक पृष्ठ भी प्रयोग किये जा सकते हैं।

इसके द्वारा यह सरलता से ज्ञात किया जा सकता है कि व्यापारी को अमुक व्यक्ति को क्या देना है तथा उससे क्या लेना है। इससे व्यापारी अपने आय-व्यय, लेनदार, देनदार तथा व्यापार के संबंध में अन्य बहुत-सी आवश्यक सूचनाएँ थोड़े समय में प्राप्त कर सकते हैं। इससे तलपट (Trial Balance) बनाने में सहायता मिलती है जो मालखाता, लाभ-हानि खाता, और चिट्ठा (Balance Sheet) बनाने में सहायक होता है। न्यायालयों में वित्त विवादों में यह पुस्तक प्रमाण का कार्य करती है।

खाताबही के खाने (Columns of Ledger)- अधिकांश स्थानों पर प्रयोग की जाने वाली खाताबही के खाने इस प्रकार हैं। इसके प्रत्येक पृष्ठ को एक सीधी रेखा द्वारा दो भागों में बांटा जाता है। इस रेखा द्वारा किया गया बायां भाग नाम या डेबिट (Dr.) तथा दाहिना भाग जमा या क्रेडिट (Cr.) का होता है। बायें तथा दायें प्रत्येक भाग में चार खाने होते हैं। इन खानों (Columns) के ऊपर खाते का शीर्षक अर्थात् खाते का नाम अवश्य लिखा जाना चाहिए। खाता बही के खानों का विवरण निम्न प्रकार है —

(i) तारीख (Date)- इसमें वर्ष, महीने, का नाम तथा दिनाँक लिखा जाता है। तिथि की जानकारी जर्नल के तिथि वाले खाने से मिलती है।

(ii) विवरण (Particulars)- बायीं ओर वाले विवरण के खाने में प्रत्येक लेखे के पूर्व 'To' तथा दाहिनी ओर क्रेडिट पक्ष के विवरण के खाने में प्रत्येक लेखे से पूर्व 'By' शब्द लगाया जाता है। तत्पश्चात् उस विपरीत खाते का नाम लिखा जाता है, जिसके कारण इस खाते को डेबिट या क्रेडिट किया गया है।

(iii) जर्नल पृष्ठ संख्या (Journal Folio)- इसमें जर्नल के उस पृष्ठ की संख्या लिखी जाती है, जहां से संबंधित लेखे को यहां लाया गया है।

(iv) राशि (Amount)- इस खाने में लेन-देन की रकम लिखी जाती है। विवरण के खाने में लिखे हुए लेखे से संबंधित राशि वह होगी जो कि जर्नल में इस लेखे के सामने लिखी हुई होती है।

खाते का नाम
(Heading of Accounts)

Dr. (नाम) जमा (Cr.)

दिनांक Date	विवरण Particulars	ज.पृ. J.F.	राशि Amount	दिनांक Date	विवरण Particulars	ज.पृ. J.F.	राशि Amount

10.5 तलपट (Trial Balance)

दोहरा लेखा प्रणाली का यह नियम है कि प्रत्येक डेबिट के लिए क्रेडिट होता है। इसलिए खाताबही के सब खातों के डेबिट का जोड़ क्रेडिट के जोड़ के बराबर होना चाहिए। यदि ऐसा है तो समझना चाहिए कि खाते शुद्ध रूप से बनाये गये हैं। इस शुद्धता का ज्ञान करने के लिए एक सूची बनाई जाती है जिसे "तलपट" (Trial Balance) कहते हैं।

तलपट बनाने की विधियाँ—

1. जोड़ विधि (Total Method)- इस विधि में प्रथम खाना खातों का शीर्षक (Ledger Account), दूसरा खाना खाताबही की पृष्ठ संख्या (L.F.), तीसरा खाना डेबिट के जोड़ों के लिए (Dr. Account) तथा चौथा खाना क्रेडिट के जोड़ों के लिए (Cr. Account) होता है।

2. अन्तर विधि (Balance Method)- इस विधि में प्रथम दो खाने जोड़ विधि की तरह ही होते हैं परन्तु तृतीय खाने में डेबिट के शेष तथा चतुर्थ खाने में क्रेडिट का शेष लिखा जाता है।

3. जोड़ और अन्तर विधि (Total and Balance Method)- इस विधि में प्रथम दो खाने तो जोड़ विधि की तरह ही होते हैं, परन्तु राशियों के लिये चार खाने बनाये जाते हैं। प्रथम खाना डेबिट जोड़, द्वितीय खाना क्रेडिट जोड़ तथा तृतीय खाना डेबिट बाकी (शेष) तथा चतुर्थ खाना क्रेडिट बाकी (शेष) के लिए होता है।

4. बराबर जोड़ वाले खातों के जोड़ न लिखकर तलपट बनाना।

10.6 वार्षिक अन्तिम खाते (Annual Final Accounts)

वार्षिक निष्कर्ष निकालने तथा लाभ हानि एवं व्यापारिक स्थिति ज्ञात करने के लिए जो लेखांकन किया जाता है उन्हें "वार्षिक अन्तिम खाते" कहा जाता है। इसमें व्यापार खाता (Trading

Account), लाभ-हानि खाता (Profit and Loss Account) तथा चिट्ठा (Balance Sheet) आते हैं। अन्तिम खाते बनाने के पूर्व लेजर के खातों के शेष के आधार पर तलपट अवश्य बना लिया जाना चाहिए। फिर इस तलपट एवं उन समायोजनों के आधार पर जो अन्तिम तिथि पर खाते बन्द करने के बाद होता है, एक अन्तिम तलपट और बनाया जाना चाहिए और फिर इसके आधार पर व्यापारिक खाता, लाभ हानि खाता एवं चिट्ठा बनाया जाना चाहिए।

10.7 व्यापारिक खाता (Trading Account)

व्यापारिक खाता, लाभ हानि खाता का ही एक अंग है। व्यापारिक खाता शीर्षक अलग से डालने की परम्परा अब बहुत कम हो गई है। वर्तमान काल में "व्यापारिक एवं लाभ हानि खाता" या केवल "लाभ हानि खाता" शीर्षक डाला जाता है। इस प्रकार के खाते में खाते का प्रथम भाग व्यापारिक खाते का कार्य करता है और द्वितीय भाग लाभ हानि खाते का। कम्पनी अधिनियम 1956 में व्यापारिक खाते का वर्णन ही नहीं है। इस अधिनियम के अनुसार इसके अन्तर्गत रजिस्टर्ड हुई प्रत्येक कम्पनी को केवल लाभ हानि खाता एवं चिट्ठा ही बनाना पड़ता है। इसी लाभ हानि खाते के प्रथम भाग में व्यापारिक खातों से संबंधित मदों का लेखा किया जाता है।

10.8 लाभ हानि खाता (Profit and Loss Account)

व्यापारिक खाते में यदि हानि होती है तो इसे लाभ-हानि खाते के डेबिट पक्ष में और यदि लाभ होता है तो क्रेडिट पक्ष में लिखा जाता है। एक व्यवसायी के यहाँ आय संबंधी सभी व्ययों (Revenue expenses) में से प्रत्यक्ष व्ययों को छोड़कर शेष सभी व्यय लाभ हानि खाते के डेबिट पक्ष में लिखे जाते हैं। सम्पूर्ण आयगत व्ययों को मुख्यतया दो भागों में बांटा गया है-

(अ) प्रत्यक्ष व्यय — व्यापारिक खाते में, और

(ब) अप्रत्यक्ष व्यय — लाभ हानि खाते में लिखे जाते हैं।

1. संयुक्त रूप से दिये गये कुछ व्यय (Joint expenses)- जब व्ययों की ऐसी राशि दी हुई होती है जो कि व्यापार खाते व लाभ हानि खाते में जाने वाले व्ययों का योग प्रतीत होती है तो इसका लेखा करने में कठिनाई होती है। जैसे मजदूरी और वेतन (Wages and Salary) तथा वेतन और मजदूरी की राशियां दी हुई होने पर उनमें अन्तर लगा पाना असम्भव होता है। लेकिन संयुक्त राशि के प्रथम शब्द के अनुसार मजदूरी और वेतन वाली राशि को व्यापार खाते में ले जाया जाता है, तथा वेतन और मजदूरी वाली राशि को लाभ हानि खाते में ले जाया जाता है। प्रबन्धक, निर्माण एवं कार्यालय दोनों की देखरेख करता है। अतः इसके वेतन का एक भाग निर्माण खाते में तथा दूसरा भाग लाभ हानि खाते में लिया जाना चाहिए।

2. लाभ-हानि खाते के क्रेडिट पक्ष में जाने वाली आय इस प्रकार है:—

(i) प्राप्त कमीशन, (ii) प्राप्य कटौती, (iii) विनियोगों पर ब्याज, (iv) बैंक निक्षेप पर ब्याज, (v) व्यापार से आय, (vi) आहरण पर ब्याज, (vii) प्राप्त किराया, (viii) अप्राप्य ऋणों पर वसूल हुई आय, (ix) अन्य कोई आय जो व्यापार के संबंध में हुई हो।

3. आयकर (Income Tax)- एकाकी व्यापार के लाभ हानि खाते की दशा में इसे लाभ

हानि खाते में नहीं लिखा जाता है वरन् एकाकी व्यवसायी का व्यक्तिगत व्यय माना जाता है, अतः इसे आहरण (Drawing) में जोड़कर चिट्ठे में दायित्व की ओर पूंजी से घटाया जाना चाहिए।

4. शिकमी किराया (Rent of subletting)- यदि शिकमी किरायेदार रखे गये हैं, तो इनसे प्राप्त किराया लाभ हानि खाते के क्रेडिट पक्ष में लिखा जाता है।

5. विज्ञापन (Advertisement)- साधारणतया विज्ञापन की पूरी राशि लाभ हानि खाते के डेबिट पक्ष में लिखी जाती है।

6. कटौती (Deduction)- यदि वेतन कटौती दी हुई हो तो इसके डेबिट होने पर लाभ हानि खाते के डेबिट पक्ष में तथा क्रेडिट होने पर लाभ हानि खाते के क्रेडिट पक्ष में लिखा जाता है।

7. व्यापारिक व्यय (Trade expenses)- इन व्ययों का आशय व्यापार के संबंध में किये गये व्ययों से होता है। अतः इसे लाभ हानि खाते के डेबिट में ले जाया जाना चाहिए और व्यापार खाते में नहीं लिखना चाहिए।

8. अनुत्पादक मजदूरी (Unproductive Wages)- इसे लाभ हानि खाते के डेबिट पक्ष में लिखा जाता है।

9. लाभ हानि खाते का शीर्षक — वर्तमान में लाभ हानि खाते को व्यापारिक खाते से अलग नहीं बनाया जाता है, वरन् शीर्षक निम्न प्रकार डाला जाता है—

Trading and Profit and Loss Account
(For the year ended 31st March, 1988)

10.9 चिट्ठा (Balance Sheet)

परिभाषा – चिट्ठा का आशय ऐसे विवरण पत्र से है जो कि एक निर्धारित तिथि पर व्यवसाय की वित्तीय स्थिति प्रकट करता है। यह निर्धारित तिथि अन्तिम खाते तैयार करने की तिथि होती है। कुछ व्यक्तियों का विचार है कि सम्पत्तियों और दायित्वों का विवरण पत्र ही चिट्ठा है। चिट्ठे की परिभाषा के महत्वपूर्ण तत्व अग्रलिखित है —

चिट्ठे के आवश्यक तत्व

1. **निश्चित तिथि**- प्रत्येक व्यावसायिक वर्ष की अन्तिम तिथि पर चिट्ठा तैयार किया जाता है। कभी-कभी आवश्यकतानुसार 6 माही या 3 माही भी चिट्ठा बनाया जाता है।
2. **इसका रूप**- चिट्ठा एक विवरण पत्र के रूप में होता है, खाते के रूप में नहीं। इसकी बायीं और दायित्व तथा दाहिनी ओर सम्पत्तियाँ लिखी जाती हैं। ऐसा करते समय खातों की तरह 'का' और 'से' (To and By) का प्रयोग नहीं किया जाता है।
3. **विषय सामग्री** - खाताबही में उन सब खातों की बाकियां, जो कि व्यक्तिगत या वास्तविक खाते होते हैं, इसमें लिखी जाती हैं। इन बाकियों में से जो डेबिट बाकियां होती हैं उन्हें सम्पत्ति की ओर तथा जो क्रेडिट की बाकियां होती हैं उन्हें दायित्व की ओर लिखा जाता है। सम्पत्तियों और दायित्वों का लेखा एक निर्धारित क्रम के अनुसार किया जाता है।

10.10 विनिमय साध्य विलेख या क्रेडिट नोट (Negotiable Instrument or Credit Note)

विनिमय साध्य अधिनियम (Negotiable Instrument Act) के अनुसार विनिमय साध्य विलेख का अर्थ 'किसी प्रतिज्ञा-पत्र, विनिमय पत्र अथवा चैक से है जो आदेशित व्यक्ति अथवा वाहक को देय होता है।" विनिमय साध्य विलेखों में चैक (Cheques), विनिमय पत्र (Bill of Exchange), प्रतिज्ञा-पत्र (Promissory note), हुण्डियां, ड्राफ्ट, साख पत्र (Letter of credit) आदि सम्मिलित हैं।

1. चैक (Cheque)

परिभाषा – चैक एक लिखित शर्त रहित आज्ञापत्र है जिसे ग्राहक अपने हस्ताक्षर करके एक विशेष बैंक पर जारी करता है और जिसके द्वारा बैंक को यह आदेश दिया जाता है कि वह एक निश्चित व्यक्ति को या उसकी आज्ञा से किसी अन्य व्यक्ति को, या वाहक को एक निश्चित रकम मांगने पर दे देवे।

चैक के प्रकार (Types of Cheques) – चैक मुख्यतः तीन प्रकार के होते हैं —

(i) **वाहक या बियरर चैक (Bearer Cheque)**- बियरर चैक वह है जिसमें रुपया पाने वाले के नाम के पश्चात् 'या वाहक' (Or Bearer) लिखा रहता है तथा जिसका भुगतान ऐसे किसी व्यक्ति को किया जा सकता है जो बैंक में चैक प्रस्तुत करता है।

(ii) **आदेशित या आर्डर चैक (Order Cheque)**- चैक में आदाता (Payee) के नाम के बाद वाहक (Bearer) शब्द काट देने से या उसके स्थान पर आदेशित (Order) लिख दिया जाता है तो वही चैक जो पहले वाहक था, अब आदेशित बन जाता है। आदेशित चैक का रुपया वाहक चैक की भांति कोई भी व्यक्ति प्राप्त नहीं कर सकता है। ऐसे चैक की रकम पाने का अधिकार केवल आदाता या उसके द्वारा आदिष्ट व्यक्ति को ही रहता है। जिस चैक में आदाता के नाम के बाद 'वाहक या आदेशित' कुछ भी लिखा नहीं हो तो उसे आदेशित चैक ही समझना चाहिए।

(iii) **रेखांकित या क्रॉस्ड चैक (Crossed Cheque)**- जब किसी चैक पर दो समानान्तर तिरछी रेखायें ऊपर की ओर बाईं तरफ खींच दी जाती है तो उसे रेखांकित चैक कहते हैं। इन रेखाओं के अन्दर तथा बाहर कुछ विशेष शब्द चाहे लिखे हों अथवा नहीं। रेखांकित चैक का भुगतान बैंक की खिड़की पर नहीं किया जाता है, बल्कि किसी बैंक के द्वारा ही मिलता है। यदि आदाता का किसी बैंक में खाता नहीं है तो उसे चैक का बेचान किसी ऐसे व्यक्ति को कर देना चाहिए जिसका बैंक में खाता हो।

रेखांकन दो प्रकार से किया जा सकता है :—

(अ) साधारण अथवा सामान्य रेखांकन (General crossing)

जब किसी चैक के मुख पर केवल दो तिरछी रेखायें खींच दी जाये अथवा इन तिरछी रेखाओं

के बीच एण्ड को (and Company or & Co.) अथवा/और "अपरक्राम्य" (Not Negotiable) शब्द लिख दिया जावे।

(ब) विशेष रेखांकन (Special Crossing)

जब समानान्तर रेखाओं के बीच किसी बैंक विशेष का नाम भी लिख दिया जाता है तो इसे विशेष रेखांकन कहते हैं। इसका अर्थ यह होता है कि जिस बैंक का नाम रेखाओं के बीच लिखा होता है, उसी बैंक के माध्यम से भुगतान होगा।

2. **ड्राफ्ट (Draft)**- ड्राफ्ट किसी बैंक द्वारा अपनी शाखा या किसी दूसरे बैंक अथवा एजेन्ट के नाम पर लिखा हुआ एक विनिमय पत्र है जिसके द्वारा वह बैंक अपनी शाखा या दूसरे बैंक को एक निश्चित रकम किसी व्यक्ति को या उसकी आज्ञानुसार किसी अन्य व्यक्ति को मांगने पर देने की आज्ञा देता है। बैंक से ड्राफ्ट की रकम व कमीशन देकर ड्राफ्ट प्राप्त किया जा सकता है। सुरक्षा के लिए इसे भी रेखांकित या क्रॉस्ड (चैक की भांति) किया जा सकता है।

3. **प्रतिज्ञा पत्र (Promissory Note)**- प्रतिज्ञा पत्र एक शर्त रहित (बैंक नोट अथवा करेंसी नोट के अतिरिक्त) लिखित पत्र है जिसमें उसका लेखक या देनदार (Maker) एक व्यक्ति विशेष को अथवा उसके आदेशानुसार किसी व्यक्ति को, अथवा इसके वाहक को मांगने पर अथवा एक निश्चित अवधि के पश्चात् एवं निश्चित राशि चुकाने का वचन देता है। प्रतिज्ञा पत्र को प्रो-नोट अथवा प्रामिसरी नोट (Pro-Note or Promissory Note) भी कहते हैं।

प्रतिज्ञा प्रत्र के प्रकार - प्रतिज्ञा पत्र साधारणतः एक ही व्यक्ति द्वारा लिखा जाता है, इसे साधारण प्रतिज्ञा प्रत्र कहते हैं। कभी-कभी दो या दो से अधिक व्यक्ति प्रतिज्ञा पत्र पर हस्ताक्षर करते हैं। इस प्रकार के प्रतिज्ञा प्रत्र दो प्रकार के होते हैं —1. संयुक्त दायित्व वाला प्रतिज्ञा पत्र, 2. संयुक्त एवं पृथक् दायित्व वाला प्रतिज्ञा पत्र।

4. **साख पत्र/लेटर ऑफ क्रेडिट (Letter of Credit)**- विदेशी व्यापार (Foreign Trade) में लेटर ऑफ क्रेडिट का उपयोग किया जाता है। माल का निर्यातक अपने भुगतान को निश्चित करने के लिए आदेश (Order) प्राप्त करते समय आयातक से आयातित देश के किसी बैंक में उसके पक्ष में लेटर ऑफ क्रेडिट की मांग करता है। लेटर ऑफ क्रेडिट एक प्रकार की बैंकर द्वारा दी गई प्रत्याभूति है कि इस पत्र की शर्तों के अनुरूप निर्यातक द्वारा बिल भेजे जाते हैं तो वह उनका भुगतान कर देगा। बैंकर निर्यातक को लेटर ऑफ क्रेडिट जारी करता है जिससे निर्यातक को उस बैंक से अपने बिलों का भुगतान पाने क लिए प्राधिकार मिल जाता है।

10.11 लागत लेखांकन (Cost Accounting)

लागत लेखांकन का तात्पर्य व्ययों के ऐसे विश्लेषण से है, जिससे प्रबन्धक को उत्पादन की कुल लागत एवं इनके विभिन्न भागों का शुद्धता से ज्ञान हो सके। कुल लागत में सामग्री, श्रम, फैक्ट्री, प्रशासन, विक्रय एवं वितरण व्यय का लेखा, विक्रय मूल्य एवं लाभदायिकता आदि सभी तत्व सम्मिलित किये जाते हैं।

10.12 लागत लेखांकन के उद्देश्य (Objects of Cost Accounting)

लागत लेखांकन के मुख्य उद्धेश्य निम्न प्रकार हैं —

1. लागतों का निर्धारण (Ascertaining Costs)- विलियम बैल के अनुसार, "लागत लेखे का प्रमुख उद्देश्य उत्पादित वस्तु की विस्तृत लागत का निर्धारण करना है।"

2. विक्रय मूल्य निर्धारण करना (Determination of the Selling Price)- अधिकतम लाभ प्राप्त करना व्यवसाय का प्रमुख उद्देश्य रहा है जिसकी पूर्ति हेतु एक आदर्श विक्रय मूल्य नीति का संचालन परमावश्यक है। यह विक्रय मूल्य, कुल लागत पर उचित लाभ जोड़ कर प्राप्त किया जा सकता है, परन्तु आधुनिक युग में कुल लागत को स्थिर (fixed) तथा परिवर्तनशील (variable) वर्गों में बांटा जाता है। अवसाद की स्थिति में केवल परिवर्तन लागत को भी विक्रय मूल्य आधार माना जा सकता है, जबकि तेजी काल में दोनों लागतों के अतिरिक्त उचित लाभ को भी जोड़ना आवश्यक होता है।

3. कार्यकुशलता निर्धारण एवं नियंत्रण (Determining and Controlling Efficiency)- लागत लेखांकन निर्माण की सम्पूर्ण प्रक्रिया का निरन्तर अध्ययन कर संस्था की समूची एवं केन्द्र-वार कार्यकुशलता को बढ़ाने की विभिन्न विधियों का सृजन करता है। इसके लिए वह पहले उत्पादन से सम्बद्ध सामग्री, श्रम एवं अन्य व्ययों के प्रमाप निश्चित करता है तथा बाद में वास्तविक लागतों की तुलना प्रमापों से करके विचरणांश ज्ञात करता है। अन्त में विचरणांशों के कारण खोजकर असन्तोष लागतों को कम किया जाता है। इसके लिए बजट नियन्त्रण प्रमाप लेखांकन आदि रीतियों को प्रयोग में लाया जाता है।

4. वित्तीय एवं अन्य विवरणों का प्रस्तुतीकरण (Presentation of Financial and other Statements)- वित्तीय लेखांकन के अन्तर्गत व्यापार की स्थिति के संबंध में विवरण प्रायः एक या दो बार दिये जाते हैं, जो कि प्रबन्ध की जरूरतों की पूर्ति नहीं कर पाते। लागत लेखांकन का उद्देश्य प्रबन्ध को उत्पादन, विक्रय एवं परिचालन के संबंध में अधिक विस्तृत एवं कम अन्तरालों से सूचना प्रदान करना है, ताकि उनकी सहायता से एक ओर तो वित्तीय विवरण को तैयार करने में सहायता मिलती है तथा दूसरी ओर प्रबन्ध परिचालन को नियन्त्रण में रख सकता है।

5. प्रबन्धकीय नीति निर्धारण के लिए आधार (Providing basis for Managerial decision making) — आधुनिक परिपेक्ष्य में लागत लेखांकन का एक महत्वपूर्ण उद्देश्य प्रबन्धकीय नीति निर्धारण के लिए समुचित आधार प्रस्तुत करना है। ये नीतियां निम्नलिखित हो सकती हैं —

(i) लागत-परिमाण लाभ (Cost-volume profit) का संबंध निर्धारण;

(ii) स्वयं उत्पादन करना या माल क्रय करना;

(iii) व्यवसाय संचालित रखना या उसे स्थगित करना;

(iv) वर्तमान प्लांट से ही उत्पादन चालू रखना या नया प्लांट लगाना;

(v) आदर्श उत्पादन-मिश्रण निर्धारित करना;

(vi) मूल निर्धारण;

(vii) विस्तार तथा संकुचन संबंधी नीतियों के निर्णय तथा

(viii) ऋतुकालीन परिस्थितियों के कारण हानियों को कम करना आदि।

10.13. लागत के तत्त्व (Elements of Cost)

लागत के मुख्य तीन तत्व है - सामग्री, मजदूरी तथा व्यय। प्रत्येक तत्व प्रत्यक्ष तथा अप्रत्यक्ष उपवर्गों में बांटा जाता है। किसी वस्तु की कुल लागत इन तीनों तत्वों पर किये गये कुल व्यय का योग होती है। लागत के तत्त्वों को नीचे समझाया गया है।

सामग्री (Material) - यह समस्त सामग्री जो किसी वस्तु के उत्पादन में प्रयोग की जाती है, सामग्री कहलाती है। सामग्री दो प्रकार की होती है -

(i) प्रत्यक्ष सामग्री (Direct Material) - प्रत्यक्ष सामग्री, प्रत्यक्ष रूप से वस्तु के उत्पादन में काम में ली जाती है तथा निश्चित लागत केन्द्र अथवा लागत इकाई को चार्ज की जाती है, जैसे फर्नीचर के लिए लकड़ी, कपड़े के लिए रूई।

(ii) अप्रत्यक्ष सामग्री (Indirect Material) - अप्रत्यक्ष सामग्री वह है जो उत्पादन में सहयोग तो देती है, परन्तु जिसे लागत केन्द्र अथवा इकाई का प्रत्यक्ष भाग नहीं बनाया जा सकता है। जैसे - फर्नीचर के निर्माण में रेजमाल, लकड़ी साफ करने का कपड़ा, वार्निश, ब्रुश आदि। अप्रत्यक्ष सामग्री को उपरिव्यय के रूप में चार्ज किया जाता है।

श्रम (Labour)- सामग्री को माल में परिवर्तित करने हेतु प्रयुक्त मानवीय प्रयास को श्रम कहते हैं। श्रम को दो भागों में विभाजित किया जाता है -

(i) प्रत्यक्ष श्रम (Direct Labour) - वह श्रम जो उत्पादन में प्रत्यक्ष तथा सक्रिय रूप से योगदान देता है, प्रत्यक्ष श्रम कहलाता है। जैसे मशीनों पर कार्य करने वाले श्रमिकों की मजदूरी।

(ii) अप्रत्यक्ष श्रम (Indirect Labour) - वह श्रम जो उत्पादन में अप्रत्यक्ष रूप से योगदान देता है, अप्रत्यक्ष श्रम कहलाता है। जैसे फोरमेन, कार्यालय स्टाफ, सफाई कर्मी, जमादार, चौकीदार आदि का वेतन। इसकी गणना उपरिव्यय में की जाती है।

व्यय (Expenses) - व्यय शब्द का अर्थ सामग्री तथा श्रम के अतिरिक्त व्ययों से है। इसे दो भागों में विभाजित किया जा सकता है -

(i) प्रत्यक्ष व्यय (Direct Expenses) - वे व्यय जो प्रत्यक्ष रूप से सरलता व पूर्ण रूप से लागत केन्द्र या लागत इकाई पर बांटे जा सकते हैं, जैसे ठेके के सम्बन्ध में अधिकार शुल्क (Royalty) का भुगतान, उत्पादन शुल्क (Excise duty), डिजाइन व नक्शा आदि पर व्यय, आर्कीटेक्ट की फीस (Architect fee)।

(ii) अप्रत्यक्ष व्यय (Indirect Expenses) - इस व्यय के अन्तर्गत वे व्यय आते हैं जो सामूहिक रूप से समस्त उत्पादन पर किये जाते हैं और किसी विशेष इकाई के उत्पादन में इनका भाग निर्धारित करने का कोई विशेष आधार नहीं होता। परन्तु इनका बंटवारा किसी वैज्ञानिक आधार पर

किया जाता है ताकि वस्तु की सही लागत ज्ञात की जा सके। इसे भी उपरिव्यय के रूप में चार्ज किया जाता है।

10.14. प्रत्यक्ष एवं अप्रत्यक्ष लागत (Direct and Indirect Costs)

उपरोक्त कुल लागत को लागतों की क्रियाशीलता के विचार से (i) प्रत्यक्ष लागत तथा (ii) अप्रत्यक्ष लागत के रूप में भी व्यक्त किया जा सकता है, जो कि पृष्ठ 119 पर दर्शाए गए चार्ट से स्पष्ट है -

वे सभी लागतें जो प्रत्यक्ष रूप से वस्तु, सेवा या कार्य पर सामग्री, श्रम व अन्य व्यय के रूप में व्यय की जाती है, प्रत्यक्ष लागतें कहलाती हैं। इन्हें प्रमुख लागत (Prime Cost) भी कहते हैं। इसके अतिरिक्त उन मदों पर व्यय जो उत्पादन से अप्रत्यक्ष रूप से सम्बन्धित हो, अप्रत्यक्ष लागते कहलाती है, इन्हें उपरिव्यय (Overheads) भी कहते हैं।

अप्रत्यक्ष लागत फैक्टरी, प्रशासन, विक्रय एवं वितरण के दौरान अप्रत्यक्ष रूप से सामग्री, श्रम व व्यय के रूप में खर्च की जाती है। अप्रत्यक्ष लागतें निम्न प्रकार हैं -

(i) फैक्टरी या उत्पादन व्यय (Factory, Manufacturing or Production Expenses) - वे अप्रत्यक्ष व्यय जो फैक्टरी के अन्तर्गत फैक्टरी अथवा प्लांट को चलाने के लिए किये जाते हैं तथा किसी उत्पाद विशेष के लिए न होकर सम्पूर्ण उत्पादन के लिए होते हैं। उदाहरण के लिए मशीनों व प्लांट की सफाई व स्नेहक पदार्थों का व्यय, फोरमैन, निरीक्षक, पर्यवेक्षक व गेटकीपर का वेतन, फैक्टरी भवन का किराया, कर व बीमा, श्रम कल्याण व्यय, फैक्टरी व मशीनों की मरम्मत, देखभाल व ह्रास आदि।

(ii) कार्यालय व प्रशासन व्यय (Office and Administration Expenses) - वे व्यय जो कार्यालय व प्रशासन के संचालन पर किये जाते हैं। जैसे प्रशासनिक विभाग के कर्मचारियों (लिपिक, सचिव, प्रबन्धक, संचालक) आदि का वेतन, ऑडिटर व कानूनी सलाहकारों का शुल्क, कार्यालय में प्रयुक्त लेखन सामग्री, डाक व तार तथा टेलीफोन व्यय, कार्यालय, भवन, फर्नीचर व अन्य उपकरणों की मरम्मत व ह्रास, किराया, विद्युत एवं सफाई व्यय आदि।

(iii) विक्रय एवं वितरण व्यय (Selling and Distribution Expenses) - वस्तु के निर्माण होने के पश्चात् उनके सम्बन्ध में विज्ञापन, विपणन एवं आदेश प्राप्त करने आदि के सभी व्यय विक्रय व्यय कहलाते हैं। जैसे विपणन कार्यालय के व्यय, विपणन प्रबन्धक एवं विक्रय एजेन्टों के वेतन, कमीशन, यात्रा व्यय, विज्ञापन व्यय आदि।

वितरण व्ययों में वे सभी खर्च सम्मिलित किये जाते हैं, जो कि माल को क्रेता तक पहुंचाने (यदि माल क्रेता तक पहुंचाना, विक्रय शर्त में आता है), गोदाम व्यय, ढुलाई (बाह्य), वितरण-यान का चालन व मरम्मत व्यय, ह्रास आदि।

परन्तु व्यवहार में विक्रय एवं वितरण व्ययों को एक ही वर्ग में दर्शाया जाता है।

लागत में सम्मिलित न किए जाने वाले मद (Items not included in costs) - व्यवसाय में अनेक ऐसे खर्चे होते हैं जो पूर्ण रूप से वित्तीय होते हैं तथा निर्मित वस्तु की लागत से उनका कोई

- **कुल लागत (Total Cost)**
  - प्रत्यक्ष लागत (Direct Cost)
    - प्रत्यक्ष सामग्री (Direct Material)
    - प्रत्यक्ष श्रम (Direct Labour)
    - प्रत्यक्ष व्यय (अोर्हूं जंहो)
  - अप्रत्यक्ष लागत (Indirect Costs)
    - अप्रत्यक्ष सामग्री (Indirect Material)
    - अप्रत्यक्ष श्रम (Indirect Labour)
    - अप्रत्यक्ष व्यय (Indirect Expenses)
      - फैक्टरी व्यय (Factory Expenses)
      - प्रशासन व्यय (Administration Expenses)
      - विक्रय एवं वितरण व्यय (Selling and Distribution Expenses)

सम्बन्ध नहीं होता है। ऐसे खर्चों को तीन भागों में विभाजित किया जा सकता है - (i) काम नियोजन सम्बन्धी मदें (Appropriation of Profits) तथा विभिन्न प्रकार के संचयों या कोषों में हस्तान्तरण, लाभांश, दान व चन्दे आदि (ii) वित्तीय व्यय (Financial Expenses) जैसे ऋण पत्रों पर देय ब्याज, कर्मचारियों को ग्रेच्यूटी, स्थायी सम्पत्ति को बेचने से प्राप्त लाभ-हानि (iii) असाधारण व्यय (Abnormal Expenses) जैसे असामान्य अनुपयोगी समय (Abnormal idle time), मशीनों का अत्यधिक ह्रास, असामान्य कमी (Abnormal defectives) आदि।

10.15. कुल लागत के विभिन्न अंग (Different Components of Total Cost)

लागत के विभिन्न तत्वों अर्थात् प्रत्यक्ष एवं अप्रत्यक्ष व्ययों को जोड़ कुल लागत होती है। कुल लागत को प्रायः निम्न वर्गों में प्रकट किया जाता है -

1. मूल लागत (Prime Cost) - यह प्रत्यक्ष सामग्री, प्रत्यक्ष श्रम तथा प्रत्यक्ष व्ययों का योग है। स्मरण रहे कि ये तीनों मद उत्पादन की मात्रा के अनुपातिक होते हैं। सूत्र द्वारा

Prime Cost = Direct Material + Direct Labour + Direct Expenses

2. फैक्टरी लागत (Factory or Production Cost) - मूल लागत में फैक्टरी व्यय/उपरिव्यय (Factory Expenses/Overhead) जोड़कर जो लागत प्राप्त होती है उसे फैक्टरी लागत (Works, Factory, Manufacturing or Production Cost) कहते हैं। फैक्टरी लागत से उत्पादन क्षमता का अनुमान लगाया जाता है। सूत्र द्वारा

Factory Cost = Prime Cost + Factory Overhead

3. कार्यालय लागत (Office or Administration Cost or Cost of Production) - फैक्टरी लागत में कार्यालय एवं प्रशासन व्यय/उपरिव्यय जोड़कर कार्यालय अथवा प्रशासन लागत ज्ञात की जाती है। इसे उत्पादन की लागत (Cost of Production, Cost of Output or Gross Cost) भी कहते हैं। सूत्र द्वारा

Cost of Production = Factory Cost + Administration Overhead

बेचे गए माल की लागत (Cost of Goods Sold) - कार्यालय लागत में प्रारम्भिक स्टॉक जोड़कर व अन्तिम स्टॉक घटाकर जो लागत आती है, उसे बेचे हुए माल की लागत कहते हैं। इसकी तुलना विक्रय मूल्य से करने पर सकल (Gross) लाभ अथवा हानि प्राप्त की जाती है।

4. कुल लागत (Total Cost) - इसकी गणना निम्न दो प्रकार से की जाती है -

(i) उत्पादित कुल माल का विक्रय हो गया हो - यदि पूर्व निर्मित माल का प्रारम्भिक व अन्तिम स्टॉक न हो अर्थात् सम्पूर्ण माल बिक गया हो तो कार्यालय लागत में विक्रय व वितरण व्यय/उपरिव्यय जोड़कर लागत प्राप्त होती है। इसे अन्तिम लागत (Final Cost) भी कहते हैं। सूत्र द्वारा

Total cost = Cost of Production + Selling & Distribution Overheads

(ii) उत्पादित कुल माल का विक्रय नहीं हुआ हो - यदि पूर्व निर्मित माल का प्रारम्भिक व

अन्तिम स्टॉक ज्ञात हो तो उसका समायोजन कुल लागत में किया जाता है, जिससे विक्रय लागत (Cost of Sales) प्राप्त होती है । वैसे कुल लागत ही क्रय लागत कहलाती है । सूत्र द्वारा

Cost of Sales = Total Cost + Opening Stock of Finished Goods
– Closing Stock of Finished Goods

5. विक्रय मूल्य (Selling Price) - कुल लागत या विक्रय लागत में लाभ जोड़कर जिस मूल्य पर बाजार में माल बेचा जाता है, उसे विक्रय मूल्य कहते हैं । सूत्र द्वारा

Selling Price = Total Cost / Cost of Sales + Profit

इन्हें निम्न चित्र द्वारा आसानी से समझा जा सकता है :

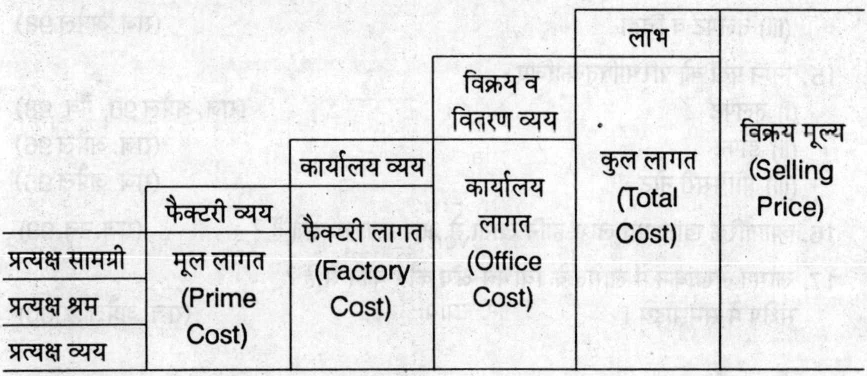

प्रश्न

1. वित्त विभाग के मुख्य कार्यों को समझाइये । (राज. अप्रैल,99)
2. वित्तीय लेखांकन से क्या तात्पर्य है ? वित्तीय लेखांकन की विवेचना कीजिये व इसके लाभ बतलाइये ।
3. लेखा बही एवं खाता बही से आप क्या समझते हैं ? (राज. नव.94, अप्रैल 99)
4. खाता बही या लेजर तैयार करने की विधि समझाइये । (राज. नव.97)
5. लेखे की कौन-कौन सी पुस्तकें व्यवसायी अनिवार्य रूप से रखता है ? इसकी संक्षेप में विवेचना कीजिये । (राज. अप्रैल 2000)
6. खाता बही का वर्णन कीजिए । (राज. अप्रैल 97)
7. तलपट से क्या तात्पर्य हैं ? तलपट बनाने की विधियों को संक्षेप में समझाइये ।
8. कौन-कौन से वार्षिक अन्तिम खाते (Annual Final Accounts) व्यवसायी को अनिवार्यतः बनाने होते हैं ? उनकी महत्ता समझाइये ।
9. चैक से क्या तात्पर्य है ? चैक कितने प्रकार के होते हैं ? उनका उपयोग बतलाइये ।

10. लागत लेखांकन के उद्देश्यों को समझाइये। (राज. नव.95, अप्रैल 97)

11. प्रत्यक्ष एवं अप्रत्यक्ष लागत से आप क्या समझते हैं ? इनके विभिन्न अंग बताइये। (राज. अप्रैल 95)

12. चिट्ठे के आवश्यक तत्वों को समझाइये। (राज. नव.96)

13. रेखांकित चैक के लाभ लिखिए। (राज. अप्रैल 97, अप्रैल 2000)

14. (i) चैक तथा ड्राफ्ट में अन्तर स्पष्ट कीजिये। (राज. नव.97, नव.98)

(ii) प्रतिज्ञा पत्र (Promissory Note) तथा लेटर ऑफ क्रेडिट का उपयोग दीजिए। (राज. नव.95)

(iii) तलपट व चिट्ठा (राज. अप्रैल 98)

15. निम्न पदों को परिभाषित कीजिए -

(i) तलपट (राज. अप्रैल 96, नव. 98)

(ii) ड्राफ्ट (राज. अप्रैल 96)

(iii) प्रॉमिसरी नोट (राज. अप्रैल 96)

16. व्यापारिक खाता एवं लाभ-हानि खाता से आप क्या समझते हैं ? (राज. नव.99)

17. लागत लेखांकन में लागत के विभिन्न अंग कौन-कौन से हैं ? संक्षेप में समझाइये। (राज. अप्रैल 2000)

अध्याय - 11

उद्यमिता
(Entrepreneurship)

11.1 प्रस्तावना (Introduction)

औद्योगिक जगत पर प्रारम्भ से ही निजी क्षेत्र का आधिपत्य रहा है। उस समय लघु क्षेत्र, लोक स्वामित्व क्षेत्र आदि का विकास नहीं पाया था। पहले यह माना जाता था कि सरकार का कार्य तो देश की सुरक्षा, नागरिक सुरक्षा, न्याय प्रणाली चलाना तथा नागरिक प्रशासन करना होता है, लेकिन धीरे धीरे अर्थ व्यवस्थाओं में बढ़ते हुये पूंजीवादी प्रभाव ने सरकार को आर्थिक क्षेत्र के साथ साथ औद्योगिक क्षेत्र के विकास में हस्तक्षेप की नीति बनाने को बाध्य कर दिया। अतः संतुलित आर्थिक एवं औद्योगिक विकास की गति को तीव्र करने के लिये लघु क्षेत्र को बढ़ावा तथा लोक स्वामित्व की नीति को सरकारी नियंत्रण एवं आय के साधन के रूप में अपनाया जाने लगा। नये उद्योगों को स्थापित करने के लिये उद्यमियों को आगे बढ़ कर उद्योग लगाने के लिये कई प्रकार के प्रोत्साहन दिये जाने लगे।

11.2 उद्यमिता (Entrepreneurship)

यदि स्वयं की सहायता उत्तम सहायता है तो स्व-रोजगार भी उत्तम रोजगार है तथा उद्यमिता स्व-रोजगार की सर्वोत्तम सीमा है। भारत जैसे विशाल देश में जहां अधिकतर आबादी गांवों में रहती हैं तथा देश के प्रत्येक हिस्से में निरन्तर वृद्धि हो रही है। ऐसी स्थिति में इन बेरोजगारों व्यक्तियों को स्वरोजगार के लिये प्रेरित करने हेतु राष्ट्रीय स्तर पर नीति अपनाई गई, जिससे देश के प्रत्येक भाग में उद्योगों का चहुंमुखी विकास हो सके।

उद्यमिता मनुष्य में जन्म से उपलब्ध शक्ति, सामर्थ्य, ध्रुव सम्भावना की अभिव्यक्ति, प्रकटीकरण आदि को उजागर करना है। उद्यमिता पैतृक वस्तु नहीं है तथा न ही किसी जाति, धर्म, आर्थिक या सामाजिक स्तर पर निर्भर करती है बल्कि यह तो मनुष्य के मानसिक स्तर पर निर्भर करती है। इसलिये यह आवश्यक नहीं है कि मनुष्य को बचपन से ही उद्यमी बनने का प्रयास करना चाहिये, बल्कि मनुष्य में उद्यमिता का विकास उचित सलाह, प्रशिक्षण, प्रेरणा एवं मार्गदर्शन द्वारा किया जा सकता है।

11.3 उद्यमी (Entrepreneur)

उत्पादन के लिये प्रमुख चार आवश्यक घटक हैं- श्रमिक, सामग्री, पूंजी तथा मशीनरी (Four M's-Men, Material, Money and Machinery), इनके अतिरिक्त उद्योग की सफलता का पांचवां घटक है-अनिश्चितता वहन करना। वह व्यक्ति जो उत्पादन कार्य का संचालन करता है, जिस पर पांचवां घटक पूर्णतया निर्भर करता है तथा सभी घटकों में समन्वय करता है, उद्यमी कहलाता है। व्यवसाय में अनिश्चितता के दौर आते रहते हैं। व्यवसाय के लिए व अनिश्चितता के समय उचित पॉलिसी निर्धारण, क्रियान्वयन तथा उत्पादन कार्यों में बाजार मांग के अनुसार किसी उत्पाद के उत्पादन में वृद्धि या कमी करना, उत्पाद में परिवर्तन करना तथा अन्य विविध निर्णयों के अनुसार सभी घटकों में समन्वय करते हुये उद्योग को सक्षम रूप से चलाने वाला व्यक्ति सफल उद्यमी माना जाता हैं।

11.4 अच्छे उद्यमी के आवश्यक लक्षण (Essential characteristics of a good Entrepreneur)

एक सफल व अच्छे उद्यमी में निम्न गुणों/ लक्षणों का होना आवश्यक है-

1. निर्णय लेने की पहल (Initiative) तथा क्षमता- एक उद्यमी में निर्णय लेने की पहल तथा क्षमता होना सफलता की कुंजी है। इसलिए आवश्यक है कि सही समय पर सही निर्णय लिए जाये, अन्यथा अनिर्णयता की स्थिति में कई बार अवसरों को खोना पड़ता है।

2. सही सोच शक्ति- सही क्रिया हमेशा सही सोचने की क्षमता पर निर्भर करती है। अतः उद्यमी को यह मस्तिष्क में रखना चाहिए कि वह किसके बारे में बोल रहा है तथा उसका क्या अर्थ है।

3. सजगता (Alertness)– उद्यमी को हमेशा मार्केट से बराबर सम्पर्क बनाए रखना चाहिए ताकि अपने उत्पाद की वर्तमान मांग के अतिरिक्त नई मांग भी उत्पन्न कर सके।

4. अग्रदृष्टि तथा समय का भान- उद्यमी को हमेशा समय के अनुसार सोचना चाहिए ताकि ग्राहकों की बदलती हुई इच्छाओं को पूर्ण कर सके। इस बारे में अग्रदृष्टी द्वारा पूर्वानुमान लगाकर अपनी पूंजी का सही समय पर व सही कार्य के लिए बुद्धिमत्तापूर्वक उपयोग करना चाहिए।

5. सहयोग की भावना- उद्यमी को दूसरों से सहयोग करना चाहिए तथा परिस्थितियों से समझौता कर सकने वाला (adjustable) व मधुर स्वभाव का होना चाहिए।

6. शक्ति तथा साहस- उद्यमी का स्वास्थ्य अच्छा होना भी आवश्यक लक्षण है ताकि साहस व शक्ति के साथ मुश्किलों में कार्य करने की क्षमता रहे।

7. व्यावसायिक नैतिकता या ईमानदारी- व्यवसाय में ईमानदारी सर्वश्रेष्ठ पालिसी ही नहीं अपितु सर्वश्रेष्ठ तरीका भी है। अतः उद्यमी को स्वंय की तथा प्रतिष्ठान की प्रतिष्ठा बनाये रखने के लिए ईमानदार रहना नितान्त आवश्यक है।

8. व्यक्तिगत गुण- इनके अतिरिक्त उद्यमी में उच्च बुद्धिमत्ता, मानवीय स्वभाव का ज्ञान, आत्म-विश्वास, सहनशीलता, दयाभाव, अच्छा व्यक्तित्व आदि गुण भी होने चाहिए।

11.5 स्व-रोजगार की आवश्यकता एवं अवसर (Need of Self Employment & Opportunities)

साहसी उद्यमी अपनी उद्यमिता द्वारा अपने उद्योग स्थापित करके न केवल स्वयं को रोजगार प्रदान करता है अपितु स्थानीय बेरोजगारों को भी रोजगार के अवसर प्रदान करता है। साहसी उद्यमियों को प्रत्साहित करने के लिए केन्द्र सरकार एवं राज्य सरकारें विभिन्न सहायतायें उपलब्ध कराती है। यह सर्वमान्य है कि लघु उद्योग देश के मध्यम व निम्न आर्थिक वर्ग के आजीविका का आधार है। सरकार ने कुल 836 वस्तुओं को लघु क्षेत्र के लिए आरक्षित कर रखा है, जिससे लघु क्षेत्र को वृहत क्षेत्र से प्रतिस्पर्धा का सामना न करना पड़े। विज्ञान व प्रौद्योगिकी विभाग अनुदानित दरों पर लघु क्षेत्र को नवीनतम प्रौद्योगिकी उपलब्ध कराता है। रोजगार के लिए कई दरों की ठोकरें खानी पड़ती हैं लेकिन उद्यमिता विकास योजना के तहत उद्यमी को सभी प्रकार की सूचनायें एक ही स्थान पर उपलब्ध कराने की चेष्टा की जाती है। नये उद्यमियों तथा तकनीकी उद्यमियों को सरकार की तरफ से कई प्रकार की विशेष सुविधायें उपलब्ध कराई जाती हैं।

उद्यमिता विकास कार्यक्रमों को मोटे तौर पर दो श्रेणियों में बांटा जा सकता है –

(क) उद्यमियों की पहचान और चयन करने के लिए प्रेरणा

(ख) पिछड़े और ग्रामीण क्षेत्रों में उद्योगों के विकास के लिए निर्धारित लक्ष्य समूहों के अनुसार उद्यमिता विकास प्रशिक्षण कार्यक्रम, शिक्षित बेरोजगार महिलाओं, ग्रामीण कामगारों, कमजोर वर्गों, विकलांगों, सैनिकों और छात्रों आदि को प्रशिक्षण।

लघु उद्योग क्षेत्र के लिए अपेक्षित सावधि ऋण और कार्यशील पूंजी वाणिज्यिक बैंकों, सहकारी बैंकों, क्षेत्रीय ग्रामीण बैंकों और राज्य वित्तीय निगमों से प्राप्त कर सकते हैं।

11.6 उद्योग (Industry)

कुछ प्रमुख विद्धानों के अनुसार, "उद्योग से तात्पर्य ऐसी प्रक्रियाओं से हैं, जहां अनिर्मित माल को विभिन्न प्रक्रियाओं द्वारा इस प्रकार का आकार प्रदान किया जाता है कि बाजार में विक्रय योग्य बन सके।" कुछ अन्य विद्वानों के अनुसार "उद्योग से तात्पर्य समाज की सभी आवश्यकताओं की पूर्ति हेतु सम्पन्न प्रक्रियाओं से है।" जबकि कुछ विद्वान कच्चे माल की उपयोगिता में वृद्धि करने वाली सभी प्रक्रियाओं को "उद्योग" मानते हैं।

औद्योगिक विकास के इतिहास की ओर गौर करें तो आदिकाल में मानव की आवश्यकतायें अत्यन्त सीमित थीं। पेट भरने के लिए कन्द मूल व तन ढ़कने के लिए पेड़ों की छाल व चमड़े आदि पर निर्भर रहता था। स्वयं की रक्षा व शिकार के लिए पत्थर व हड्डियों से अस्त्रों का निर्माण करता था, इसे पाषाण युग कहते थे। इसके पश्चात् मानव पशु पालने तथा एक स्थान पर रहकर पारिवारिक जीवन व्यतीत करने लगा, जिससे मकान व बर्तनों की आवश्यकता होने से उनका निर्माण प्रारम्भ हुआ। फिर मानव ने पशुओं की सहायता से खेती बाड़ी करना प्रारम्भ किया, इससे उनकी जरूरतें और बढ़ने लगीं। इसे कृषि उद्योग का युग कहा जाता है। इससे सामूहित जीवन की शुरुआत हुई तथा जरूरतें बढ़ने से अलग-अलग समूह के लिए भिन्न-भिन्न प्रकार के उत्पादन कार्य करने की जिम्मेदारी आई, जिससे उनकी दस्तकारी की दक्षता में वृद्धि होने लगी व मांग बढ़ने लगी। इस कारण इसे दस्तकारी का

युग कहते हैं। फिर जैसे जैसे परिवहन साधनों का विकास हुआ, व्यापारी इन कारीगरों द्वारा निर्मित उत्पाद को खरीदने लगे व बाजारों में ले जाकर बेचने लगे। जैसे-जैसे समय बीतता गया, हाथ द्वारा चलने वाले यन्त्रों के स्थान पर शक्ति चालित मशीनों का आविष्कार होता गया तथा उत्पादन घरों के बजाय फैक्टरियों में होने लगा और कुशल श्रमिकों के स्थान पर शक्ति चालित मशीनों व संयन्त्रों का उपयोग बढ़ता गया। इससे तीव्र गति से उद्योगों का विकास हुआ, इस कारण इसे औद्योगिक युग कहते हैं। जैसे-जैसे मानव की आवश्यकता बढ़ती गई, तीव्र गति से औद्योगिकरण के साथ-साथ स्वचालित मशीनों का विकास हुआ तथा कई विकसित देशों में तो श्रमिकों का स्थान रोबोट (यंत्र चालित मानव) लेने लगे हैं।

11.7 उद्योग का वर्गीकरण (Classification of Industries)

उद्योगों का वर्गीकरण पूंजी निवेश, उत्पाद क्षेत्र, निर्माण क्षमता इत्यादि के आधार पर विभिन्न प्रकार से किया जाता है।

11.7.1 प्रकम अथवा पूंजी निवेश के आधार पर (According to size or capital investment)

1. अतिलघु उद्योग (Tiny Industry): ऐसे उद्योग जिनमें स्थिर परिसम्पतियों के रूप में संयंत्र और मशीनरी पर 25 लाख रुपये से अधिक की पूंजी न लगी हो अतिलघु उद्योग कहलाते हैं। ऐसे उद्योग जो उद्यमी द्वारा स्वयं एवं परिवार के सदस्यों के सहयोग से अपने आवास में चलाये जाते हैं, कुटीर उद्योग कहलाते हैं।

2. लघु उद्योग (Small Scale Industry): ऐसे उद्योग जिनमें स्थाई लागत (मशीनों एवं उपकरणों पर मूल व्यय) के अन्तर्गत व्यय 1 करोड़ रुपये से अधिक न हो, लघु उद्योग कहलाते हैं।खिलौने (Toys) गारमेन्टस, होजरी, आटोमोबाइल के कलपुर्जे (Auto Components), हस्त औजार (Hand Tools) पैकिंग सामग्री (Packaging materials) से सम्बन्धित लघु उद्योगों में निवेश की सीमा 5 करोड़ रु.कर दी गई है। ताकि आयातित वस्तुओं की प्रतिस्पर्धा में यह उद्योग टिक सकें।

3. मध्यम उद्योग (Medium Scale Industry) ऐसे उद्योग जिनमें स्थाई लागत (प्लांट एवं मशीनों) के अन्तर्गत निवेश 1 करोड़ रुपये से अधिक व 5 करोड़ रुपयें से कम हो, मध्यम श्रेणी उद्योग कहलाते हैं।

4. वृहद् उद्योग (Large Scale Industry)– ऐसे उद्योग जिनमें स्थाई लागत (प्लांट एवं मशीनों) के अन्तर्गत निवेश 5 करोड़ रुपये से अधिक हो, वृहद उद्योग कहलाते हैं।

11.7.2 स्वामित्व के आधार पर (According to Ownership)

(क) एकल स्वामित्व उद्योग (ख) साझेदारी उद्योग

(ग) निजी सीमित उद्योग (घ) सार्वजनिक सीमित उद्योग

(ड़) सहकारी उद्योग, एंव (च) सार्वजनिक उद्योग आदि।

11.7.3 निर्माण प्रकार के आधार पर (According to Manufacturing Activity)

(क) प्रक्रिया उद्योग (Process Industry)-इस उद्योग में कच्चे माल को निश्चित उत्पादन प्रक्रियाओं से गुजार कर उनका रूप परिवर्तित करके उत्पाद तैयार किया जाता है। जैसे जूते, शक्कर, वस्त्र, बेल्ट, फर्नीचर उद्योग आदि।

(ख) विश्लेषणात्मक उद्योग (Analytical Industry)-इस उद्योग में कच्चे माल पर विभिन्न विश्लेषणात्मक क्रियाओं द्वारा अनेक प्रकार की वस्तुओं का उत्पादन किया जाता है। जैसे कच्चे पैट्रोलियम तेल को परिशोधित करके पेट्रोल, डीजल, केरोसीन, स्नेहन तेल, ग्रीस व डामर इत्यादि प्राप्त करना।

(ग) संश्लेषण उद्योग (Synthetic Industry)-इस उद्योग में एक से अधिक कच्चे माल पर विभिन्न प्रक्रियाएँ करके तथा उनका सम्मिश्रण करके उत्पाद तैयार किया जाता है। जैसे सीमेंट उद्योग, वाहन उद्योग आदि।

11.7.4 उत्पाद के आधार पर (According to Product)

(क) वस्त्र उद्योग
(ख) रासायनिक उद्योग
(ग) विद्युत उपकरण उद्योग
(घ) चमड़ा उद्योग
(ङ) परिवहन उद्योग
(च) खाद्य पदार्थ उद्योग
(छ) इलेक्ट्रोनिक्स उद्योग
(ज) औषधि व चिकित्सा उद्योग
(झ) कागज उद्योग
(ञ) कांच उद्योग

11.7.5 कच्चे माल के आधार पर (According of Raw Material)

(क) धातु उद्योग
(ख) कृषि आधारित उद्योग
(ग) खनिज आधारित उद्योग
(घ) प्लास्टिक उद्योग
(ङ) रबर उद्योग

11.7.6 निर्मित माल के उपयोग के आधार पर (According to use of End Product)

(क) मूल उद्योग (Principal Industry) –कच्चे माल को संशोधित करके धातु रूप या उत्पाद रूप में तैयार करना जिनका उपयोग अन्य निर्माण प्रक्रियाओं में होता हो। जैसे सीमेंट, लोहा, इस्पात, अलौह धातु आदि।

(ख) सहायक उद्योग (Ancillary Industry) –वह उद्योग जो स्वतन्त्र रूप से किसी अन्य बड़े उद्योग के लिए आवश्यक कल-पूर्जे, औजार आदि का उत्पादन करता हो तथा अपनी क्षमता का कम से कम 50% तक उत्पादन की आपूर्ति करता है, सहायक उद्योग कहलाता है। इस उद्योग की स्थायी परिसम्पितियों संयंत्र व मशीनों में निवेश की सीमा 75 लाख रुपये तक है।

(ग) इंजीनियरी उद्योग- मूल उत्पादों से मशीनों, संयंत्र, उपकरणों आदि का निर्माण इन उद्योगों में आता है। इन उपकरणों, संयंत्रों व मशीनों का उपयोग विभिन्न उत्पादों के निर्माण कार्य में किया जाता है।

(ड) उपभोक्ता उद्योग- मूल उद्योगों से उत्पादित कच्चे माल तथा इंजीनियरिंग उद्योगों से उत्पादित मशीनों व संयंत्रों द्वारा ऐसी सामग्री का उत्पादन किया जाता है जिसका उपयोग उपभोक्ता द्वारा किया जाता है।

11.7.7 ऊर्जा स्त्रोत के आधार पर (According of Power Source)

(क) हाथ करघा उद्योग (Handicraft Industries) –इस प्रकार के उद्योग में संयंत्र व उपकरणों को चलानें के लिए मानवीय ऊर्जा का ही उपयोग किया जाता है।

(ख) विद्युत चालित उद्योग (Power Operated Industries)- अधिकतर उद्योग चाहे लघु क्षेत्र के हो अथवा वृहत क्षेत्र के, लेकिन उन्हें चलाने के लिए कुछ उद्योगों को छोड़कर सभी उद्योगों में विद्युत ऊर्जा का ही उपयोग किया जाता है।

(ग) गैस एवं सौर ऊर्जा चालित उद्योग- गैस ऊर्जा व एकत्रित सौर ऊर्जा के आधार पर अभी उद्योगों को चलानें के क्षेत्र में प्रयास किये जा रहे हैं।

11.7.8 सेवा उद्योग (Service Industry)

वे उद्योग जो कि अन्य उद्योगों के साथ-साथ मनुष्यों की सेवा व सहयोग में सहायक होते हैं उन्हें सेवा उद्योग कहा जाता है, जिनमें मुख्यतः निम्न उद्योग हैं-

(क) होटल उद्योग
(ख) चिकित्सा एवं अनुसंधान उद्योग
(ग) परिवहन उद्योग (रेल, वायु, जल व सड़क यातायात)
(घ) पर्यटन सेवा उद्योग
(ड़) आयुध कारखाने
(च) सर्विस स्टेशन
(झ) सड़क व पुल निर्माण आदि।

11.8 लघु उद्योग तथा सहायक उद्योग (Small Scale Industries and Ancillary Industries)

औद्योगिक (विकास व नियंत्रण) अधिनियम, 1951 में प्रदत्त शक्तियों के अन्तर्गत केन्द्रीय सरकार ने लघु उद्योग व सहायक उद्योग को निवेश सीमा के आधार पर परिभाषित किया है। लघु उद्योग को अधिक से अधिक बढ़ावा देने के लिए लघु उद्योग तथा सहायक उद्योग में स्थायी परिसम्पतियों में निवेश की सीमा को समय-समय पर संशोधित किया जाता है। वर्तमान में लघु तथा सहायक औद्योगिक उपक्रमों में संयंत्र और मशीनरी में निवेश सीमा को 1998 से निम्न प्रकार से संशोधित किया गया है।

11.8.1 लघु उद्योग (Small Scale Industries)

एक औद्योगिक संस्थान जिसमें स्थायी परिसम्पतियों में संयंत्र और मशीनरी, चाहे मालिकाना अथवा लीज और किराया क्रय आधार पर हो, में निवेश 1 करोड़ रुपये से अधिक न हो, लघु उद्योग कहलाते हैं। खिलौने, गारमेन्टस, होजरी, ऑटोमोबाइल के कल पुर्जे, हस्त औजार, पैकिंग सामग्री से सम्बन्धित लघु उद्योगों में निवेश की सीमा 5 करोड़ रुपये कर दी गई है।

11.8.2 सहायक उद्योग (Ancillary Industries)

एक औद्योगिक संस्थान जो पुर्जों, अवयवों, सब असेम्बली, टूलिंग या मध्यवर्ती वस्तुओं के उत्पादन में अथवा सेवायें प्रदान करने में लगा हुआ हैं अथवा ऐसे कार्य करना चाहता है और ऐसे संस्थान जो अपने उत्पादन या सेवाओं का 50% एक या अधिक अन्य औद्योगिक उपक्रमों को आपूर्ति करते हैं या प्रदान करते हैं अथवा ऐसा करने का प्रस्ताव करते हैं, उस उद्योग को सहायक उद्योग कहते हैं। इस प्रकार के उद्योग में स्थायी परिसम्पतियों में संयंत्र और मशीनरी चाहे वे मालिकाना या लीज या किराया क्रय पद्धति आधार पर आधारित हो, में निवेश 1 करोड़ रुपये से अधिक न हो।

11.9 उद्योगों के प्रकार (Types of Industries)

उद्योगों का वर्गीकरण उनके अन्तर्गत हो रहे कार्य के आधार पर भी निम्नलिखित प्रकार से किया जा सकता है–

11.9.1 उत्पादक उद्योग

ऐसे उद्योग जहाँ किसी न किसी वस्तु के उत्पादन का कार्य किया जाय, उत्पादक उद्योग कहलाते हैं। इन उद्योगों में उत्पादन प्रक्रिया हस्तचलित अथवा शक्ति चालित मशीनों द्वारा विभिन्न विभागों में विभिन्न प्रक्रियाओं (Operations) द्वारा भिन्न-भिन्न गति से होती है।

वस्तु सम्पूर्ण उत्पादन कार्य के विभिन्न चरणों (Steps) में पूर्ण होकर अन्त में विक्रय योग्य बन जाती है। विभिन्न अभियान्त्रिकी क्षेत्रों जैसे यांत्रिकी, विद्युतीय, इलेक्ट्रॉनिक, ऑटोमोबाइल, रासायनिक, धातुकीय क्षेत्र के अन्तर्गत विभिन्न कच्चे माल जैसे लौह/ अलौह धातु, लकड़ी, काँच, रबड़, प्लास्टिक, कागज एवं विभिन्न प्रकार के धागों से अलग-अलग आकार व प्रकार की वस्तुओं का निर्माण, उत्पादन कार्य उद्योगों के अन्तर्गत होता है।

11.9.2. जॉब आधारित उद्योग

ऐसे उद्योग जहाँ उद्यमी स्वयं का उत्पादन कार्य नहीं करता बल्कि अपने ग्राहक से कच्चा माल आदि वस्तुएँ प्राप्त कर आदेशानुसार प्रशोधन अथवा निर्माण करता हैं, 'जॉब आधारित उद्योग' या 'जॉब उद्योग' कहलाता है। उदाहरणार्थ आटा पीसने की चक्की, तेल पिराई यंत्र (कोल्हू) द्वारा तेल निकालना आदि।

11.9.3. सेवा कार्य उद्योग

कई मशीनों की बिक्री के पश्चात् पूर्ण मरम्मत एवं रखरखाव (Over Hauling) न हो तो मशीन की दुर्दशा हो जाती है। उदाहरणार्थ - कारों, स्कूटरों, बसों/ट्रकों, ट्रेक्टरों, सिलाई मशीनों इत्यादि की सफाई व स्नेहन (Lubrication) इत्यादि क्रियाएं, अतिआवश्यक होती हैं एवं यह सेवा कार्य उद्योग के अन्तर्गत किया जाता है।

फैक्ट्रियों में तो रखरखाव विभाग (Maintenance Department) विभिन्न कार्यशालाओं में चल रही मशीनों की समय-समय पर मरम्मत एवं सेवा कर अनुरक्षण करता है।

कई सामाजिक एवं व्यक्तिगत कार्य भी सेवा उद्योग के रूप में लिये जाते हैं। जैसे रोग निदान केन्द्र में विभिन्न प्रकार की जाँच सुविधाएं, टी.वी., रेडियो व अन्य घरेलू उपकरणों का मरम्मत कार्य, लेथ, शेपर, ग्राईडिंग मशीनों पर कार्य, वेल्डिंग कार्य इत्यादि।

11.10 औद्योगिक नीति (Industrial Policy)

विकसित एवं विकासशील देशों में सरकार की औद्योगिक नीति न केवल औद्योगिक विकास के लिये आवश्यक उपकरण व मूलभूत सुविधायें उपलब्ध कराती है बल्कि उन आयामों को भी निर्धारित करती है जिन पर समुदाय की समृद्धि निर्भर करती है। वस्तुतः औद्योगिक नीति उद्योगों से सम्बन्धित सिद्धांतों, निर्णयों, पद्धतियों, नियमों व विनियमों का ब्यौरा है जिसे औद्योगिक विकास की दिशाओं व आयामों को निर्धारित करने हेतु अपनाया जाता है।

औद्योगिक नीति प्रत्येक देश की अर्थ व्यवस्था की रीढ़ होती है, जिस पर देश का भावी विकास निर्भर करता है। उचित औद्योगिक नीति अपनाने से ही प्रगतिशील अर्थव्यवस्था, देश की आवश्यकताओं के अनुसार उत्पादन, सामाजिक उत्थान, विदेशी मुद्रा अर्जन आदि का लाभ होता है तथा देश का चंहुमुखी विकास होता है। अतः विकासशील देशों में औद्योगिक नीति ही सबसे बड़ा आधार है जो कि देश की स्पंदनहीन विकास की गति को तेजी से उभारकर विकसित राष्ट्रों की श्रेणी की ओर अग्रसर कर सकती है।

औद्योगिक नीति का निर्माण भारतीय संविधान के अन्तर्गत सन् 1948 में हो गया था। तत्पश्चात् प्रमुख औद्योगिक नीतियाँ 1956, 1973, 1977 व 1991 में घोषित की गई।

भारत सरकार की वर्तमान औद्योगिक नीति के अनुसार 'कुटीर एवं लघु उद्योगों' तथा कृषि उद्योगों के विस्तार हेतु महत्व दिया गया है। ग्रामीण क्षेत्रों तथा छोटे शहरों में कुटीर व लघु उद्योगों के प्रभावी विकास करने का लक्ष्य है। लघु उद्योग क्षेत्र के अन्तर्गत अति लघु उद्योगों, कुटीर उद्योगों तथा घरेलू उद्योगों (Household Industries) के लिये सीमान्त राशि (Margin money) उपलब्ध कराने का प्रावधान है। अधिकाधिक रोजगार उपलब्ध हो इस हेतु स्वरोजगार की योजनाएं भी बनाई गई हैं जिनमें प्रमुख रूप से प्रधानमंत्री रोजगार योजना के अन्तर्गत शिक्षित बेरोजगार युवक/युवतियों को प्रशिक्षण पश्चात् स्वरोजगार हेतु 1 लाख रु. तक की प्रोजेक्ट लागत के लिये वित्तिय सहायता मय अनुदान के उपलब्ध कराये जाने का प्रावधान है। नयी नीति में कच्चा माल एवं मशीनों को आयात (Import) किये जाने की विधि को भी अधिक सरल बनाया गया है।

राजस्थान की औद्योगिक नीति, 1990 का ध्येय उपलब्ध संसाधनों का अधिकाधिक उपयोग, रोजगार की क्षमता बढ़ाना, राज्य के संसाधनों को बढ़ाना, उद्यम प्रवृत्ति को बढ़ाना, और प्रदेश के सभी क्षेत्रों का संतुलित विकास करना है। रोजगार के अवसर एवं औद्योगिक विकास के लाभ दूर-दूर तक फैलाने की दृष्टि से इस नीति में खादी एवं ग्रामोद्योग एवं स्थानीय संसाधनों पर आधारित लघु उद्योगों को सर्वोच्च प्राथमिकता दी गई।

इसी प्रयोजन के लिये हस्तकला (Handicraft) हैण्डलूम यानी हस्तचलित करघे से कपड़ा बुनाई एवं खादी तथा ग्रामोद्योग के लिये काफी विशाल कार्यक्रम प्रस्तावित किये गये हैं।

औद्योगिक नीति, 1990 के तहत दी गई कई रियायतों से प्रदेश के औद्योगिक विकास को एक नई दिशा मिली। वर्ष 1990 मैं घोषित औद्योगिक नीति में उद्योगों के लिये अनेक उपायों एवं सुविधाओं को सम्मिलित किया गया था। इसके पश्चात् वर्ष 1991 में भारत सरकार द्वारा प्रारम्भ की गई आर्थिक सुधार की प्रक्रिया (Process of economic reformation) वस्तुतः एक महान घटना है जिसने अर्थव्यवस्था के सभी क्षेत्रों- उद्योग, वित्त, घरेलू एवं अन्तर्राष्ट्रीय व्यापार, विदेशी विनियोजन इत्यादि को प्रभावित किया। इन सुधारों में कुछ महत्वपूर्ण नीतिगत परिवर्तन (Major policy changes) जैसे अधिकांश उद्योगों को लाइसेन्स से मुक्ति; अनेक क्षेत्रों को निजी पूंजी निवेश हेतु खोला जाना- जो पूर्व में सार्वजनिक क्षेत्र के लिये ही आरक्षित थे, विदेशी विनियोजन की स्वतः स्वीकृति (Automatic approval for foreign investment) एवं अनेक क्षेत्रों में विदेशी सहयोग तथा आयात -निर्यात नीति में अनेक परिवर्तन इत्यादि सम्मिलित हैं।

भारत सरकार द्वारा हाल ही में की गई नीतिगत पहल (Policy initiative) का एक और महत्वपूर्ण परिणाम यह हुआ कि निजी विद्युत उत्पादन व आधारभूत सुविधाओं (Infrastructural facilities) के क्षेत्र में निजी पूंजी निवेश की सम्भावनाएं खुली हैं जो कि पहिले सार्वजनिक क्षेत्र की धरोधर समझे जाते थे।

भारत सरकार द्वारा घोषित नीति से जहाँ एक ओर उद्योगों के लिये नये अवसर खुले हैं वहीं दूसरी ओर आन्तरिक व बाह्य प्रतिस्पर्धा की कड़ी चुनौती भी उत्पन्न हुई है। इन चुनौतियों का मुकाबला करने के लिये उद्योगों को राज्य सरकार के सहयोग की आवश्यकता है, जो कि नियंत्रण प्रक्रिया में ढील (Easing out of the regulatory system), लम्बी प्रक्रियाओं की समाप्ति एवं अन्य बाधाओं को दूर करने के रूप में हो सकता है। उद्योगों को अन्य सहयोग के रूप में आधारभूत सुविधाओं अर्थात् पानी, बिजली, सड़क, परिवहन साधन एवं पोस्ट आफिस, स्कूल. उद्यान, अग्निशमन केन्द्र, चिकित्सालय सहित औद्योगिक भूखण्ड का विकास एवं प्रशिक्षित मानव शक्ति का विकास किया जा रहा है।

राज्य सरकार ने वर्ष 1990 में जो विस्तृत औद्योगिक नीति का प्रतिपादन (Formulation) किया था उससे राज्य में अपेक्षाकृत अच्छा विनियोजन वातावरण (Investment Climate) बनाने में काफी मदद मिली। इस नीति से नये उद्योगों के लिए प्रोत्साहन व रियायतों (Incentives and concessions) काफी आकर्षक रहीं ।1990 में वर्णित परिवर्तनों एवं तीव्र गति से बदलते आर्थिक दृश्य को दृष्टिगत रखते हुए राज्य सरकार नें सन् 1994 में नई औद्योगिक नीति प्रतिपादित करने का निर्णय लिया।

राज्य की औद्योगिक नीति,1994 के उद्देश्य एवं लक्ष्य (Aims and Objectives of the State's Industries Policy,1994) निम्नानुसार हैं –

(1) राज्य का तीव्र गति से उद्योगीकरण,

(ii) राज्य के संसाधनों का अधिकतम उपयोग,

(iii) अतिरिक्त रोजगार के अवसरों का सृजन,

(iv) क्षेत्रीय असन्तुलन की समाप्ति,

(v) निर्यात संवर्द्धन,

(iv) खादी एवं ग्रामोद्योग, हस्तकर्घा, हस्तशिल्प, लघु एवं लघुतर उद्योगों को सहायता प्रदान करना।

व्यूह रचना (Strategy): उपरोक्त उद्देश्यों व लक्ष्यों को अर्जित करने हेतु निम्न उपाय किये जायेंगे-

(i) विनियोजन वातावरण में सुधार,

(ii) भौतिक एवं सामाजिक आधारभूत ढाचे में विस्तार एवं सुदृढ़ीकरण,

(iii) नियमों व प्रक्रियाओं का सरलीकरण,

(iv) उद्योगों को तीव्र गति से आदान/ अनुमतियाँ देना सुनिश्चित करना,

(v) आधारभूत सुविधाओं के विकास में निजी क्षेत्र की भूमिका में वृद्धि,

(vi) रोजगारोन्मुखी तथा ग्रामीण व लघु उद्योगों को प्रोत्साहन,

(vii) कुशल श्रमिकों की उपलब्धता में वृद्धि एवं गुणवत्ता सुधार में सहयोग,

(viii) निर्यात, संसाधन आधारित उद्योगों तथा अन्य विशिष्ट उद्योगों पर विशेष बल

राज्य सरकार वे औद्योगिक इकाइयों को विशेष रूप से लघु एवं लघुत्तर और कुटीर एवं हस्तशिल्प क्षेत्र की इकाइयों को उनके उत्पादों के विपणन में सहायता करने हेतु अनेक कदम उठाये।

समस्याओं के निराकरण हेतु व्यवस्थाएं

नई औद्योगिक नीति, 1994 में ऐसे अनेक उपायों की रूपरेखा प्रस्तुत की गई है जिससे वर्तमान में चल रही व्यवस्थाएं (Systems) काफी हद तक सरलीकृत (Simplify) होगें और इससे स्वयं ही उद्यमियों की अनेक समस्याएं सुलझेंगी। अधिकार-प्राप्त समिति की संरचना के साथ- साथ प्रस्तावित जिला स्तरीय व राज्य स्तरीय समितियों (ग्रुप) से समस्याओं के समाधान हेतु प्रचुर अवसर (Adequate avenues) मिलेंगे।

यह उल्लेख करना उचित होगा कि उद्योगों से सम्बन्धित समस्याओं के निराकरण हेतु उपयुक्त मंच (Suitable form) पूर्व में ही गठित किये जा चुके हैं। जिला कलेक्टरों की अध्यक्षता में जिला स्तरीय सलाहकार समितियां स्थापित की जा चुकी हैं जिनमें उद्योग संघों का प्रतिनिधित्व होता हैं।

राज्य स्तर पर एक संशोधित अन्तर संस्थागत समिति (A modified Inter Institutional Committee at the State Level) का गठन किया जा चुका है। इस समिति की बैठक मुख्य सचिव के स्तर पर भी आयोजित की जाती है। इन मंचों का उद्योगों से जुड़े हुए विभिन्न मुद्दों के समाधान हेतु उपयोग किया जायेगा।

राज्य की औद्योगिक नीति, 1994 से राज्य में विनियोजन के लिए वातावरण में बहुत अच्छा बदलाव आया। ग्रामीण अकृषि नीति, 1995 (Rural Non Farm Policy, 1995) से, जो कि देश में इस प्रकार की प्रथम थी, ग्रामीण औद्योगिकरण के द्वारा विकास तथा रोजगार उपलब्ध कराने में प्रभावी रही।

पिछली नीतियों में दिये गये प्रोत्साहनों से आधारभूत सुविधा के विकास में निजी क्षेत्र की भूमिका में वृद्धि में आने वाली अनेक अड़चनों को दूर किया गया है। ऊर्जा क्षेत्र के विकास में सरकार निजी क्षेत्र को सम्मिलित करने के लिए विशेष प्रयत्नशील है ताकि ऊर्जा की कमी औद्योगीकरण में बाधा न बने। राजस्थान अब देश के छः तीव्र विकास वाले राज्यों में से है। पिछले पांच वर्षो में बड़े तथा मध्यम उद्योगों में विनिवेश की औसत विकास दर 33% तथा लघु उद्योगों में 15% से अधिक रही है। इसी अवधि में राज्य से निर्यात 53% औसत वार्षिक दर से बढ़ा है जो कि काफी सुखद हैं।

राज्य की औद्योगिक नीति, 1994 को लागू करने के अनुभवों से इसमें कुछ कमियां तथा तकनीकी कठिनाईयां महसूस की गई, जिन्हें दुरुस्तः करने के उद्देश्य से नई औद्योगिक नीति, 1998 बनाने का निर्णय लिया गया।

राज्य की औद्योगिक नीति, 1998 का मुख्य उद्देश्य चिन्हित क्षेत्रों (identified sectors) में निवेश के लिए राजस्थान को अधिक वरीयता प्राप्त (preferred) राज्य बनाना है ताकि वह विश्व स्तर पर प्रतिस्पर्द्धा करने में सक्षम हो सके। इस मूल लक्ष्य की प्राप्ति के लिए औद्योगिक नीति में निम्न बिन्दुओं पर विशेष बल दिया गया गया है–

(i) औद्योगिक विकास को त्वरित गति से बढ़ाना,

(ii) रोजगार के अधिक अवसर प्रदान करना,

(iii) उत्पादकता में वृद्धि करना,

(iv) विकास की निरन्तरता (sustained development) निश्चित करना, तथा

(vi) लघु, लघुत्तर एवं कुटीर (SSI, Tiny and Cottage) उद्योग क्षेत्र को मजबूत करना।

व्यूह रचना (Strategy)- उपरोक्त उद्देश्यों को प्राप्त करने के लिए औद्योगिक नीति में निम्न कार्यों को विशेष महत्व दिया गया है –

1. औद्योगिक नीति में इंफ्रास्टक्चर के विकास को उच्चमत वरीयता प्रदान की गई। इसके विकास में राज्य सरकार के साथ-साथ निजी क्षेत्र (private sector) के लिए भी प्रावधान रखा गया है। इसके तहत विशेष औद्योगिक काम्पलेक्सेज, व्यापारिक केन्द्र, समाकलित औद्योगिक पार्क (Integrated Industrial Park, 99ps), औद्योगिक मॉडल टाउन (9 MTs), औद्योगिक क्षेत्रों के विकास व उनमें आधारभूत सुविधायें जैसे सड़क, पावर, स्ट्रीट लाईट्स, पानी, रहवासीय मकान, स्कूल, परिवहन, अस्पताल, शॉपिंग सेन्टर आदि के विकास में निजी क्षेत्र की भी पूरी भागीदारी रहेगी। इन क्षेत्रों को सड़क तथा रेल से जोड़ने व बड़े शहरों में वायु परिवहन सुविधा में सुधार किया जायेगा।

2. प्रोजेक्ट लगाने की अवधि को कम करने के उद्देश्य से विभिन्न विभागों से क्लीअरेंस प्राप्त करने के समय को 1994 की औद्योगिक नीति के वनिस्पत और कम करने हेतु प्रक्रियाओं का सरलीकरण किया गया है। प्रदूषण नियंत्रण बोर्ड प्रत्येक जिला उद्योग केन्द्र में नोडल अधिकारी की नियुक्ति करेगा, जो लघु व लघुत्तर उद्योगों को आवश्यकता होनें पर 7 दिन में अनापत्ति प्रमाण-पत्र जारी करेगा।

3. औद्योगिक भूखंड के ट्रांसफर, मोर्टगेज, सब-लेटिंग तथा सब-डिवीजन की सुविधा हेतु रीकों के भू आवंटन नियमों का सरलीकरण किया गया है।

4. उदारीकरण के कारण औद्योगिकी औद्योगिक इकाईयों विशेषकर लघु तथा लघुत्तर क्षेत्र के के लिए बहुत बड़ी चुनौती बन गई हैं। इस संदर्भ विशेष क्षेत्र की प्रौद्योगिकी उन्नयन के लिए विशिष्ट संगठनों व अन्य संस्थाओं का सहयोग लिया जावेगा। लघु उद्योगों में औद्योगिकी अभिवर्द्धन (Technological Advancement) तथा गुणवत्ता उन्नयन हेतु क्षेत्र विशेष में सलाह देने के लिए इंजीनियरिगं कॉलेज, तकनीकी शिक्षा विभाग, राज्य वित्तीय निगम के विशेषज्ञों व मेन्युफेक्चरिंग ऐसोसियेशन के सदस्यों की सलाहकार समिति बनाई जावेगी।

5. राज्य में उद्योग सम्बंधी अनुसंधान व विकास (R&D) हेतु अनुसंधान प्रयोगशाला की स्थापना की जावेगी। लघु अवधि प्रशिक्षण, टेस्टिंग, अनुसंधान योजना व वर्तमान उद्योगों की समस्याओं के समाधान हेतु कुछ पॉलीटेक्निक कॉलेज व आई.टी.आई. में Interactive Laboratories की स्थापना की जावेगी।

6. उद्योगों को प्रौद्योगिकी, बाजार तथा प्रतिस्पर्द्धा आदि की सूचना की जानकारी हेतु उद्योग आयुक्तालय (Commisionerate of Industries) में डेटा बैंक की स्थापना की जावेगी तथा इसे update किया जाता रहेगा।

7. निर्यात संवर्द्धन के लिए राजस्थान लघु उद्योग निगम (RSIC) द्वारा इंडोबाजार कोम (Indobazar com) के नाम से अंतरराष्ट्रीय व्यापार क्षेत्र की स्थापना की है। विक्रेता तथा क्रेता इसके सदस्य बनकर वहां मिल सकेंगे व निर्यात के कार्यों को अंजाम दे सकेंगे।

9. उच्च गुणवत्ता के मानव संसाधन विकास (H.R.D.) के लिए राज्य सरकार ने तकनीकी प्रशिक्षण तकनीकी संस्थाओं को उद्योगों के साथ नजदीकी संम्बन्ध बनाने को वरीयता प्रदान की है।

10. उद्यमिता विकास के लिए प्रशिक्षण हेतु स्वायतशासी उद्यमिता एवं प्रबंध विकास संस्थान (Autonomous Entrepreneurship and Management Development Institute) की स्थापना जयपुर में की है जहां विभिन्न प्रकार के EDP Courses उपलब्ध होंगे।

11. राज्य में विभिन्न क्षेत्रों के विकास की सम्भावनाओं को मध्य नजर रखते हुये निम्न Thrust Sectors का विकास किया जावेगा:

(1) गारमेन्ट्स तथा निटवियर
(2) जेम्स तथा ज्वेलरी
(3) टेक्सटाईल्स
(4) इलेक्ट्रोनिक्स तथा टेलीकम्युनिकेशन्स
(5) इनफोरमेशन टेक्नालॉजी
(6) ऑटोमोबाइल्स तथा कम्पोनेन्ट्स

(7) फुटवियर तथा लेदर गुड्स (8) डाइमेंशनल स्टोन्स

(9) सीमेंट (10) ग्लास तथा सिरेमिक्स

(11) एग्रो प्रोसेसिंग

12. उद्योगों को दूर-दूर तक फैलाने तथा उत्पादन क्षेत्र में रोजगार की सम्भावना हेतु राज्य में लघु, लघुत्तर तथा कुटीर उद्योगों को बढ़ावा देने पर विशेष जोर दिया गया है।

13. हैडीक्राफ्ट, हैंडलूम, खादी एवं ग्रामोद्योग, ग्रामीण अकृषि क्षेत्र व कुटीर उद्योगों के विकास पर विशेष ध्यान दिया जावेगा ताकि राज्य के ग्रामीण व गरीब परिवारों को रोजगार के अधिकाधिक अवसर उपलब्ध हो सके।

14. टूरिज्म (Tourism) को भी राज्य सरकार ने 1989 में उद्योग घोषित किया था। इसके हेतु कई प्रकार की रियायतें प्रदान की हुई हैं।

11.11 राज्य सरकार द्वारा उद्योगों को प्रोत्साहन/रियायतें (incentives/Concessions to Industries by State Govt.)

नई औद्योगिक नीति, 1998 में उद्योगों को निम्न प्रोत्साहन/रियायतें प्रदान की हैं।

1. Sales Tax exemption/Deferent Scheme, 1998 की योजना 1989 की योजना से ज्यादा सरल है छूट की मात्रा की अवधि 11 से 14 वर्ष है।
2. उत्पादन में प्रयुक्त होने वाले कई प्रकार के कच्चे माल पर क्रय कर की रियायती दर का प्रावधान है।
3. पूंजी निवेश अनुदान के बजाय ब्याज अनुदान योजना प्रारम्भ की गई है। ब्याज अनुदान उन उद्योगों को मिलेगा जिनमे प्लांट तथा मशीनरी में निवेश 60 लाख रु. तक है।
4. लघु उद्योगों को डी.ज़ी.सेट खरीदने पर 25% अनुदान देय है, जो कि अधिकतम 2.5 लाख रु. तक है।
5. स्टाम्प ड्युटी को काफी युक्तिसंगत बनाया गया है।
6. भूमि व भवन कर की छूट की सीमा 5 लाख रु. से 20 लाख रु. कर दी गई है। नई औद्योगिक इकाईया उत्पादन शुरू करने के चार वर्ष तक भूमि व भवन कर से मुक्त रहेंगी।
7. Fly ash/Stone slurry पर आधारित प्रोजेक्ट को 10 वर्ष तक बिक्री कर की 100% छूट रहेगी।
8. रुग्ण उद्योगों के पुनः चालू करने पर कई प्रकार की रियायतें दी गई है।

11.12 कमजोर वर्ग के उद्यमियों को सहायता (Support to Entrepreneurs of Weaker Sections)

समाज के कमजोर वर्ग को बढ़ावा देना राज्य की औद्योगिक नीति का मुख्य हिस्सा रहा है। राज्य के औद्योगिकरण में अनुसुचित जाति तथा जन जाति के उद्यमियों की सुविधाजनक भागीदारी के उद्देश्य से एस.सी/एस.टी. के उद्यमियों को निम्न विशेष सुविधायें जारी रहेंगी –

(i) रीको द्वारा औद्योगिक क्षेत्रों में 4000 व - मीटर तक के प्लॉट पर आवंटन 50 प्रतिशत की रियायती दर।

(ii) राजस्थान वित्त निगम द्वारा 5 लाख रु. तक के सावधि ऋण पर ब्याज में 2 प्रतिशत की रियायत।

(iii) जनजाति क्षेत्र (Tribal Sub-Plan Area) में उद्योग स्थापित करने पर 1 प्रतिशत ब्याज दर की अतिरिक्त छूट।

(iv) 25 प्रतिशत के बजाय मार्जिन मनी की आवश्यकता 5 प्रतिशत।

(v) ऋण प्रार्थना पत्रों के प्रोसेसिंग शुल्क में 50 प्रतिशत की रियायत।

(vi) पावर कनेक्शन वरीयता के आधार पर।

(vii) प्रधान मंत्री रोजगार योजना में 22.5 प्रतिशत आरक्षण।

(viii) उद्यमिता विकास कार्यक्रमों में वरीयता।

11.13 महिला उद्यमियों को सहायता (Assistance to Women Entrepreneurs)

महिलाओं को उद्योग में विशेष भूमिका अदा करने एवं औद्योगिक उद्यम (Ventures) में उनकी भागीदारी को प्रोत्साहित करने के लिए विशेष प्रावधान रखे गये हैं –

(i) महिलाओं के उद्यमिता कौशल (skill) को बढ़ाने, ऋण सम्बंधी कठिनाइयों को दूर करने तथा उनके रोजगार अवसर बढ़ाने के विशेष प्रयास किये गये हैं।

(ii) रीको द्वारा औद्योगिक क्षेत्रों में भूमि आवंटन में 10 प्रतिशत की विशेष छूट।

(iii) राजस्थान वित निगम की महिला उद्यम निधि योजना में इक्विटी सहायता जारी रहेगी।

(iv) महिलाओं से सम्बंधित परियोजनाओं हेतु एक प्रकोष्ठ तैयार करना तथा उसका समय-समय पर उन्नयन करना।

(v) रुग्ण औद्योगिक इकाईयों को आस्थगित भुगतान के आधार (deferred payment basis) पर महिला उद्यमियों को आवंटित किया जावेगा यदि वे व्यवसायिक प्रशिक्षण पाठ्यक्रम पूर्ण कर चुकी हों।

(vi) उद्यमिता एवं प्रबंध विकास संस्थाओं के पाठयक्रमों में 30 प्रतिशत स्थान महिलाओं के लिए आरक्षित रहेंगे।

(vii) उद्योग आयुक्तालय में महिलाओं में उद्यमिता विकास के लिए स्थापित सेल को महिलाओं के लिए घरेलू औद्योगिक योजनाओं को मॉनीटर करने के लिए ओर समृद्ध किया जायेगा।

प्रश्न

1. उद्यमी व उद्यमिता पदों को समझाइये। (राज. अप्रेल 1995)
2. एक अच्छे उद्यमी के आवश्यक लक्षण क्या क्या है? (राज. अप्रेल 1996)

3. उद्योग को किस आधार पर किस प्रकार वर्गीकृत किया जाता है ? (राज. नव. 1995, नव. 98, अप्रैल 99)

4. लघु उद्योग तथा सहायक उद्योग से क्या तात्पर्य है ? (राज. नव.1997)

5. उद्यमिता से क्या तात्पर्य है ? उद्योगों का वर्गीकरण विभिन्न आधार पर कैसे किया जाता है ? (राज . नव. 1997)

6. लघु एवं सहायक उद्योगों के लिये वर्ष 1997 से लागू संयंत्र एवं मशीनरी में अधिकतम पूंजी विनियोजन की सीमाएं बताइये। (राज. अप्रेल 1998)

7. जॉब आधारित उद्योग से आप क्या समझते हैं ? (राज. नव.1996)

8. औद्योगिक नीति पर संक्षिप्त टिप्पणी लिखिये। (राज. अप्रेल 1997)

9. सहायक उद्योग की परिभाषा लिखिये। (राज. अप्रेल 1997)

10. उत्पादन उद्योग तथा सेवा कार्य उद्योग को संक्षेप में समझाइये।

11. लघु उद्योगों के संदर्भ में औद्योगिक नीति 1991 के प्रावधानों पर लेख लिखिये। (राज. अप्रेल,98)

12. उद्यमी किसे कहते हैं और उनके आवश्यक अच्छे अभिलक्षण क्या है ? (राज. अप्रैल 99)

13. नई औद्योगिक नीति को समझाइये। (राज. नव.99)

14. लघु उद्योग तथा सहायक उद्योग में क्या अन्तर है ? (राज. अप्रैल 2000)

15. राज्य की 1998 की औद्योगिक नीति में उद्योगों को कौन-कौन से प्रोत्साहन/रियायते प्रदान की गई है ? (राज. अप्रैल 2000)

अध्याय 12

उद्यमिता विकास (Entrepreneural Development)

12.1 प्रस्तावना (Introduction)

मनुष्य ने अपनी आवश्यकता की पूर्ति के लिए अपने विकास के साथ अनेक कार्य प्रारम्भ किये। औद्योगिक आविष्कारों के साथ-साथ विभिन्न प्रकार के उद्योग स्थापित होने लगे। परिणामस्वरूप व्यवसाय व रोजगार का विकास-विस्तार होने लगा। लेकिन उद्योग किसी शहर या औद्योगिक क्षेत्र में ही पनपने लगा। भारत जैसे विशाल देश में जहां अधिकतर आबादी गांवों में रहती है, उन्हें रोजगार उपलब्ध कराने के लिएं उद्यमिता विकास पर विशेष ध्यान दिया जा रहा है। युवा पीढ़ी को किसी रोजगार की तलाश में भटकना न पड़े व अपना उद्योग अपने गांव अथवा घर में ही स्थापित कर सके, इस बात को ध्यान रखते हुए सम्बंधित जानकारी इस अध्याय में विस्तृत रूप से दी जा रही है। स्वयं का उद्योग सिर्फ उद्यमी के स्वयं का विकास ही न करके देश के सर्वांगीण विकास में सहायक होता हैं।

12.2 उत्पाद का चयन (Product Indentification)-

उद्योग की सफलता न केवल उद्यमी के अनुभव, साहस, पूंजी एवं बाजार स्थिति पर निर्भर करके एक अन्य प्रमुख बात पर भी निर्भर करती है, जिसे सही उत्पाद का चयन कहते हैं। उत्पाद का चयन उद्योग लगाने वाले उद्यमी का पहला कदम है। जब कभी नया उद्योग लगाया जाता है तो उद्यमी के लिऐ यह आवश्यक है कि वह अपनी पूर्ण क्षमता का उपयोग करके सही उत्पाद का चयन करें, क्योंकि उत्पाद का चयन एक बार ही किया जाता है तथा उसे साधारणतः एक बार उद्योग स्थापित होने के पश्चात् बदला जाना कठिन होता है। प्रारम्भ में उद्यमी को कुछ उत्पाद तय करने होते हैं। तत्पश्चात् प्रत्येक उत्पाद के बारे में विस्तृत जानकारी प्राप्त की जाती है। प्रत्येक उत्पाद के बारे में एकत्रित जानकारी के अनुसार उन उत्पादों के लाभ, भविष्य, जोखिम आदि के बारे में विश्लेषण के आधार पर अन्त में एक उत्पाद का चयन किया जाता है।

उत्पाद के चयन में उद्यमी को निम्न जानकारी एकत्रित करनी चाहिये-

(i) उत्पाद का बाजार सर्वेक्षण

(ii) उद्यमी की पूंजी निवेश क्षमता

(iii) उत्पाद के कच्चे माल की उपलब्धता

(iv) उत्पादन-प्रक्रिया एवं प्रौद्योगिकी

(v) उद्यमी की दक्षता, ज्ञान एवं क्षमता (vi) उद्योग द्वारा संभावित लाभ

(vii) औद्योगिक नीति

(i) बाजार सर्वेक्षण (Market Survey)- उद्योग की स्थापना के पश्चात् उद्यमी के सामने प्रमुख कार्य उत्पाद के विपणन का होता है। उचित समय में उत्पाद के न बिकने पर उद्योग को कठिनाई के दौर से गुजरना पड़ सकता है। अतः उत्पाद चयन की प्रक्रिया के दौर में ही प्रत्येक उत्पाद की विपणन संभावनाओं की जानकारी प्राप्त कर ली जाती हैं।

बाजार सर्वेक्षण में प्रत्येक उत्पाद के बारे में निम्न विस्तृत जानकारी एकत्रित की जाती है-

– वर्तमान में उत्पाद के उत्पादन स्त्रोत

– विभिन्न स्त्रोत में प्रतिस्पर्धा

– उत्पाद की वर्तमान मांग

– उत्पाद की बाजार में उपलब्धता

– उत्पाद की भविष्य में मांग की स्थिति

– उद्यमी द्वारा उत्पादित उत्पाद के विपणन की संभावनायें आदि

बाजार सर्वेक्षण के बारे में विस्तृत जानकारी अध्याय 5 में दी गई हैं।

(ii) उद्यमी की पूंजी निवेश क्षमता (Investment Capacity of Entrepreneur)– उद्योग को स्थापित करने के लिए मुख्य प्रभावी घटक उद्यमी की पूंजी निवेश क्षमता है। अतः उत्पाद चयन के समय यह भी ध्यान रखना आवश्यक है कि चयनित उत्पाद को निर्मित करने हेतु लगाये जाने वाले उद्योग में आवश्यक पूंजी उद्यमी द्वारा निवेश की जानी संभव हों। उद्योग का आकार इतना बड़ा हो जिसके द्वारा उत्पादित उत्पादों का निर्माण लाभप्रद भी हो तथा पूंजी निवेश भी उपलब्ध स्त्रोतों के अनुरूप हो। उद्योग का स्थापन पूंजी निवेश पर लाभ अर्जन के लिए किया जाता है। अतः उद्योग में पूंजी निवेश पर आकर्षक लाभ भी आवश्यक है।

(iii) कच्चे माल की उपलब्धता (Availability of Raw Materials)- प्रत्येक उत्पाद के निर्माण के लिए कच्चे माल की आवश्यकता होती हैं। अतः उत्पाद चयन किये जाने में उद्योग के लिए कच्चे माल के बारे में विस्तृत तौर पर मुख्यतः निम्न बिन्दुओं की जानकारी एकत्रित करनी आवश्यक है –

– कच्चे माल की आवश्यकता (मात्रा में)

– कच्चे माल की भडांरण क्षमता एवं आवश्यकता

– कच्चे माल के स्त्रोत एवं उनकी दूरी

– कच्चे माल के स्त्रोतों से उपलब्धता

– कच्चे माल के स्त्रोतों से यातायात सुविधा

– विभिन्न स्त्रोतों पर कच्चे माल की दर

– उपलब्ध कच्चे माल की गुणवत्ता

उपरोक्त बिन्दुओं का विश्लेषण करने के पश्चात् निश्चित स्त्रोत से कच्चे माल की लागत निकाली जाती है। उद्योग अधिकतर कच्चे माल के स्त्रोत के निकट लगाया जाता है। अतः उत्पाद के लिए आवश्यक उचित गुणवता वाले कच्चे माल की प्रचुर मात्रा में उचित लागत पर उपलब्धता भी उत्पाद चयन के लिए आवश्यक घटक है।

(iv) उत्पाद प्रक्रिया एवं प्रौद्योगिकी (Manufacturing Process & Technology)- उत्पाद के निर्माण में उच्च एवं आधुनिक प्रौद्योगिकी का उपयोग करना चाहिये। उच्च एवं आधुनिक प्रौद्योगिकी के उपयोग करने से उत्पाद उच्च गुणवत्ता का तैयार होगा, जिससे उत्पाद की मांग भी अधिक होगी तथा बाजार में साख बनी रहेगी। उत्पादन प्रक्रिया का चयन भी उत्पाद की लागत कीमत को प्रभावित करता है तथा प्रतिस्पर्धा में खड़े रहने की क्षमता प्रदान करता है। उचित एवं सही उत्पादन प्रक्रिया के चयन से उत्पाद की उत्पादन लागत में कमी आती है। उत्पादन लागत कम होने से उद्योग के लाभ में वृद्धि होती है।

(v) उद्यमी की दक्षता, ज्ञान एवं क्षमता (knowledge,Capacity & Efficiency of Entrepreneur)-उत्पाद के चयन के समय उद्यमी की शिक्षा यानि की उसके ज्ञान, उसके कार्य अनुभव व किसी कार्य विशेष को करने की क्षमता तथा उसे सही रूप से पूर्ण करने की दक्षता भी उत्पाद चयन का एक घटक है। किसी उत्पाद विशेष में उद्यमी की पूर्ण जानकारी जो कि उस उत्पाद निर्माण में विशेष महत्व रखती हो या उत्पाद के विपणन स्त्रोतों से पूर्ण अच्छा सम्पर्क, अपने निजी तौर पर कच्चे माल को बिना किसी परेशानी के सस्ते दर पर उपलब्ध कराना इत्यादि कई अन्य प्रकार के विशेष बिन्दु जो कि उत्पाद के निर्माण या विपणन या किसी अन्य प्रकार से उद्योग को सफल बनने में सहयोग कर सके, ऐसी कोई महत्वपूर्ण दक्षता , जानकारी या क्षमता उद्यमी में उपलब्ध हो तो उद्यमी का झुकाव भी उसी उत्पाद की ओर होगा। अन्यथा उक्त जानकारी के लिये उसे पूंजी लगानी पड़ेगी। यदि उद्यमी स्वयं दक्ष एवं सक्षम होगा तो उसे अन्य व्यक्तियों पर निर्भर नहीं रहना पड़ेगा तथा उसे पूंजी निवेश भी कम करना पड़ेगा। अतः उत्पाद चयन के समय उद्यमी की दक्षता को ध्यान में रखना आवश्यक है।

(iv) उद्योग द्वारा संभावित लाभ (Profitability) - प्रत्येक उद्यमी उद्योग की स्थापना अपनी पूंजी लगाकर इसलिये करता है कि उस उद्योग द्वारा धन अर्जन कर सके। उत्पाद के चयन में यह आवश्यक है कि उस उत्पादन से अधिक मात्रा में धन अर्जित किया जा सके। धन अर्जन उत्पाद के अधिक मांग व कम लागत कीमत पर निर्भर करता है।

(vii) औद्योगिक नीति (Industrial Policy) - चयनित उत्पाद के बारे में राज्य एवं केन्द्र सरकार की नीति उद्योग की सफलता की एक कड़ी है। राज्य एवं केन्द्र सरकार द्वारा दी जाने वाली प्रदत्त सुविधायें जैसे कि विनियोजन अनुदान, बिक्री कर में छूट, उत्पाद कर रियायत, मूल्य प्राथमिकता, लघु उद्योग क्षेत्र के लिये आरक्षण इत्यादि। ये सभी घटक उत्पाद चयन को प्रभावित करते हैं। औद्योगिक नीति के बारे में हम पूर्व में ही विस्तृत अध्ययन कर चुके है।

12.3 स्थान चयन (Site Selection)

उत्पाद के चयन के पश्चात उद्योग स्थापना का अगला महत्वपूर्ण कदम स्थान चयन का है।

स्थान चयन से सम्बन्धित पहलुओं का अध्ययन करने के पश्चात् विभिन्न स्थानों के तुलनात्मक विश्लेषण के आधार पर एक स्थान का चयन किया जाता है। स्थान चयन की प्रक्रिया के लिये निम्नलिखित जानकारी एकत्रित करनी पड़ती है।

स्थान चयन प्रक्रिया के घटक (Factors related to site selection)

(i) कच्चे माल हेतु-

-उचित दर पर कच्चे माल की उपलब्धता

-उद्योग में कच्चे माल को लाने हेतु यातायात सुविधा, लागत एवं समय की आवश्यकता

(ii) उत्पादन हेतु-

- उचित दर पर भूमि की उपलब्धता
- विद्युत एवं जल की उपलब्धता
- मरम्मत के लिये आवश्यक कुशल मैकेनिक
- बैंक एवं वित्तीय संस्थायें
- कुशल, अर्धकुशल एवं अकुशल श्रमिकों की उपलब्धता
- औद्योगिक नीति द्वारा प्रोत्साहन
- केन्द्र एवं राज्य सरकार द्वारा विनियोजन अनुदान
- श्रम विधायन
- अग्निशमन उपलब्धता
- उपयुक्त जलवायु
- स्थान का भौगोलिक संतुलन
- इकाई के विस्तार की संभावनायें
- दूषित जल एवं अपक्षय सामग्री के निकास की सुविधा

(iii) विपणन हेतु-

- विपणन केन्द्रों की क्षेत्र से दूरी
- विपणन केन्द्रों के लिये यातायात सुविधायें
- विपणन लागत

(iv) अन्य उद्योग समूह-

- क्षेत्र की अन्य प्रतिष्ठित इकाईयाँ
- अन्य प्रतिस्पर्धा वाली इकाईयां

- उस क्षेत्र में उद्योग को मिलने वाले विशिष्ट लाभ
- उद्योग को शीघ्र प्रारम्भ करने की संभावनायें

(v) अन्य विविध जानकारी-

- मनोरंजन सुविधा
- शिक्षा केन्द्र
- वायु एवं रेल यातायात
- चिकित्सा सुविधा
- श्रमिकों के लिये आवास उपलब्धता
- सामाजिक एवं सामुदायिक वातावरण

उपरोक्त जानकारी के आधार पर स्थान का चयन निम्न तीन पदों में किया जाता है-

(i) क्षेत्र का चुनाव (Selection of Region)

(ii) शहर/कस्बे का चुनाव (Selection of Locality-City/Town)

(iii) स्थान विशेष का चुनाव (Selection of Exact Site)

(i) क्षेत्र का चुनाव - उद्योग के लिये क्षेत्र का चुनाव अधिकतर निम्न तौर पर किया जाता है।

- जब कच्चा माल भारी (Bulky), अधिक मात्रा (Quanity) में उपयोग किया जाना हो तो उद्योग को कच्चे माल के स्रोत वाले क्षेत्र में ही लगाना उपयोगी होता है। जैसे शक्कर के कारखाने उत्तर प्रदेश व महाराष्ट्र में, इस्पात उद्योग बिहार, उड़ीसा में, मारबल उद्योग राजस्थान में आदि।
- निर्मित वस्तु का भार मुख्य कच्चे माल की तुलना में अधिक हो तथा उसकी खपत किसी स्थान विशेष पर हो तो उद्योग मंडी या विपणन केन्द्र के निकट स्थापित करना चाहिये।
- चालक शक्ति स्रोत के निकट भी उद्योग स्थापित किया जाता है जब उद्योग में ऊर्जा स्रोत का पूर्ण महत्व हो, जैसे कोयले पर आधारित उद्योग बिहार में ज्यादा सफल होंगे।
- जलवायु के आधार पर सूती कपड़े की मिलें गुजरात व महाराष्ट्र की जलवायु के आधार पर वही लगानी लाभदायक है।

(ii) शहर/कस्बे का चुनाव - शहर या कस्बे का चुनाव उद्योग को सुचारु रूप से चलाने वाले सभी घटकों पर निर्भर करता है। जैसे

- श्रमिकों की उपलब्धता एवं उनकी मजदूरी दर
- विद्युत, जल एवं यातायात
- पुलिस, अग्निशमन एवं संचार सुविधा
- आवास व मनोरंजन
- चिकित्सा एवं शिक्षण संस्था उपलब्धता

- बैंकिंग एवं अन्य वित्तिय संस्था

- सामाजिक संतुलन एवं सामुदायिक स्थिति

(iii) स्थान विशेष का चुनाव - शहर/कस्बे या गांव का चुनाव करने के पश्चात् अन्तिम कार्य उस शहर/गांव में उपयुक्त स्थान का चुनाव है। किसी निश्चित स्थान का चुनाव मुख्यतः दो बातों पर निर्भर करता है:

- भूमि की उचित दरों पर उपलब्धता

- अपक्षय सामग्री के निस्तारण की सुविधा

इन दो बातों को ध्यान में रखते हुये भूमि का चयन किया जाता है तथा भविष्य में विस्तार के लिये भूमि उपलब्ध हो सके इसके लिये भी संभावनायें ध्यान में रखी जाती हैं।

12.4 प्लांट ले-आउट (Plant Layout)

उद्योग में निर्माण प्रक्रम में विभिन्न यंत्रों व संयंत्रों की आवश्यकता होती है। उन यंत्रों व संयंत्रों का कार्यशाला/उद्योग में स्थापन के तरीके को प्लांट लेआउट कहते हैं। उद्योग में मशीनों (यंत्रों व संयंत्रों) को इस तरह से लगाना चाहिये जिससे कच्चे माल व अर्द्धनिर्मित उत्पाद को एक मशीन से दूसरी मशीन पर ले जाने में कम से कम दूरी तय करनी पड़े जिससे उद्योग में सामान ले जाने में (Material Handling Industry) कम से कम समय लगेगा तथा सामान लाने ले जाने में लागत भी कम आयेगी। मशीनों का स्थापन भी इस प्रकार से करना चाहिये जिससे प्रत्येक मशीन पर कार्य भार भी सामान रहे तथा अकारण ही सामान को बार बार घसीटना न पड़े। प्लांट ले आउट पर ईकाई की संभाव्यता निर्भर करती है। अतः प्लांट ले आउट को काफी सोच समझ कर निश्चित करना आवश्यक है।

प्लांट ले-आउट को प्रभावित करने वाले मुख्य घटन-(Factors affecting Plant Layout)

(i) सामग्री (Material)- प्रत्येक उत्पाद के निर्माण में कच्चा माल काम में लिया जाता है। जिसे अन्तिम उत्पाद बनने से पूर्व कई प्रक्रियाओं से गुजरना पड़ता है। जिसके अन्तर्गत कच्चे माल व अर्द्धनिर्मित उत्पाद को एक स्थान से दूसरे स्थान पर ले जाना पड़ता है। इसके अतिरिक्त पैकिंग सामग्री (Packing Material), अपक्षय सामग्री (Waste Material), एवं अनुरक्षण सामग्री (Maintenance Material) आदि की आवश्यकता होती हैं। इन सब सामग्री को इकाई में लाने व ले जाने का कार्य प्लांट ले आउट को प्रभावित करने वाला मुख्य घटक है।

(ii) मशीनें (Machines) - उद्योग में उत्पाद को तैयार करने के लिये विभिन्न प्रकार के मशीनन प्रक्रम (Machining Process) करने पड़ते हैं। उक्त मशीनन कार्य में उपयोग होने वाली मशीनों की संख्या, उनके विनिर्देश (Specifications) एवं प्रक्रमों में काम आने वाले औजार (Tools) आदि की संख्या व आकार प्रकार पर इकाई का प्लांट ले आउट निर्भर करता है।

(iii) श्रमिक (Workers) - इकाई में उत्पादन कार्य में विभिन्न स्तर के श्रमिक एवं अधिकारी कार्य करते हैं। इकाई में निरीक्षक, पर्यवेक्षक, श्रमिक इत्यादि की संख्या, उनके कार्य क्षेत्रों की योजना व उनके लिये आवश्यक स्थान आदि पर उद्योग का प्लांट ले आउट निर्भर करता है।

(iv) प्रक्रम (Process) - उद्योग में कई प्रकार के निर्माण प्रक्रम (Manufacturing Process) होते हैं जिनके कारण कम्पन, धूल, धुआं, उष्मा विकिरण, शोर इत्यादि उत्पन्न होते हैं। अतः प्लांट ले आउट उनके प्रक्रम पर बहुत निर्भर करता हैं।

(v) स्थानान्तरण (Transfer) - उद्योग में अन्तः विभागीय स्थानान्तरण एक प्रमुख घटक है। अतः उद्योग में कच्चे माल, अर्द्धनिर्मित उत्पाद एवं अन्तिम उत्पाद को एक विभाग से दूसरे विभाग में ले जाने के लिये प्रयुक्त सामग्री प्रहस्तन उपकरणों (Material Handling Equipments) तथा उनके भंडारण की सुविधा आदि पर भी उद्योग का प्लांट ले आउट निर्भर करता है।

(vi) प्रतीक्षा (Waiting) - उत्पादन क्रिया की गति को स्थिर एवं मशीनन कार्य को सुचारु रूप से चलाने के लिये तथा उत्पादन मात्रा को घटाने या बढ़ाने के लिये उत्पादन क्रिया को तीव्र या मंद किया जाता है। इस कारण अर्द्धनिर्मित उत्पाद को विभिन्न स्थानों पर रोक लिया जाता है अथवा निर्माण प्रक्रिया के समय अर्द्धनिर्मित उत्पाद को कही रुकना पड़ सकता है। इस प्रकार उत्पाद के किसी अगले प्रक्रम के पूर्व प्रतीक्षा करनी पड़ सकती है। इस प्रकार की प्रतीक्षा का उद्योग के प्लांट ले आउट पर बहुत ही फर्क पड़ता है। अतः प्लांट ले आउट निर्धारित करते समय इस घटक पर ध्यान देना आवश्यक है।

(vii) अनुरक्षण एवं सेवा (Maintenance and Service) - इस घटक के अन्तर्गत इस बात का ध्यान रखना चाहिये कि उद्योग में होने वाले अनुरक्षण कार्य, मरम्मत कार्य, निरीक्षण कार्य आदि कार्य करने वाले व्यक्तियों को उचित स्थान मिल सके, उनके औजारों एवं उपकरणों को रखने के लिये सुनिश्चित एवं समुचित स्थान उपलब्ध हो सके तथा उनके कार्य करते समय उद्योग में किसी प्रकार का गतिरोध उत्पन्न न हो।

(viii) भवन (Building) – उद्योग में दो प्रकार के भवन होते हैं – 1. प्रशासकीय, 2. कार्यशाला। कार्यशाला का निर्माण उसका क्षेत्रफल, ऊंचाई, भविष्य में विस्तार की संभाव्यता आदि के अनुसार भवन का निर्माण किया जाता है। निर्मित भवन में प्लांट ले आउट उसके सही रूप से उपयोग से प्रभावित होता हे।

(ix) परिवर्तन (Change) - उद्योग को किसी निश्चित उत्पाद के निर्माण के लिये लगाया जाता है। कई बार चयनित उत्पाद से उद्योग को समुचित लाभ नहीं हो पाता है। ऐसी स्थिति में किसी अन्य उत्पाद को उसी उद्योग में निर्मित करने से लाभ अर्जित हो सकता है तथा कभी कभी उद्योग को अपना उत्पाद भी बदलना पड़ सकता है। ऐसी संभावनाओं के लिये प्लांट ले आउट में लचीलापन, परिवर्तन की क्षमता आदि होना अति आवश्यक है। अतः प्लांट ले आउट को निर्धारित करते समय निम्न बातें भी ध्यान रखनी चाहिये

- उत्पाद के आकार प्रकार में परिवर्तन,
- मशीनों में परिवर्तन,
- श्रमिकों की संख्या में परिवर्तन,
- अन्य उत्पाद का उत्पादन करना
- उत्पाद में परिवर्तन आदि।

12.5 प्रोजेक्ट प्रोफाइल (Project Profile)

उद्योग के चयन के लिये उद्योग विकास की सहयोगी संस्थायें उद्यमियों के मार्गदर्शन हेतु विभिन्न उत्पादों की प्रोजेक्ट प्रोफाइल तैयार करते हैं। उद्यमी को उत्पाद के बारे में मुख्य जानकारी छोटे रूप में प्रोजेक्ट प्रोफाइल द्वारा दी जाती है। प्रोजेक्ट प्रोफाइल में उत्पादों के विषय में कुछ मुख्य निम्न सूचनायें होती है।

- उत्पाद एवं उसके उपयोग
- बाजार संभाव्यता
- तकनीकी जानकारी
- उत्पादन विवरण
- विनिर्माण प्रक्रियायें
- कच्चा माल एवं उसकी आवश्यकता
- कार्यशील पूंजी
- पूंजी निवेश एवं
- उत्पादन लागत आदि।

उपरोक्त बिन्दुओं के बारे में प्रोजेक्ट प्रोफाइल में मोटे तौर पर जानकारी होती है। जिनके आधार पर उद्यमी विस्तृत जानकारी एकत्रित करता है और उन जानकारियों के आधार पर उत्पाद का चयन किया जाता है। प्रोजेक्ट प्रोफाइल बनाना इसलिये आवश्यक होता हे कि उद्यमी के लिये उत्पाद चयन उद्योग लगाने का पहला और महत्वपूर्ण कदम होता है। प्रत्येक उद्यमी के लिये यह आवश्यक नहीं होता है कि जो उत्पाद वह बनाने की सोच रहा है उसके लिये आवश्यक कच्चा माल या तकनीकी जानकारी आदि कहां से मिल सकती है तथा उस उद्योग की संभावित लागत क्या होगी इत्यादि। अतः उत्पाद चयन की प्रक्रिया में उद्यमी विभिन्न प्रकार के उत्पादों की प्रोजेक्ट प्रोफाइलों का अध्ययन करता है। अध्ययन के दौरान उद्यमी अपनी पूंजी निवेश क्षमता, अपनी तकनीकी जानकारी या उत्पाद निर्माण प्रक्रिया की दक्षता, उत्पाद के विक्रय में संभावित स्रोत आदि के आधार पर कुछ प्रोजेक्ट प्रोफाइल का चयन करता है। उद्योग विकास में कार्यरत संस्थायें इस तरह की प्रोजेक्ट प्रोफाइल उद्यमियों को उत्पाद चयन में सहयोग करने के लिये बनाकर तैयार रखती हैं। अधिकतर संस्थायें ये प्रोजेक्ट प्रोफाइल उद्यमी को निःशुल्क उपलब्ध कराती हैं।

12.6. योजनाबद्ध एवं समन्वित प्रयास की आवश्यकता (Need for Planned and Co-ordinated Efforts)

किसी कार्य की सही शुरुआत ही उस कार्य की सफलता की कुंजी है अर्थात् उद्योग लगाने के लिये उठाये गया प्रत्येक कदम योजनाबद्ध तरीके से उठाना ही उद्योग को लाभान्वित करता है। उद्योग लगाने का अर्थ मात्र पूंजी निवेश अर्थात् कार्यशाला बनाकर उसमें मशीनें स्थापित करना ही नहीं है

बल्कि उस उद्योग को सही रूप से चलाने के लिये विभिन्न विभागों से सम्बन्धित पंजीकरण, बिजली उपलब्धता, कच्चा माल क्रय के लिये अथवा विक्रय के लिये अनुज्ञापत्र (License) आदि को समय पर प्राप्त करना आदि के लिये समन्वित प्रयास करना भी उद्योग स्थापन एवं संचालन के लिये आवश्यक अंग है। उद्योग स्थापन एवं संचालन के लिये उद्यमी को जिन बिंदुओं के लिये योजनाबद्ध एवं समन्वित प्रयास आवश्यक है वे निम्न है-

भूमि सम्बन्धी	- भूमि क्रयण/ आवंटन
	- भूमि समतलीकरण
	- भूमि लीज डीड निष्पादन
निर्माण सम्बन्धी	- भवन निर्माण के लिये नक्शे तैयार कराना एवं अनुमोदन करवाना
	- भवन निर्माण सामग्री क्रयण
	- भवन निर्माण कार्य सम्पादन
यंत्र एवं संयंत्र सम्बन्धी	- मशीनों व उपकरणों का चयन
	- मशीनों व अपकरणों के क्रय के आदेश देना
	- मशीनों व उपकरणों का कार्यशाला में परिवहन
	- प्लांट ले-आउट
	- मशीनों का स्थापन
	- बिजली की लाइनों एवं उपकरणों का स्थापन
	- प्रदूषण नियंत्रण यंत्रों का स्थापन
उत्पादन सम्बन्धी	- विद्युत सप्लाई कनेक्शन
	- जल प्रदाय कनेक्शन
	- अपक्षय सामग्री निकास
	- कच्चा माल क्रयण
	- कच्चा माल भंडारण एवं वस्तु सूची (Inventory)
	- उत्पाद निरीक्षण
	- उत्पाद पैकिंग
	- उत्पाद भंडारण
	- योग्य श्रमिकों एवं अधिकारियों का चयन
	- प्रदूषित जल/ धूम्र निष्कासन

अन्य विविध
- उद्योग पंजीकरण
- बिक्रीकर विभाग में पंजीकरण
- आयात-निर्यात अनुज्ञापत्र
- पूंजी स्रोत एवं पूंजी आंकलन
- विपणन हेतु वितरक नियुक्त करना
- औद्योगिक बीमा
- तार-संचार व्यवस्था
- विपणन संवर्धन कार्यक्रम
- विभिन्न विभागों से सम्पर्क

12.7 अनुसरण (Follow up)

कार्य को मात्र प्रारम्भ करना ही लाभ अर्जन का स्रोत नहीं बनता। अतः किसी भी कार्य को प्रारम्भ करने के पश्चात् उसका कार्य के समापन तक अनुसरण करना कार्य द्वारा सम्पूर्ण लाभ अर्जित करने में सहायक होता है। अनुसरण एक आवश्यक क्रिया है जो कि प्रत्येक कार्य को त्वरित करता है एवं सही अनुसरण के कारण कार्य में विलम्ब नहीं होता है तथा बिगड़ने की संभावना कम रहती है। इसी तरह उद्योग की स्थापना एवं संचलन में कई इस प्रकार के कार्य होते हैं उनमें अनुसरण अति आवश्यक है। अतः उद्यमी के लिये यह आवश्यक है कि वह धैर्य से कार्य करे एवं कार्य के लिये अनुसरण से खीझ उत्पन्न न हो। उदाहरण के तौर पर उद्यमी बिजली कनेक्शन के लिये आवेदन करता है, लेकिन यह निश्चित है कि वह समय समय पर अनुसरण करता रहे तथा उसकी समयानुसार प्रगति का आंकलन करे। कई बार ऐसा होता है कि किसी सूचना या जानकारी के अभाव में संबन्धित पत्रावली किसी अधिकारी के पास रोक ली जाती है तथा पत्र द्वारा सूचना भेजकर उद्यमी से मांगी जाती है।

यदि उद्यमी अनुसरण करता रहे तथा आवश्यक सूचना या जानकारी वह समय समय पर उपलब्ध कराता रहे तो अनावश्यक विलम्ब नहीं होगा। यह आवश्यक नहीं है कि अनुसरण की आवश्यकता सिर्फ सरकारी या अर्ध सरकारी विभागों में ही होती है, अनुसरण की आवश्यकता प्रत्येक कार्य में होती है। जहाँ या तो विलम्ब की संभावना हो या उस कार्य में जिसने समय समय पर विभिन्न स्तरों पर अपना पक्ष प्रस्तुत करने या उद्योग के बारे में विस्तृत जानकारी देनी जरुरी होती है। अतः अनुसरण के कारण उद्यमी अपने आवश्यक कार्य समय पर पूर्ण कराने में सक्षम होता है तभी वह अपने उद्योग को सही समय पर स्थापित करके उत्पादन कार्य प्रारम्भ कर सकता है। अनुसरण का कार्य मात्र स्थापन एवं उत्पादन कार्य तक ही सीमित नहीं है, विपणन कार्य में भी अनुसरण का बहुत महत्व होता है। इससे स्पष्ट होता है कि अनुसरण प्रत्येक कार्य को पूर्ण करने की क्रिया को त्वरित करने वाली एक आवश्यक प्रक्रिया है।

12.8 संस्थागत सहायता की आवश्यकता (Institutional support Needed)

उद्योग लगाते समय उद्यमी को विभिन्न प्रकार की जानकारी एकत्रित करनी पड़ती है तथा साथ साथ ही कई सरकारी या अर्द्ध सरकारी विभागों से कार्य करवाना पड़ता है। उद्योगों के लगाने के लिये केन्द्र सरकार एवं राज्य सरकारों ने विभिन्न कार्यों के लिये भिन्न भिन्न संस्थायें स्थापित की है जो कि उद्यमी को मार्गदर्शन एवं सहायता प्रदान करती है। कुछ विशिष्ट कार्य जिसके लिये उद्यमी को संस्थाओं की सेवायें लेनी पड़ती है, वे निम्न है-

कार्य का प्रकार	संस्थायें
1. उद्योग मार्गदर्शन	- राज्य इण्डस्ट्रीयल प्रमोशन ब्यूरो(BIP)
	- उद्योग निदेशालय, जिला उद्योग केन्द्र (DI/DIC)
	- लघु उद्योग सेवा संस्थान(SISI)
2. उद्योग पंजीयन	- उद्योग निदेशालय (DI)
	- जिला उद्योग केन्द्र(DIC)
	- महानिदेशक तकनीकी विकास (DGTD)
3. भूमि का आंवटन	- राज्य औद्योगिक विकास निगम (SIDC)
4. तकनीकी मार्गदर्शन	- लघु उद्योग सेवा संस्थान(SISI)
	- टेक्नीकल कन्सल्टेंसी ऑर्गेनाइजेशन(TCO)
	- राष्ट्रीय लघु उद्योग निगम(NSIC)
5. वित्तीय सहायता	- जिला उद्योग केन्द्र (DIC)
	- राज्य वित्त निगम (SFC)
	- राज्य औद्योगिक विकास निगम (SIDC)
	- भारतीय लघु उद्योग विकास बैंक (SIDBI)
	- भारतीय औद्योगिक विकास बैंक (IDBI)
	- भारतीय औद्योगिक ऋण एवं निवेश निगम (ICICI)
	- भारतीय औद्योगिक वित्त निगम (IFCI)
	- राष्ट्रीय लघु उद्योग निगम (NSIC)
	- भारतीय यूनिट ट्रस्ट (UTI)
	- भारतीय जीवन बीमा निगम (LIC)
	- राष्ट्रीयकृत बैंक (Nationalised Bank)

6. विपणन (Marketing)	- राज्य लघु उद्योग निगम (SSIC)
	- राज्य व्यापार निगम (STC)
	- महानिदेशक तकनीकी विकास (DGTD)
7. आयात-निर्यात	- एक्सपोर्ट-इम्पोर्ट बैंक (EXIM Bank)
	- आयात निर्यात नियंत्रक (Controller of Exp.Imp.)
	- भारतीय रिजर्व बैंक (RBI)
	- वाणिज्य मंत्रालय - भारत सरकार
8. उद्यमिता विकास	- विज्ञान एवं तकनीकी मंत्रालय भारत सरकार
	- लघु उद्योग सेवा संस्थान (SISI)
	- टेक्नीकल कन्सल्टेंसी ऑर्गेनाईजेशन (TCO)
9. परीक्षण एवँ अनुसंधान	- लघु उद्योग सेवा संस्थान (SISI)
	- विज्ञान एवं औद्योगिक अनुसंधान परिषद (CSIR)
	- राष्ट्रीय अनुसंधान एवं विकास निगम (NRDC)
	- अन्य अनुसंधान संस्थायें
10. कर	- बिक्री कर विभाग (Sales Tax Deptt.)
	- उत्पाद शुल्क विभाग (Excise Duty Deptt.)
	- सीमा शुल्क विभाग (Custom Duty Deptt.)
	- आयकर विभाग (Income Tax Deptt.)
11. अन्य विविध	- फैक्टरी एवं बॉयलर निरीक्षक (Factory and Boiler Inspector)
	- श्रम निरीक्षक कार्यालय (Labour Inspector Office)
	- राज्य प्रदूषण निवारण मण्डल (Pollution Control Board)
	- राज्य विद्युत मण्डल (State Electricity Board)
	- खादी एवं ग्रामोद्योग आयोग (KVIC)
	- राज्य बुनकर सहकारी संघ
	- राज्य हाथकरघा विकास निगम
	- बाट, माप, तोल विभाग

- राज्य जलदाय विभाग (State Water supply Deptt.)
- साधारण बीमा निगम (General Insurance Corporation)
- प्रावधायी निधि विभाग (Providend Fund Deptt.)

विविध विभागों/संस्थाओं के बारे में विस्तृत जानकारी अलग-अलग अध्यायों में दी गई है।

12.9 पूर्व बाजार सर्वेक्षण/बाजार सर्वेक्षण (Pre Market Survey/Market Survey)

उद्योग को स्थापित करना ही मात्र उद्योग की सफलता नहीं कहलाती, बल्कि उद्योग द्वारा निर्मित उत्पादों के सही समय पर विपणन पर उद्योग का भविष्य निर्भर करता है। अतः उद्योग को लगाने के पूर्व ही उद्योग द्वारा निर्मित किये जाने वाले उत्पाद की बाजार में मांग व खपत की संभाव्यता की जानकारी एकत्रित करने को बाजार सर्वेक्षण व अनुसंधान कहते हैं। जैसा कि विदित है कि बाजार सर्वेक्षण का कार्य उद्योग की स्थापना के पूर्व ही किया जाता है अतः इसे पूर्व बाजार सर्वेक्षण (Pre Market survey) भी कहते हैं। बाजार सर्वेक्षण का मुख्य उद्देश्य यह ज्ञात करना है कि किस उत्पाद का निर्माण किया जाय, उसकी मात्रा, गुणवत्ता, निश्चित या विविध प्रकार की किस्म, विक्रय क्षेत्र, विपणन के तरीके, ग्राहकों की पसंद तथा विज्ञापन, विक्रय व सेवाओं के स्तर आदि हैं। उपरोक्त जानकारी के आधार पर विश्लेषण कर उत्पाद का चयन, उत्पादन क्षमता, उत्पाद के विनिर्देश, उत्पाद के विक्रय करने के तरीके आदि का निश्चय किया जाता है।

दूसरे शब्दों में बाजार सर्वेक्षण का तात्पर्य किसी उत्पाद के बारे में प्रमुख एवं व्यवस्थित सूचनाओं का एकत्रिकरण, लिपिबद्ध करना, वर्तमान एवं संभावित बाजार मांग की व्याख्या, विपणन प्रक्रिया की रचना तथा वर्तमान में उत्पाद की मांग की आपूर्ति के स्रोत, उनकी क्षमता व उत्पाद किया जाता है, जिनमें मुख्यतः निम्न है-

(अ) मांग विश्लेषण
(ब) अनुपूरक सूचना एकत्रिकरण
(स) सर्वेक्षण
(द) मांग पूर्वानुमान
(य) अनिश्चितताओं का आकंलन

बाजार सर्वेक्षण के लिये सूचना उपलब्ध कराना व सूचना प्राप्त करना दो विभिन्न कार्य हैं। उद्यमी के लिये आवश्यक है कि उपलब्ध आकंडों में से आवश्यक सूचना की विस्तृत जानकारी एकत्रित करें। उद्यमियों के मार्गदर्शन के लिये प्रभावी एवं क्रमबद्ध सर्वेक्षण के लिये निम्न बिन्दु महत्वपूर्ण है-

(i) सर्वेक्षण कार्य प्रारम्भ करने से पूर्व ही कोई धारणा या भ्रान्ति मन में नहीं बनानी चाहिये।

(ii) सर्वेक्षण कार्य के समय चित्त को सरल, शान्त व सौम्य बनाये रखे। सर्वेक्षण कार्य में दूसरों से सूचनायें उगलवाने के लिये धैर्य बनाये रखना आवश्यक है।

(iii) सर्वेक्षक को यह समझना आवश्यक है कि वह कार्य स्वयं के लिये कर रहा है न कि दूसरों के लिये।

(iv) सर्वेक्षण की प्रत्येक सूचना को लिपिबद्ध करना अपने स्वभाव का हिस्सा बना लेना चाहिये।

(v) किसी व्यक्ति से जानकारी प्राप्त करते समय अपने पृष्ठों का उल्लेख करना त्यागना चाहिये।

(vi) क्रमबद्ध तरीके से प्रश्नों का चुनाव एवं उनका उपयोग आंकड़े एकत्रित करने में बहुत उपयोगी होती है।

(vii) अपने प्रतिस्पर्धी से उसकी बातें पूछने का उत्तम तरीका उसका ग्राहक बनकर मिलना है।

प्रश्न

1. लघु उद्योग के लिये उत्पाद का चयन किस प्रकार किया जाता है? (राज. अप्रेल 1995, नव.99)
2. उत्पाद की पहचान करने में उद्यमी को कौन कौन सी जानकारी एकत्रित करनी चाहिये? विस्तृत रूप से समझाइये। (राज. अप्रेल 1996)
3. उत्पाद चयन को प्रभावित करने वाले कारकों का वर्णन कीजिये। (राज.नव.1996)
4. उद्योगों के स्थान चयन को प्रभावित करने वाले कारकों का सोदाहरण वर्णन कीजिये। (राज. अप्रेल 1996)
5. प्लांट ले-आउट को प्रभावित करने वाले घटकों का वर्णन कीजिये। (राज. नव.1997)
6. 'प्रक्रम' कारक प्लांट ले-आउट को किस प्रकार प्रभावित करता है? (राज. नव.1996)
7. प्रोजेक्ट प्रोफाइल को संक्षेप में समझाइये।
8. उद्योग स्थापना में उद्यमी को किन बिन्दुओं के लिये योजनाबद्ध एवं समन्वित प्रयासों की आवश्यकता होती है?
9. अनुसरण पर संक्षिप्त टिप्पणी लिखिये। (राज.नव.1996)
10. बाजार सर्वेक्षण से हम क्या मालूम कर सकते हैं? (राज. नव.1995)
11. एक प्रोजेक्ट रिपोर्ट तैयार करने के लिये किये जाने वाले बाजार सर्वेक्षण एवं अनुसंधान में किन बातों का मुख्य रूप से ध्यान रखा जाता है? (राज.अप्रेल 1998)
12. योजनाबद्ध एवं समन्वित प्रयासों की व्याख्या कीजिये। (राज. नव.98)
13. बाजार सर्वेक्षण की क्या आवश्यकता है? इससे लघु उद्योग को क्या लाभ है? (राज. अप्रैल,99)
14. उद्योग के लिए स्थान चयन की प्रक्रिया में कौन-कौन से घटक सम्मिलित है? समझाइये। (राज. अप्रैल,2000)
15. प्लांट ले आउट से आप क्या समझते हैं? इसको प्रभावित करने वाले मुख्य घटक क्या-क्या है? समझाइये। (राज. नव. 99)

अध्याय - 13

लघु उद्योग की स्थापना (Setting up S.S.I.)

13.1 प्रस्तावना (Introduction)

उद्योग प्रारम्भ करने के लिये उद्यमी को विभिन्न कार्य सूचिबद्ध तरीके से करने होते हैं तथा प्रत्येक कार्य का अपने आपमें पूर्ण महत्व है। लघु उद्योग स्थापित करने के लिये आवश्यक प्रक्रिया की जानकारी प्रस्तुत की जा रही है। कई बार उद्यमी को निम्न जानकारी न होने के कारण बड़ी कठिनाइयों का सामना करना पड़ता है। अतः उद्यमी को उन परेशानियों से बचने एवं समय व धन का दुरुपयोग रोकने के लिये निम्न जानकारी आवश्यक है।

1. उत्पाद चयन (Identification of Product)
2. स्थान चयन (Site selection)
3. योजना/ रिपोर्ट तैयार करना (Preparation of Scheme/Project Report)
4. संगठन की संरचना (Formation of Business Organisation)
5. पंजीकरण (Registration)
6. वित्त पोषण (Allocation of Financial Resources)
7. भूमि क्रयण (Acquisition of Land)
8. भवन निर्माण (Construction of Building)
9. विद्युत एवं जल व्यवस्था (Arrange Supply of Water and Electricity)
10. मशीनरी चयन, प्राप्त करना एवं स्थापना (Selection, Procurement and Installation of Machinery)
11. कार्मिक व्यवस्था (Recruitment of Personnels)
12. कच्चा माल क्रयण (Procurement of Raw Materials)
13- उत्पादन (Production)
14. विपणन (Marketing)

उपरोक्त चरणों में से 3,5 व 7 के अतिरिक्त विभिन्न चरणों का इस चरणों का इस पुस्तक में अलग अलग अध्यायों में वर्णन किया गया है। अतः इन चरणों की जानकारी प्रस्तुत की जा रही है।

13.2 योजना/प्रोजेक्ट रिपोर्ट तैयार करना (Preparation of Scheme/Project Report)

उत्पाद चयन एवं स्थान चयन के पश्चात योजना/प्रोजेक्ट रिपोर्ट तैयार करना एक महत्वपूर्ण कार्य है। प्रोजेक्ट रिपोर्ट के मुख्य पद निम्न हैं

(i) सामान्य सूचना

(ii) प्रोजेक्ट का विवरण

(iii) बाजार क्षमता

(iv) पूंजी लागत एवं वित्त के स्रोत

(v) कार्यशील पूंजी की आवश्यकता का अनुमान

(vi) अन्य वित्तीय पहलु

(vii) प्रोजेक्ट कार्यान्वयन अनुसूची

(viii) सारांश

उक्त पदों के बारे में विस्तृत जानकारी अध्याय 14 में दी गई है।

13.3 पंजीकरण (Registration)

भारत सरकार की नई औद्योगिक नीति के अनुसार उद्योग का पंजीकरण आवश्यक नहीं है, परन्तु पंजीकरण के अभाव में सरकार द्वारा उद्योगों को मिलने वाली विभिन्न सुविधायें प्राप्त नहीं होती हैं। इसके अतिरिक्त विभिन्न निम्न संस्थाओं से औद्योगिक अधिनियमों के तहत आवश्यकतानुसार पंजीकरण कराना कानूनन आवश्यक है-

- नगरपालिका/नगर विकास न्यास अधिनियम
- फैक्टरी अधिनियम
- बॉयलर अधिनियम
- वाणिज्य संस्थान अधिनियम
- बिक्री कर अधिनियम इत्यादि

उद्योग निदेशालय में पंजीकरण दो चरणों में किया जाता है:

- अस्थाई पंजीकरण
- स्थाई पंजीकरण

13.3.1 अस्थाई पंजीकरण (Previsional Registration)

लघु उद्योगों व सहायक उद्योगों को अस्थाई पंजीकरण के लिये आवेदन निश्चित प्रपत्र में जिला उद्योग केन्द्र (DIC) में प्रस्तुत करना होता है। जिला उद्योग केन्द्र पर सक्षम अधिकारी यह जाँच कर के कि इकाई निम्न चार बिन्दुओं के अनुरुप है, उद्यमी को संभवतया उसी दिन अस्थाई पंजीकरण प्रमाण-पत्र (PRC) प्रदान कर देगी।

(i) इकाई को औद्योगिक लाइसेंस की आवश्यकता नहीं है।

(a) यदि इकाई में 50/100 श्रमिक से कम हो जहाँ उत्पादन पावर सहित/बिना पावर के होता है, चाहे कोई सा उत्पाद बनाने के लिये प्रस्तावित किया हो, औद्योगिक लाइसेंस की आवश्यकता नहीं होती।

(b) यदि प्रस्तावित उत्पाद लघु उद्योग क्षेत्र के लिये आरक्षित मदों में से हो तो इकाई में चाहे जितने श्रमिक हो, औद्योगिक लाइसेंस की आवश्यकता नहीं है।

(ii) प्रस्तावित इकाई में मशीनों तथा संयंत्र में विनियोजन लघु/सहायक/निर्यात मूलक इकाई के लिये निर्धारित सीमा में हो।

(iii) प्रस्तावित इकाई पर किसी अन्य औद्योगिक उपक्रम का स्वामित्व/नियंत्रण/सहायक न हो।

(iv) प्रस्ताविक इकाई जिस स्थान पर लगानी हो वहां यदि कोई निषेध (restrictions) उस समय हो तो उनका उल्लंघन नहीं करे।

उपरोक्त (i) से (iv) बिन्दुओं को जिला उद्योग केन्द्र में बैठकर ही सक्षम अधिकारी द्वारा सुनिश्चित किया जा सकता है। इस कार्य के लिये Field visits की आवश्यकता नहीं है। यदि उद्योग को लगाने के लिये कही से approvals/clearances की आवश्यकता हो तो जिला उद्योग केन्द्र उद्यमी को लिखित में अस्थाई पंजीकरण प्रमाण पत्र देते समय सूचित करेगा जिससे उसे स्थाई पंजीकरण प्राप्त करने का अधिकार प्राप्त होगा।

यह अस्थाई पंजीकरण प्रमाण पत्र 5 वर्ष की निश्चित अवधि के लिये जारी होगा। इकाई उत्पादन में आते ही प्रमाण पत्र की वैधता समाप्त हो जावेगी। यदि उद्यमी 5 वर्ष की अवधि में इकाई स्थापित नहीं कर सकेगा तो उसे इकाई का पुनः रजिस्ट्रेशन नई इकाई की भांति कराना होगा।

अस्थाई पंजीकरण प्रमाण पत्र के आधार पर उद्यमी को प्राप्त होने वाली विभिन्न सहायताओं के लिये आवेदन दे सकता है एवं उद्योग को लगाने के लिये सभी कार्य कर सकता है, जैसे-

- औद्योगिक क्षेत्र में भूमि आवंटन हेतु आवेदन।
- औद्योगिक एस्टेट में शेड के आवंटन हेतु आवेदन।
- कृषि भूमि के औद्योगिक प्रयोजनार्थ भूमि में रुपान्तरण हेतु आवेदन।
- कार्यशाला भवन निर्माण अनुमति हेतु आवेदन।
- राज्य वित्त निगम/बैंक/अन्य वित्तीय संस्थाओं से ऋण हेतु आवेदन।

- राष्ट्रीय लघु उद्योग निगम एवं अन्य संस्थाओं से किराया-क्रय पद्धति पर मशीनें एवं उपकरण लेने के लिये आवेदन।
- जल एवं विद्युत सप्लाई हेतु आवेदन।
- कोयला/लोहा या अन्य कच्चे माल के आवंटन हेतु आवेदन।
- बिक्री कर, सीमा शुल्क आदि विभागों में पंजीकरण।
- आयात-निर्यात लाइसेंस हेतु आवेदन।
- राज्य लघु उद्योग निगम द्वारा उत्पाद विक्रय हेतु आवेदन।
- औद्योगिक इकाई को लगाने हेतु अन्य आवश्यक कार्यवाही पूरी करने हेतु।

13.3.2 स्थाई पंजीकरण (Permanent Registration)

उद्यमी द्वारा जब उद्योग स्थापना का कार्य पूर्ण हो जाता है अर्थात् उद्योग के लिये आवश्यक भवन निर्माण, मशीनों का स्थापन, श्रमिकों की नियुक्ति, जल, विद्युत कनेक्शन आदि की व्यवस्था तथा अन्य आवश्यक कार्यवाही जैसा कि अस्थाई प्रमाण पत्र के साथ सूचित की गई थी, पूरी करने के पश्चात जब इकाई में उत्पादन प्रारम्भ हो चुका हो या उत्पादन प्रारम्भ करने के लिये तैयार हो, उद्यमी इकाई के स्थाई पंजीकरण हेतु आवेदन कर सकता है। इस कार्य के लिये निश्चित आवेदन प्रपत्र में जिला उद्योग केन्द्र को प्रस्तुत करना होता है। आवेदन प्राप्ति के सात दिन में जिला उद्योग केन्द्र औद्योगिक इकाई के निरीक्षण हेतु दिनांक एवं समय सूचित करता है। निरीक्षण के दौरान उद्योग की संस्थापित क्षमता का जायजा भी लिया जाता है तथा यह निश्चय करने के पश्चात कि इकाई उत्पादन करने में सक्षम है, जिला उद्योग केन्द्र द्वारा इकाई का स्थाई पंजीकरण प्रमाण पत्र प्रदान किया जाता है। आवेदन पत्र प्राप्त होने की तिथि से 30 दिन के भीतर स्थाई पंजीकरण जारी कर दिया जाना चाहिये।

13.4 उद्योग के लिये भूमि का आवंटन (Allotment of Land for Industries)

किसी भी उद्योग की सर्व प्रथम आवश्यकता भूमि की होती है जिस पर उद्योग का भवन निर्मित किया जाना है। राजस्थान में उद्योग स्थापित करने के लिये भूमि वर्गीकृत क्षेत्रों (Classified areas) में उद्योग विभाग अथवा राजस्थान राज्य औद्योगिक विकास एवं निवेश निगम (RIICO) द्वारा आयोजित रूप में विकसित किये गये औद्योगिक क्षेत्रों में तथा ऐसे अवर्गीकृत क्षेत्रों (Unclassified areas) को जो किसी की निजी सम्पत्ति होती है, औद्योगिक उद्देश्य से रूपान्तरित (Converted) करके उपलब्ध कराई जाती है।

औद्योगिक क्षेत्र में भूमि आवंटन (Allotment of Land in industrial Area) राजस्थान औद्योगिक क्षेत्र आवंटन नियम-1959 के अन्तर्गत वर्णित क्षेत्रों में उद्योग स्थापित करने के लिये पूर्व निर्धारित दरों पर 99 वर्ष की लीज पर विभिन्न नगरों अथवा कस्बों में भूमि आवंटित की जाती है। इस भूमि के आवंटन हेतु निम्न शर्तें आवश्यक हैं:

(i) उद्योग को दो वर्ष के अन्दर स्थापित करना होगा।

(ii) भूमि का उपयोग केवल औद्योगिक उद्देश्य के लिये ही किया जायेगा।

(iii) आवंटित भूमि लीजी (Leasee) द्वारा बेची नहीं जावेगी।

13.4.1 उद्योग विभाग द्वारा भूमि आवंटन (Allotment of land by Industries Department)

उद्योग विभाग द्वारा उद्योग के लिये भूमि आवंटन की विधि निम्न प्रकार है

औद्योगिक क्षेत्र में प्लॉट के आवंटन के लिये आवेदन निर्धारित प्रपत्र में करना होता है। यह आवेदन प्रपत्र समस्त जिला उद्योग केन्द्रों से निर्धारित राशि का भुगतान करके प्राप्त किया जा सकता है। आवेदन पत्र जमा कराते समय उसके साथ लघु उद्योग अस्थाई पंजीकरण प्रमाण पत्र तथा निर्धारित धरोहर राशि (Earnest money) का बैंक ड्राफ्ट संलग्न करना होता है।

आवेदन पत्र के साथ निम्न का होना भी आवश्यक है:

(i) प्रस्तावित उद्योग की विस्तृत योजना।

(ii) प्रस्तावित उद्योग के भवन का ले-आउट प्लान

(iii) यदि भूमि की आवश्यकता पहले से ही स्थापित उद्योग के लिये है तो मौजूदा फैक्टरी का ले आउट प्लान।

(iv) यदि भूमि की आवश्यकता उद्योग के विस्तार के लिये है तो मौजूदा प्लॉट के उपयोग को दर्शाने वाला ले-आउट प्लान।

उद्योग के लिये भूमि आवंटन हेतु आवेदन पत्र जिला उद्योग केन्द्र को दिया जाना चाहिये।

आवंटित भूमि का अधिग्रहण करने से पूर्व उद्यमी को चाहिये कि वह:

(i) निर्धारित दरों पर विकास शुल्क (Development charges) जमा कराये।

(ii) निर्धारित दर पर किराया जमा कराये।

उद्यमी को निर्धारित प्रपत्र में लीज डीड (Lease deed) भरकर उसे पंजीकृत भी कराना होता है।

उद्योग के भवन का निर्माण कार्य प्रारम्भ करने से पूर्व उद्यमी को भवन के नक्शे (Plans) सम्बन्धित अधिकारी/फैक्टरी निरीक्षक से जहां से भी आवश्यक हो, अनुमोदित करा लेना चाहिये।

13.4.2 रीको द्वारा भूमि या भू-खंड आवंटन (Allotment of land or Plot by RIICO)

उद्योग हेतु प्लॉट के आवंटन के लिये उद्यमी को राजस्थान राज्य औद्योगिक विकास एवं विनियोजित निगम (Rajasthan State Industrial Development and Investment Corporation Ltd.) से निर्धारित राशि का नकद भुगतान कर अथवा मनीऑर्डर या पोस्टल ऑर्डर द्वारा राशि भेजकर निर्धारित प्रपत्र मंगाकर आवेदन प्रस्तुत करना होता है। इस आवेदन को रीको के क्षेत्रीय प्रबंधक को निम्न दस्तावेजों सहित प्रस्तुत करना चाहिये:

(i) उद्योग विभाग के सम्बन्धित जिला अधिकारी द्वारा जारी किये गये लघु उद्योग के अस्थाई उद्योग पंजीकरण प्रमाण पत्र की प्रति।

(ii) प्रस्तावित फैक्टरी भवन के रफ ले-आउट प्लान की प्रति।

(iii) निर्धारित प्रतिभूति राशि (Security money) का बैंक ड्राफ्ट, यदि इस राशि को नकद जमा नहीं कराया गया हो।

(iv) साझेदारी (Partnership) या संयुक्त पूंजी कम्पनी (Joint Stock Company) वाले उद्योग के लिये कम्पनी अधिनियम के अन्तर्गत पंजीयन प्रमाण पत्र की प्रति।

(v) प्रस्तावित योजना की प्रति।

उद्यमियों को रीको द्वारा विकसित औद्योगिक क्षेत्र में भूमि के आवंटन हेतु रीको ने जिला स्तर पर एक समिति का गठन किया हुआ है जिसके सदस्य निम्न हैं:

1. महाप्रबन्धक, जिला उद्योग केन्द्र
2. क्षेत्रीय प्रबंधक, रीको
3. शाखा प्रबंधक, राजस्थान वित्त निगम

उक्त समिति को 10 एकड़ तक भूमि आवंटन करने का अधिकार प्राप्त है एवं इससे अधिक भूमि का आवंटन रीको के जयपुर स्थित मुख्यालय द्वारा किया जाता है।

रीको द्वारा औद्योगिक क्षेत्रों में भू-खण्ड आवंटन के नियम

नियम इच्छुक व्यक्ति जो अपना स्वयं का उद्योग लगाना चाहते हैं, वे निम्नलिखित विधि से भू-खण्ड आवंटन हेतु आवेदन कर सकते हैं

(i) निर्धारित प्रपत्र में आवेदन पत्र दें, जो 100 रुपये में रीको के किसी भी कार्यालय से प्राप्त किया जा सकता है।

(ii) प्रस्तावित योजना की प्रतिलिपि संलग्न करें।

(iii) उद्योग विभाग से प्राप्त इकाई के अस्थाई पंजीयन की प्रतिलिपि संलग्न करें।

(iv) प्रतिभूति राशि रोकड़ अथवा डिमांड ड्राफ्ट के रूप में 1000 रुपये प्रति 1000 वर्गमीटर के हिसाब से तथा औद्योगिक क्षेत्र में प्रचलित विकास शुल्क की दर का 25 प्रतिशत रोकड़ या डिमांड ड्राफ्ट के रूप में रीकों के नाम प्रस्तुत करें।

(v) रफ मानचित्र जिसमें चाहे गये क्षेत्रफल का औचित्य बताते हुये प्रस्तावित निर्माण कार्य का विवरण प्रस्तुत करें।

उपरोक्त दस्तावेजों के साथ प्राप्त आवेदन पत्र पर विचार किया जाकर भू-खंड आवंटित किया जाता है। भू-खंड आवंटन के पश्चात

(i) आवंटन के 90 दिन में विकास शुल्क की शेष 75 प्रतिशत राशि जमा कराना तथा लीज डीड निषादित करा कर आर्थिक किराया (Economic Rent) व सर्विस चार्जेज जमा कराना।

(ii) लीज डीड निष्पादित कराने के 10 दिन के अन्दर भू-खंड का भौतिक कब्जा प्राप्त करना।

(iii) प्रस्तावित फैक्टरी के निर्माण कार्य दर्शाते हुये मानचित्र छः प्रतियों में कार्यालय में अनुमोदनार्थ प्रस्तुत करना।

(iv) लीज डीड निष्पादन के पश्चात् एक वर्ष में भूखण्ड पर निर्माण कार्य प्रारम्भ करना तथा 3 वर्ष के अन्दर उत्पादन कार्य प्रारम्भ करना।

यदि उद्यमी निर्धारित अवधि में राशि जमा कराने से या निर्धारित अवधि में निर्माण या उत्पादन कार्य प्रारम्भ करने में असफल रहता है तो भू-खण्ड आवंटन निरस्त किया जा सकता है।

13.5 कृषि भूमि को औद्योगिक प्रयोजनार्थ भूमि में रूपान्तरण (Conversion of Agriculture Land into industrial Land)

यदि किसी स्थान पर औद्योगिक क्षेत्र न हो या औद्योगिक क्षेत्र में भूखण्ड उपलब्ध न हो तो ऐसी स्थिति में उद्यमी को अपनी आवश्यकतानुसार कृषि भूमि क्रय करनी पड़ती है। लेकिन कृषि भूमि पर उद्योग लगाने के लिये उद्यमी को भूमि रूपान्तरण हेतु आवेदन करना होता है। नये उद्योगों को प्रोत्साहित करने के लिये राज्य सरकार ने भूमि रूपान्तरण का सरलीकरण कर दिया है। कृषि भूमि को औद्योगिक भूमि में रुपान्तरण हेतु सक्षम अधिकारी को आवेदन करना होता है। तहसीलदार एवं उपखण्ड अधिकारी को 1000 से 5000 वर्ग मीटर तक के भूखण्ड को रूपान्तरित करने के अधिकार दे रखे हैं। 5 हेक्टेअर से अधिक एवं 20 हेक्टेअर तक के भूखण्ड के रूपान्तरण का अधिकार कलेक्टर को तथा इससे अधिक भूमि के रूपान्तरण का अधिकार राज्य सरकार के राजस्व विभाग को है।

राजस्थान भू-राजस्व विभाग (ग्रामीण क्षेत्रों में कृषि भूमि का अकार्य प्रयोजनार्थ रूपान्तरण) नियम, 1992 के नियम 8(5) में यह प्रावधान है कि 5 हेक्टेअर सीमा तक के औद्योगिक प्रयोजनार्थ भूमि रूपान्तरण प्रार्थना पत्र पर, पूर्ण दस्तावेजों के साथ नवीनतम जमाबन्दी की दो सत्यापित प्रतियाँ, राजस्व नक्शा, जिसमें लाल स्याही से रूपान्तरित की जाने वाली भूमि दर्शायी गयी हो, की दो सत्यापित प्रतियाँ एवं चालान की मूल प्रति भी संलग्न हो, प्रस्तुत करने के दिन से 30 दिन के भीतर, आवश्यक जाँच के बाद यदि सक्षम रूपान्तरण अधिकारी संपरिवर्तन की मंजूरी या नामंजूरी नहीं देवे तो ऐसा मान लिया जायेगा कि आवेदित भूमि औद्योगिक प्रयोजनार्थ स्वतः ही संपरिवर्तन हो गई है। राज्य सरकार के यह ध्यान में आया है कि चूंकि प्रार्थियों के पास संपरिवर्तन के सम्बन्ध में कोई राजकीय प्रमाण पत्र या दस्तावेज आदि साक्ष्य के रूप में नहीं होते हैं जिससे बैंक एवं वित्तीय संस्थाओं के पास सत्यापन के लिये कुछ नहीं रहता है कि वह कैसे मानें की प्रार्थना पत्र सब तरह से सम्पूर्ण रूप से पेश किया गया था और राजस्व अधिकारियों ने उसे नियमानुसार संपरिवर्तन मान लिया है।

भू-राजस्व विभाग ने अपने परिपत्र दि. 7.4.98 द्वारा उपरोक्त समस्या के समाधान हेतु निर्णय लिया है कि आवेदक स्वतः संपरिवर्तन का प्रमाण पत्र प्राप्त करने के लिये जब भी निर्धारित प्रपत्र में शपथ पत्र सहित आवेदन करे तो उसे उक्त प्रकार का संपरिवर्तन आदि जैसी स्थिति हो प्रमाण पत्र निर्धारित प्रपत्र के अनुसार जारी किया जाये ताकि यह सम्बन्धित राजकीय विभागों व वित्तीय संस्थाओं में प्रस्तुत कर सके। यह प्रमाण पत्र सम्बन्धित सक्षम अधिकारी या महाप्रबंधक, जिला उद्योग

केन्द्र द्वारा जारी किया जा सकेगा एवं इसके आधार पर राजस्व अधिकारियों द्वारा राजस्व रिकॉर्ड में अंकन किया जायेगा।

प्रश्न

1. लघु उद्योग स्थापित करने के पदों को विस्तार से समझाइये। (राज. नव.94, अप्रैल 99)
2. लघु उद्योग की स्थापना के लिये आवश्यक चरणों की विवेचना कीजिये। (राज. अप्रेल,95)
3. एक उद्यमी को अपने उद्योग का सामान्यतय जिन संगठनों में पंजीकरण कराना चाहिये, उनके नाम लिखिये। (राज.नव96)
4. अल्पकालिक पंजीकरण की उपयोगिता समझाइये। (राज.नव96)
5. उद्योगों का स्थाई पंजीकरण किस प्रकार प्राप्त किया जाता है ? (राज.नव97, नव.99)
6. रीको द्वारा भूखण्ड आवंटन की विधि समझाइये। (राज.अप्रेल,97, नव.99)
7. रीको पर संक्षिप्त टिप्पणी लिखिये। (राज.नव95)
8. रीकों से उद्योग भूमि प्राप्त करने की विधि समझाइये। (राज.नव97)
9. कृषि भूमि को औद्योगिक क्षेत्र में कैसे परिवर्तन करेंगे ? (राज.अप्रेल,96)
10. उद्योग स्थापित करने के लिए मुख्य चरणों का उल्लेख कीजिए। (राज. नव.98)
11. रीको द्वारा भूमि या भूखंड आवंटन की प्रक्रिया का वर्णन कीजिए। (राज. अप्रैल,2000)

अध्याय - 14

परियोजना प्रतिवेदन
(Project Report)

14.1 प्रस्तावना (Introduction)

उद्योग के स्थापना से पूर्व उत्पाद के निर्माण, उद्योग के स्थापन, संचालन, विपणन आदि की सम्पूर्ण जानकारी प्रोजेक्ट रिपोर्ट में दर्शायी जाती है। प्रोजेक्ट रिपोर्ट के आधार पर ही आगामी वर्षों में उद्योग में होने वाले संभावित उत्पादन तथा उद्योग स्थापना, संचालन आदि पर होने वाले खर्चे इत्यादि की गणना के साथ साथ लाभ की गणना भी की जाती है। अतः सम्पूर्ण जानकारी एकत्रित करने के पश्चात सही एवं व्यवस्थित रूप से प्रोजेक्ट रिपोर्ट तैयार करनी चाहिये। इसी प्रोजेक्ट रिपोर्ट के आधार पर उद्योग का पंजीकरण, उद्योग लगाने के लिये भूमि का आवंटन, ऋण स्वीकृति, अनुदान स्वीकृति, बिक्री कर छूट, कच्चे माल के कोटा का आवंटन तथा अन्य सहायतायें आदि का लाभ मिलता है। अतः इसे तैयार करना उद्यमी के लिये अति आवश्यक एवं लाभप्रद कार्य है।

14.2 प्रोजेक्ट रिपोर्ट तैयार करना (Preparation of Project Report)

प्रोजेक्ट रिपोर्ट को तैयार करते समय निम्न सूचनाओं का संकलन किया जाता है–

1. सामान्य सूचना
2. प्रोजेक्ट का विवरण
3. बाजार क्षमता
4. पूंजी लागत एवं वित्त के स्रोत
5. कार्यशील पूंजी की आवश्यकता का अनुमान
6. अन्य वित्तीय पहलू
7. प्रोजेक्ट कार्यान्वयन अनुसूची
8. सारांश

1. सामान्य सूचना (General Information) - प्रोजेक्ट रिपोर्ट में निम्न सामान्य सूचनायें देनी होती हैं –

(i) उद्योग का नाम व पता

(ii) उत्पाद के उपयोग, बाजार में उत्पाद की भविष्य में मांग, उत्पाद की मांग तथा पूर्ति की वर्तमान अवस्था एवं इस उत्पाद को चयन करने के कारण आदि की जानकारी।

(iii) उद्यमी संबंधी जानकारी- उद्यमी के बारे में व्यक्तिगत जानकारी जैसे नाम, आयु, पता, शैक्षणिक योग्यता, प्राप्त प्रशिक्षण, कार्य अनुभव, विशिष्ट योग्यता, परिवार तथा अन्य संबंधित जानकारी।

(iv) उद्योग का प्रकार (लघु/मध्यम/वृहत) तथा उसके स्वामित्व के बारे में जानकारी।

2. प्रोजेक्ट का विवरण (Project Description) प्रोजेक्ट रिपोर्ट में निम्न बिन्दुओं का संक्षिप्त विवरण दिया जाता है –

(i) स्थान (Site) प्रोजेक्ट का स्थान स्वयं का है या लीज पर लिया है तथा क्या अनुमोदित औद्योगिक क्षेत्र में है ? क्या यह प्रस्तावित प्रोजेक्ट के लिये उपयुक्त है ?

प्लॉट का क्षेत्र कितना है तथा कितना ढका हुआ क्षेत्र उपलब्ध है/ आवश्यक है ? यदि आवासीय क्षेत्र में है तो म्युनिसिपल प्राधिकारी से अनापत्ति प्रमाण-पत्र की प्रति संलग्न करनी चाहिये।

(ii) भौतिक इंफ्रास्ट्रक्चर (Physical infrastructure)

(a) **कच्चा माल** (Raw Materials)- कच्चे माल की प्राप्ति के स्रोत - देशी अथवा आयातित उचित मूल्य पर नियमित रूप से प्राप्त किये जा सकने की संभावना, आदि।

(b) **कुशल श्रमिक** (Skilled Labour) - उस क्षेत्र में कुशल श्रमिक उपलब्ध हैं अथवा उद्योग की आवश्यकतानुसार श्रमिकों को प्रशिक्षित करने की व्यवस्था करनी होगी।

(c) **ईंधन** (Fuel)- यदि आवश्यकता हो तो कोयला, तेल या गैस जैसे ईंधन की उपलब्धता की स्थिति।

(d) **विद्युत** (Power)- विद्युत भार जिसकी आवश्यकता होगी, विद्युत सप्लाई की नियमितता एवं विद्युत की टेरिफ की दरें जो कि देय होगी।

(e) **जल** (Water) - जल का स्रोत तथा जल की गुणवत्ता कैसी है ?

(f) **अपशिष्ट निस्तारण** (Waste disposal)- अपशिष्ट निस्तारण किस प्रकार किया जावेगा।

(g) **संचार के साधन** (Communication System) - टेलिफोन, टेलेक्स, फेक्स, ई-मेल आदि की उपलब्धता

(h) **परिवहन सुविधायें** (Transport facilities)- कच्चा माल लाने व तैयार माल भेजने के लिये उपलब्ध तथा संभावित परिवहन के साधन।

(i) **अन्य सामान्य सुविधायें** (other common facilities)- मशीन शॉप, वेल्डिंग शॉप, विद्युत रिपेयर शाप आदि जिनकी आवश्यकता हो, की उस क्षेत्र में उपलब्धता।

(iii) प्रोजेक्ट के अन्य पहलू (Other Aspects of the Project)

(a) उत्पादन प्रक्रम एवं प्रोद्योगिकी (Manufacturing process and technology) - उत्पाद के उत्पादन हेतु विभिन्न चरण तथा उनमें सम्मिलित विभिन्न प्रक्रम तथा उसमें लगने वाली अवधि। उत्पाद को तैयार करने के लिये चयनित प्रौद्योगिकी नवीनतम तथा उपयुक्त हो जिससे उत्पादन लागत कम, गुणवत्ता बेहतर एवं अधिकतम उत्पादन किया जा सके।

(b) मशीनों तथा उपकरणों की सूची- उत्पादन हेतु आवश्यक मशीनों व उपकरणों की सूची जिसमें उनका प्रकार क्षमता, मूल्य एवं सप्लायरों के नाम दर्शाये गये हों।

(c) संयंत्र की उत्पादन क्षमता (Production capacity of the plant)- इसमें उद्योग की लाइसेंस क्षमता, स्थापित क्षमता तथा उपयोगी क्षमता एवं शिफ्टों की संख्या व कार्यकारी घंटे प्रति शिफ्ट देने होते हैं।

(d) गुणवत्ता नियंत्रण, परीक्षण तथा निरीक्षण (Quality control, testing and inspection)- उपभोक्ताओं में उत्पाद के प्रति विश्वास उत्पन्न करने के लिये गुणवत्ता चिह्न जैसे ISI, Q या Agmark के निरीक्षण/परीक्षण हेतु क्या प्रावधान किये जावेंगे। यदि उत्पाद के लिये जरुरी हो तो इनका समावेश प्रोजेक्ट रिपोर्ट में होना चाहिये।

(e) अनुसंधान व विकास (Research and development)- उत्पादों के विकास तथा उनके उत्पादन प्रक्रम, गुणवत्ता सुधार, लागत आदि में अनुसंधान के लिये आर एंड डी सेल (R and D Cell) की आवश्यकता हो तो इसका उल्लेख किया जावे।

3. बाजार क्षमता (Market potential)

प्रोजेक्ट रिपोर्ट में बाजार क्षमता से सम्बन्धित निम्न बातों का समावेश होना चाहियेः

(i) उत्पाद की कुल मांग व पूर्ति।

(ii) उत्पाद की लागत व विक्रय मूल्य का अनुमान ताकि सम्भावित लाभ की गणना हो सके।

(iii) विपणन व्यूह रचना।

(iv) विक्रय के पश्चात सेवा, यदि आवश्यकता हो तो।

(v) यदि मांग मौसमी हो तो इसका उल्लेख, आदि।

4. पूंजी लागत तथा वित्तीय स्रोत (Capital costs and sources of Finance)-

प्रोजेक्ट रिपोर्ट में इकाई के लिये पूंजी लागतों के निम्न मदों का अनुमान दिया जाना चाहियेः

(i) भूमि तथा भवन, (ii) मशीनें तथा संयंत्र, (iii) फर्निचर तथा फिकस्चर, (iv) प्रारम्भिक तथा प्रचालन से पूर्व व्यय (v) कार्यशील पूंजी के लिये मार्जिन।

रिपोर्ट में प्रोजेक्ट के लिये आवश्यक वित्त के स्रोतों को दर्शाना होता है। साधारणतया वित्तीय स्रोतों में उद्यमी की स्वयं की पूंजी तथा वित्तीय संस्थाओं से प्राप्त ऋण आदि होते हैं।

5. कार्यशील पूंजी की आवश्यकता का अनुमान (Assessment of working capital Requirements)-

उद्यमी को कार्यशील पूंजी के नियोजन तथा प्रबंध के बारे में महत्वपूर्ण निर्णय लेना होता है। कच्चे माल की खरीद तथा संग्रहण, कच्चे माल को तैयार माल में बदलने की प्रक्रिया की अवधि, विक्रय से पूर्व तैयार माल का संग्रहण, बिजली व पानी के बिलों का भुगतान, श्रमिकों व स्टाफ को मजदूरी के भुगतान आदि पर कार्यशील पूंजी की मात्रा निर्भर करती है। पूंजी लागत का अनुमान लगाते समय भी कार्यशील पूंजी मार्जिन पर विचार करना होता है।

6. अन्य वित्तीय पहलू (Other Financial Aspects)-

किसी भी प्रोजेक्ट को लगाने का मुख्य उद्देश्य है कि अधिक लाभ की प्राप्ति हो सके। साथ ही प्रोजेक्ट में किये गये निवेश की प्राप्ति इसके जीवन चक्र में अवश्य हो जानी चाहिये। यह तभी संभव है जब कि उत्पादन के लिये चयन किया गया उत्पाद काफी लाभप्रद हो। इसके लिये प्रेक्षित (Projected) लाभ/हानि खाता बनाना होता है जिसमें संभावित विक्रय राशि, उत्पादन लागत, अन्य लागत व लाभ दर्शाये जाते हैं। ये अनुमान, विशेषकर सम्भावित विक्रय प्राप्तियाँ, वास्तविक आधार पर तैयार किये जाने चाहिये।

साथ ही सम-विच्छेद विश्लेषण (Break Even Analysis) द्वारा विक्रय के अलग-अलग स्तर पर लाभ की स्थिति का अध्ययन दिया जाना चाहिये। सम विच्छेद बिन्दु (Break ever Point) उत्पादन/विक्रय की वह अवस्था है जिस पर उपक्रम को न तो लाभ होता है और न हानि। अतः उद्यमी को लाभ अर्जित करने के लिये सम-विच्छेद बिन्दु से अधिक उत्पाद का विक्रय करना आवश्यक है।

$$\text{सम विच्छेद बिन्दु (B.E.P.)} = \frac{\text{स्थाई लागत}}{\text{विक्रय मूल्य} - \text{परिवर्तनीय लागत}}$$

उपक्रम की वित्तीय संभावना दर्शाने हेतु रिपोर्ट में निम्न अनुपातों की गणनाओं को भी सम्मिलित करना चाहिये –

$$\text{लाभकारी अनुपात (Profitablity ratio)} = \frac{\text{शुद्ध लाभ}}{\text{विक्रय}} \times 100$$

$$\text{निवेश पर वापसी (Return on Investment)} = \frac{\text{शुद्ध लाभ}}{\text{विनिवेशित पूंजी}} \times 100$$

$$\text{ऋण इक्विटी अनुपात (Debt-Equity Ratio)} = \frac{\text{ऋण}}{\text{इक्विटी}}$$

$$\text{ऋण भार कवरेज अनुपात (Debt Service Coverage Ratio)} = \frac{\text{कर के पश्चात शुद्ध लाभ + मूल्य ह्रास + एक वर्ष का ब्याज}}{\text{(किश्त + ब्याज) एक वर्ष का}}$$

7. प्रोजेक्ट कार्यान्वयन अनुसूची (Project Implematation Schedule)

प्रोजेक्ट हेतु निम्न कार्यों को पूर्ण करने की दिनांक को दर्शाया जा सकता है–

भूमि का अधिग्रहण, इकाई का पंजीकरण, वित्तीय संस्थानों में ऋण, भवन का निर्माण, बिजली का कनेक्शन, संयंत्र/मशीनों का आदेश, संयंत्र/मशीनों की प्राप्ति, संयंत्र/मशीनों का स्थापन, श्रमिकों की भर्ती, श्रमिकों का प्रशिक्षण, कच्चे माल का आदेश, कच्चे माल की प्राप्ति, ट्रायल उत्पादन, व्यवसायिक उत्पादन।

8. सारांश (Conclusion)

इसमें प्रोजेक्ट की तकनीकी सम्भाव्यता (technical feasibility) तथा पुनर्भरण अवधि सहित वित्तीय सम्भावना (financial viability) आदि को दर्शाया जाता है।

प्रश्न

1. विस्तृत प्रोजेक्ट रिपोर्ट के विभिन्न मद क्या-क्या हैं ? (राज.नव95)
2. विस्तृत प्रोजेक्ट रिपोर्ट तैयार करने हेतु मुख्य बिन्दु लिखिये। (राज.नव96)
3. प्रोजेक्ट रिपोर्ट को तैयार करने हेतु किन सूचनाओं का संकलन किया जाता है ? संक्षेप में समझाइए।

अध्याय - 15

लघु उद्योगों के वित्तीय स्त्रोत
(Financial sources for S.S.I.)

15.1 लघु उद्योगों को ऋण सुविधा (Credit facilities to small scale Industries)

लघु उद्योग क्षेत्र अपने कार्यकारी पूंजी एवं सावधि ऋण की आवश्यकता बैंकों तथा राज्य वित्त निगम (SFC/RFC) से पूर्ति करता है। बैंकों द्वारा मुख्यतः कार्यकारी पूंजी अग्रिम तथा राज्य वित्त निगम द्वारा मुख्यतः पूंजी विनियोजन हेतु ऋण मिलता है। इसके अतिरिक्त लघु उद्योगों को राष्ट्रीय लघु उद्योग निगम (NSIC) एवं राज्य लघु उद्योग निगम (SSIDC) किराया क्रय आधार पर मशीनों की सप्लाई व अन्य सहायतायें प्रदान करते हैं तथा खादी एवं ग्रामोद्योग आयोग (K.V.I.C.) ग्रामीण क्षेत्रों में लघु एवं कुटीर उद्योगों के विकास के लिये कार्यरत है। इन वित्तीय स्त्रोतों की विस्तृत जानकारी इसी अध्याय में दी जा रही है। लघु उद्योग क्षेत्र को वित्त प्रदान करने हेतु भारतीय लघु उद्योग विकास बैंक (SIDBI), कृषि एवं ग्रामीण विकास राष्ट्रीय बैंक (NABARD), बैंकों एवं वित्तीय निगमों को पुनर्वित सुविधा प्रदान करते हैं। बैंकों द्वारा लघु उद्योग क्षेत्र को दिये जाने वाले ऋण को प्राथमिकता क्षेत्र (Priority Sector) को ऋण माना जाता है।

15.2 अखिल भारतीय वित्तीय संस्थाएं (All India Financial Institutions)

अखिल भारतीय स्तर पर कार्यरत वित्तीय संस्थाओं द्वारा लघु उद्योगों को दी जाने वाली विभिन्न सहायताओं की संक्षिप्त जानकारी निम्नानुसार है–

15.2.1 भारतीय लघु उद्योग विकास बैंक (Small Industries Development Bank of India, SIDBI)

इसकी स्थापना मार्च, 1990 में संसद के अधिनियम (Act of parliament) के तहत भारतीय औद्योगिक विकास बैंक (आई डी बी आई) के सम्पूर्ण स्वामित्व वाली सहायक संस्थान के रूप में की गई थी। इसने आई डी बी आई से लघु उद्योग क्षेत्र का कार्य अपने पास ले लिया। इस प्रकार सिडबी लघु क्षेत्र में उद्योगों को प्रोन्नत करने, वित्त प्रदान करने तथा विकास के लिये एवं इसी प्रकार के कार्यक्रमों में सलग्न संस्थाओं के कार्यों में समन्वय के लिये मुख्य वित्तीय संस्था है। लघु क्षेत्र के

विकास के लिये इसी बैंक से सीधे सम्पर्क कर सकते हैं। इसकी स्थापना के पश्चात इस छोटी अवधि में सिडबी ने वर्तमान सहायता की योजनाओं में कमियों को पहिचानने में, आवश्यकतानुसार नई योजनाएं लागू करने में, ताकि सेवाओं को व्यापक बनाया जा सके, तौर-तरीकों को सरल बनाने में तथा लघु क्षेत्र की उत्पन्न होने वाली आवश्यकताओं के लिये समय पर उचित कार्यवाही हेतु गहरी दिलचस्पी ली है।

मुख्यतय सिडबी निम्न प्रकार की सहायता प्रदान करती है;

(i) सावधि वित्त प्रदान करना, सीधे तथा पुनर्वित दोनों प्रकार के;

(ii) बिलों के बतौर वित्त प्रदान करना;

(iii) कार्यकारी पूंजी के लिये वित्त प्रदान करना;

(iv) कच्चे माल, विपणन तथा फैक्टरी संबंधित सुविधाओं के लिये ऋण;

(v) अंशदान (इक्विटी) के लिये सहायता; तथा

(vi) विकास (Extension) एवं सहायक (Support) सेवायें।

उपरोक्त श्रेणियों के अन्तर्गत सिडबी ने विशेष उद्देश्यों, कार्यक्रमों तथा संस्थाओं की आवश्यकताओं को पूरा करने के लिये योजनायें तैयार की हैं। लघु उद्योग क्षेत्र की विशिष्ट आवश्यकताओं के अनुसार सिडबी की निम्न योजनाएं प्रचलित है –

(1) विपणन संगठनों को सीधी सहायता;

(2) राज्य लघु उद्योग विकास निगमों (SSIDCs) को ऋण प्रदान के मार्ग दर्शन;

(3) कम अवधि तथा मध्यम अवधि के बिलों का डिस्काउंटिंग (Discounting);

(4) औद्योगिक आधारभूत सुविधाओं (insfrastructure) के विकास के लिये सीधी सहायता;

(5) लीजींग तथा किराया क्रय सुविधाओं के लिये वित्तीय सहायता;

(6) एक एजेंसी से सावधि ऋण तथा कार्यशील पूंजी हेतु एकल विन्डो योजना;

(7) सहायक उद्योगों (ancillarisation) तथा प्रोद्योगिकी उन्नयन (Upgradation) के लिये सीधी सहायता;

सिडबी की विभिन्न योजनाओं को इस तरह बनाया है जिससे लघु उद्योग क्षेत्र आवश्यक संसाधन जुटाकर अधिकाधिक विकास कर सके तथा देश के औद्योगिक क्षेत्र में अपना महत्वपूर्ण स्थान बनाकर बाजार प्रतिस्पर्धा में ठहर सके।

सिडबी का मुख्यालय लखनऊ में हैं तथा 5 संभागीय एवं 21 शाखा कार्यालयों के माध्यम से सभी राज्यों तथा केन्द्र शासित प्रदेशों को सहायता प्रदान की जा रही है। राजस्थान में सिडबी शाखा कार्यालय जयपुर में है।

15.2.2 कृषि एवम् ग्रामीण विकास राष्ट्रीय बैंक (नाबार्ड) (National Bank for Agriculture and Rural Development, NABARD)

नाबार्ड की स्थापना 1981 में निम्न प्रकार के कार्यक्रमों को प्रोत्साहित करने के उद्देश्य से उन्हें ऋण प्रदान करने के लिये की गई थी:

(i) कृषि (Agriculture)

(ii) हस्तशिल्प एवं सम्बन्धित कार्यक्रम (Handicraft and allied activities)

(iii) कुटीर एवं ग्रामीण उद्योग (Cottage and Village industries)

(iv) समवर्गीय लघु उद्योग (Allied small scale industries)

कृषि तथा ग्रामीण विकास के लिये ऋण उपलब्ध कराने हेतु नीतियाँ और योजनाएं बनाने तथा उन्हे व्यापारिक बैंकों के माध्यम से क्रियान्वित करने के लिये यह प्रमुख संस्था है। इसके तहत व्यापारिक बैंको द्वारा नाबार्ड की योजनाओं के तहत स्वीकृत ऋणों के लिये पुनर्वित सुविधा नाबार्ड द्वारा प्रदान की जाती है। इस प्रकार स्वीकृत ऋणों के लौटाने की अवधि 15 वर्ष तक हो सकती है तथा सामान्यतया इसका 80 प्रतिशत नाबार्ड द्वारा पुनर्वित्त (refinance) कर दिया जाता है।

नाबार्ड ने प्राथमिकता वाले क्षेत्रों पर विशेष ध्यान देना सुनिश्चित करने के लिये नवीनतम एक मुश्त उपाय किये हैं। लघु सिंचाई के लिये सावधि ऋणों के नाबार्ड पुनर्वित पोषण की दर को उत्तर-पूर्वी राज्यों के मामले में 90 प्रतिशत तक और कृषि तथा सम्बन्ध कार्यकलापों की शत-प्रतिशत, निर्यातोन्मुखी इकाईयों के निवेश के संबंध में इसकी वृद्धि की जा रही है। नाबार्ड 125 करोड़ रु के परिव्यय से पांच चुने हुये जिलों में ग्रामीण उद्योगों के सघन विकास के लिये प्रायोगिक परियोजनाएं आरम्भ कर रहा है। नाबार्ड ने कृषि और गैर कृषि क्षेत्रों में नवीन निवेशों की सहायतार्थ 5 करोड़ रु के आरम्भिक संग्रहण से एक उद्यमी पूंजी निधि और सहकारी बैंकों में प्रबंध प्रणालियों तथा दक्षताओं को सुधारने में सहायता देने के लिये 10 करोड़ रु के आरम्भिक संग्रहण से एक सहकारी विकास निधि की स्थापना वर्ष 1993-94 से की है।

15.2.3 राष्ट्रीय लघु उद्योग निगम की वित्तीय योजनाएं (Financial Schemes of NSIC)

राष्ट्रीय लघु उद्योग निगम की लघु उद्योगों के वित्तीय सहायतार्थ योजनायें निम्न हैं–

1. मशीनों के लिये वित्त (Finance for Machines)

(i) किराया-क्रय आधार पर मशीनों की सप्लाई (Supply of Machines on Hire-Purchase Basis)

लघु उद्योग जो कि राज्य उद्योग निदेशालय या जिला उद्योग केन्द्रों के साथ पंजीकृत हैं, इस योजना के तहत आते हैं। राष्ट्रीय लघु उद्योग निगम द्वारा स्वदेशी मशीनें तथा आयातित मशीनें

किराया-क्रय आधार पर सप्लाई की जाती हैं। इसके लिये आवेदन निर्धारित प्रपत्र में चार प्रतियों में देना होता है जो कि निगम के कार्यालय, लघु उद्योग सेवा संस्थान, तथा जिला उद्योग केन्द्रों से निर्धारित मूल्य देकर प्राप्त कर सकते हैं। किराया-क्रय आधार पर मशीनों की सप्लाई के लिये निगम को दिये जाने वाले आवेदन-पत्र के साथ उपयुक्त योजना या परियोजना रिपोर्ट जिसमें उद्यमी/ उद्यमियों की पृष्ठभूमि, परियोजना की आर्थिक स्थिति और इसका वित्तीय तथा विपणन संबंधी विवरण, पोस्टल ऑर्डर या बैंक ड्राफ्ट के रूप में निर्धारित आवेदन शुल्क, आवेदित मशीनों के लिये राष्ट्रीय लघु उद्योग निगम के नाम पर दर सूचियां, लघु उद्योग पंजीकरण प्रमाणपत्र की सत्यापित प्रतिलिपि, आवेदन पत्र में दी गई सूचना के समर्थन में प्रलेख तथा निगम द्वारा यथा निर्धारित घोषणाएं एवं शपथ-पत्र प्रस्तुत किये जाने चाहिये।

निगम के शाखा/क्षेत्रीय कार्यालय द्वारा आवेदन पत्र पर लिये गये निर्णय की सूचना यथास्थिति स्वीकृति पत्र या अस्वीकृति पत्र के रूप में आवेदनकर्ता को दे दी जाती है। आवेदन पत्र स्वीकृति होने के बाद, आवश्यकता होने पर आवेदन पत्र में अल्लिखित सप्लाईकर्ता से पुनः पूछताछ करने से लेकर मशीनों की सुपुर्दगी तक की पूरी खरीद प्रक्रिया की जिम्मेदारी निगम अपने ऊपर लेता है। आयातित मशीनों के मामले में निगम विदेशी विनिमय की व्यवस्था करता है, आयात लाइसेंस प्राप्त करता है, साख पत्र जारी करता है और सीमा शुल्क संबंधी अपेक्षाओं तथा बन्दरगाहों से मशीनों के निकासी के कार्य की व्यवस्था कराता है एवं इकाई को मशीनें प्रेषित कर देता है। लघु उद्योग आरम्भ करने वाले उद्यमी की भूमिका केवल इतनी ही है कि वह आवश्यक प्रलेखों सहित आवेदन पत्र प्रस्तुत करें, प्रस्ताव किये जाने पर बयाना राशि (Margin money) का भुगतान कर दे और किराया पत्र अनुबंध पत्र निष्पादित कर दें। मशीनें उसे निगम द्वारा घर बैठे पहुंचा दी जायेगी।

इसके पश्चात मशीनों को दक्षतापूर्वक प्रयोग करना, उनके सदुपयोग से धन अर्जित करना तथा निगम को ठीक समय पर किराया क्रय की किश्तों का भुगतान कर देना ही उसका कार्य है। किराया क्रय की अन्तिम किश्त तथा अन्य देयताएं, यदि कोई हो, का भुगतान कर देने के बाद मशीनों की सम्पत्ति उद्यमी के नाम हस्तांतरित कर दी जाती हैं तथा वह उस सम्पत्ति का मालिक बन जाता है।

(ii) उपस्करों को लीज पर देने की योजना (Equipment leasing Scheme)-

राष्ट्रीय लघु उद्योग निगम द्वारा मौजूदा लाभ कमाने वाली इकाईयों को आधुनिकीकरण, विस्तार, प्रौद्योगिकी उन्नयन (Upgradation) तथा विशाखन (diversification) कार्यकलापों के लिये इस योजना के तहत एवं सेवा उद्योग (Service industry) को नई इकाईयों के लिये उपस्करों/मशीनों को लीज पर देने की वित्तीय सहायता योजना है। निगम द्वारा 1 लाख रु. या अधिक लागत के स्वदेशी तथा आयातित मशीनें लीज पर दी जाती है। इसके लिये आवेदन निर्धारित प्रपत्र में दो प्रतियों में निगम के शाखा/क्षेत्रीय कार्यालय में आवेदन शुल्क के साथ जमा कराना होता है। आवेदन पत्र के साथ चाही गई मशीनों के पूर्ण विनिर्देश (Specification) तथा तकनीकी जानकारी लीफलेट, निर्माणकर्ता/सप्लायर से निगम के नाम मशीनों की निविदा चार प्रतियों में तथा अन्य प्रलेख जैसा कि आवेदन पत्र के परिशिष्ट-ब (Annexure-B) में उल्लिखित हैं, दिये जाने चाहिये।

आवेदन पत्र की स्वीकृति होने पर अग्रिम राशि मांग पत्र के अनुसार 30 दिन के भीतर जमा करानी होती है, लीज डीड भर कर देना होता है तथा अन्य कोई देय राशि यदि हो तो जमा करानी होती

है। इसके पश्चात् मशीनों का आदेश सप्लायर को दिया जाता है ताकि लघु उद्योग को उनकी सप्लाई हो सके। आयातित मशीनों की सप्लाई निगम को विदेशी विनिमय व आयात लाइसेंस की व्यवस्था होने पर निर्भर करती है।

लीज अवधि में निगम को लीज किराये पर पट्टाधारी द्वारा समय से भुगतना होता रहे, इसके लिये पूरे लीज किराये की राशि की समपार्श्विक प्रतिभूति (Colleteral security) स्थाई परिसम्पतियों के रूप में जैसे भूमि, मकान आदि या एक वर्ष के लीज किराये की राशि के बराबर पाँच वर्ष की बैंक गारंटी या तृतीय पक्ष की जमानत निगम को देनी होती है। अनिवार्य लीज अवधि 5 वर्ष है तथा पांच वर्ष के अन्त में दो विकल्प हैं

1. व्यवस्थित इकाईयों को प्रारम्भिक लागत का 10% की दर से भुगतान करने पर मशीनों की सम्पत्ति का उद्यमी के नाम हस्तान्तरण।
2. एक-तिहाई लीज किराये के दर से अगले तीन वर्षों के लिये लीज का नवीनीकरण याने लीज किराया 24 रु. प्रतिमाह प्रतिहजार के बजाय 8 रु. प्रति माह प्रति हजार।

अन्य निजी या सार्वजनिक वित्तीय संस्थाओं की लीजिंग योजनाओं की अपेक्षा निगम की यह योजना सबसे सस्ती है।

2. वित्तीय सेवा योजना (Financial Services Schemes)

(i) कच्चा माल सहायता योजना (Raw Material Assistance Scheme, RMA)

निगम कच्चे माल के क्रय हेतु लघु उद्योगों को वित्त प्रदान करता है तथा इसके लिये सीमा निर्धारित कर दी जाती है। इस योजना के तहत कच्चा माल आयात भी किया जा सकता हैं। यह एक छोटी अवधि के लिये वित्त प्रदान करने की योजना है।

(ii) कार्यशील पूंजी योजना (Working Capital Scheme)

निगम ने यह योजना लघु उद्योगों की आकस्मिक आवश्यकताओं जैसे बिजली के बिल, पानी के बिल, टेलीफोन बिल और इसी प्रकार के खर्चों के लिये वित्त प्रदान करने हेतु प्रारम्भ की है।

(iii) बिल बट्टा योजना (Bill Discounting Scheme)-

बड़े, मध्यम तथा सरकारी उद्यमों को लघु उद्योग क्षेत्र से सप्लाई/क्रय किये बिलों के लिये निगम द्वारा वित्त प्रदान करने की योजना है। इसके तहत क्रेता, जिसने लघु उद्योग से माल या पुर्जे खरीदे हैं, स्वीकृत किये गये बिल निगम को अग्रेषित कर देगा एवं निगम लघु उद्योग विक्रेता को उन बिलों का शीध्र भुगतान कर देगा।

(iv) निर्यात विकास वित्त योजना (Export Development Finance Scheme)-

यह योजना निर्यात मूलक इकाईयों (EOUs) तथा अन्य निर्यातक इकाईयों को उनकी आकस्मिक आवश्यकताओं के लिये हैं। शिपमेंट से पूर्व तथा पश्चात् निगम बैंकों द्वारा लिये जाने

वाली ब्याज दर पर वित्त प्रदान करता है। सेवा शुल्क जैसा कि कच्चा माल सहायता या बिल बट्टा योजना में है, लिया जाता है जो कि शिपमेंट के पूर्व/पश्चात ऋण पर निर्भर है।

15.3 राज्य स्तरीय वित्तीय संस्थाएं (State Level Financial Institutions)

राज्य स्तर पर कार्यरत वित्तिय संस्थाओं द्वारा लघु उद्योगों को दी जाने वाली सहायता का विवरण निम्न प्रकार है-

15.3.1 राज्य वित्त निगम द्वारा ऋण (Loan from State Financial Corporation, SFC/RFC)

राज्य वित्त निगम लघु तथा मध्यम उद्योगों को लम्बी अवधि के ऋण प्रदान करता है। निगम उद्योगों की स्थापना हेतु भूमि, भवन निर्माण, मशीनरी, उपकरणों आदि के लिये तथा स्थापित उद्योगों को विकास, आधुनिकीकरण आदि के लिये ऋण प्रदान करता है। उद्यमियों तथा समाज के विभिन्न वर्गों की आवश्यकताओं की पूर्ति हेतु निगम की अनेक ऋण योजनाएं हैं, जिनका विस्तृत विवरण आगे दिया जा रहा है।

राज्य वित्त निगम से सहायता प्राप्त करने की विधि (Seeking Financial Assistance from SFC/RFC)

1. उद्यमी ऋण के लिये प्रार्थना पत्र अपने नजदीकी निगम के शाखा कार्यालय को दे सकता है।
2. प्रार्थना पत्र निर्धारित प्रपत्र में सभी आवश्यक सूचनाओं एवं संलग्नकों सहित देना होता है। निर्धारित प्रपत्र (Form) निगम के प्रधान कार्यालय अथवा किसी भी सम्बन्धित शाखा कार्यालय से प्राप्त किया जा सकता है।
3. प्रार्थना पत्र के साथ उद्यमी को प्रार्थना पत्र शुल्क (Application Fee) जमा कराना होता है, जिसकी निर्धारित दर निम्न है –

	ऋण की राशि जिसके लिए आवेदन किया	प्रार्थना पत्र शुल्क की राशि
(a)	25,000 रु. तक	25 रु.
(b)	एकीकृत ऋण (25,000 से 50,000 रु.तक)	50 रु.
(c)	25,000 रु. से अधिक लेकिन 2 लाख रु. से अधिक नहीं	200 रू.
(d)	2 लाख रु. से अधिक लेकिन 5 लाख रु. से अधिक नहीं	400 रु.
(e)	5 लाख रु. से अधिक	100 रु. प्रति लाख या उसके हिस्से के ऋण हेतु

नोट : तकनीकी उद्यमी (5 लाख रु. तक का ऋण) भूतपूर्व सैनिक तथा (2 लाख रु. तक का ऋण) अ. जाति/ अ. जनजाति उद्यमियों (5 लाख रु. तक का ऋण) के लिए प्रार्थना पत्र शुल्क 50% होगा यदि उनके लिए बनाई गई विशिष्ट योजनाओं में ऋण के लिए आवेदन करते हैं।

राज्य वित्त निगमों की ऋण योजनायें
(Various Loan Schemes of State Corporation)

राज्य वित्त निगमों की योजनायें (Schemes) तथा प्रदत्त सुविधाओं (Facilities) की संक्षिप्त जानकारी नीचे दर्शाई गई है -

	ऋण योजना Loan Scheme	पात्रता Eligibility	सहायता की अधिकतम सीमा Max Quantum of Assistance	न्यूनतम प्रवर्तकीय अंशदान Min Promoters Contribution	पुनर्भुगतान की अवधि Repayment period
1.	**सामान्य सावधि ऋण (Normal Term Loan)** - स्थायी परिसम्पत्तियों के लिए 240 लाख रुपये तक प्राइवेट/पब्लिक लि. कम्पनियों व पंजीकृत सहकारी समितियों के लिए तथा 120 लाख रुपये तक एकल स्वामित्व/साझेदारी फर्मो और ऐसी अन्य औद्योगिक गतिविधियों के लिए जिनका एस.एफ.सी. अधिनियम में प्रावधान है। पब्लिक कॉल आफिस (P.C.O.) और टेलेक्स सुविधाओं के लिए भी वित्तीय सहायता दी जाती है।	कोई भी सार्वजनिक/निजी लि. कम्पनियाँ /पंजीकृत सहकारी समितियां/ एकल स्वामित्व / साझेदारी संस्थान । प्रोजेक्ट लागत 12 करोड़ रु. से अधिक न हो ।	240 लाख रुपये तक सार्वजनिक / निजी कम्पनियों पंजीकृत सहकारी समितियां को तथा 120 लाख रु. तक एकल / साझेदारी फर्मों का ।	A श्रेणी जिलों में 12.5% B श्रेणी जिलों में 17.5 % C श्रेणी जिलों में 20.0% D श्रेणी जिलों में 22.5% कुल परियोजना लागत का ऋण समानुपात (DER) ऋण 10 लाख रु. तक 3:1 ऋण 10 लाख रु. से अधिक 2:1	10 वर्ष की अवधि तक जिसमें 2 वर्ष का पुंसवनकाल (Moratorium) भी सम्मिलित है।
2.	**तकनीकि उद्यमियों के लिए ऋण (Loan for Technocrats)** - विशेष व्यावसायिक योग्यता वाले व्यक्तियों को उदार शर्तों प" बिना किसी मार्जिन एवम् प्रतिभूति के 5 लाख रूपये तक का ऋण।	डिग्री या डिप्लोमाधारी इंजीनियर्स के लिए अपारम्परिक उद्योगों की स्थापना हेतु । एम. बी. बी. एस. डॉक्टर्स और रेडियोलोजिस्ट को विद्युतीय चिकित्सा उपकरणों जैसे एक्सरे प्लांट्स, इलेक्ट्रोकार्डियोग्राम्स आदि के व्यावसायिक उपयोग हेतु ।	5 लाख रुपये तक ।	कुल लागत का 17.5% ऋण समानुपात 3 : 1	निगम के नियमों के अनुरूप सामान्य पुनर्भुगतान अवधि ।

	ऋण योजना Loan Scheme	पात्रता Eligibility	सहायता की अधिकतम सीमा Max Quantum of Assistance	न्यूनतम प्रवर्तकीय अंशदान Min Promoters Contribution	पुनर्भुगतान की अवधि Repayment period
3.	**सिंगल विन्डो ऋण योजना (Single Window Scheme)** - लघु तथा अतिलघु क्षेत्र की इकाइयों की स्थायी परिसम्पतियों तथा कार्यशील पूंजी दोनों की आवश्यकताओं की आपूर्ति हेतु।	सभी लघु/अतिलघु इकाईयाँ, स्थापित इकाईयों के आधुनिकीकरण, प्रौद्योगिकी उन्नयन तथा बीमार इकाईयों के पुनर्वास जिनमें प्रोजेक्ट लागत तथा कार्यशील पूंजी की आवश्यकता 200 लाख रु. से अधिक न हो।	200 लाख रुपये तक सावधि ऋण तथा कार्यशील पूंजी दोनों को सम्मिलित करते हुए।	ऋण समानुपात ऋण 10 लाख रु. तक 3 : 1 ऋण 10 लाख रु. से अधिक 2 : 1	10 वर्ष तक जिसमें 3 वर्ष का अधिकतम पुंसवनकाल सम्मिलित है।
4.	**एकीकृत सावधि ऋण (Composite Term Loan)** - भवन निर्माण, उपकरणों और कार्यशील पूंजी की आवश्यकताओं की आपूर्ति हेतु।	ग्रामीण शिल्पियों एवं दस्तकारों के लिए और ग्रामों में पात्रता रखने वाले सभी औद्योगिक गतिविधियों के लिए (छोटे कस्बों /शहरों के लिए जिनकी आबादी 5 लाख से अधिक न हो)	50,000 रुपये तक जिसमें कार्यशील पूंजी भी सम्मिलित है।	—	10 वर्ष की अवधि तक जिसमें 18 माह का अधिकतम पुंसवनकाल सम्मिलित होगा।
5.	**उपकरण पुनर्वित ऋण (Equipment Refinance)** - लघु तथा मध्यम उद्योगों को विदेशी मुद्रा का सीधा ऋण जो पूंजीगत सामग्री / यंत्र-संयंत्रों की खरीद /आधुनिकीकरण हेतु आवश्यक उपकरणों यथा विस्तार, संतुलन, ऊर्जा बचत, प्रदूषण निवारणार्थ आदि जिनका की किसी विशिष्ट परियोजना से सीधा सम्बन्ध न हो।	विद्यमान ऐसी औद्योगिक इकाईयां पुनर्वित प्राप्ति की पात्रता रखती हैं, जिनका पिछला रिकॉर्ड श्रेष्ट हो तथा वित्तीय स्थितियाँ सुदृढ़ हों और पिछले 4 वर्षो से परिचालन की प्रक्रिया में हों तथा लाभ अर्जित कर रही हों, पिछले 2 वर्षों से शेयर्स पर लाभांश दे रही हों तथा किसी वित्तीय संस्थान अथवा बैंकों की डिफाल्ट इकाई नहीं हो।	अधिकतम 240 लाख रुपये या 120 लाख रुपये तक जो इकाई की वैधानिक संरचना पर निर्भर करेगा।	कुल परियोजना लागत का 22.5% ऋण समानुपात ऋण 10 लाख रु. तक 3 : 1 ऋण 10 लाख से अधिक 2 : 1	4 वर्ष की अवधि तक जिसमें 6 से 12 महीने तक पुंसवनकाल सम्मिलित होगा।

	ऋण योजना Loan Scheme	पात्रता Eligibility	सहायता की अधिकतम सीमा Max Quantum of Assistance	न्यूनतम प्रवर्तकीय अंशदान Min Promoters Contribution	पुनर्भुगतान की अवधि Repayment period
6.	**डीजल जेनरेटिंग सेट हेतु ऋण (D.G. Set Loan)** - इकाई में अतिरिक्त ऊर्जा की आपूर्ति हेतु नया डीजल जेनरेटिंग सेट क्रय करने के लिए	सभी इकाइयों को यह ऋण सुविधा उपलब्ध है।	अधिकतम 240 लाख रुपये या 120 लाख रुपये तक जो इकाई की वैधानिक संरचना पर निर्भर करेगा।	कुल परियोजना लागत का 10 प्रतिशत	निगम से सहायता प्राप्त इकाइयों के लिए अधिकतम 30 समान मासिक किस्तों या सावधि ऋण के भुगतान की अन्तिम तिथि जो भी पूर्व हो। निगम से सहायता विहीन इकाइयों के लिए 30 समान मासिक किस्तों में।
7.	**महिला उद्यमियों के लिए ऋण (Loan to Women Entrepreneurs)** - लघु उद्योग क्षेत्र में स्थापित किये जाने वाले सभी उद्योगों के लिए जिनमें अतिलघु ग्रामीण व कुटीर उद्योग भी सम्मिलित हैं जिनका प्रवर्तन तथा प्रबन्ध महिला उद्यमियों द्वारा किया जाए।	साझेदारी फर्मों में महिला उद्यमियों का अंश न्यूनतम 51% होना चाहिए।	240 लाख रुपये य 120 लाख रुपये तक जो इकाई की वैधानिक संरचना पर निर्भर करेगा।	ए श्रेणी के जिलों में कुल परियोजना लागत का 12.5 प्रतिशत तथा अन्य जिलों में 15 प्रतिशत, ऋण समानुपात, 10 लाख रु. तक 3 : 1, 10 लाख रु. से अधिक 2 : 1	10 वर्ष तक जिसमें 2 वर्ष का पुंसवनकाल सम्मिलित है।
8	**महिला उद्यम निधि योजना (Mahila Udhyam Nidhi Scheme)** - बीज पूंजी को सम्मिलित करते हुए सुगम ऋण सहायता उन महिला उद्यमियों के लिए जिनकी परियोजना लागत 10 लाख रु. से अधिक नहीं हो।	साझेदारी फर्मों में महिला उद्यमियों का अंश न्यूनतम 51 प्रतिशत होना चाहिए।	प्रवर्तक अंशदान को सम्मिलित करने के पश्चात् कुल परियोजना लागत का 15 प्रतिशत इक्विटी के अन्तराल की पूर्ति हेतु।	कुल लागत का 10 प्रतिशत ऋण समानुपात 3:1	10 वर्ष की अवधि जिसमें 5 वर्ष का पुंसवनकाल सम्मिलित है।

	ऋण योजना Loan Scheme	पात्रता Eligibility	सहायता की अधिकतम सीमा Max Quantum of Assistance	न्यूनतम प्रवर्तकीय अंशदान Min Promoters Contribution	पुनर्भुगतान की अवधि Repayment period
9.	**डॉक्टरों के लिए अस्पतालों तथा नर्सिंग होम के लिए ऋण (Loan for Hospital & Nursing Homes for Doctors)** - नये अस्पताल / नर्सिंग होम की स्थापना के लिए जहां एलोपैथिक चिकित्सा एवं निदान (diagnosis) की सुविधाएं आउटडोर तथा इनडोर रोगियों के लिए (निम्न आय वर्ग के लिए रियायती दर पर) उपलब्ध हों। पूर्व में स्थापित ऐसी संस्थाओं को जो योजना के अनुसार मापदंड पूरे करती हैं, उन्हें भी यह सुविधा उपलब्ध है।	वे सभी प्रतिष्ठान जो प्राईवेट / पब्लिक लिमिटेड कम्पनी / एकल स्वामित्व / साझेदारी संस्थान या ट्रस्ट के अधीन संगठित हो और जहां 20 शैय्याओं तथा एक औषध / शल्य विशेषज्ञ (MD/MS) की पूर्णकालिक व्यवस्था हो।	240 लाख रुपये अथवा 120 लाख रुपये तक जो इकाई कि वैधानिक संरचना पर निर्भर करता है।	विभिन्न श्रेणीगत जिलों के अनुरूप परियोजना लागत के 22.5 प्रतिशत तक ऋण समानुपात ऋण 10 लाख रु. तक 3 : 1, ऋण 10 लाख रु. से अधिक 2 : 1	10 वर्ष तक जिसमें 24 माह का पुसंवनकाल सम्मिलित है।
10.	**होटल तथा पर्यटन सम्बन्धित गतिविधियों हेतु ऋण (Loan for Hotels & Tourism Activities)** - पर्यटन से सम्बन्धित गतिविधियों के लिए तथा नये होटल / मोटल / रेस्टोरेन्ट के निर्माण के लिए, नवीनीकरण / परिवर्तन अधिविस्तार के लिए जो पूर्व में संस्थापित है, आवश्यक यंत्र संयंत्र उपकरण फर्नीचर आदि की खरीद तथा संस्थापन के लिए।	इस परियोजना में न्यूनतम 10 कमरे, उनमें से आधे वातानुकूलित एक चौथाई प्रसाधन कक्षों से युक्त तथा शेष में प्रत्येक चार कमरों के लिए एक बाथरूम की व्यवस्था हो/ इनके अतिरिक्त पर्यटक निदेशक की संस्तुति राज्य सरकार की अनुमति तथा साइट प्लान के लिए स्थानीय निकाय का अनापत्ति प्रमाण पत्र विचारार्थ स्वीकारे जाने से पूर्व आवश्यक होंगे।	240 लाख रु. अथवा 120 लाख रु. तक जो इकाई की वैधानिक संरचना पर निर्भर करता है।	कुल लागत का 25 प्रतिशत ऋण समानुपात ऋण 10 लाख रु. तक 3 : 1, ऋण 10 लाख रु. से अधिक 2 : 1	सावधि ऋण के लिए 10 वर्ष तक की अवधि जिसमें 18 माह का प्रारम्भिक पुंसवनकाल भी सम्मिलित है।

इसके अतिरिक्त भी राज्य वित्त निगम की परियोजनायें हैं जिनकी जानकारी निगम से प्राप्त की जा सकती है -

11. आई.एस.ओ.9000 श्रेणी के प्रमाणीकरण प्राप्त करने हेतु ऋण (Loan for Acquisition of ISO 9000 Series Certification by SSI units)

12. प्रोद्योगिक विकास तथा आधुनिकीकरण के लिए ऋण (Loan for Technology Development and Modernisation)
13. शो रुम तथा लघु उद्योगों के उत्पादों के विपणन के लिए ऋण (Loan for Show room and Marketings of SSI Product)
14. परिवहन वाहनों के लिए ऋण (Loan for Transport Vehicles)
15. अनुसूचित जाति / जनजाति के उद्यमियों के लिए ऋण (Loan to SC / ST entrepreneurs)
16. नेशनल इक्विटी फंड (National Equity Fund)
17. देशज / आयात विकल्प हेतु ऋण (Loan for Indiginisation Import Substitutions)
18. टैंकर्स के लिए ऋण (Loan for Tankers)
19. खनन गतिविधियों के लिए ऋण (Loan for Mining Activities)
20. टेक्सटाइल यूनिटों के लिए प्रौद्योगिकी उन्नयन फंड योजना (Technology upgradation fund (RTUF) Scheme for Textile Units)
21. पुनर्जीवन एवं पुनर्वास हेतु ऋण (Revival and Rehabilitation Loan)
22. बंद इकाइयों के पुनराम्भ हेतु ऋण (Loan for Re-starting closed units)
23. मुक्त बंदी पुनर्वास योजना (Loan to Ex-Convicts)
24. भूतपूर्व सैनिकों के लिए ऋण (SEMFEX Loan)
25. योग्य व्यवसायी के लिए सहायता (Assistance to Qualified Professionals)
26. अच्छी साख वाले ऋण लेने वालों के लिए योजनायें (Scheme for good borrowers)

राज्य वित्त निगम से ऋण पर ब्याज की दर (Interest Rate Structure on Loan from RFC)

विभिन्न योजनाओं के तहत निगम से लिए जाने वाले ऋणों पर वर्तमान में ब्याज की दरें निम्न प्रकार है–

(a)	लघु उद्योगों के अतिरिक्त	17.00%
(b)	लघु उद्योगों को	
	2 लाख रु. तक	13.75%
	2 लाख से ऊपर	15.50%
(c)	अस्पताल तथा पर्यटन से सम्बन्धित गतिविधियाँ मय होटल जिनकी प्रोजेक्ट लागत	
	(i) 10 करोड़ रु. तक	15.50%
	(ii) 10 करोड़ से ऊपर	17.00%
(d)	टी.डी.एम.एफ योजना तथा आई. एस. ओ 9000 योजना के तहत सावधि ऋण	13.25%

ब्याज दर में छूट (Concession in interest Rate)

(a)	अ.जा./अ.ज.जा. उद्यमी	2% कम (5 लाख रु. तक के ऋण पर)
(b)	अपंग उद्यमी	2% कम (5 लाख रु. तक के ऋण पर)

राज्य वित्त निगम की ऋण योजनाओं की विस्तृत जानकारी (Details of Loan Schemes of State Financial Corportation)

राज्य वित्त निगम की विभिन्न ऋण योजनाओं की विस्तृत जानकारी इससे पूर्व सारणी में दी गई है। इसके अतिरिक्त ऋण योजनाओं का विवरण निम्नानुसार है –

(1) सामान्य सावधि ऋण योजना (Normal Term Loan Scheme)

(i) उद्देश्य तथा ऋण योजना (Purpose and Loan Scheme)

राज्य वित्त निगम भूमि, भवन, यंत्र तथा संयंत्रों की आवश्यकता और ऐसी अन्य औद्योगिक गतिविधियों के लिये जिनका एस.एफ.सी. अधिनियम में प्रावधान हैं, के लिये ऋण स्वीकृत करता है। इस सहायता की सीमा प्राइवेट पब्लिक/ लिमिटेड कम्पनी या पंजीकृत सहकारी समिति को 240 लाख रु. तथा एकल स्वामित्व/साझेदारी फर्म के लिये 120 लाख रु. है। निगम 12 करोड़ रु. तक की प्रोजेक्ट लागत के लिए ऋण उपलब्ध करवाता है। यदि ऋण की आवश्यकता 240 लाख रु. से अधिक तथा 12 करोड़ रु. तक हो तो निगम, राज्य औद्योगिक निवेश निगम (रीको) तथा व्यावसायिक बैंक के साथ मिलकर सहायता प्रदान करता है।

(ii) पुनर्भुगतान की अवधि (Period of Repayment)

ऋण की पुनर्भुगतान की अवधि प्रोजेक्ट के पूंजी पैदा करने के अनुरुप निर्धारित की जाती है, जो कि 5 से 10 वर्ष तक की होती है। ऋण की अदायगी प्रथम वितरण तिथि से 12 से 24 माह के पश्चात त्रैमासिक किश्तों में करनी होती है। यह पुंसवनकाल (Moratorium period) प्रोजेक्ट के लगाने की अवधि तथा व्यावसायिक उत्पादन की सम्भावित तिथि को ध्यान में रखते हुये निर्धारित किया जाता है।

(iii) प्रतिभूति/परिसम्पतियों की गिरवी (Security/Mortgage of Assests)

ऋण के प्रतिभूति (Security) बतौर मौजूद तथा भविष्य में निर्मित स्थायी परिसम्पतियों (यानि फर्म की भूमि, भवन, मशीनें तथा अन्य परिसम्पतियाँ) को प्रथम चार्ज के रूप में निगम के नाम गिरवी (Mortgage)/ दृष्टिबंधक (hypothecation) रखना होता है। यदि कार्यवाही पूंजी के लिये बैंकों से विरा उपलब्ध हो तो व्यावसायिक बैंकों को प्रतिभूति के रूप में कच्चे माल, निर्माणधीन माल, तैयार माल, वसूली बिल आदि को गिरवी अथवा दृष्टिबंधक रखना होता है।

(iv) व्यक्तिगत गारंटी तथा अचल सम्पति प्रतिभूति (Personal Guarantee and Colletral Security)

एकीकृत सावधि ऋण तथा महिला उद्यमी योजना के अतिरिक्त यदि ऋण की राशि 2 लाख रुपये तक हो तथा इकाई किराये के भवन में लगाई जानी हो तो परिसम्पतियों के गिरवी रखने के साथ साथ इकाई के प्रवर्तक को तृतीय व्यक्ति गारंटी (Third party personal guarantee) भी देनी होती है। सिंगल विन्डो ऋण योजना के तहत कार्यकारी पूंजी के ऋण की मात्रा के बराबर अचल सम्पति प्रतिभूति भी ली जाती है।

(v) ऋण मार्जिन राशि (Margin of Loans)

निगम द्वारा स्वीकृत किये जाने वाले ऋण पर मार्जिन राशि साधारणतया 30% होती है, लेकिन A,B,C, तथा D श्रेणी के जिलों में लगाये जाने वाली इकाईयों के लिये न्यूनतम प्रवर्तकीय योगदान (मार्जिन) कुल परियोजना लागत का क्रमशः 12.5%, 17.5%, 20.0% तथा 22.5% है। मोल्ड, डाईज, किल्स तथा कुछ उद्योग जैसे कॉटन जीनिंग, टेक्सटाइल, ऑयल, ग्वारगम, मार्बल स्लेब आदि के लिये मार्जिन राशि की दर 40% से 50% तक है। निगम की विभिन्न योजनाओं के लिये मार्जिन राशि की दर उपरोक्त सारणी में दी गई है।

उपरोक्त मार्जिन राशि पर ऋण की admissibility ऋण के समानुपात (Debt-equity ratio) पर निर्भर करती है जो कि 10 लाख रु. तक के ऋण के लिये 3 : 1 तथा 10 लाख रु. से अधिक के ऋण के लिये 2 : 1 है। कुछ विशेष प्रकार के उद्यमियों जैसे दस्तकार तथा शिल्पकार, अपंग, अनुसूचित जाति/जनजाति के उद्यमियों के मामलों में मार्जिन राशि की दर काफी कम है। फिर भी मार्जिन राशि को बढ़ाने तथा कम करना निगम के विवेकाधीन है।

2. सुगम ऋण योजना (Soft Loan Scheme)

जैसा कि नाम से विदित होता है कि इस योजना के अन्तर्गत सुगम रूप से अर्थात् विशेष औपचारिकता पूर्ण किये बिना ही यह ऋण राज्य वित्तिय निगम द्वारा उपलब्ध कराया जाता है। इस योजना को बनाने का उद्देश्य छोटे उद्यमियों को कम ब्याज दर पर बिना किसी प्रतिभूति के वित्तीय सहायता उपलब्ध कराना है। वर्तमान में इस योजना के तहत अधिकतम ऋण सहायता दो लाख रुपये तक भूमि, भवन, यंत्र व संयंत्र आदि के लिये उपलब्ध करायी जाती है। दो लाख रुपये की ऋण राशि तक वर्तमान में ब्याज दर भी मात्र 13.75 प्रतिशत वार्षिक है।

3. कार्यशील पूंजी ऋण (Working Capital Loan)

उद्योग को सुचारु रूप से चलाने के लिये कार्यशील पूंजी की आवश्यकता होती है। साधारणतः कार्यशील पूंजी ऋण बैंकों द्वारा उपलब्ध कराया जाता है लेकिन उद्यमियों की परेशानियों को देखते हुये राज्य वित्तीय निगम सावधि ऋण के साथ-साथ कार्यशील पूंजी ऋण भी एकल विन्डो योजना के तहत उपलब्ध कराता है। इस योजना में सावधि ऋण तथा दोनों को सम्मिलित करते हुये कार्यशील पूंजी की अधिकतम सीमा रुपये 50 लाख तक है। इस योजना के अन्तर्गत कार्यशील पूंजी की मात्रा के बराबर स्थायी पूंजी की प्रतिभूति गिरवी रखनी होती है।

15.3.2 राजस्थान राज्य औद्योगिक विकास एवं निवेश निगम लिमिटेड द्वारा ऋण (Loan from Rajasthan State Industrial Development and Investment Corporation Limited, RIICO)

राजस्थान राज्य औद्योगिक विकास एवं निवेश निगम जिसे "रीको" के नाम से जाना जाता है, की स्थापना राज्य में सभी प्रकार के उद्योगों (लघु, मध्यम व बड़े) के विकास हेतु 1 नवम्बर, 1979 को एक कम्पनी के रूप में की गई। इससे पूर्व यह राजस्थान राज्य औद्योगिक एवं खनिज विकास निगम के रूप में विद्यमान था।

रीको मध्यम तथा बड़े उद्योगों की स्थापना हेतु भूमि, भवन निर्माण, प्लांट, मशीनरी, उपकरणों आदि के लिये वित्तीय सहायता प्रदान करता है। रीको द्वारा 250 लाख रुपये तक का सावधि ऋण उद्योग को दिया जाता है। इससे अधिक ऋण की आवश्यकता की पूर्ति के लिये रीको तथा आर.एफ.सी. संयुक्त ऋण देते हैं और व्यापारिक बैंकों के साथ मिलकर भी वित्तीय सहायता देते है। रीकों आवश्यकतानुसार उद्योगों की इक्विटी पूं जी में सीधे निवेशी भी करता है।

आई.डी.बी.आई. की "उपकरण पुनः वित्त योजना" के अन्तर्गत इकाई की उत्पादकता बढ़ाने के लिये लगाये जाने वाले अतिरिक्त उपकरणों के लिये रीको तथा आर.एफ.सी. 150 लाख रु. तक का ऋण प्रदान करते है।

आई.डी.बी.आई. की आधुनिकीकरण योजना के तहत लघु तथा मध्यम उद्योगों के आधुनिकीकरण जिसमें प्रक्रम प्रौद्योगिकी व उत्पाद का उन्नयन (Upgradation), निर्यात मूलक, आयात पूरक (substition) आदि सम्मिलित हैं के लिये आर एफ सी तथा रीको वित्तीय सहायता देते

है बशर्ते के इकाई ने कम से कम 5 वर्ष तक कार्य किया हो। इसमें प्रवर्तक को आधुनिकीकरण की लागत का कम से कम 10 प्रतिशत लगाना होता है। इसके लिये विकसित तथा पिछड़े जिलों के लिये ब्याज दर क्रमशः 15 प्रतिशत तथा 13.5 प्रतिशत है।

रीको उद्यमियों को विभिन्न प्रकार की तकनीकी सहायता प्रौद्योगिकी एवं प्रबन्धकीय सेवाओं के द्वारा जिनमें सम्बन्धित तकनीकी सूचना, प्रोजेक्ट प्रोफाईल, प्रोजेक्ट रिपोर्ट, तकनीकी आर्थिक सम्भाव्यता रिपोर्ट, मार्केट अनुसंधान, वित्तीय तथा प्रबंधकीय परामर्श तथा प्रोजेक्ट पुनर्स्थापन (Rehabilitation) सम्मिलित हैं, प्रदान करता है।

राज्य में औद्योगिक क्षेत्रों का विकास रीको द्वारा किया जाता है तथा सभी प्रकार के उद्योगों को भूमि का आवंटन भी रीको द्वारा किया जाता है। अभी तक पूरे राज्य में 187 औद्योगिक क्षेत्र रीको द्वारा विकसित किये जा चुके हैं, जिनमें सभी प्रकार की मूलभूत सुविधायें जैसे सड़क, बिजली, पानी, बैंक, पोस्ट ऑफिस, शॉपिंग काम्पलेक्स आदि उपलब्ध कराए गए हैं। इनमें उद्योगों को बहुत ही Moderate दर पर (जो कि क्षेत्र के अनुसार 10 रुपये से 250 रुपये प्रति वर्गमीटर है) भूखण्ड दिये जाते हैं।

समाज के विभिन्न प्रकार के लोगों को उद्योग लगाने में प्रोत्साहित करने हेतु रीको द्वारा औद्योगिक क्षेत्र में भूमि में निम्न प्रकार की छूट (Rebate on Land) दी जाती है–

(i) अनुसूचित जाति तथा जनजाति के लोगों को 4000 व.मी. तक के आवंटन में 50 प्रतिशत की अनुदानित दर।

(ii) इलेक्ट्रोनिक उद्योग को 4000 व.मी. तक आवंटन में 20 प्रतिशत तक की भूमि दर में छूट।

(iii) अपाहिज लोगों को अपना उद्योग लगाने के लिये 2000 व.मी. तक के आवंटन में 15 प्रतिशत की भूमि दर में छूट।

(iv) भूतपूर्व सैनिक को भूमि आवंटन में 2 प्रतिशत आरक्षण तथा 25 प्रतिशत की भूमि दर में छूट, 2000 व.मी. तक के आवंटन में।

(v) 2000 व.मी. तक के भूमि आवंटन पर महिला उद्यमियों को 10 प्रतिशत की भूमि दर में छूट तथा युद्ध के दौरान हुई विधवाओं को 25 प्रतिशत की भूमि दर में छूट।

नोटः

उपरोक्त छूट में किसी एक प्रकार की छूट जो भी अधिक हो आवंटी प्राप्त करने का हकदार है।

भूमि आवंटन के लिये फार्म 30 रुपये का क्रॉस्ड पोस्टल ऑर्डर या ड्राफ्ट रीको लिमिटेड नाम का अथवा नगद जमाकर प्राप्त किया जा सकता है। फार्म को भरकर उसके साथ आवश्यक प्रपत्र लगाकर तथा 1000 रुपये प्रति 1000 व.मी. या उसके हिस्से के हिसाब से अमानत राशि एवं भूमि दर की राशि का 25 प्रतिशत विकास शुल्क के साथ जमा कराना होता है।

वित्तीय सहायता के लिये फार्म 25 रुपये का क्रॉस्ड पोस्टल ऑर्डर या ड्राफ्ट "रीको लिमिटेड" के नाम का अथवा नगद जमाकर प्राप्त किया जा सकता है। फार्म को भरकर उसके साथ आवश्यक प्रपत्र तीन प्रतियों में जमा कराना होता है, साथ ही निम्न दर से प्रोसेसिंग चार्जेज भी देने होते हैं।

सहायता का प्रकार	चाही गई राशि का प्रतिशत
(i) सावधि ऋण (Term loan)	0.1%
(ii) बीज पूंजी (Seed Capital)	नहीं
(iii) इक्विटी निवेश (Equity participation)	0.1%
(iv) राज्य अनुदान(State Subsidy)	250/-रु
(v) उपकरण वित्त (Equipment Financing)	0.1%
(vi) अभिगोपन (Underwriting)	0.1% कमीशन के अतिरिक्त

15.3.3 बैंकों द्वारा ऋण (Credit Facilities by Banks)

(i) सभी बैंक उद्यमियों को माल के निर्माण, संसाधन, परिरक्षण, सर्विसिंग तथा मरम्मत हेतु सभी प्रकार की औद्योगिक इकाईयों स्थापित करने के लिये आवश्यकता के आधार पर ऋण प्रदान करते हैं। यह ऋण नई इकाईयों के लिये भूमि की खरीद, भवन के निर्माण, मशीनरी, उपकरण आदि की खरीद, मौजूदा इकाईयों के विस्तार, आधुनिकीकरण तथा नवीनीकरण (Modernisation and renovation) तथा कार्यकारी पूंजी के प्रयोजन से दिया जाता है।

(ii) सावधि ऋण (Term Loan) के मामले में मूल प्रतिभूति (Principal Security) बतौर ऋण से निर्मित परिसम्पतियों को दृष्टिबंधक (hypothecation) रखना होता है। कार्यकारी पूंजी के मामले में मूल प्रतिभूति के रूप में कच्चे माल, निर्माणधीन माल, तैयार माल, वसूली बिल आदि को गिरवी अथवा दृष्टिबंधक रखना होता है। यदि सावधि ऋण तथा कार्यकारी पूंजी ऋण की राशि 25,000 रुपये से अधिक हो तो मूल प्रतिभूति (Principal Security) के अतिरिक्त सहायक प्रतिभूति (Collateral Security) के रुप में तृतीय पक्ष (Third party) की जमानत भी देनी होती है। अति लघु उद्योग के लिए 5 लाख रु. के ऋण राशि तक Collateral Security नही देनी होती है।

(iii) सावधि ऋण के लिये मार्जिन राशि 25,000 रुपये तक कुछ नहीं है। 25,000 रुपये से अधिक सावधि ऋण पर मार्जिन राशि 25 प्रतिशत है। कार्यशील पूंजी के लिये मार्जिन राशि 25,000 रुपये तक कुछ नहीं है तथा 25,000 रुपये से अधिक कार्यशील पूंजी के लिये मार्जिन राशि 25 प्रतिशत है। भूतपूर्व सैनिकों को ऋण पर मार्जिन राशि 15% है तथा महिला उद्यमियों को 25,000 रु. से 25 लाख रु. तक के ऋण पर मार्जिन राशि 20% है। मध्यावधि सावधि ऋण को चुकाने के लिये अवधि 5 से 7 वर्ष है जिसमें 6 से 12 महिने की ऋण स्थगन (Moratorum) अवधि सम्मिलित है।

(iv) बैंकों द्वारा यह सुनिश्चित किया जाना चाहिये कि प्राथमिकता क्षेत्र अग्रिमों (Priority sector Advances) के अन्तर्गत लघु उद्योग क्षेत्र को प्राप्य निधियों में से 40 प्रतिशत उन इकाईयों को उपलब्ध करायें, जहां संयंत्र व मशीनरी में 05 लाख रुपये तक का निवेश हो, 20 प्रतिशत उन इकाईयों को जहां निवेश राशि 05 लाख रुपये से 25 लाख रुपये के बीच है एवं शेष 40 प्रतिशत अन्य लघु उद्योग इकाईयों के लिये।

लघु स्तर सेवा एवं व्यवसाय उद्यमों (S.S.S.B.Es) से संबंधित उद्योग अग्रिम, जिनका स्थायी

परिसम्पतियों में भूमि व भवन को छोडकर 05 लाख का निवेश है (स्थान व जनसंख्या को नजरअन्दाज करते हुये) को लघु उद्योग अग्रिमों के रूप में भी वर्गीकृत किया जायेगा।

(v) लघु क्षेत्र में वाणिज्यिक बैंकों द्वारा अप्रत्यक्ष वित्त (Indirect finance) के अन्तर्गत निम्नलिखित ऋणों को शामिल किया जायेगा—

1. निविष्टियों की आपूर्ति (Supply of inputs) एवं कारीगरों, ग्रामीण व कुटीर उद्योग के उत्पादों के विपणन में विकेन्द्रीकृत क्षेत्र (decentralized Sector) की सहायता कर रही एजेंसियां।
2. प्राथमिकता क्षेत्र में कमजोर वर्गों की निधियाँ (Funds) प्रदान कर रहे सरकार द्वारा प्रायोजित निगम/संगठन।
3. लघु औद्योगिक इकाईयों के वित्त पोषण के लिये वाणिज्यिक बैंकों द्वारा राज्य वित्तीय निगमों/राज्य औद्योगिक विकास निगमों को दिये गये ऋण/मियादी ऋणों की सहायता।
4. वाणिज्यिक बैंकों द्वारा भारतीय लघु उद्योग विकास बैंक/राज्य वित्तीय निगमों को लघु उद्योगों के बिलों के पुनर्बट्ट (rediscourting) के द्वारा निधियाँ उपलब्ध कराना।
5. भारतीय लघु उद्योग विकास बैंक, राज्य वित्तीय निगमों, राज्य औद्योगिक विकास निगमों व राष्ट्रीय लघु उद्योग निगम द्वारा केवल लघु उद्योग इकाईयों के वित्त पोषण के उद्देश्य से विशेष बान्डों को जारी करने पर अंशदान।
6. केवल गैर-कृषि क्षेत्र (Non-farm sector) के वित्त पोषण के उद्देश्य से नाबार्ड द्वारा जारी विशेष बान्डों के लिये अंशदान।
7. लाभप्रद खादी व ग्रामीण उद्योग इकाईयों को ऋण देने के लिये बैंकों के संघीय सहायता द्वारा खादी व ग्रामीण उद्योग निगम (KVIC) को ऋण प्रावधान हेतु योजना के अन्तर्गत के.वी.आई.सी. को बैंकों द्वारा उपलब्ध कराया गया ऋण।

(vi) लघु उद्योगों के लिये वर्तमान में ब्याज दर निम्न प्रकार है—

1. दो लाख रु. तक सावधि ऋण/कार्यशील पूंजी अग्रिम (Term Loan/Working Capital Advance) पर ब्याज दर

   = पी.एल.आर. (Prevailing lending rate)

2. दो लाख रु. से अधिक सावधि ऋण/कार्यशील पूंजी अग्रिम पर ब्याज दर निम्न प्रकार है जो कि लघु उद्योग पर मानदंडों के निर्धारण तथा स्कोरिंग पैटर्न पर निर्भर करता है:

कुल अंको का योग	**ब्याज दर (% में)**
90 तथा अधिक	13.50
80 से 89	15.00
70 से 79	15.25
70 से कम	15.50

नोट : वर्तमान में पंजाब नेशनल बैंक की PLR 11.50% है। विभिन्न वाणिज्यक बैंकों की ब्जाय की दरें भिन्न-भिन्न हो सकती है।

15.4 खादी एवं ग्रामोद्योग आयोग द्वारा ऋण (Loan from Khadi and village industries Commission, K.V.I.C.)

खादी तथा ग्रामीण क्षेत्रों में उद्योगों के विकास हेतु केन्द्रीय सरकार द्वारा खादी एवं ग्रामोद्योग आयोग की स्थापना की। इस आयोग के प्रमुख उद्देश्य निम्न हैं

- ग्रामीण क्षेत्रों में रोजगार के अवसर सृजित करना।

- प्रौद्योगिकी का हस्तान्तरण (Transfer of technology)

-खादी तथा ग्रामोद्योग को मूल संरचनात्मक व विपणन सम्बन्धी सहायता की व्यवस्था।

ग्रामीण क्षेत्र से तात्पर्य ग्राम या नगर परिषद/निगम के सीमाओं के बाहर का क्षेत्र, जिसकी आबादी 20,000 से अधिक न हो। ग्रामोद्योग का अर्थ है ऐसे उद्योग जो ग्रामीण क्षेत्र में स्थित हो, बिजली के प्रयोग या बिना प्रयोग के किसी सामान का उत्पादन करते हों या कोई सेवा प्रदान करते हों और जिनमें प्रति कारीगर या कार्यकर्ता पूंजी निवेश 50,000 रु. से अधिक न हो। खादी एवं ग्रामोद्योग आयोग ग्रामीण कारीगरों या उद्यमियों कों, पंजीकृत समितियों तथा संस्थाओं को खादी तथा ग्रामोद्योग की इकाईया लगाने के लिये सहायता उपलब्ध कराता है। वर्तमान में आयोग 108 प्रकार के उद्योगों के लिये सहायता दे रहा है। ग्रामीण क्षेत्रों की आवश्यकतानुसार आयोग इन उद्योगों की सूची में वृद्धि करता रहता है ताकि ग्रामीण क्षेत्रों को अधिकाधिक विकास हो सके।

आयोग द्वारा सहायता राज्यों के खादी तथा ग्रामोद्योग बोर्ड एवं अन्य एजेंसियों को उपलब्ध कराई जाती है। बोर्ड तथा एजेंसियां अपने क्षेत्र में ग्रामीण कामगारों, उद्यमियों, पंजीकृत समितियों तथा संस्थाओं को उनकी इकाईयों हेतु आयोग के निर्देशों के अनुसार ऋण व अनुदान देते हैं। साधारणतया 500 रु. से 1.5 करोड़ रु. तक की खादी व ग्रामोद्योग की परियोजना लागत के लिये भूमि, भवन, संयंत्र व उपकरणों के लिये तथा कार्यशील पूंजी के लिये ऋण स्वीकृत किया जाता है।

खादी एवं ग्रामोद्योग आयोग ने ग्रामीण रोजगार सृजित करने के लिये वर्ष 1997 से एक अनूठी योजना चालू की है जो कि मार्जिन मनी बैंक वित्त योजना के नाम से विदित है।

मार्जिन मनी बैंक वित्त योजना (Margin Money Scheme through Scheduled Commercial Bank)

1. योजना (Scheme)-

इस योजना के तहत 10 लाख रु. तक के प्रोजेक्ट के लिये प्रोजेक्ट लागत का 25% मार्जिन मनी अर्थात् अनुदान (सब्सिडी) देय होगा। 10 लाख रु. से अधिक व 25 लाख रु. तक के प्रोजेक्ट के लिये मार्जिन मनी की दर 10 लाख रु. तक 25% तथा प्रोजेक्ट की शेष लागत पर 10% होगी।

कमजोर वर्ग के लाभार्थी याने अनुसूचित जाति/जनजाति/अन्य पिछड़ा वर्ग/ महिला/ विकलांग/भूतपूर्व सैनिक तथा अल्पसंख्यक लाभार्थी/संस्था व सीमावर्ती एवं जनजाति क्षेत्र के ऋणी को 10 लाख रु. तक के प्रोजेक्ट लागत का 30% तथा इस राशि से ऊपर 25 लाख रु. तक प्रोजेक्ट की शेष लागत का 10% मार्जिन मनी देय होगी।

प्रोजेक्ट लागत में एक चक्र की कार्यशील पूंजी सम्मिलित होगी। मार्जिन मनी योजना सम्भावित ग्रामोद्योग (खादी एवं ग्रामोद्योग आयोग द्वारा सूचीबद्ध 108 ग्रामोद्योग) योजना हेतु लागू है (इनमें खादी व पोलीवस्त्र को सम्मिलित नहीं किया है)।

बैंक सामान्य श्रेणी के लाभार्थी/संस्था को प्रोजेक्ट लागत का 90% तथा कमजोर वर्ग के लाभार्थी/संस्था को प्रोजेक्ट लागत का 95% ऋण प्रारम्भ में स्वीकृत करेगा एवं प्रोजेक्ट को लगाने हेतु पूरी ऋण राशि आवश्यकनुसार देगा।

2. लाभार्थी (Banificiaries)

व्यक्तिगत/उद्यमियों को 10 लाख रु. तक के प्रोजेक्ट के लिये/खादी एवं ग्रामोद्योग आयोग/बोर्ड से पंजीकृत संस्था/सहकारी समितियों/ट्रस्टों को 25 लाख रु. तक के प्रोजेक्ट्स के लिये।

3. बैंकों के माध्यम से वित्त प्रदान करने हेतु योजना की आवश्यकतायें-(Modalities of the scheme financed through banks)-

(i) प्रत्येक बैंक के कॉरपोरेट कार्यालय या बैंकों द्वारा निर्धारित मोडल शाखा में खादी एवं ग्रामोद्योग आयोग के बचत बैंक खाते में आयोग मार्जिन मनी की लम्पसम राशि अग्रिम में जमा करा देगा।

(ii) बैंकों द्वारा यह निश्चित किया जावेगा कि प्रत्येक प्रोजेक्ट ग्रामोद्योग, प्रतिव्यक्ति/कामगार स्थाई पूंजी विनियोजन स्वयं की सहभागिता हेतु निर्धारित आधार पूर्ण करता है तथा ग्रामीण क्षेत्र में स्थित है।

(a) **ग्रामोद्योग से तात्पर्य,** ऐसे उद्योग से है जो ग्रामीण क्षेत्र में स्थित हो, बिजली के प्रयोग या बिना प्रयोग के किसी सामान का उत्पादन करते हो या कोई सेवा प्रदान करते हो और जिनमें प्रति कामगार पूंजी निवेश 50,000 रु. से अधिक न हो ।

(b) **ग्रामीण क्षेत्र से तात्पर्य,** उस ग्राम या म्युनिसिपल की सीमाओं के बाहर के क्षेत्र से है, जिसकी आबादी 20,000 से अधिक न हो।

(c) बैंक यह निर्धारित करेगा कि सामान्य श्रेणी के व्यक्तिगत/उद्यमी/संस्था/सहकारी समिति आदि की सहभागिता प्रोजेक्ट की कुल लागत का 10% तथा कमजोर वर्ग के लाभार्थी/संस्था की सहभागिता याने स्वयं की पूंजी 5% हो।

(iii) बैंक प्रोजेक्ट की तकनीकी एवं आर्थिक स्थिति तथा प्रत्येक प्रोजेक्ट की सम्भाव्यता के आधार पर ऋण देने हेतु स्वयं निर्णय करेगा।

(iv) ऋणी के नाम मार्जिन मनी रिलीज करने के पश्चात बैंक की शाखा में यह राशि लाभार्थी/संस्था के सावधि जमा प्राप्ति (Term Deposit Receipt) में दो वर्ष तक रखी जावेगी। इस प्रकार की जमा से प्राप्त ब्याज को लाभार्थी/संस्था को दिये गये ऋण पर ब्याज की आंशिक पूर्ति हेतु उपयोग किया जायेगा।

(v) मार्जिन मनी की राशि ऋण के प्रथम भुगतान की अवधि के 2 वर्ष पश्चात् ऋणी के खाते में अनुदान में परिवर्तित होकर ऋण पेटे समायोजित हो जायेगी।

2 वर्ष समाप्त होने से पूर्व बैंक की अग्रिम राशि डूब जाने पर उधारकर्ता के ऋण को पूरा करने के लिये बैंक मार्जिन मनी का आंशिक या पूर्ण रूप से समायोजन करेगा।

(vi) अगर बाद में बैंक किसी भी स्रोत से किसी भी प्रकार की वसूली करता है तो बैंक सबसे पहले ऐसी वसूली गई राशि का उपयोग अपनी बकाया राशि को पूरा करने में करेगा। यदि राशि शेष बचती है तो खादी एवं ग्रामोद्योग आयोग को भेजेगा।

(vii) मार्जिन मनी आयोग द्वारा एक बारी ही सहायतार्थ देय होगी। ऋण सीमा बढाने पर उस पर मार्जिन मनी देय नहीं होगी।

4. प्रति सम्भरण तथा रिपोर्टिंग प्रणाली (Feedback and Reporting System)

बैंकों को मार्जिन मनी क्लेम की त्रैमासिक रिपोर्ट निर्धारित प्रपत्र में आयोग को भेजनी होगी जिसमें यह प्रमाणित करना होगा कि बैंक द्वारा मार्जिन मनी योजना के लाभ के लिये निर्धारित मापदण्ड पूरे किये गये हैं।

इस योजना के तहत वित्तीय सहायता प्रदान की गई इकाईयों की संख्या, कुल स्वीकृत ऋण, दी गई ऋण राशि तथा उसके निस्तारण पर दी गई मार्जिन मनी राशि व उसमें से उपयोग की राशि की राज्य वार त्रैमासिक रिपोर्ट बैंक निर्धारित प्रपत्र में आयोग को भेजेगा।

5. विपणन स्रोत (Marketing linkages)

खादी एवं ग्रामोद्योग आयोग/बोर्डों तथा इनसे सहायता प्राप्त स्वयंसेवी संगठन/ संस्थायें/ समितियाँ/ट्रस्टों द्वारा संचालित 15,000 से अधिक विक्रय केन्द्र कार्यरत हैं। ये विक्रय केन्द्र खादी एवं ग्रामोद्योग आयोग/बोर्डो/बैंकों द्वारा सहायता प्राप्त संस्थाओं/उद्यमियों के खादी तथा ग्रामोद्योग के उत्पादों के लिये विपणन सहायता के स्रोत हैं।

प्रश्न

1. एक लघु उद्योग के विभिन्न वित्तीय स्रोतों को समझाइये। (राज.अप्रेल 96)
2. राज्य वित्त निगम की तकनीकी उद्यमियों के लिये विशेष ऋण योजना का वर्णन कीजिये। (राज.नव96)
3. बैंकों द्वारा लघु उद्योगों को दी जाने वाली ऋण सुविधाओं को समझाइये। (राज.नव97)
4. सुगम ऋण व कार्यशील पूंजी ऋण की व्याख्या कीजिये। (राज.अप्रेल 98, नव. 98)
5. लघु उद्योगों को ऋण सुविधायें प्रदान करने वाली अखिल भारतीय वित्तीय संस्थाओं का संक्षिप्त वर्णन कीजिये।
6. राष्ट्रीय लघु उद्योग निगम की विभिन्न वित्तीय योजनाओं को संक्षेप में समझाइये।

7. खादी एवं ग्रामोद्योग आयोग की मार्जिन मनी बैंक वित्त योजना को समझाइये ।

8. संक्षिप्त टिप्पणी लिखिये-
   (i) खादी एवं ग्रामोद्योग आयोग (राज.अप्रैल 95)
   (ii) सुगम ऋण योजना (राज.अप्रैल 97)
   (iii) राज्य वित्त निगम की सावधि ऋण सहायता योजना
   (iv) ग्रामीण दस्तकारों तथा शिल्पकारों के लिये वित्त पोषण योजना ।
   (v) लघु उद्योगों को ऋण सुविधा (राज. अप्रैल 99)

9. उद्योगों के लिये खादी एवं ग्रामोद्योग आयोग अथवा बैंकों द्वारा दी जाने वाली ऋण सुविधाओं का वर्णन कीजिये । (राज. अप्रैल 2000)

अध्याय - 16

कर प्रणाली तथा बीमा
(Tax system and Insurance)

16.1 आयकर (Income Tax)

आयकर सरकार की आय का प्रमुख एवं महत्वपूर्ण साधन है। वर्तमान युग में सरकार द्वारा आर्थिक समानता स्थापित करने की नीति के कारण उसका महत्व बढ़ गया है। आयकर अधिनियम, 1961 वास्तव में 1 अप्रेल 1962 से सम्पूर्ण भारत में लागू हुआ है। तत्पश्चात् आयकर अधिनियम में प्रत्येक वर्ष के वित्त अधिनियम द्वारा महत्वपूर्ण संशोधन किये गये हैं। आयकर के लिये व्यक्ति तथा फर्म के भिन्न भिन्न प्रावधान है। एक उद्यमी के लिये व्यक्तिगत कर (Personal Tax) तथा व्यवसाय कर (Corporate tax) दोनों की जानकारी आवश्यक है।

16.1.1 व्यक्तिगत कर (Personal/Individual Tax)

आयकर अधिनियम के अनुसार करदाता को अपनी कुल आय पर आयकर देना होता है बशर्ते कि वह उस वर्ष के लिये वित्त अधिनियम द्वारा निर्धारित न्यूनतम सीमा से अधिक हो। कुल आय की गणना में निम्न सम्मिलित है-

(i) वेतन से आय; (ii) मकान सम्पत्ति से आय;

(iii) व्यापार तथा पेशे से प्राप्त लाभ; (iv) पूंजी लाभ;

(v) अन्य स्रोतों से आय (लाभांश, ब्याज आदि)।

(अ) कुल आय पर देय आयकर व्यक्ति के लिये (Tax payable for individual on Total Income)

(i) 50,000 रु. तक	शून्य
(ii) 50,000 रु. से 60,000 रु. तक	10%
(iii) 60,000 रु. से 1,50,000 रु. तक	1,000 + 20%
(iv) 1,50,000 रु. से अधिक	19,000 + 30%

(ब) सरचार्ज - कर योग्य आय पर देय है।

(i) आय 60,000 रु. तक	शून्य
(ii) 60,000 रु. से 1,50,000 रु. तक	10%
(iii) 1,50,000 रु. से अधिक	15%

कटौतियाँ (Deductons) – कुल आय से वित्त वर्ष 2000-01 (कर निर्धारण वर्ष 2001-02) के लिए निम्न मुख्य कटौतियों का प्रावधान है।

धारा (U/S)	विवरण (Description)	कटौती (Deductions)
10(i)	कृषि आय	कुल प्राप्तियों का 100%
	शेयरों/म्यूचल फंड से प्राप्त लाभांश	कुल प्राप्तियों का 100%
10(A)	मुक्त व्यापार क्षेत्रों में स्थापित इकाईयाँ सॉफ्टवेयर टेक्नोलॉजी पार्क व इलेक्ट्रोनिक हार्डवेयर टेक्नोलॉजी पार्क में स्थापित इकाईयाँ।	पाँच वर्षीय करावकाश
10B	शत प्रतिशत निर्यात मूलक इकाईयाँ (1.4.94 या उसके पश्चात् व्यापार प्रारम्भ)	पाँच वर्ष तक 100%
16(i)	मानक कटौति	वेतनभोगी करदाताओं के लिए कुल वेतन का 33-1/3% या अधिकतम 20,000 रु. दोनों में से जो कम हो। जिनका वेतन 1,00,000 रु. तक है 25,000 रु.।
80D	चिकित्सा बीमा के लिए साधारण बीमा निगम को संदत्त प्रीमियम	अधिकतम 10,000 रु. तक।
80DD	विकलांग आश्रितों के चिकित्सा उपचार अथवा भरण पोषण के लिये, या अनुमोदित योजना में जीवन बीमा निगम या यूनिट ट्रस्ट में की गई जमा राशि।	अधिकतम 40,000 रु. तक।
80DDB	कतिपय बीमारियों जैसे एडस, कैंसर आदि पर वास्तविक खर्च	40,000 रु. वरिष्ठ नागरिकों के लिए 60,000
80G	अनुमोदित फण्डों तथा संस्थानों को दिया गया दान	परिवार नियोजन, साम्प्रदायिक सदभाव प्रतिष्ठान, प्रधानमंत्री राहत कोष, मुख्यमंत्री राहत कोष तथा उपराज्यपाल की राहत निधि के लिए 100% व अन्य दान पर 50% कटौति योग्य, अधिकतम सीमा सकल आय का 10%

80GG	मकान किराया न पाने वाले यदि मकान किराया भुगतान करें	रु.2000 प्रतिमाह या 25% कुल आय का दोनों में से जो कम हो।
80GGA	अनुमोदित विश्वविद्यालय प्रौद्योगिकी संस्थान, प्रबंध संस्थान, वैज्ञानिक अनुसंधान, ग्राम विकास के लिए अनुदान	भुगतान की गई राशि का 100%
80HHC	निर्यात व्यापार से लाभ	पूर्ण लाभ का 80%
80IA	नये उद्योग, उद्यम, होटल, जहाजरानी उद्योग	(i) कम्पनी कर दाता के लिए व्यापार प्रारम्भ करने से 10 वर्ष तक लाभ का 30% (ii) सहकारी समितियों के लिए व्यापार प्रारम्भ करने से 12 वर्ष तक लाभ का 25% (iii) अन्य के लिए व्यापार प्रारम्भ करने से 10 वर्ष तक लाभ का 25% (iv) औद्योगिक रूप से पिछड़े जिलों व निर्दिष्ट क्षेत्रों में नये उद्योगों को उत्पादन वर्ष से पाँच वर्षीय करावकाश। (v) आधारभूत संरचना, टेलीकम्यूनिकेशन, विद्युत उत्पादन एवं वितरण के लिए उपक्रमों को उत्पादन वर्ष से पाँच वर्षीय करावकाश।
80L	बैंक जमा पर ब्याज, प्रतिभूतियों पर ब्याज	सम्पूर्ण अधिकतम सीमा 12,000 रु. तक।
80R	प्राचार्यों, शिक्षकों आदि को विदेशी स्त्रोतों से प्राप्त पारिश्रमिक	पारिश्रमिक का 50% या भारत में विदेशी मुद्रा विनिमय के अनुसार लाए गए पारिश्रमिक का 60% जो भी अधिक हो।
80RRA	भारत से बाहर की गई सेवाओं के लिए प्राप्त पारिश्रमिक	-do-
80U	स्थायी रूप से विकलांग व्यक्तियों के लिए।	अधिकतम 40,000 रु. तक।

88 के अधीन कुल आय पर देय आयकर में से, उसकी उपधारा (2) में निर्दिष्ट कुल राशियों के योग से 20 प्रतिशत के बराबर की रकम की कटौती होगी। ये राशियाँ निम्नलिखित है –

जीवन बीमा प्रीमियम, भविष्य निधि अभिदाय, राष्ट्रीय बचत पत्र, राष्ट्रीय बचत योजना, डाकघर संचय जमा, साधारण शेयर (Equity linked) बचत स्कीम में 10,000 रु. तक विनियोग आदि; आवासीय गृह के क्रय/ निर्माण के लिये सरकार/ बैंक आदि से लिये गए ऋण की किश्त/ भागतः

संदाय/प्रतिसंदाय के लिये किया गया भुगतान 20,000 रु. तक, लेखक, नाटककार, कलाकार, संगीतज्ञ, अभिनेता या खिलाड़ी के लिये इसकी अधिकतम सीमा 70,000 रु. तक। किसी व्यक्ति या हिंदू अविभक्त परिवार के लिये 60,000 रु. है। आधारभूत संरचना में कार्यरत कम्पनियों के शेयर्स व डिबेंचर्स में निवेश के लिये अतिरिक्त 20,000 रु. तक। धारा 88 के अधीन कटौति की रकम किसी भी दशा में कुल आय पर देय आयकर की रकम से अधिक नहीं होगी।

धारा 88B -वरिष्ठ नागरिकों के लिये (उम्र 65 वर्ष से ऊपर)	कर रियायत- 15000 रु. की सीमा तक
88C - महिला आयकर दाता	कर रियायत - 5000 रु. तक
89(1) बकाया वेतन आदि का भुगतान	जिस वर्ष का बकाया हो आयकर उसके अनुसार या जिस वर्ष में भुगतान किया उसके अनुसार, दोनों में जो कम हो देय होगा।
234A आयकर विवरणी (Return) देरी से जमा कराने पर	बकाया आयकर व उस पर ब्याज 1.5% प्रतिमाह देय। यदि कर पूरा जमा नहीं तो भी 1000 रु. की शास्ति आरोपित की जा सकेगी।
234C अग्रिम कर में देरी करना	ब्याज 1.5% प्रतिमाह देय।
234B अग्रिम कर जमा नहीं कराना	ब्याज 1.5% प्रतिमाह देय।

मकान सम्पत्ति से आय - इसके अतिरिक्त यदि मकान सम्पत्ति से आय हो तो उसके लिये दिया गया स्थानीय कर, यदि बीमा हो तो उसका प्रीमियम, ऋण पर ब्याज मकान बनाने के लिये लिया हो तथा हो तथा मरम्मत के लिये किराये की आय का 1/4 भाग कटौति के रूप में मिलता है। स्वयं के मकान में रहने पर मकान बनवाने पर लिये गये ऋण पर ब्याज की छूट 100000 रु. तक दी जायेगी।

स्वैच्छिक सेवानिवृति योजना के अधीन कर्मचारियों को प्राप्त अदायगियों पर	आयकर में पूर्ण छूट

उद्गम स्थान पर कर की कटौति (Tax Deduction at Source, T.D.C)- निम्न प्रकार के भुगतान करते समय उद्गम स्थान पर कर की कटौति की जानी चाहिये- वेतन व ब्याज (यदि वार्षिक भुगतान 5000 रु. से अधिक हो), लॉटरी के इनाम, घुड़दौड़ से जीत, बीमा कमीशन, ठेकेदारों को भुगतान एवं अनिवासियों को लाभांश व प्रतिभूतियों पर ब्याज के अतिरिक्त किया गया भुगतान।

कर का अग्रिम भुगतान (Advance Payment of Tax)- जब कुल आय (पूंजी लाभ तथा लॉटरी आदि के इनाम की आय को छोडकर) जिस पर कभी कर न लगा हो, धारा 208 (2) में वर्णित राशि से अधिक हो तो उसे 30%, 60% तथा 100% अग्रिम कर क्रमशः 15 सितम्बर, 15 दिसम्बर एवं 15 मार्च तक जमा कराना होता है। यदि कर की राशि 5000 रु. के कम हो तो अग्रिम कर जमा कराना आवश्यक नहीं है।

16.1.2 निकाय कर व व्यापार अथवा पेशे पर कर (Corporate Tax and Business or Profession Tax)

व्यापार में कोई लेन देन वाणिज्य या वस्तु उत्पादन अथवा अन्य कोई व्यवसाय, जो व्यापार, वाणिज्य अथवा वस्तु उत्पादन की प्रकृति का हो, से प्राप्तियों में से निम्न कटौतियों द्वारा कर योग्य आय की गणना की जाती है।

(i) व्यवसाय से सम्बन्धित हानियां- बशर्ते कि ये हानियां आयगत हों तथा व्यापार प्रासंगिक (Incidental) हो।

(ii) व्यवसाय के उपयोग में आने वाले भवन के सम्बन्ध में चुकाया हुआ किराया व मरम्मत व्यय। भवन स्वयं का होने पर मरम्मत व्यय। भवन व भूमि कर व बीमा प्रीमियम।

(iii) मशीन, प्लांट तथा फर्नीचर की मरम्मत तथा बीमा सम्बन्धी व्यय।

(iv) ह्रास।

(v) वैज्ञानिक अनुसंधान पर व्यय।

(vi) Patent Rights तथा Copy Rights को प्राप्त करने के व्यय।

(vii) ग्रामीण तथा कृषि विकास पर व्यय।

(viii) उद्योग की स्थापना व विकास के लिये सम्भाव्यता रिपोर्ट, प्रोजेक्ट रिपोर्ट, बाजार सर्वेक्षण व इंजीनियरी सेवा पर व्यय, रजिस्ट्रेशन फीस व अन्य कानूनी व्यय, अंशों व ऋणपत्रों के निर्गमन सम्बन्धी व्यय।

(ix) बीमा प्रीमियम स्टॉक या स्टोर्स का कर्मचारियों को दिया गया बोनस, दान, कमीशन, ऋण से प्राप्त पूंजी पर ब्याज, प्रॉवीडेण्ड फण्ड, ग्रेच्युइटी फण्ड में अंशदान, डूबे हुये ऋण, वित्त निगम का विशेष संचय, परिवार नियोजन पर व्यय, मनोरंजन व्यय, विज्ञापन व्यय आदि।

(x) अनुमोदित फण्डों व विश्वविद्यालयों एवं संस्थानों को दिया गया अनुदान।

स्पष्टतया अस्वीकृत व्यय (Expenses expressly disallowed)

(i) कोई ऐसा ब्याज जो भारतीय आय-कर अधिनियम के अन्तर्गत कर योग्य है तथा भारत के बाहर दिया गया है।

(ii) सभी पूंजी गत खर्चे

(iii) अत्यधिक भुगतान 20000 रु. से अधिक व्यय का भुगतान क्रॉस चैक या क्रॉस ड्राफ्ट द्वारा न किया हो तो 20,000 से ऊपर की राशि का 30% अस्वीकृत।

फर्म का कर निर्धारण (Tax Assessment of a Firm)- फर्म की कुल आय गणना करने के पश्चात् फर्म के कार्यगत साझेदार को पूंजी पर ब्याज (अधिकतम 18%) एवं वेतन या अन्य पारिश्रमिक निम्न सीमा तक कटौति योग्य होगा।

	फर्म (अन्य)		फर्म (प्रोफेशनल)
लाभ का प्रथम 75,000 रु.	रु.50,000 या 90% जो भी कम हो ।	1,00,000 रु.	रु. ५०,००० या 90% जो भी कम हो ।
लाभ 75,000 से 1,50,000	60%	१,००,००० से 2,00,000 रु.	60%
शेष पर	40%	शेष पर	40%

उपरोक्त घटाने के बाद बचे शेष पर 35% की दर से आयकर देय होगा । फर्म के साझेदार को फर्म से मिले हुये हिस्से पर आयकर देय नहीं होगा ।देय आयकर पर 10% सरचार्ज देय होगा ।

कम्पनी के लिये आयकर की दर- देशी कम्पनियों के लिये कुल आय पर 35% की दर से तथा विदेशी कम्पनियों के लिये 48% की दर से आयकर देय होगा ।देय आयकर पर 10% सरचार्ज देय होगा ।

आय की विवरणी (Return of Income)- प्रत्येक व्यक्ति तथा फर्म जिन्हें आयकर अधिनियम के तहत आयकर की अदायगी करनी होती है, एक निश्चित तिथि तक उन्हे अपने आय का विवरण निर्धारित प्रपत्र में भरकर आयकर कार्यालय में जमा करना होता है । समय पर आयकर अदा न करने व विवरणी जमा न कराने पर अलग-अलग धाराओं में अर्थ दण्ड व सजा का प्रावधान है। विवरणी जमा कराने की अन्तिम तिथि इस प्रकार है- निकाय के लिये 30 नवम्बर, सहकारी संस्थाओं व्यवसाय व पेशेवर व्यक्ति जिनको कि इस अधिनियम के अन्तर्गत अंकेक्षण करवाना अनिवार्य है 31 अक्टूबर, व्यवसाय तथा पेशेवर व्यक्तियों के लिये 31 अगस्त तथा अन्य के लिये 30 जून है ।

16.1.3 सेवा कर (Service Tax)

सेवा क्षेत्र का सकल घरेलू उत्पाद में लगभग 40 प्रतिशत योगदान है। सेवाएं विनिर्मित वस्तुओं की तरह ही उत्पादक वस्तुएं हैं । निम्न सेवाओं पर सेवा कर की दर 5% प्रतिशत रखी गई है ।

- परामर्शी इंजीनियर, आर्किटेक्ट, चार्टर्ड अकाउन्टेन्ट्स, कम्पनी सेक्रेटरीज, मैनेजमेन्ट कन्सल्टेन्ट
- सीमा शुल्क गृह, स्टीमर तथा निकासी और अग्रेषण अभिकर्ता (एजेंट)
- हवाई यात्रा अभिकर्ता, टूर ऑपरेटर तथा कार किराया एजेसियाँ
- जमीन जायदाद के दलाल
- जन शक्ति भर्ती अभिकर्ता
- प्राइवेट सुरक्षा एजेन्सीज/ डिटेक्टिव एजेन्ट्स
- शेयर ब्रोकर
- टेलिफोन एवं पेजिंग सर्विसेज
- सामान्य बीमा प्रीमियम पर
- कुरीयर सर्विस
- सी.एण्ड.एफ.एजेन्ट

– कस्टम हाउस एजेन्ट

– क्रेडिट रेटिंग एजेंसी

16.1.4 सम्पत्ति कर (Wealth Tax)

(i) सम्पत्ति कर की छूट की अधिकतम सीमा 15,00,000 रु. तक है। उसके ऊपर सम्पत्ति कर अतिरिक्त धन पर 1% से देय होगा। व्यक्ति का एक मकान जो कि उसके स्वयं के रहने के लिये है उसको इस सीमा में नहीं लिया जायेगा।

व्यक्ति के पास कितनी भी राशि के शेयर्स हों, उन्हे सम्पत्ति कर हेतु शामिल नहीं किया जावेगा।

16.2 बिक्री कर (Sales Tax)

बिक्री कर राज्यों के राजस्व का प्रमुख स्रोत है। इसके लिये प्रत्येक राज्य सरकार नियम व अधिनियम बनाती है, जिसके अनुसार व्यवसायी को बिक्री कर देना होता है। केन्द्रीय सरकार ने भी बिक्री कर अधिनियम (Central Sales Tax Act) बनाये हैं जो कि केन्द्र शासित प्रदेशों व एक राज्य से दूसरे राज्य में बिक्री या खरीद पर लागू होते हैं। इन नियमों में समय-समय पर केन्द्रीय व राज्य सरकारों द्वारा संशोधन किये जाते हैं।

16.2.1 उद्योग/फर्म का पंजीकरण (Registration of Industry/Firms)

प्रत्येक उत्पादक/विक्रेता (Manufacturer/Dealer) जो बिक्री कर अधिनियम के अन्तर्गत आते हैं, उन्हें अपने उद्योग/फर्म के पंजीकरण हेतु आवेदन पत्र निर्धारित प्रपत्र में मय आवेदन शुल्क के अपने क्षेत्र के बिक्री कर प्राधिकारी को जमा कराना होता है। पंजीकरण प्रमाण पत्र प्राप्त करने के लिये यह आवेदन पत्र कर निर्धारण वर्ष के प्रारम्भ होने से 30 दिन पूर्व जमा कराना होता है। यह पंजीकरण एक से तीन वर्ष तक के लिये व्यवसायी की इच्छानुसार होता है।

नये उत्पादक अपने उद्योग का अस्थाई पंजीकरण (Provisional Registration) करवा सकते हैं, यदि उनका अनुमानित वार्षिक टर्नऑवर 1 लाख रु. से अधिक हो। आवेदन पत्र के साथ पंजीकरण शुल्क व आवश्यक होने पर जमानत राशि करानी होती है।

16.2.2 उद्योगों के लिये बिक्री कर प्रोत्साहन योजना (Sales Tax Incentive Scheme for Industries)

राज्य सरकार उद्यमियों को उद्योग लगाने के लिये प्रोत्साहित करने के लिये एक निश्चित अवधि व / या निश्चित राशि तक अनेक उत्पादों की बिक्री कर से मुक्त कर देती है। इसके लिये उद्योग को योग्यता प्रमाण-पत्र (Eligibility Certificate) प्राप्त करना होता है जो साधारणतया 1 वर्ष के लिये होता है। फिर इसका प्रत्येक वर्ष के लिये नवीनीकरण कराना होता है।

अग्रणीय इकाई (Pioneering Unit) से तात्पर्य राज्य की किसी पंचायत समिति में स्थापित होने वाली प्रत्येक प्रकार की औद्योगिक इकाईयों में प्रथम दस नई औद्योगिक इकाईयों से है जिसमें स्थाई पूंजी निवेश 3 करोड़ रु. से अधिक व कम से कम 50 व्यक्तियों को स्थाई रोजगार दिया गया

हो। प्रतिष्ठित इकाई (Prestigious Unit) से तात्पर्य नई औद्योगिक इकाई जिसमें स्थाई पूंजी निवेश 15 करोड़ रु. से अधिक तथा न्यूनतम 100 व्यक्तियों को रोजगार दिया गया हो। अति प्रतिष्ठित इकाई (Very Prestigious Unit) से तात्पर्य नई औद्योगिक इकाई से है जिसमें स्थाई पूंजी निवेश 50 करोड़ रु. का या अधिक हो तथा न्यूनतम 250 व्यक्तियों को रोजगार दिया गया हो। प्रधान इकाई (Premere Unit) से तात्पर्य है नई औद्योगिक इकाई जिसमें स्थाई पूंजी निवेश 150 करोड़ से अधिक हो तथा कम से कम 500 व्यक्तियों को नियमित रोजगार दिया गया हो।

राज्य सरकार ने बिक्री कर की नई प्रोत्साहन योजना प्रारम्भ की है, जिसे राजस्थान बिक्री कर/केन्द्रीय बिक्री कर छूट योजना 1998 के नाम से जाना जाता है। यह योजना उन उद्योगों पर लागु है जिनका पंजीकरण जिला उद्योग केन्द्र में 30 अप्रैल 2000 तक हो गया है तथा 31 दिसम्बर 2001 तक उनमें उत्पादन प्रारम्भ हो जायेगा। इसकी संक्षिप्त जानकारी निम्न प्रकार है–

छूट योजनाके तहत बिक्री कर में छूट की योग्य की सीमा (Eligible extent of exemption from Sales Tax under the Exemption Scheme)

क्र.सं.	इकाई का प्रकार	छूट की प्रतिशत की सीमा		अधिकतम छूट स्थाई पूंजी निवेश के प्रतिशत में	कर से छूट प्राप्त करने की अधिकतम समय सीमा
1.	क्रं.सं.2 व 3 में दर्शाई गई इकाईयाँ या विशाखन के तहत इकाईयाँ	1st year 2nd year 3rd year 4th year 5th year 6th & 7th year 8th & 9th year 10th & 11th year	100% 90% 80% 70% 60% 50% 40% 30%	स्थाई पूंजी निवेश का 100% जहां निवेश 150 लाख रु. से अधिक हो, तथा स्थाई पूंजी निवेश का 125% जहाँ निवेश 125 लाख रु. तक हो।	11 वर्ष
2.	(i) निटवियर, जेम्स तथा ज्वेलरी, टेक्सटाइल, इलेक्ट्रोनिक्स तथा टेलीकम्यूनिकेशन, कम्प्यूटर सोफ्टवेयर, फुटवियर तथा लेदर गुड्स, ग्लास तथा सिरेमिक की नई इकाईयाँ।	1st & 2nd year 3rd year 4th year 5th year 6th year 7th & 8th year 9th & 10th year 11th to 13th year	100% 90% 80% 70% 60% 50% 40% 30%	स्थाई पूंजीनिवेश का 125%	13 वर्ष
	(ii) अति प्रतिष्ठित इकाईयाँ				

3.	सभी श्रेणी के सीमेन्ट प्लान्ट/ अग्रणी/ प्रतिष्ठित/ अतिप्रतिष्ठित /प्रीमियर इकाईयाँ, Annexure A में दर्शाये गये मिनी सीमेन्ट प्लान्ट के अतिरिक्त	कुल देय कर का 25%		स्थाई पूंजी निवेश का 100%	11 वर्ष
4.	रुग्ण इकाईयाँ (i) वे रुग्ण इकाईयाँ जिन्होंने कर छूट या कर लाभ पूर्व में नहीं लिया हो।	क्र.स. 1 पर दर्शाये नई इकाईयों को मिलने वाले लाभ के समान		क्र.सं. 1 में दर्शाये अनुसार	11 वर्ष
	(ii) वे रुग्ण इकाईयाँ जिन्होंने कर छूट या कर लाभ पूर्व में ले लिया है।	1st year 2nd year 3rd year 4th year 5th year 6th year 7th year 8th to 11 year	80% 70% 60% 50% 40% 30% 20% 10%	क्र.सं. 1 में दर्शाये अनुसार	11 वर्ष
5.	अग्रणी इकाईयाँ/ प्रतिष्ठित इकाईयाँ / निर्यात करने वाली इकाईयाँ जिनका उत्पादन न्यूनतम 50% हो	1st & 2nd year 3rd year 4th year 5th year 6th year 7th & 8th year 9th & 10th year 11th to 13th year	100% 90% 80% 70% 60% 50% 40% 30%	स्थाई पूंजी निवेश का 100%	13 वर्ष

16.2.3 विक्रेता द्वारा खाते रखना (Accounts to be maintained by dealers)

प्रत्येक विक्रेता को, जिसका इस अधिनियम के तहत कर देने का दायित्व है, क्रय, विक्रय तथा स्टॉक के सही तथा स्पष्ट खाते रखने होते हैं, जिनमें माल की मात्रा तथा कीमत दर्शानी होती है। प्रत्येक उत्पादक को, जिसका इस अधिनियम के तहत कर देने का दायित्व है, कच्चे माल तथा तैयार उत्पाद की स्टॉक पुस्तिका रखनी होती है। इन्हे आवश्यकता पड़ने पर सम्बन्धित बिक्री कर प्राधिकारी को जांच हेतु प्रस्तुत करना होता है।

16.2.4 बिक्री कर विवरणी (Return to Sales Tax)

विक्रेता को, जिसका इस अधिनियम के तहत कर देने का दायित्व है, विवरणी प्रत्येक त्रैमासिक जो कि 30 जून, 30सितम्बर, 31 दिसम्बर व 31 मार्च को समाप्त होती है, के लिये उसके 30 दिन के भीतर भर कर देनी होती है। यदि किसी विक्रेता का टर्नओवर निर्धारित सीमा (50,000 रु. विक्रेता के लिये व 1 लाख रु. उत्पादन के लिये) से कम है तो उसे वर्ष में एक बार, वर्ष की समाप्ति के 60 दिन में विवरणी भरकर देनी होती है। प्रत्येक नया विक्रेता (उत्पादक, आयातक या विक्रेता) जिस पर राज्य तथा केन्द्रीय बिक्री कर 250 रु. प्रति माह से अधिक का दायित्व है, उसे पंजीकरण कराने के 12 महीने तक प्रत्येक माह के लिये विवरणी माह समाप्त होने के 21 दिनमें भरकर जमा करानी होती है।

16.3 उत्पादन शुल्क (Excise Duty)

उत्पादन शुल्क तथा सीमा शुल्क सरकारी राजस्व के प्रमुख एवं महत्वपूर्ण साधन हैं। वस्तुओं के उत्पादन पर लगाये जाने वाले कर को उत्पादन शुल्क कहते हैं। इसके लिये सरकार द्वारा नियम बनाये गये हैं। कुछ वस्तुओं को उत्पादन शुल्क से मुक्त रखा गया है। अतः उद्यमी उत्पादन शुल्क अधिनियम की अनुसूची (Schedule 1) से शुल्क लगाने वाली वस्तुओं तथा उन पर शुल्क की दर की जानकारी कर सकती है।

लघु उद्योग क्षेत्र को उत्पादन शुल्क में रियायत देने का उद्देश्य उसके विपणन में सहायता प्रदान करना है। लघु उद्योगों के लिये लघु क्षेत्र छूट योजना (Small Scale Exemption Scheme) वर्ष 1996 में लागू की गई थी। प्रति वर्ष लघु उद्योग विकास संस्थान अपने तकनीकी विभाग के सहयोग से लघु उद्योग क्षेत्र के लिये प्रत्यक्ष एवं अप्रत्यक्ष करों में उपर्युक्त सुधार हेतु बजट पूर्व सुझाव वित्त मंत्रालय को भेजता है। वित्तीय वर्ष 1998-99 से लघु उद्योगों को उत्पादन शुल्क में दी जाने वाली रियायतों को और अधिक उदार बनाया गया है, जो कि निम्न प्रकार है-

निकासी का मान (Value of clearnace)	उत्पादन शुल्क की दर (Rate of Excise)
50 लाख रु. तक	कुछ नहीं
50 लाख रु. से अधिक लेकिन 100 लाख रु.तक	5%
100 लाख रु. से अधिक पर	सामान्य शुल्क (Normal duty)

सुधारीकृत मूल्य वर्णित कर प्रणाली (मोडवेट) का लाभ उठाने वाले लघु उद्योगों को उत्पादन का 95% तक लाभ मिलेगा।

16.4 सीमा शुल्क (Custom duty)

इसके अन्तर्गत आयात तथा निर्यात शुल्क आते हैं। अन्य देशों से आयात की जाने वाली

वस्तुओं पर आयातित देश की सरकार द्वारा लगाये जाने वाले कर को आयात शुल्क कहते हैं। आयात शुल्क लगाने की सरकार की यह मंशा होती है कि अपने राष्ट्र में उत्पादित वस्तुओं को प्रोत्साहन मिले ताकि राष्ट्र का औद्योगिकरण तीव्र गति से हो सके। आयात शुल्क में केन्द्रीय सरकार समय समय पर परिवर्तन करती रहती है। देश के औद्योगिक आधुनिकीकरण के लिये व अन्य अत्यन्तावश्यक जरूरतों को पूरा करने के लिये कई वस्तुओं पर आयात शुल्क नहीं भी लगाया जाता है। निर्यात की जाने वाली वस्तुओं पर निर्यात शुल्क लगाया जाता है। निर्यात को बढ़ावा देने तथा देश की विदेशी मुद्रा की अत्यन्त आवश्यकता को मद्देनजर रखते हुये सरकार ने काफी वस्तुओं को निर्यात शुल्क (Export duty) से मुक्त रखा है। इससे निर्यातकों को विदेशी बाजार में प्रतियोगिता में माल के विक्रय में बहुत सहायता मिली है। तथा साथ ही देश के विदेशी मुद्रा भण्डार में काफी वृद्धि हुई है। वित्तीय वर्ष 2000-01 से सीमा शुल्क की अधिकतम दर 35% है एवं भिन्न भिन्न वस्तुओं पर सीमा शुल्क की दर अलग-अलग है। अतिरिक्त सीमा शुल्क की दर 4% देय होगी।

केन्द्रीय सरकार ने उत्पादन शुल्क व सीमा शुल्क के नियमन व नियन्त्रण के लिये एक्साइज व कस्टम के कार्यालय स्थापित किये हैं तथा इनके प्रमुख एक्साइज कमिश्नर व कस्टम कलक्टर होते हैं।

उत्पादक का दायित्व - उत्पादन शुल्क देय वस्तुओं के उत्पादन हेतु अनुमति प्राप्त करने के लिये निर्धारित प्रपत्र में आवश्यक सूचना (स्थान, मशीन, संयंत्र, उत्पादन क्षमता, कच्चा माल आदि) एक्साइज कमिश्नर कार्यालय को भरकर देनी होती है। अनुमति प्रमाण-पत्र प्राप्त होने के पश्चात ही उत्पादन प्रारम्भ करना होता है। उत्पादन बन्द करने या उत्पादन फिर प्रारम्भ करने की सूचना भी कार्यालय को देनी होती है। इसके अतिरिक्त उत्पादक को बॉण्ड भरकर जमानत राशि सहित जमा करना होता है। बॉण्ड में यह व्यवस्था होती है कि शुल्क का भुगतान समय पर किया जावेगा तथा उसके पश्चात् अनुमति (गेट पास) प्राप्त करके तैयार माल फैक्टरी से बाहर ले जाया जायेगा। उत्पादक को दैनिक स्टॉक लेखा रखना होता है ताकि कर अधिकारी द्वारा मांगने पर उनको प्रस्तुत किया जा सके। एक्साइज कार्यालय को मासिक विवरणी (Monthly Return) भरकर माह की समाप्ति के 7 दिन के भीतर जमा कराना होता है।

16.5 औद्योगिक तथा अग्नि बीमा (Industrial and Fire Insurance)-

उद्यमी अपने उद्योग में लगी पूंजी की सुरक्षा हेतु अनेकों जोखिमों (Risks or perils) के लिये सामान्य बीमा कम्पनी (General Insurance Company) द्वारा बीमा करा सकता है, ताकि उस घटना से होने वाली क्षतिपूर्ति काफी हद तक सम्भव हो सके। उद्योग से सम्बन्धित मुख्य जोखिमों हेतु निम्न प्रकार का बीमा होता है।

1. अग्नि व उससे सम्बन्ध जोखिम बीमा (Fire and Allied Perils Insurance)- अग्नि पॉलिसी C (Fire Policy C) में उद्योगों को आग, बिजली गिरना, विस्फोट, उपद्रव, हड़ताल, दुर्भावनाजन्य कार्यों (आतंकवादी घटनाओं को छोड़कर), हवाई दुर्घटना व अन्य टकराव के विरुद्ध संरक्षण दिया जाता है। लघु उद्योग के लिए जिसमें कुल निवेश 10 लाख रु. तथा इसमें मशीनरी 5 लाख रु. तक है, टेरीफ दर रु.1/100 प्रतिवर्ष है। अलग-अलग प्रकार के उद्योगों के लिये टेरीफ दर भिन्न-भिन्न है, जो कि रु.1 से 45/1000 प्रतिवर्ष है।

2. चोरी व सेंधमारी बीमा (Theft and Burgalore Insurance) - चोरी या सेंधमारी से उद्योग परिसर में रखी सम्पत्ति की हानि या क्षति के विरुद्ध इस पॉलिसि के अन्तर्गत बीमा संरक्षण दिया जाता है। इसमें कच्चे माल, अर्द्ध तैयार व तैयार उत्पाद तथा मशीनरी आदि के लिये साधारणतया टेरीफ दर 2 से 5 रु/1000 प्रतिवर्ष है।

3. बॉयलर व दाब संयंत्र बीमा (Boiler and Pressure Plant Insurance)- इसमें भाप व दाब के कारण बॉयलर या दाब पात्र फटने से हुई उद्योग में किसी भी प्रकार की क्षति व पास वाले उद्योगों को हुई क्षति के विरुद्ध संरक्षण दिया जाता है। इसमे टेरीफ दर रु. 0.12 से 0.18 / 1000 प्रतिवर्ष है।

4. मशीनरी बीमा (Machinery Insurance)- इसमें उद्योग में काम आने वाली किसी भी प्रकार की मशीन का किसी भी कारण से ब्रेकडाउन (Breakdown) होने के विरुद्ध संरक्षण दिया जाता है। साधारणतया टेरीफ दर 1 से 2 प्रतिशत है।

5. परिवहन बीमा (Transit/Marine Insurance)- उद्योग अपने उत्पाद को गन्तव्य स्थान पर भेजने के लिये साधारणतया रेल, सड़क, परिवहन या समुद्री परिवहन का उपयोग करता है। उद्योग/डिपो से गन्तव्य स्थान तक के सामान के परिवहन के दौरान सामान को किसी भी प्रकार की क्षति, चोरी आदि की जोखिमों हेतु इस बीमा पॉलिसी के तहत बीमा कराया जा सकता है। इसके लिये उद्योग अपनी उत्पादन क्षमता के अनुसार एक निश्चित राशि की Open Policy ले लेता है जिसका टेरीफ एक मुश्त जमा हो जाता है। इस राशि में से उद्योग द्वारा भेजे गये माल के बिल की राशि घटती रहती है। जब बीमा कराई गई राशि का उपयोग हो जाता है तो उद्योग फिर आवश्यकतानुसार राशि की दूसरी Open Policy ले लेता है। वैसे हर बार भेजे जाने वाले माल का भी परिवहन बीमा कराया जा सकता है, लेकिन इसमें टेरीफ ज्यादा देय होता है।

6. कमाई की क्षति के लिये बीमा (Loss of Profit Insurance)- हड़ताल या आग लगने आदि के कारण जब उद्यमी को कमाई की क्षति होती है तो उसके लिये भी संरक्षण हेतु बीमा करवाया जा सकता है। बीमे की राशि के लिये उद्योग के वार्षिक खातों से सकल लाभ की गणना की जाती है। इसके लिये टेरीफ दर अग्नि बीमा के समान है।

7. श्रमिक क्षतिपूर्ति बीमा (Workmen's Compensation Insurance)- जो उद्योग श्रमिक राज्य बीमा (E.S.I) के अन्तर्गत नहीं आते हैं, वे दुर्घटना आदि से अपने श्रमिकों को क्षतिपूर्ति हेतु इस पॉलिसी के तहत बीमा करा सकते हैं। इसमें श्रमिकों को क्षतिपूर्ति श्रमिक क्षतिपूर्ति अधिनियम 1923 के अनुसार मिलती है। जिसकी जानकारी इस पुस्तक के अध्याय 18 में दी गई है।

औद्योगिक बीमे की प्रक्रिया (Procedure for Industrial Insurance)- उद्यमी को अपने उद्योग का उपरोक्त वर्णित विभिन्न जोखिमों में से जिनके लिये बीमा कराना होता है, इसके लिये निर्धारित प्रपत्र में प्रस्ताव पत्र (Proposal Form) भरकर सामान्य बीमा कम्पनी कार्यालय को देना होता है। बीमा कम्पनी आवश्यकता हो तो अपने सर्वेयर द्वारा रिपोर्ट मंगवा लेती है। बीमा कार्यालय में इनकी जांच करने के पश्चात उद्यमी द्वारा बीमे की प्रीमीयम राशि जमा कराने पर अस्थाई जोखिम पत्र (Provisional Cover Note) प्रदान किया जाता है। इसके पश्चात बीमा अनुबन्ध

पॉलिसी उद्यमी को भेजी जाती है। बीमे की अवधि साधारणतया 1 वर्ष होती है। समयावधि पूर्ण होने पर फिर पॉलिसी का नवीनीकरण (Renewal) करना होता है।

प्रश्न

1. वर्तमान में व्यक्तिगत आयकर तथा कम्पनी आयकर की दरें क्या हैं ? (राज.नव97)
2. प्रत्यक्ष एवं अप्रत्यक्ष करों से आप क्या समझते है ? (राज.अप्रेल95)
3. निकाय कर का वर्णन कीजिये। (राज.अप्रेल,97)
4. उद्योगों का बिक्रीकर के लिये पंजीकरण किस प्रकार किया जाता है ? (राज.नव94)
5. उद्योगों के लिये बिक्रीकर प्रोत्साहन योजना क्या हैं ? (राज.नव94)
6. उत्पादन शुल्क व सीमा शुल्क या आयात शुल्क में क्या अन्तर है ? (राज. अप्रेल 95, नव96, नव97, अप्रैल 2000)
7. उत्पादन शुल्क एवं सीमा शुल्क से आप क्या समझते हैं ? (राज.नव95)
8. उत्पादन शुल्क को समझाइये। (राज.अप्रेल,97)
9. औद्योगिक बीमा से आप क्या समझते हैं ? (राज.नव95)
10. संक्षिप्त टिप्पणी लिखिये-
    (i) सेवा कर
    (ii) दान कर
    (iii) सम्पत्ति कर
    (iv) औद्योगिक तथा अग्नि बीमा (राज. नव.98)
11. उत्पादन शुल्क तथा सीमा शुल्क क्या है और क्यों लगाये जाते हैं ? (राज. अप्रेल 99)
12. आयात शुल्क लगाने का उद्देश्य क्या है ? (राज. नव.98)

अध्याय - 17

उद्यमिता सहायतार्थ संस्थायें (Entrepreneurship Support Systems)

17.1 केन्द्रीय स्तर के संगठन (Central Level Organisation)

लघु उद्योगों के विकास की मुख्य जिम्मेदारी राज्य सरकारों की है लेकिन लघु उद्योगों के विकास से सम्बन्धित कार्यक्रम में कई बिन्दु ऐसे हैं जो कि अखिल भारतीय प्रकृति के हैं जिन्हें राष्ट्रीय स्तर पर समझा जा सकता है और समस्याओं के समाधान के लिए जिस स्तर पर प्रयत्न करने की आवश्यकता है उसे मध्य-नजर रखते हुये देश में लघु उद्योगों के विकास की आयोजना तथा समन्वय की जिम्मेदारी केन्द्रीय सरकार ने अपने पास रखने का निश्चय किया ताकि लघु उद्योगों का यथोचित विकास पूरे देश में हो सके। इनके विकास के लिए एक-सी नीति अपनाई जावे ताकि ये उद्योग रोजगारोन्मुखी होकर देश के विकास में अग्रणी भूमिका निभा सकें। अतः केन्द्रीय सरकार ने लघु उद्योगों की सहायता हेतु निम्न संगठन स्थापित किये हैं –

17.1.1 लघु उद्योग एवं कृषि तथा ग्रामीण उद्योग विभाग (Department of Small Scale Industries and Agro and Rural Industries, SSI and ARI)

लघु उद्योग एवं कृषि तथा ग्रामीण उद्योग विभाग की स्थापना भारत सरकार के उद्योग मंत्रालय के तहत जनवरी 1990 में की गई। यह विभाग लघु खादी, ग्रामीण एवं कोयर उद्योगों के नीति निर्धारण, विकास, उन्नयन तथा सुरक्षा हेतु नोडल एजेंसी के रूप में कार्य कर रहा है।

देश में इन उद्योगों का सकल उत्पादन तथा रोजगार प्रदान करने में अधिक से अधिक हिस्सा रहे इसके लिए प्रभावी कदम उठाये गये हैं। यह विभाग लघु तथा ग्रामीण उद्योगों के उत्थान हेतु लगातार विभिन्न कार्यक्रम बना रहे हैं। नई औद्योगिक नीति के उद्देश्यों को प्राप्त करने के लिए विभाग ने कई कदम उठाये हैं। विभाग की विकास नीतियों को सम्बंधित कार्यालयों तथा संगठनों के मार्फत क्रियान्वित किया जा रहा है, जिनमें लघु उद्योग विकास संगठन (SIDO), खादी एवं ग्रामीण उद्योग आयोग (KVIC), राषट्रीय लघु उद्योग निगम (NSIC) तथा कोयर बोर्ड सम्मिलित हैं। नीतियों के क्रियान्वन तथा विभिन्न सुविधाओं के विस्तार हेतु इन कार्यालयों एवं संगठनों के कार्यालयों तथा संस्थाओं का जाल पूरे देश में फैला हुआ है। इन संगठनों की विस्तृत जानकारी आगे दी जा रही है।

17.1.2 लघु उद्योग विकास संगठन (Small Industries Development Organisation, S.I.D.O.)

लघु उद्योगों के विकास हेतु भारत सरकार की नीतियों व कार्यक्रमों को क्रियान्वित करने के लिए उद्योग मंत्रालय के तहत राष्ट्रीय स्तर पर इस संगठन की स्थापना 1954 में की गई थी। यह संगठन राज्य सरकारों तथा लघु उद्योग विकास सम्बन्धी केन्द्रीय व राज्य स्तर के विभिन्न संगठनों व संस्थाओं से निकट सम्पर्क रखता है। विभिन्न राज्यों में स्थित लघु उद्योग सेवा सस्थान (S.I.S.I.) शाखा संस्थान विस्तार केन्द्र तथा उत्पादन केन्द्र इसी संगठन के तहत कार्य करते हैं।

इस संगठन के प्रमुख 'विकास आयुक्त (Development Commissioner) लघु उद्योग' हैं व अलग-अलग कार्यों हेतु संयुक्त निदेशक, उप निदेशक, सहायक निदेशक तथा कनिष्ट फील्ड अधिकारी हैं। इसका कार्यालय औद्योगिक विकास तथा विज्ञान एवम् प्रौद्योगिकी मंत्रालय, भारत सरकार, नई दिल्ली में है।

इस संगठन के मुख्य कार्य निम्न हैं –

(क) समन्वय (Coordination)

(i) लघु उद्योग विकास हेतु राष्ट्रीय स्तर पर नीति एवं कार्यक्रम निर्धारण करना।

(ii) राज्य सरकारों की नीतियों एवं कार्यक्रमों हेतु समन्वय करना।

(iii) विभिन्न राज्यों एवं राज्य और केन्द्रीय स्तर के मंत्रालयों, योजना आयोग, भारतीय रिजर्व बैंक एवं भारतीय लघु उद्योग विकास बैंक के बीच समन्वय स्थापित करना।

(iv) बड़े व लघु उद्योगों के विकास में समन्वय करना।

(v) औद्योगिक क्षेत्रों एवं सहायक उद्योगों के विकास कार्यक्रम में समन्वय करना।

(vi) पिछड़े एवं ग्रामीण क्षेत्रों में औद्योगिकरण हेतु ग्रामीण दस्तकारों के प्रशिक्षण की योजनायें लागू करना।

(ख) औद्योगिक विकास (Industrial Development):

(i) विशेष रूप से चयनित उद्योगों हेतु उत्पादन कार्यक्रमों का अनुमोदन करना

(ii) स्वदेशी एवं विदेशी आयातित कच्चे माल एवं पुर्जो की मांग का पूर्वानुमान एवं प्रबन्ध करना।

(iii) लघु उद्योग क्षेत्र हेतु उत्पादों का आरक्षण करना।

(iv) आयात व निर्यात के मुख्य नियंत्रक को आयात लाइसेंस जारी करने एवं कई उत्पादों के आयात पर रोक लगाने सम्बन्धी राय देना।

(v) "मॉडल योजनाओं", "परियोजना रिपोर्ट" एवं अन्य "तकनीकी साहित्य" भावी उद्यमियों (Prospective Entrepreneurs) हेतु तैयार करना।

(ग) उद्योग विस्तार सेवा (Industries Extension Service)

लघु उद्योग क्षेत्र में मुख्य कमियों के निवारण हेतु एवं उत्पादकता एवं प्रतिद्वन्दिता सामर्थ्य बढ़ाने हेतु यह संगठन निम्न सेवाऐं प्रदान करता है –

(i) तकनीकी परामर्श एवं सहायता।

(ii) प्रबन्धकीय परामर्श।

(iii) अर्थव्यवस्था सम्बन्धी सूचना।

(iv) विपणन सहायता।

(v) प्रशिक्षण सुविधाएँ।

यह संगठन देश में फैले लघु उद्योग सेवा संस्थाओं के द्वारा विस्तृत प्रशिक्षण देने के अपने व्यापक कार्यक्रम के माध्यम से उद्यमी तैयार करने का कार्यक्रम संचालित कर रहा है।

महिला उद्यमियों के सम्मुख आने वाली विशेष समस्याओं को हल करने के लिए सीडो के कार्यालय में एक महिला प्रकोष्ठ कार्य कर रहा है। यह प्रकोष्ठ (cell) महिला उद्यमियों से प्राप्त होने वाले अभ्यावेदनों (representations) पर कार्यवाही करता है और सम्पर्क (liaison) सहायता प्रदान करता है।

लघु उद्योग विकास संगठन देश भर में स्थित अपने क्षेत्रीय कार्यालयों के माध्यम से विपणन सम्बन्धी सलाह और लघु उद्योग क्षेत्र से सम्बन्धित सूचनाओं के प्रसार के माध्यम से लघु इकाईयों को विपणन सहायता उपलब्ध कराताहै। सीडो विपणन कार्यक्रम के अधीन निम्नलिखित योजनाएं कार्यान्वित करता है -

(i) श्रेष्ठ उत्पादों के लिए राष्ट्रीय पुरस्कार-यह योजना 1986 में प्रारम्भ की गई थी। इस योजना के अधीन चुनींदा उद्योग उत्पादन समूहों में होने वाले उत्कृष्ट माल के उत्पादन की मान्यता के लिए उद्योग इकाईयों को पुरस्कार दिये जाते हैं। इसमें ट्राफी और सम्मान पत्र के साथ प्रथम पुरस्कार 15,000 रुपये तथा द्वितीय पुरस्कार 10,000 रुपये नकद दिये जाते हैं।

(ii) केन्द्र सरकार भण्डार खरीद कार्यक्रम-लघु क्षेत्र से सरकार द्वारा की जाने वाली खरीददारी में वृद्धि करने के लिए डी.जी.एस. एण्ड डी. द्वारा केन्द्र सरकारी खरीद कार्यक्रम प्रारम्भ किया गया था। जिसके तहत वर्तमान में 409 मदें केवल लघु उद्योग इकाइयों से ही प्राप्त करने के लिए आरक्षित हैं। इस सूची में और अधिक वस्तुओं को शामिल करने के प्रयास किये जा रहे हैं।

सीडो का प्रकाशन विभाग अपने आवधिक और गैर-आवधिक प्रकाशनों जिनमें पुस्तिकाएं, बुकलेट्स तथा फोल्डर्स हैं के माध्यम से लघु उद्योग क्षेत्र विशेषतया ग्रामीण एवं पिछड़े क्षेत्र में विद्यमान और भावी उद्यमियों को सरकार की नीतियों और कार्यक्रमों, प्रोत्साहनों और रियायतों, संस्थानिक सहायता और सुविधाओं के विषय में जानकारी उपलब्ध कराता है। सीडो की मासिक पत्रिका "लघु उद्योग समाचार" लाभदायक तकनीकी तथा सूचनाप्रद सामग्री उपलब्ध कराता है। तीन खण्डों में अंग्रेजी और हिन्दी में प्रकाशित प्रोजेक्ट प्रोफाइल सीडो के अन्य महत्वपूर्ण प्रकाशन हैं।

17.1.3 लघु उद्योग सेवा संस्थान (Small Industries Service Institute, S.I.S.I.)

लघु उद्योग क्षेत्र में विकास हेतु इस संस्थान का संस्थापन राष्ट्रीय स्तर पर किया गया है एवं लघु उद्योग विकास संगठन (S.I.D.O.) के अन्तर्गत कार्य करता है।

प्रत्येक राज्य में स्थित कार्यालय के अलावा अन्य शहरों में भी इस संस्थान के शाखा कार्यालय एवं कार्यशालाएं हैं, इन कार्यशालाओं में तकनीकी प्रशिक्षण प्रदान किया जाता है एवं उद्योगों हेतु कई पुर्जों/ औजारों का निर्माण भी उचित दर पर किया जाता है।

इस संस्थान द्वारा निम्न क्षेत्रों में सलाह एवं मार्गदर्शन प्रदान किया जाता है:

1. तकनीकी(Technical): विभिन्न वस्तुओं के निर्माण हेतु विधि, मशीनों, औजारों का विवरण एवं प्राप्ति स्थान इत्यादि की जानकारी प्रोजेक्ट रिपोर्ट के माध्यम से देना।

2. ***प्रबन्धकीय*** (Managerial): लघु उद्योगों के सफल संचालन हेतु एवं प्रबन्ध क्षेत्र के विभिन्न पहलुओं पर सलाह एवं सहायता प्रदान करना।

3. अर्थ-व्यवस्था सम्बन्धी (Economic): विद्यमान इकाइयों को एवं साथ ही साथ संभावित उद्यमियों को अर्थ-व्यवस्था सम्बन्धी-नीतियों हेतु सूचना एवं मार्गदर्शन प्रदान करना।

जो इकाइयाँ बैंकों/वित्तीय संस्थाओं से ऋण चाहती हैं उन्हें 'मूल्यांकन रिपोर्ट (Appraisal Report)' बनाने हेतु सहायता प्रदान करना। मूल्यांकन रिपोर्ट के माध्यम से विभिन्न बैंक/वित्तीय संस्थाएँ प्रोजेक्ट की लागत आँक सकते हैं एवं उसके अनुसार ऋण प्रदान करते हैं।

4. प्रशिक्षण सुविधाएँ (Training Facilities): लघु उद्योग सेवा संस्थान निम्न प्रशिक्षण सुविधाऐं प्रदान करता है:

(i) तकनीकी: 'मशीन शॉप, हीट ट्रीटमेंट, कांच एवं मृत्तिका, 'डाई एवं टूल मेकर', इलेक्ट्रो प्लेटिंग,' 'फुटवियर' आदि में तकनीकी प्रशिक्षण प्रदान किया जाता है। न्यूनतम आठवी कक्षा उतीर्ण अभ्यार्थी संस्थान द्वारा चयन के पश्चात प्रशिक्षण प्राप्त कर सकते हैं एवं प्रशिक्षण के दौरान वृति (Stipend) भी प्राप्त करते हैं।

(ii) उद्यमिता विकास कार्यक्रम (Entrepreneurial Development Programmes): इस विभाग द्वारा समाज के विभिन्न वर्गो हेतु निम्न कार्यक्रमों का आयोजन किया जाता है–

1. युवा अभियन्ता उद्यमिता पाठ्यक्रम
2. महिला उद्यमिता पाठ्यक्रम
3. ग्रामीण हस्तकार पाठ्यक्रम
4. शिक्षित बेरोजगार उद्यमिता पाठ्यक्रम

5. प्रकाशन (Publication) लघु उद्योग सेवा संस्थान द्वारा निम्न प्रकाशन भी प्रकाशित किये जाते हैं

(i) लघु उद्योग समाचार (हिन्दी एवं अंग्रेजी दोनों भाषाओं में)

(ii) एस.आई.एस.आई. समाचार पत्र (SISI News Letter)

(iii) निर्यात समाचार विज्ञप्ति (Export News Bulletin)

उपरोक्त संस्थान द्वारा उद्योग क्षेत्र के सभी स्रोतों को सहायता एवं सलाह प्रदान की जाती हैं एवं विभिन्न स्रोतों से उद्यमियों को सहायता दिलवाई जाती है।

6. सहायक उद्योगों का विकास – लघु उद्योग सेवा संस्थान द्वारा सहायक उद्योगों के विकास हेतु वृहद् एवं मध्यम उद्योगों के साथ व्यवस्था की जाती है। वृहद् एवं मध्यम उद्योगों द्वारा काम में लिये जाने वाले कल-पुर्जे एवं कच्चा माल, लघु उद्योग क्षेत्र में उत्पादित हों, ऐसी इकाईयों की स्थापना के प्रयास किये जाते हैं। इस हेतु क्रेता-विक्रेता (Buyer-Seller) सम्मेलन भी आयोजित किये जाते हैं ताकि औद्योगिक इकाईयों को यह ज्ञात हो सके कि उनके उत्पादों की पूर्ति/बिक्री के स्रोत कहां उपलब्ध हो सकेंगे।

विभिन्न तकनीकी व्यवसायों जैसें मशीन शॉप, ऊष्मा उपचार (हीट ट्रीटमेंट), कांच एवं मृत्तिका, शीट मेटल कार्य, चर्म एवं पादुका इत्यादि के उद्योगों को सामान्य सुविधा सहायता तथा कर्मकारों को प्रशिक्षण उपलब्ध कराने की दृष्टि से 46 सामान्य सुविधा कार्यशालाएं लघु उद्योग सेवा संस्थानों/शाखा लघु उद्योग सेवा संस्थानों/विस्तार केन्द्रों के साथ जुड़ी हुई हैं। उनके क्षेत्र की लघु उद्योग इकाईयों की आवश्यकताओं को देखते हुये इन कार्यशालाओं को आधुनिक मशीन टूल्स द्वारा सुसज्जित किया जा रहा है। कुछ कार्यशालाओं में सी.एन.सी. बोरिंग तथा मिलिंग मशीनें, सी.एन.सी. लेथ मशीन तथा इलैक्ट्रिक डिस्चार्ज मशीन क्रय की गई हैं। इन सामान्य सुविधा कार्यशालाओं द्वारा की जाने वाली सेवाओं को किस्म तथा मात्रा दोनों के हिसाब से बेहतर बनाने के प्रयास सतत जारी है। केरल राज्य में एट्टमानूर, तिरुवल्ला, अट्टिंगल और मुवट्टीपुझा में 4 उत्पादन/विस्तार केन्द्र तथा आगरा और मद्रास में दो केन्द्रीय फुटवियर प्रशिक्षण केन्द्र स्थित हैं। उत्पादन/विस्तार केन्द्रों में छोटी मशीनों, दस्ती औजारों, इलेक्ट्रिक मोटरों, स्टेनलेस स्टील व एल्यूमीनियम के बर्तनों तथा टिन कैन व टिन प्रिंटिंग का उत्पादन हो रहा है। इसके अतिरिक्त कुछ लघु उद्योग सेवा संस्थानों के पास कार्पेन्टरी, लोहारगिरी, सामान्य इंजीनियरिंग, कांच एवं मृत्तिका तथा चर्म/पादुका जैसे विषयों में प्रदर्शनियों का आयोजन करने तथा दूरस्थ/ग्रामीण क्षेत्रों के कारीगरों और उद्यमियों को प्रशिक्षण देने के लिये चलती फिरती गाड़ियां है।

17.1.4 राष्ट्रीय लघु उद्योग निगम लिमिटेड (National Small Industries Corporation Ltd., N.S.I.C.)

राष्ट्रीय लघु उद्योग निगम (N.S.I.C.) की स्थापना केन्द्रीय सरकार द्वारा 1955 में की गई थी। निगम लघु उद्योगों को निम्न क्षेत्र में सहायता प्रदान करता है –

(i) स्वदेशी तथा आयातित दोनों प्रकार की मशीनों की किराया-क्रय आधार पर सप्लाई।

(ii) स्थापित इकाईयों को विस्तार, आधुनिकीकरण एवं विशाखन (diversification) हेतु स्वदेशी तथा आयातित मशीनों की लीज पर सप्लाई।

(iii) लघु उद्योगों के उत्पादों का विपणन।

(iv) लघु उद्योगों के उत्पाद का निर्यात एवं लघु इकाईयों में निर्यात की योग्यता का विकास करना।

(v) लघु उद्योगों को सरकारी भंडार क्रय कार्यक्रम में भाग लेने में सहायता करना।

(vi) प्रोटोटाईप मशीनों, उपस्करों तथा औजारों का विकास करना जो कि आयात का प्रतिस्थापी हो एवं प्रोद्योगिकी उन्नयन।

(vii) विभिन्न तकनीकी ट्रेडस में प्रशिक्षण देना।

(viii) स्वदेशी एवं आयातित कच्चे माल को प्राप्त करना व उसकी सप्लाई व आवंटन करना।

(ix) टर्नकी आधार पर विकासशील देशों में लघु उद्योगों की स्थापना करना।

इसके अतिरिक्त निगम लघु उद्योगों को वित्तीय सेवा योजना के तहत कच्चा माल सहायता योजना, आकस्मिक आवश्यकताओं के लिये कार्यशील पूंजी योजना, बिल बट्टा तथा निर्यात विकास वित्त योजना भी चला रही है।

राष्ट्रीय लघु उद्योग निगम अपने विपणन सहायता कार्यक्रम के अन्तर्गत लघु उद्योगों के उत्पादों के लिए वृहतर बाजार की व्यवस्था करता है। निगम अपने स्वदेशी विपणन कार्यक्रम में एक ही उत्पाद का उत्पादन करने वाली कई लघु इकाईयों को एक सहायता संघ के रूप में संगठित करता है। निगम बाजारों की खोज करता है और बड़ी मात्रा के आदेश प्राप्त करता है। इसके पश्चात लघु इकाईयों को उनकी उत्पादन क्षमता के आधार पर ये आदेश बांटे जाते हैं। निगम एजेंसी आधार पर लघु उद्योगों द्वारा मशीनरी का विपणन भी करता है। निगम लघु उद्योगों के उत्पादों के निर्यात के लिए अपने स्तर पर पूर्ण सहायता करता है।

लघु उद्योगों को निगम के पास पंजीकरण कराने हेतु सम्बन्धित राज्य के लघु उद्योग सेवा संस्थान से फार्म प्राप्त करके तथा भरकर वापस सेवा संस्थान को जमा कराना होता है। सेवा संस्थान उस इकाई का निरीक्षण करके निगम को पंजीकरण के लिए आवश्यक सिफारिश करता है। सेवा संस्थान से फार्म मय आवश्यक सूचना के प्राप्त होने पर निगम प्रत्येक इकाई को पंजीकरण संख्या जारी करता है। इस पंजीकरण के आधार पर लघु उद्योग इकाईयाँ निम्नलिखित लाभ प्राप्त करने की अधिकारी हो जाती है।

(i) ये इकाईयां राष्ट्रीय लघु उद्योग निगम के कार्यालयों से निशुल्क टेण्डर प्राप्त कर सकती है।

(ii) सरकारी क्रय में इन इकाईयों को अमानत राशि एवं जमानत राशि जमा कराने से छूट मिल जाती है।

(iii) पंजीकरण के कारण लघु उद्योगों को सरकारी क्रय में 15% प्रतिशत की मूल्य वरीयता याने मध्यम तथा बड़े उद्योगों की तुलना में 15 प्रतिशत तक अधिक दरें हो तब भी इन उद्योगों से माल क्रय करने में प्राथमिकता दी जाती है।

राष्ट्रीय लघु उद्योग निगम लघु उद्योग इकाईयों को किराया क्रय आधार पर मशीनों की सप्लाई के रूप में औद्योगिक वित प्रदान करता है। इनमें आयातित मशीनें भी सम्मिलित हैं। यह राशि 5 वर्ष

की अवधि में मय ब्याज के अर्द्धवार्षिक किस्तों में लौटानी होती है तथा समयान्तर्गत भुगतान करने पर ब्याज दर में 2 प्रतिशत की छूट का प्रावधान भी है। इस बारे में विस्तृत जानकारी "किराया क्रय आधार पर मशीनों की प्राप्ति" नामक शीर्षक में दी गई है।

राष्ट्रीय लघु उद्योग निगम ने नई दिल्ली, हावड़ा, राजकोट, मद्रास व हैदराबाद में प्रोटोटाइप उत्पादन एवं प्रशिक्षण केन्द्र स्थापित किये हैं ताकि लघु उद्योगों द्वारा मशीनों का व्यापारिक उत्पादन किये जाने के उद्देश्य से मशीनों का प्रोटोटाइप सप्लाई किया जा सके तथा विभिन्न क्षेत्रों में प्रशिक्षण की व्यवस्था भी संभव हो सके। इन केन्द्रों के उद्देश्य इस प्रकार हैं –

(i) लघु उद्योगों हेतु मशीनों के डिजाइन तैयार करना, उनका विकास करना तथा उनके प्रोटोटाइप तैयार करना।

(ii) लघु उद्योगों में कार्यरत कुशल श्रमिकों तथा सुपरवाईजरों को विभिन्न प्रकार का आवश्यक प्रशिक्षण प्रदान करना।

(iii) लघु उद्योग इकाईयों को उत्पादन तकनीकों तथा प्रक्रमों के बारे में सामान्य सुविधायें तथा तकनीकी सेवायें प्रदान करना।

राष्ट्रीय लघु उद्योग निगम लिमिटेड का केन्द्रीय कार्यालय ओखला औद्योगिक क्षेत्र, नई दिल्ली में है।

17.1.5 राष्ट्रीय लघु उद्योग विस्तार प्रशिक्षण संस्थान (निसित) (National Institute of Small Industries Extension Training, NISIET)

राष्ट्रीय लघु उद्योग विस्तार प्रशिक्षण संस्थान (जिसे पहले एस. आई.ई.टी. के नाम से जाना जाता था) की स्थापना लघु उद्योग संर्वधन एवं विकास से जुड़े अधिकारियों व उद्यमियों को प्रशिक्षण करने के उद्देश्य से 1960 में की गई थी। संस्थान राज्यों/केन्द्र के स्तर पर लघु उद्योगों के विकास हेतु प्रशिक्षण, अनुसंधान, परामर्श तथा प्रलेख सम्बन्धी सेवाये प्रदान करता है। संस्थान को 1985 में राष्ट्रीय संस्थान घोषित किया गया। जिन प्रमुख क्षेत्रों में एन आई एस आई ई टी को विशेषज्ञता हासिल है वे हैं औद्योगिक विकास, व्यवहारिक आचरण सम्बन्धी विज्ञान, औद्योगिक प्रबन्ध, सूचना एवं प्रलेखन, उद्यमिता विकास, लघु उद्योगों को परामर्श तथा संचार सहायता आदि।

इन संस्थान का मुख्यालय हैदराबाद में स्थित है तथा पूर्वोतर क्षेत्र की राज्य सरकारों और अन्य विकास संगठनों द्वारा प्रायोजित उद्यमियों की परामर्श एवं प्रशिक्षण आवश्यकताओं को पूरा करने के लिये 1979 में संस्थान का एक केन्द्र गुवाहाटी में खोला गया।

प्रशिक्षण हेतु राष्ट्रीय तथा अंतर्राष्ट्रीय कार्यक्रम आयोजित किये जा रहे हैं। राष्ट्रीय एवं अंतर्राष्ट्रीय participants के लिए अलग-अलग कार्यक्रम आयोजित किये जाते हैं। निसित हैदराबाद तथा गुवाहाटी द्वारा आयोजित अधिकतर कार्यक्रम लघु उद्यमों से सम्बंधित उद्यमिता विकास एवं औद्योगिक प्रबंध पर आधारित होते हैं। इसके अतिरिक्त सहायक उद्योग विकास, विपणन एवं निर्यात, उत्पाद एवं किस्म सुधार व अन्य प्रशिक्षण कार्यक्रम भी आयोजित किये जाते हैं।

17.1.6 राष्ट्रीय उद्यमिता एवं लघु व्यवसाय विकास संस्थान (निसबड) (National Institute for Entrepreneurship & Small Business Development)

लघु उद्योग तथा लघु व्यवस्था में उद्यमिता विकास में लगे विभिन्न संस्थानों के कार्यकलापों के समन्वय तथा देखभाल करने हेतु "निसबड" की स्थापना 1983 में की गई थी। इस संस्थान का मुख्यालय नई दिल्ली में स्थित हैं। निसबड प्रशिक्षकों/प्रेरकों तथा उद्यमियों के लिऐ प्रशिक्षण कार्यक्रम चलाता है। विभिन्न लक्ष्य समूहों के प्रशिक्षण हेतु मॉडल पाठ्यक्रम तैयार करता है। निसबड प्रलेखन (documentation)/ अनुसंधान के कार्य करता है, संगोष्ठियां/कार्यशालाओं और सभायें आदि आयोजित करता है, प्रशिक्षण/टीचिंग एड्स के डिजाइन तैयार कर उनको विकसित करता है तथा देश में उद्यमिता एवं लघु व्यवसाय क्षेत्र के विकास के लिए नोडल एजेंसी के रूप में कार्य करता है।

अभी तक आयोजित विभिन्न कार्यक्रमों के द्वारा देश के हजारों व्यक्ति लाभान्वित हुए हैं जिनमें उद्यमी, सहायता एवं सेवा एजेंसी/संगठनों के अधिकारी, राजकीय, अराजकीय एवं सेवा संगठनों के प्रशिक्षक/प्रवर्तक तथा उद्यमिता के क्षेत्र के व्यवसायी आदि सम्मिलित हैं। इसके अतिरिक्त निसबड द्वारा अंतर्राष्ट्रीय प्रशिक्षण कार्यक्रमों से अभी तक 39 विकासशील देशों के सैकड़ों प्रशिक्षक/प्रवर्तक, नीति निर्धारक, उद्यमी तथा राजकीय अधिकारियों ने भाग लेकर लाभ उठाया है।

यह संस्था द्वि-मासिक समाचार पत्र भी प्रकाशित करती है। उद्यमिता उत्प्रेरक प्रशिक्षण (EMT) किट्स विकसित करने के अतिरिक्त विभिन्न उद्यमिता विषयों पर 15 प्रकाशन/हैन्ड बुक भी निकाले हैं। निसबड ने उद्यमिता सम्बन्धित विषयों पर एक दर्जन से भी अधिक विडियों फिल्म विकसित/तैयार की हैं जो कि प्रशिक्षण हेतु बहुत उपयोगी हैं, इनमें से कुछ हिन्दी में भी उपलब्ध हैं।

17.1.7 वाणिज्यिक बैंक (Commercial Bank)

भारतीय स्टेट बैंक व सहायक बैंक, राष्ट्रीयकृत बैंक तथा अन्य अच्छे वाणिज्यित बैंक उद्योगों को उनकों आवश्यकता के आधार पर ऋण प्रदान करते हैं। सार्वजनिक क्षेत्र के बैंक जो लघु उद्योगों को ऋण देने में विशेष उदार हैं निम्न है –

आन्ध्रा बैंक	ओरिएंटल बैंक ऑफ कॉमर्स
इलाहाबाद बैंक	इण्डियन बैंक
इण्डियन ओवरसीज बैंक	केनरा बैंक
कॉर्पोरेशन बैंक	देना बैंक
बैंक ऑफ इण्डिया	बैंक ऑफ बड़ौदा
बैंक ऑफ महाराष्ट्र	पंजाब एण्ड सिंध बैंक
पंजाब नेशनल बैंक	सिंडिकेट बैंक
सेन्ट्रल बैंक ऑफ इंडिया	यूनाइटेड कमर्शियल बैंक

यूनाईटेड बैंक ऑफ इंडिया	यूनियन बैंक ऑफ इंडिया
विजया बैंक	भारतीय स्टेट बैंक
स्टेट बैंक ऑफ बीकानेर एण्ड जयपुर	स्टटे बैंक ऑफ हैदराबाद
स्टेट बैंक ऑफ पटियाला	स्टेट बैंक ऑफ सौराष्ट्र
स्टेट बैंक ऑफ त्रावणकोर	

राज्यो में राज्य एवम् जिला सहकारी बैंक व औद्योगिक सहकारी बैंक भी हैं जो औद्योगिक सहकारी समितियों को ऋण देते हैं। इनमें से कुछ बैंक सहकारी क्षेत्र के बाहर की लघु उद्योग इकाईयों को भी ऋण देते हैं।

बैंको द्वारा निर्मित विभिन्न योजनाओं का लाभ औद्योगिक इकाइयों को निम्न प्रकार से प्राप्त होता है:

1. सावधि ऋण (Term Loan): यह ऋण नई इकाई स्थापित करने, वर्तमान स्थित इकाई के विस्तार हेतु, उत्पादन की गुणवत्ता में वर्तमान मांग के अनुसार श्रेष्ठता लाने हेतु प्रदान किया जाता है। ऋण फैक्टरी के भवन/शेड निर्माण हेतु एवं मशीनों और यंत्रों की खरीद और उनके स्थापन (Installation) हेतु प्रदान किया जाता है। यह ऋण निर्माण कार्य के अतिरिक्त सेवा कार्य हेतु भी प्रदान किया जाता है। उदाहरणार्थ मशीनों एवं यंत्रों की मरम्मत, स्कूटर, कारों, ट्रेक्टरों इत्यादि की मरम्मत कार्य हेतु विभिन्न सेवा स्थलों (Service Stations) के स्थापन एवं कार्यान्वयन हेतु भी ऋण प्रदान किया जाता है।

2. कार्यशील पूंजी ऋण (Working Capital Advances): बैंकों द्वारा इकाइयों को कच्चा माल प्राप्त करने हेतु अग्रिम बिलों की स्वीकृति, माल के रखाव के आधार पर वित्तीय सहायता प्रदान की जाती है। फैक्टरी भवन में ही स्थित गोदाम में कच्चे माल पर बैंक दृष्टिबन्धक (hypothecation) कर ऋण प्रदान करता है। इसी प्रकार निर्माण विधि के अन्तर्गत चल रहे माल पर एवं बिक्री हेतु तैयार माल पर भी ऋण प्रदान किया जाता है। अग्रिम बिल की स्वीकृति से तात्पर्य यह है कि जिन स्त्रोतों से कच्चा माल प्राप्त करता है उनके बिलों का भुगतान बैंकों द्वारा पहले कर दिया जाता है।

3. कामगारों, ग्रामीण व कुटीर उद्योगों को ऋण देने व उनके उत्पादों के विपणन में सहायता कर रहीं एजेंसियों को पुनर्वित्त (refinance) प्रदान करना।

4. लघु उद्योग इकाइयों को वित्त पोषण के उद्देश्य से सिडबी, आर.एफ.सी. रीको व राष्ट्रीय लघु उद्योग निगम द्वारा विशेष बान्डों को जारी करने पर अंशदान।

5. गैर कृषि क्षेत्र (Non-farm Sector) के वित्त पोषण के उद्देश्य से नाबार्ड द्वारा जारी विशेष बॉन्डों के लिए योगदान।

17.2. राज्य स्तर के संगठन (State Level Organisation)

राज्य में लघु उद्योगों के विकास के लिए राज्य सरकार ने विभिन्न संगठन स्थापित किए हैं ताकि उद्योगों का रागुचित विकास हो सके एवं राज्य में उपलब्ध्य प्राकृतिक सम्पदाओं का समुचित उपयोग हो सके। अतः राज्य में लघु उद्योगों की स्थापना हेतु निम्न मुख्य संगठन कार्यरत हैं –

17.2.1 राजस्थान लघु उद्योग निगम (Rajasthan Small Industries Corporation, RSIC)

राजस्थान लघु उद्योग निगम की स्थापना राज्य की लघु औद्योगिक इकाइयों एवं हस्तशिल्पियों को सहायता, प्रोत्साहन देने एवं उनके द्वारा उत्पादित वस्तुओं के समुचित विपणन की सुविधा प्रदान करने की दृष्टि से भारतीय कम्पनी अधिनियम के तहत 3 जून, 1961 को की गई। तब से निगम निरन्तर समायानुकूल प्रासंगिक सुधारों के साथ इस दिशा में प्रयत्नशील है। निगम के मुख्य कार्य तथा विभिन्न क्षेत्रों में चलाये जा रहे कार्यक्रम निम्न प्रकार हैं –

1. कच्चे माल का उपार्जन एवं वितरण: राज्य में लघु उद्योग इकाइयों के लिए विभिन्न प्रकार का कच्चा माल जैसे लोहा, इस्पात, पिग आइरन, कोक/कोल, मोम आदि का उपार्जन व वितरण निगम की स्थापना से ही एक प्रमुख गतिविधि रही है।

वर्तमान में लोहा-इस्पात के व्यवसाय में वृद्धि करने एवं अधिक से अधिक मात्रा का उपार्जन व वितरण करने के उद्देश्य से निगम की कच्चा माल वितरण नीति के अनुसार इकाइयों राज्य में सम्बद्ध आगारों पर सिक्यूरिटी राशि जमा करवाकर इच्छुक माल की बुकिंग करवा सकती है तथा अधिकतम अवधि एक माह में माल की पूरी राशि जमा करवाकर माल प्राप्त कर सकती हैं।

2. हस्तशिल्प (Hnadicraft)- हस्तशिल्पियों को प्रोत्साहन देने के लिए उन्हे कच्चा माल, प्रशिक्षण सुविधा एवं विपणन सुविधा उपलब्ध करवाने की दिशा में अनेक कदम उठाये हैं। हस्तशिल्पियों से सीधे माल खरीदने की प्रणाली भी शुरु की गई हैं। हस्तशिल्प वस्तुओं को उचित बाजार उपलब्ध करवाने की दृष्टि से शिल्पग्राम, सजावट मेले व अन्य प्रदर्शनियां देश के प्रमुख शहरों में आयोजित की जाती हैं।

हस्तशिल्प वस्तुओं का विक्रय बढ़ाने में एम्पोरियम का महत्वपूर्ण स्थान है। हस्तशिल्पियों से सीधे माल खरीद कर एम्पोरियमों के माध्यम में उनकी बिक्री की जा रही है। हस्तशिल्प की कलात्मक वस्तुओं की अभिव्यक्ति के लिए पर्याप्त एवं उचित स्थान के साथ ही सुरुचिपूर्ण तथा सुविधा सम्पन्न स्थान होना आवश्यक है। इस दृष्टि से राजस्थान व अन्य राज्यों में राजस्थली के नाम से एम्पोरियम चल रहे हैं। जयपुर मे राजस्थली के पीछे हस्तशिल्प एवं पर्यटन कॉम्पलैक्स स्थापित किया जा रहा है।

3. निर्यात प्रोत्साहन हेतु आधारभूत सुविधाएँ-राज्य में निर्यातोन्मुखी गतिविधि को संबल देने व समृद्ध आधारभूत संरचना उपलब्ध कराने में निगम महत्वपूर्ण दायित्व निभा रहा है। निगम द्वारा जयपुर व जोधपुर में संचालित इनलेंड कन्टेनर डिपो (आई.सी.डी.) (शुष्क बंदरगाह) एवं जयपुर स्थित एयर कारगो कॉम्पलैक्स की स्थापना के पश्चात राज्य से किये जा रहे अन्य वस्तुओं के निर्यात के साथ-साथ हस्थशिल्प वस्तुओं मय गलीचों के निर्यात में उल्लेखनीय वृद्धि हो रही है। भीलवाड़ा व भिवाड़ी में भी आई.सी.डी. की स्थापना की जा रही है।

4. सरकारी विभागों को विपणन-राज्य सरकार ने निगम को अपने विभिन्न विभागों को कांटेदार तार, पौलिथीन थैलियां, टेन्ट्स-त्रिपाल, चिप्स, टाइल्स, पी.वी.सी. वायर्स और केबल्स, आर.सी.सी. पाइप्स, डेजर्ट कूलर्स, उन्नत किस्म के औजारों के किट आदि की पूर्ति के लिए एक मात्र स्त्रोत माना है। इसके लिए निगम लघु उद्योगों के उपरोक्त उत्पादों के लिए सरकारी विभागों से ऑर्डर प्राप्त कर उनको माल की पूर्ति करती है।

5. प्रोत्साहनात्मक गतिविधियाँ- (i) गलीचा प्रशिक्षण केन्द्र - राजस्थान में ऊनी गलीचों के विकास की संभावना को मध्य नजर रखते हुये इस उद्योग को कुशल कारीगर उपलब्ध करवाने की दृष्टि से निगम द्वारा वर्ष 1976-77 से गलीचा प्रशिक्षण केन्द्र चलाये जा रहे हैं।

(ii) हैण्ड ब्लॉक प्रिंटिगं कार्यक्रम-प्रशिक्षण हाथ छपाई उद्योग को बढ़ावा देने के उद्देश्य से निगम द्वारा 10 माह का हाथ छपाई कार्यक्रम चलाया जा रहा है।

(iii) ऊंट की खाल पर सुनहरी पेंटिंग- ऊंट की खाल पर सुनहरी पेंटिंग की कला के विकास हेतु वर्ष 1976 से बीकानेर में एक प्रशिक्षण केन्द्र चलाया जा रहा है।

(iv) डिजाइन विकास- समय के अनुसार प्रत्येक कला के परिवर्तन आवश्यकता को मध्य नजर रखते हुवे डिजाइन विकास केन्द्र द्वारा पुराने डिजाइनों को नये रंगों एवं तकनीक के साथ मेल कराके नये डिजाइनों का विकास किया जा रहा है। केन्द्र पर प्रसिद्ध रजाइयाँ, बन्धेज का कार्य, ब्लॉक प्रिंटिंग आदि के उत्पादन के साथ-साथ नये प्रिंटिंग डिजाइन भी तैयार किये जाते हैं।

(v) हस्तशिल्पियों को पुरस्कार- हस्तशिल्पियों को श्रेष्ट कला के लिए प्रेरित व सम्मानित करने के उद्देश्य से निगम द्वारा जिला एवं राज्य स्तरीय पुरस्कार तथा सम्मान व दक्षता प्रमाण पत्र प्रदान किये जा रहे हैं।

(vi) हस्तशिल्पियों को सामाजिक सुरक्षा- हस्तशिल्पियों को सामाजिक सुरक्षा के तहत वृद्धावस्था पेन्शन कार्यक्रम के तहत लाभान्वित किया जा रहा है। निगम द्वारा सामूहिक बीमा कार्यक्रम के तहत दस्तकारों को लाभान्वित किया जा रहा है, जिससे आर्थिक सुरक्षा प्रदान की जा सके।

17.2.2 जिला उद्योग केन्द्र (District Industries Centre) "DIC"

देश की अर्थव्यवस्था में लघु एवं कुटीर उद्योगों का बहुत महत्वपूर्ण स्थान है। देश के औद्योगिक उत्पादन एवं निर्यात का क्रमश: 35 व 28 प्रतिशत ऐसे छोटे उद्योगों में ही निर्मित किया जाता है। रोजगार के साधन के रूप में भी इनका बहुत अधिक महत्व है क्योंकि बड़े उद्योगों की तुलना में लघु उद्योगों में अनुपाततः काफी कम पूँजी विनियोजन पर रोजगार के अधिक अवसर उपलब्ध होते हैं, अत: ऐसे उद्योगों के कई पिछड़े शहरी व ग्रामीण क्षेत्रों में विकास एवं विस्तार को अधिक सरल बनाने एवं छोटे उद्यमियों को यथासम्भव सुविधाएँ जिले में एक ही छत के नीचे एक ही स्थान से उपलब्ध कराने के लिए उद्योग विभाग ने सभी जिलों में कार्यालय स्थापित कर उन्हें "जिला उद्योग केन्द्र" का रूप दिया गया है, ताकि उद्यमियों को छोटी-छोटी सुविधा के लिए राजधानी "जयपुर" न जाना पड़े, जहाँ उद्योग विभाग का निदेशालय है। उद्यमियों की लक्ष्यपूर्ति के लिए जिला उद्योग केन्द्रों को अधिक शक्तियाँ प्रदान की गई हैं एवं अन्य सहयोगी संगठनों जैसे खादी ग्रामोद्योग बोर्ड, राजस्थान वित निगम, राजस्थान राज्य की औद्योगिक विकास एवं विनियोजन निगम (रीको) के अधिकारियों की सेवाएँ केन्द्र में उपलब्ध हैं एवं अन्य संगठनों से भी उद्यमियों को निम्न आवश्यक सुविधाऐं एवं सहायता उपलब्ध कराने में सहयोग किया जाता है।

1. उद्यमियों को उत्पादन हेतु उत्पाद विशेप, प्रक्रिया आदि के चयन एवं प्रोजेक्ट रिपोर्ट तैयार करने में सहयोग।

2. लघु उद्योग के रूप में पंजीकरण।

3. उद्योग के लिए आवश्यक भूमि उपलब्ध कराने, कृषि भूमि का औद्योगिक कार्य हेतु रूपान्तरण एवं औद्योगिक क्षेत्र में भूखण्डों का आवंटन।

4. उद्योग के लिए आवश्यक विद्युत पानी कनेक्शन।

5. उद्योग के लिए आवश्यक पूँजी-स्थायी पूँजी, कार्यशील पूँजी, सीड कैपीटल, मार्जिन मनी, टर्म लोन तथा राज्य/केन्द्र सरकार द्वारा घोषित अन्य वितीय सहायता जैसे भारतीय मानक ब्यूरो (B.I.S.) पंजीयन पर अनुदान, डी.जी.सैट व जाँच उपकरणों की खरीद पर अनुदान आदि।

6. उद्योगों हेतु किश्तें/लीज पर मशीनरी।

7. स्थानीय नियंत्रित कच्चे माल, ईंधन की उपलब्धि के साथ आयातित मशीनरी, कच्चे माल, कल पुर्जों के आयात हेतु सहयोग।

8. उद्योगों द्वारा उत्पादित माल के प्रचार के लिए स्थानीय एवं देश-विदेश में प्रदर्शनियाँ।

9. राजकीय क्रय में भाग लेने हेतु क्षमता एवं राज्य कर राशि में छूट के प्रमाण-पत्र की सुविधा, राज्य आदेश के अनुसार मूल्य अधिमान एवं बाहर की इकाइयों की तुलना में राज्य की इकाइयों को प्राथमिकता।

10. उद्योगों के लिए आवश्यक आधारभूत सुविधाऐं जैसे: टेलीफोन, टेलेक्स, ट्रांसपोर्ट, रेल वैगन सेवा इत्यादि।

11. बिक्री कर प्रोत्साहन/डेफरमेंट योजना में बिक्री कर की छूट एवं स्थगन।

12. शिक्षित बेरोजगार युवाओं हेतु स्वरोजगार योजना का क्रियान्वयन।

इस योजना के अन्तर्गत शिक्षित बेरोजगारों को स्वरोजगार उपलब्ध कराने हेतु ऋण के रूप में आर्थिक सहायता उपलब्ध कराई जाती है। ऋण पर 10 प्रतिशत से 12 प्रतिशत वार्षिक ब्याज लिया जाता है। ऋण की अदायगी प्राप्त होने वाली आय में से 3 से 7 वर्ष के बीच उपयुक्त किश्तों में वसूल की जाती है।

उपरोक्त कार्यों को दृष्टिगत रखते हुए यह स्पष्ट है कि "जिला उद्योग केन्द्र" जिले में एक ऐसी संस्था है जो लघु तथा ग्रामीण उद्योग स्थापित करने के लिए आवश्यक सभी सेवाएँ और सुविधाएं एक ही स्थान पर उपलब्ध कराती है। यह केन्द्र उद्यमियों को जरूरत की सभी सेवाएं व सहायता प्रदान करता है जिनमें उपयुक्त योजना का चयन, मशीनों की सप्लाई का प्रबन्ध, कच्चे माल की व्यवस्था, ऋण सुविधाऐं एवं आधारभूत सेवाओं का प्रबन्ध सम्मिलित है। इस केन्द्र का मुख्य उद्देश्य उद्यमियों को एक ही अभिकरण के माध्यम से अन्य विभागों द्वारा पूर्ण सहायता दिलवाना है।

17.2.3 उद्योग निदेशालय व उद्योग आयुक्तालय (Directorate of Industries Commissionerate of Industries)

भारतीय संविधान में प्रदत्त शक्तियों के अनुसार लघु उद्योगों के विकास तथा नियंत्रण का कार्य राज्यों के अधीन रखा गया है। राज्यों में इस कार्य को करने के जिम्मेवारी उद्योग निदेशालय की है। राज्यों मे उद्योग निदेशालय का प्रमुख निदेशक कहलाता है, लेकिन कुछ राज्यों में इस पद को क्रमोन्नत

कर आयुक्त कर दिया है. इस पद पर साधारणतया भारतीय प्रशासनिक सेवा का वरिष्ठ अधिकारी पदस्थापित किया जाता है।

उद्योग निदेशालय के प्रशासनिक ढाँचे में राज्य स्तर पर उद्योग आयुक्त/निदेशक के अधीन

- औद्योगिक सलाहकार होते हैं जो तकनीकी सहायता प्रदान करते हैं तथा अन्य विभागीय मामलों मे सलाह देते हैं।
- तकनीकी, ग्रामीण औद्योगिक परियोजनाएँ, औद्योगिक सहकारी समितियां हेतु अतिरिक्त निदेशकों के पद होते हैं।
- प्रशासन, तकनीकी, औद्योगिक बस्तियाँ, ग्रामीण औद्योगिक परियोजनाएँ, औद्योगिक सहकारी समितियाँ हेतु संयुक्त निदेशक होते हैं तथा उनके अधीन उप निदेशक तथा सहायक निदेशक होतें हैं।

क्षेत्रीय स्तर पर क्षेत्रीय संयुक्त निदेशक होते हैं तथा उनके अधीन जिला स्तर पर उप उद्योग निदेशक/सहायक उद्योग निदेशक/जिला उद्योग अधिकारी, क्षेत्र विकास अधिकारी एवम् उद्योग निरीक्षक होते हैं। आवश्यकता के अनुसार जिला उद्योग अधिकारी के अधीन खण्ड स्तर पर विस्तार अधिकारी होते हैं।

उद्योगों का पंजीकरण (रजिस्ट्रेशन) राज्य के उद्योग निदेशालय द्वारा जिला उद्योग केन्द्र में किया जाता है। यह दो चरणो में होता है: अल्पकालिक (Provisional) तथा स्थाई (Permanent)। अल्पकालिक पंजीकरण के आधार पर उद्यमी औद्योगिक क्षेत्र में उद्योग लगाने के लिए प्लॉट/शेड हेतु पावर कनेक्शन के लिए, वितीय संस्थानो से वित्तीय सहायता हेतु, आयात, किराया-क्रय आधार पर मशीनों की खरीद हेतु तथा औद्योगिक इकाई लगाने हेतु आवेदन कर सकता है तथा अन्य समस्त कार्यवाही पूरी कर सकता है। औद्योगिक इकाई के बन कर पूरी तरह तैयार हो जाने पर उद्योग के निरीक्षण के पश्चात् जिला उद्योग अधिकारी द्वारा स्थाई पंजीकरण प्रदान किया जाता है। पंजीकरण हेतु विस्तृत जानकारी अध्याय 12 में दी गई है।

उद्योग निदेशालय अपने क्षेत्रीय अधिकारियों की सहायता से औद्योगिक इकाई के सम्बन्ध में आयातित कच्चे माल तथा मशीनों और किराया-क्रय आधार पर मशीनों के दावे की वास्तविकता को प्रमाणित करता है। आयातित कच्चे माल तथा वित्तीय सहायता के समुचित उपयोग पर अकुंश रखने की जिम्मेदारी जिला स्तर पर जिला उद्योग केन्द्र के अधिकारियों की होती है।

राज्य में औद्योगिक ऐस्टेट विकसित करने की जिम्मेदारी उद्योग निदेशालय की होती है। उद्योगों की वहां प्लॉट अथवा शेड उद्योग निदेशक या उनके सहायकों जैसे राज्य लघु उद्योग निगम या राज्य औद्योगिक विकास एंव निवेश निगम द्वारा सीधे क्रय या किराया-क्रय आधार पर आवंटित किये जाते हैं। उद्योगों को सरकारी वित्तीय सहायता के तहत् उद्योग आयुक्त/निदेशक के द्वारा एक औद्योगिक इकाई को एक लाख रु. तक का ऋण राज्य सरकार द्वारा अनुमोदित ब्याज दर पर देने का प्रावधान है, लेकिन कुछ राज्यों में वास्तव में ऋण राज्य वित्त निगम द्वारा दिया जाता है।

लघु उद्योगों को विपणन में सहायता हेतु राज्य सरकारें एम्पोरियम खोलती है तथा जिला, राज्य व अखिल भारतीय स्तर पर आयोजित विभिन्न मेलों एवम् प्रदर्शनियों में लपु उद्योगों के उत्पाद का

प्रदर्शन, विक्रय करती है तथा सप्लाई ऑर्डर लेती है। निर्यात संवर्धन परिषद के माध्यम से कुछ राज्य सरकारें उत्पादों को विदेशों में विक्रय के लिये भी सहायता प्रदान करती हैं। राज्यों में उद्योग निदेशक सरकारी खरीद में सहायता करते हैं तथा अपने राज्यों के लघु औद्योगिक इकाईयों को प्रमुखता देते हैं।

अतः संक्षेप में इसके मुख्य कार्य इस प्रकार है-

1. औद्योगिक अधिनियम को लागू करना तथा राज्य योजनाओं को क्रियान्वित करना।
2. उद्योगों का पंजीकरण करना व स्वीकृति प्रदान करना।
3. किसी भी संस्थान को उद्योगों के प्रार्थना पत्र इस विभाग द्वारा अग्रेषित किये जाते हैं।
4. उत्पादन कार्यक्रम की अनुमति प्रदान करना।
5. कच्चे माल व अन्य सामान का उद्योगों को वितरण करना तथा उन्हें हर प्रकार से सहायता करना।
6. राज्य सरकार द्वारा प्रदत्त सुविधायें प्रदान करना।

17.2.4 राज्य वित्तीय निगम (State Financial Corporation, S.F.C./R.F.C.)

राज्य वित्त निगम लघु एवं मध्यम उद्योगों की स्थापना हेतु भूमि भवन निर्माण, प्लांट, मशीनरी आदि के लिये तथा स्थापित उद्योगों को विकास, आधुनिकीकरण आदि के लिये ऋण प्रदान करता है।

राज्य वित्तीय निगम अधिनियम, 1951 के तहत प्रत्येक राज्य में सरकार द्वारा वित्त निगम स्थापित किये जाने की व्यवस्था है, जिससे लघु तथा मध्यम उद्योगों को लम्बी अवधि के ऋण प्रदान किये जाने की व्यवस्था हो सके तथा केन्द्र एवं राज्य सरकार द्वारा दी जाने वाली वित्तीय सहायता इन वित्त निगमों के माध्यम से दी जा सके। इस अधिनियम के तहत राज्य वित्त निगमों को निम्न अधिकार प्राप्त हैं।

(i) औद्योगिक प्रतिष्ठानों को ऋण प्रदान करना, ऋण पत्र खरीदना, जिनकी अवधि 20 वर्ष से अधिक न हो।

(ii) औद्योगिक प्रतिष्ठानों द्वारा जुटाए जाने वाले ऋणों के लिये गारंटी प्रदान करना।

(iii) औद्योगिक प्रतिष्ठानों द्वारा जारी किये गये शेयरों, डिबेंचरों, ऋण-पत्रों आदि को जारी करने की जिम्मेवारी लेना।

(iv) किसी औद्योगिक प्रतिष्ठान से लेन-देन के सम्बन्ध में राज्य अथवा केन्द्रीय सरकार या औद्योगिक वित्त निगम की ओर से अभिकर्ता (Agent) के रुप में कार्य करना।

राज्यों के वित्त निगमों द्वारा दी जाने वाली ऋण की राशि एकल स्वामित्व व साझेदारी फर्म को 120 लाख रु. तक है तथा कम्पनी या पंजीकृत सहकारी समिति को 240 लाख रु. तक है।

निगम से ऋण प्राप्त करने के लिये आवेदन पत्र निर्धारित फार्म में भरकर निर्धारित फीस के साथ जमा कराना होता है। आवेदन पत्रों की जांच निगम के अधिकारियों द्वारा की जाती है। निगम द्वारा ऋण की अदायगी से पूर्व सभी कानूनी कारवाईयां पूर्ण हो जानी आवश्यक है। ऋण की स्वीकृति के लिये मार्जिन राशि प्रायः 20 से 25 प्रतिशत है तथा विशेष मामलों में 25 से 50 प्रतिशत भी है।

राज्य वित्त निगम ने अनेक प्रकार के उद्यमियों के सहायतार्थ विभिन्न प्रकार की योजनायें चालू कर रखी हैं।

1. सामान्य सावधि ऋण (Normal Term Loan)
2. सिंगल विन्डो ऋण योजना (Single Window loan Scheme)
3. तकनीकी उद्यमियों के लिये ऋण (Loan for Technocrats).
4. ग्रामीण दस्तकारों तथा शिल्पकारों के लिये ऋण योजना (Loan Scheme for Rural Artisans and Craftsmen)
5. महिला उद्यम निधि योजना
6. होटल उद्योग हेतु ऋण योजना (Loans for Hotel Industry)
7. आधुनिकीकरण हेतु ऋण योजना (Loans for Modernisation)
8. डॉक्टरों को अस्पतालों व नर्सिंग होम हेतु ऋण(Loans for Hospital and Nursing Home to Doctors)

उपरोक्त योजनाओं के माध्यम से जहां निगम का उद्देश्य राज्य में औद्योगीकरण कर सर्वांगीण विकास करना है वहीं इस बात का भी सतत प्रयास रहता है कि समाज के कमजोर वर्गों को ऊपर लाने एवं उन्हें आर्थिक दृष्टि से स्वावलम्बी बनाने के लिये कुछ विशेष सुविधायें प्रदान की जाती जायें।

निगम का मुख्य कार्यालय उद्योग भवन, जयपुर में ही स्थित है एवं राज्य के सभी जिलों में इसकी शाखायें हैं एवं इसके अतिरिक्त सभी जिला उद्योग केन्द्रों में भी निगम के अधिकारी कार्यरत हैं।

17.2.5 राज्य विद्युत मंडल (State Electricity Board)

भारतीय विद्युत अधिनियम, 1910 के तहत प्रत्येक राज्य में विद्युत ऊर्जा के उत्पादन-प्रसारण तथा वितरण के लिये राज्य विद्युत मंडल का गठन किया गया। राजस्थान सरकार ने 19 जुलाई 2000 को अधिसूचना जारी कर राजस्थान पॉवर सेक्टर सुधार अन्तरण स्कीम, 2000 लागू की जिसके तहत राज्य विद्युत मंडल को निम्न पाँच कम्पनियों में विभाजित किया गया है जो कि राज्य में विद्युत के उत्पादन, प्रसारण तथा वितरण के कार्य को अलग-अलग करेंगी।

(i) राजस्थान राज्य विद्युत उत्पादन निगम लिमिटेड

(ii) राजस्थान राज्य विद्युत प्रसारण निगम लिमिटेड

(iii) जयपुर विद्युत वितरण निगम लिमिटेड – इस कम्पनी में जयपुर, दौसा, अलवर, भरतपुर, सवाईमाधोपुर, कोटा एवं झालावाड़ जिले के वृत्त रहेंगे।

(iv) अजमेर विद्युत वितरण निगम लिमिटेड – इस कम्पनी में अजमेर, भीलवाड़ा, उदयपुर, सीकर, झुंझुनु, बांसवाड़ा, नागौर एवं चितौड़गढ़ जिले के वृत्त रहेंगे।

(v) जोधपुर विद्युत वितरण निगम लिमिटेड – इस कम्पनी में जोधपुर, बाड़मेर, पाली, बीकानेर, श्रीगंगानगर, हनुमानगढ़, एवं चुरू जिले के वृत्त रहेंगे।

औद्योगिक इकाईयों द्वारा पावर कनेक्शन लेने की विधि

(i) औद्योगिक क्षेत्रों में पावर लाईन डालने तथा पावर वितरण हेतु सब-स्टेशन लगाने के लिये राजस्थान राज्य औद्योगिक विकास एवं विनियोजन निगम (रीको) की राज्य विद्युत मंडल (आर.एस.ई.बी.) के साथ व्यवस्था है।

(ii) 11 के. वी. तक की पावर लाईन, सिर्फ सड़क के एक तरफ, औद्योगिक इकाई की चार दीवारी तक डाली जाती है। इसके लिये उद्यमी को किसी प्रकार का भुगतान नहीं करना पड़ता है।

(iii) एच.डी. उपभोक्ताओं के लिये डाली जाने वाली सर्विस लाईन का व्यय विद्युत मंडल करता है, यद्यपि प्रारम्भ में इसकी राशि विद्युत मंडल द्वारा ऋण रूप में उपभोक्ता से ली जावेगी, जो बिजली के मासिक बिलों में 33 प्रतिशत सीमा तक समायोजित कर दी जायेगी। यह सुविधा केन्द्रीय/राज्य उपक्रमों/प्रतिष्ठानों को उपलब्ध नहीं होगी।

(iv) पॉवर कनेक्शन लेने के लिये प्रार्थना प्रत्र निर्धारित प्रपत्र में 10 रु. के नॉन जुडिशियल स्टाम्प पेपर पर प्लॉट के स्वामित्व सम्बन्धी प्रमाण पत्र (Documents) तथा क्षेत्रीय प्रबन्धक, रीको द्वारा जारी अनापत्ति प्रमाण पत्र (N.O.C.) के साथ संबंधित सहायक अभियन्ता, आर.एस.ई.बी. के पास निम्न एस्टीमेंट चार्जेज सहित देना होता है।

	सप्लाई की श्रेणी (Class of supply)	एस्टीमेट चार्जेज (to be adjusted in final estimate)
(a)	लघु श्रेणी औद्योगिक उपभोक्ता	4,000 रु.
(b)	मध्यम श्रेणी औद्योगिक उपभोक्ता	6,000 रु.
(c)	बड़े औद्योगिक उपभोक्ता	—

पॉवर टेरीफ (Power Tariff)

(a) **लघु श्रेणी औद्योगिक उपभोक्ता** (Small Industrial Service)

25 H.P. के लोड तक 203 पैसे प्रति यूनिट। बिल का भुगतान देरी से करने पर बिल की राशि पर 2% सरचार्ज यदि बिल मासिक आधार पर हो तथा 4% सरचार्ज यदि बिल दो माह के आधार पर हो। न्यूनतम चार्जेज 40 यूनिट प्रति H.P. लगे हुवे लोड पर प्रति माह। विद्युत ड्यूटी तथा ईधन सरचार्ज अलग से।

(b) **मध्यम श्रेणी औद्योगिक उपभोक्ता** (Medium Industrial Service)

25 H.P. से अधिक तथा 150 H.P. तक के लोड लेकिन अधिकतम मांग 125 KVA से अधिक न हो। 236 पैसे प्रति यूनिट। बिल का भुगतान देरी से करने पर बिल की राशि का 2% सरचार्ज यदि बिल मासिक आधार पर हो तथा 4% सरचार्ज यदि बिल दो माह के आधार पर हो। न्यूनतम चार्जेज 75 यूनिट प्रति H.P. लगे हुवे लोड पर प्रति माह। विद्युत ड्यूटी तथा ईधन सरचार्ज अलग से। सप्लाई वोल्टेज A.C., 3 Phase 11 KV हो तो उपभोक्ता को ट्रांसफार्मर की व्यवस्था करनी होती है।

(c) **बड़े औद्योगिक उपभोक्ता** (Large Industrial Service)

125 KVA से अधिक मांग के लिए 259 पैसे प्रति यूनिट। बिल का भुगतान देरी से करने पर 0.1% प्रति दिन की दर से भुगतान न की गई राशि पर सरचार्ज। विद्युत ड्यूटी तथा ईधन सरचार्ज अलग से। साथ ही न्यूनतम चार्जेज निम्नानुसार देय है–

(i) जिन उपभोक्ताओं की कॉन्ट्रेक्ट डिमान्ड 125 KVA से 1000 KVA तक है — 110 पैसा/यूनिट प्रति KVA प्रतिमाह

(ii) जिन उपभोक्ताओं की कॉन्ट्रेक्ट डिमान्ड 1000 KVA से अधिक है — 130 पैसा/यूनिट प्रति KVA प्रतिमाह

निम्न दर्शाई गई वोल्टेज पर उपभोक्ता द्वारा सप्लाई लेने पर बिल की राशि पर उनके सामने लिखी दर से छूट दी जाती है –

33 KV – 1.5%, 66 KV – 3%

132 KV – 5%, 220 KV – 10%

नोट– (i) वर्तमान में विद्युत कर (ड्यूटी) 25 पैसे प्रति यूनिट तथा ईधन भार 146 पैसे प्रति यूनिट के आधार पर देय है।

(ii) राजस्थान में औद्योगिकरण को प्रोत्साहित करने के क्रम में विद्युत सम्बन्ध स्थापित होने के पश्चात् एक वर्ष तक न्यूनतम राशी में पूर्णतया छूट देय; केवल वास्तविक उपभोग की राशी ही ली जायेगी। तदुपरान्त दूसरे वर्ष में 75 प्रतिशत न्यूनतम राशी ली जायेगी।

(iii) यदि विद्युत कटौती लागू की गई है तो उपभोक्ता को न्यूनतम राशी में औसत आधार पर विद्युत कटौती समयानुसार छूट दी जायेगी।

17.2.6 प्रदूषण नियन्त्रण मण्डल (Pollution Control Board)

स्वच्छ पर्यावरण जीवन की मूलभूत आवश्यकता है। स्वच्छ पर्यावरण में शुद्ध वायु, स्वास्थ्यकर जल, सन्तुष्ट करने वाली ध्वनि तथा आनन्दमय भूमि सम्मिलित है। इनको प्रदूषण से बचाने तथा प्रदूषण नियन्त्रण हेतु सरकार कई अधिनियम बनाये गये हैं। इन अधिनियमों के तहत केन्द्रीय तथा राज्य स्तर पर प्रदूषण नियन्त्रण मण्डल बनाये गये हैं। इन मण्डल के कार्य निम्न प्रकार है-

केन्द्रीय मण्डल के कार्य (Functions of Central Board)

जल प्रदूषण तथा वायु प्रदूषण निवारण व नियन्त्रण हेतु केन्द्रीय बोर्ड के मुख्य कार्य निम्न हैं –

(i) राज्यों के विभिन्न क्षेत्रों में स्रोत/धाराओं (Streams) तथा कुंओं की सफाई को प्रोन्नत करना।

(ii) देश में वायु के गुणों को प्रोन्नत करना तथा वायु प्रदूषण का निवारण व प्रदूषण पर नियन्त्रण रखना अथवा प्रदूषण को घटाना।

उपरोक्त कार्यों के संदर्भ में केन्द्रिय मंडल द्वारा निम्न कार्य किये जाते हैं–

(i) वायु तथा जल प्रदूषण निवारण व नियन्त्रण से संबंधित किसी भी विषय पर केन्द्रिय सरकार को सलाह देना।

(ii) वायु तथा जल के प्रदूषण निवारण व नियन्त्रण हेतु राष्ट्रीय स्तर की योजना बनाना तथा उसे क्रियान्वित करना।

(iii) राज्य मण्डलों के कार्यकलापों में समन्वय करना तथा उनके बीच मतभेदों (Disputes) को सुलझाना।

(iv) वायु तथा जल प्रदूषण की समस्याओं तथा उनके निवारण एवं नियन्त्रण सम्बन्धी खोज तथा अनुसंधान करना और राज्य मंडलों को तकनीकी सहायता तथा मार्ग दर्शन करना।

(v) वायु तथा जल प्रदूषण निवारण व नियन्त्रण में लगे या लगाये जाने वाले व्यक्तियों के प्रशिक्षण की योजना बनाना एवं व्यवस्था केन्द्रीय मण्डल के निर्देशों के अनुसार करना।

(vi) वायु तथा जल प्रदूषण निवारण व नियंत्रण सम्बन्धी कार्यक्रम पूरे राष्ट्र में आयोजित करना।

(vii) वायु तथा जल प्रदूषण निवारण व नियंत्रण सम्बन्धी तकनीकी एवं सांख्यिकी आंकड़े एकत्रित करना, संकलन तथा उनका प्रकाशन करना एवं इससे सम्बन्धित मेन्युअल, कोड्स तथा गाइड्स तैयार करना।

(viii) वायु तथा जल के गुणवत्ता हेतु मानक बनाना।

(ix) वायु तथा जल प्रदूषण संबंधी सूचनायें इकट्ठी करना एवं उनका वितरण करना।

(x) इसी प्रकार के अन्य निर्देशित कार्य करना।

(xi) भाग 18 के उपभाग (8) के अनुसार दिये गये आदेशों में निर्दिष्ट किसी भी राज्य मण्डल के कार्यों को करना।

(xii) केन्द्रीय बोर्ड उपरोक्त वर्णित कार्यों को सुचारु रूप से करने के लिये प्रयोगशालायें स्थापित कर सकती ही या किन्हीं प्रयोगशालाओं को प्रमाणित कर सकती है।

राज्य मण्डल के कार्य (Functions of State Board)

जल प्रदूषण तथा वायु प्रदूषण निवारण व नियंत्रण हेतु राज्य मण्डल के कार्य निम्न है –

(i) वायु तथा जल प्रदूषण निवारण व नियंत्रण हेतु ठोस योजना बनाना, एवं उसे क्रियान्वित करना।

(ii) वायु तथा जल प्रदूषण निवारण व नियंत्रण एवं वायु की किस्म सुधार संबंधी किसी भी विषय पर राज्य सरकार को सलाह देना।

(iii) वायु तथा जल प्रदूषण निवारण व नियंत्रण संबंधी कार्यक्रम आम जनता की जानकारी हेतु आयोजित करना।

(iv) वायु तथा जल प्रदूषण की समस्याओं तथा उनके निवारण एवं नियंत्रण संबंधी खोज तथा अनुसंधान हेतु तकनीकी सहायता तथा मार्गदर्शन प्रदान करना।

(v) वायु तथा जल प्रदूषण निवारण व नियंत्रण में लगे व्यक्तियों के प्रशिक्षण की योजना बनाना एवं व्यवस्था आवश्यक शर्तों के अनुसार करना।

(vi) वायु तथा जल प्रदूषण निवारण व नियंत्रण संबंधी तकनीकी एवं सांख्यिकी आंकड़े, एकत्रित करना, संकलन करना तथा उनका प्रकाशन करना, सीवरेज और औद्योगिक उत्छिष्ठ (Effucents) के उपचार तथा निस्तारण एवं स्टेक्स तथा डक्ट्स व स्टेक गैस सफाई उपकरणों सम्बन्धित मेन्युअल, कोड्स तथा गाइड्स तैयार करना।

(vii) वायु तथा जल प्रदूषण तथा उनके निवारण तथा नियंत्रण सम्बन्धित एकत्रित सूचनाओं का वितरण करना।

(viii) स्रोत/धाराओं तथा कुंओं एवं वायु के किस्म के लिये राज्य सरकार के परामर्श से मानक तैयार करना या उसमें सुधार देना।

(ix) ऐसे उद्योगों जिनसे धाराओं, कुंओं या वायु के प्रदूषित होने की संभावना हो, उनके लगाने के स्थान के बारे में राज्य सरकार को सलाह देना।

(x) सीवरेज तथा औद्योगिक उच्छिष्ठ के उपचार, औद्योगिक इकाईयों के विकास तथा एकत्रित गैस (Stock Gas) सफाई विधि, ऑटोमोबाइल्स तथा अन्य वायु प्रदूषित करने वाले स्रोतों के सम्बन्ध में मानक तैयार करना।

(xi) सीवरेज तथा औद्योगिक उच्छिष्ठ के भूमि पर निस्तारण की प्रभावी विधि निकालना।

(xii) सीवरेज तथा औद्योगिक उच्छिष्ठ के उपचार एवं वायु प्रदूषण उपकरणों हेतु विश्वास योग्य तथा मितव्ययी विधियें तैयार करना।

(xiii) वायु (प्रदूषण निवारण व नियंत्रण) अधिनियम, 1981 के अनुसार राज्य में वायु प्रदूषण नियंत्रण क्षेत्र/क्षेत्रों का निर्धारण करना।

(xiv) जल तथा बेकार (Waste) जल उपचार संयंत्रों, वायु प्रदूषण नियंत्रण क्षेत्रों, प्रदूषण नियन्त्रण उपकरणों, औद्योगिक संयंत्रों अथवा उत्पादन प्रक्रमों का वायु तथा जल की किस्म का निर्धारण करने हेतु निरीक्षण करना तथा वायु एवं जल प्रदूषण निवारण व नियंत्रण के लिये कदम उठाना।

17.2.7 राजस्थान खादी तथा ग्रामोद्योग बोर्ड (Rajasthan Khadi and Village Industries Board)

राजस्थान में खादी तथा ग्रामोद्योग के माध्यम से राज्य की ग्रामीण क्षेत्रों की आर्थिक व्यवस्था को सुदृढ़ करने की दृष्टि से राजस्थान खादी तथा ग्रामोद्योग बोर्ड का गठन राज्य विधान सभा द्वारा पारित राजस्थान खादी तथा ग्रामोद्योग बोर्ड अधिनियम, 1955 के अन्तर्गत अप्रेल 1955 में किया गया। बोर्ड के अध्यक्ष के अतिरिक्त बोर्ड में 12 सदस्य होते हैं, जिनमें 4 पदेन और 8 गैर सरकारी सदस्य हैं। गैर सरकारी सदस्य राज्य सरकार द्वारा मनोनीत किये जाते हैं जिनका कार्यकाल 2 वर्ष का होता है।

बोर्ड द्वारा कर्तव्यों के पालन एवं मंत्रणा देने के लिये निम्नांकित स्थाई समितियों का गठन किया गया है – 1. कार्यकारिणी समिति, 2. अर्थ समिति, 3. चयन/सेवा समिति। तदर्थ समितियों

के गठन का भी प्रावधान है। आवश्यकतानुसार समय - समय पर ऐसी समितियां विभिन्न कार्यों के लिये गठित की जाती हैं। बोर्ड एवं समितियों के निर्णयों की अनुपालना, मार्गदर्शन तथा प्रशासनिक कार्य हेतु राज्य स्तर मुख्यालय, जिला स्तर और पंचायत समिति के स्तर की संरचना की हुई है।

बोर्ड का मुख्यालय जवाहर लाल नेहरू मार्ग, बजाज नगर, जयपुर में स्थित है। जिला स्तर पर जिला उद्योग केन्द्र के उपनिदेशक/सहायक निदेशक/जिला उद्योग अधिकारी द्वारा कार्य सम्पादित किया जाता है। राज्य के दूरस्थ ग्रामों में खादी ग्रामोद्योग के प्रचार प्रसार के लिये पंचायत समिति स्तर पर ग्रामोद्योग प्रसार अधिकारी हैं जो ग्रामीण विकास एवं पंचायती राज विभाग में प्रतिनियुक्ति पर है। ग्रामोद्योग प्रसार अधिकारी कामगारों के ऋण पत्र तैयार करवाता है। इसके अतिरिक्त कामगारों को कच्चा माल उपलब्ध करवाने, तकनीकी मार्गदर्शन देने तथा तैयार माल की बिक्री में भी सहायता करता है।

ग्रामीण क्षेत्रों में आर्थिक विकास एवं बेरोजगारी की समस्या के निवारण हेतु खादी व ग्रामोद्योग ही सबल माध्यम है। बोर्ड द्वारा खादी और ग्रामोद्योग आयोग द्वारा परिभाषित खादी (सूती, रेशमी और ऊनी) तथा 108 ग्रामीण उद्योगों को ग्रामीण क्षेत्र में स्थापित करने हेतु निर्धारित पैटर्न पर ऋण व अनुदान उपलब्ध कराया जाता है। राजस्थान खादी एवं ग्रामोद्योग बोर्ड ने अपने अधिकारों का उपयोग करते हुये कुछ और उद्योगों को ग्रामोद्योग में शामिल किया है। इनमें रंगाई, छपाई, गलीचा निर्माण, पेंटिंग कार्य, कांच की कसीदाकारी, तबले, ढोलक, नगारा व कांच पर सोने का काम शामिल है। बोर्ड द्वारा आयोग की योजना के अन्तर्गत ग्रामोद्योग में लगे कामगारों सहकारी समितियों एवं संस्थाओं को आर्थिक सहायता, तकनीकी जानकारी व सुधरे औजार उपलब्ध कराये जाकर इन्हें अधिक से अधिक प्रोत्साहन दिया जा रहा है।

बोर्ड को खादी तथा ग्रामोद्योग के विकास एवं विस्तार हेतु धन राशि निम्न स्त्रोतों से उपलब्ध होती है-

1. खादी तथा ग्रामोद्योग आयोग
2. राज्य सरकार आयोजना व गैर आयोजना
3. राष्ट्रीयकृत बैंकों से ऋण

कामगारों तथा संस्था/समितियों को आर्थिक सहायता के लिये मांग पत्र निश्चित प्रपत्र में भरकर जिला उद्योग निरीक्षक/ग्रामोद्योग प्रसार अधिकारी की सिफारिश के साथ जिला उद्योग केन्द्र को भेजना होता है। 10,000 रु. तक की राशि स्वीकृत करने के अधिकार जिला उद्योग केन्द्र में गठित कमेटी को दिये हुए हैं, जिनसे कामगारों को उनके जिले में ही आर्थिक सहायता मिल जाती है। 10,000 रु. से अधिक लेकिन 25,000 रु. तक की राशि स्वीकृत करने के अधिकार बोर्ड के सचिव को दिये हुए हैं तथा 25,000 रु. से अधिक की राशि के ऋण स्वीकृत करने के अधिकार बोर्ड को दिये हुए हैं।

बोर्ड द्वारा निम्न व्यवसायिक केन्द्र संचालित किये जा रहे हैं

1. खादी ग्रामोद्योग भवन, जयपुर, 2. ऊनी उत्पत्ति केन्द्र, बीकानेर, 3 ऊन अनुभाग, बाड़मेर, 4. ऊन उत्पादन केन्द्र, फलोदी, 5 अम्बर पूणी प्लांट, आबूरोड़, 6. मधुमक्खी पालन केन्द्र, माउन्ट आबू।

खादी बिक्री हेतु आयोग के पैटर्न के अनुसार इस समय आयोग व बोर्ड द्वारा अनुदानित 690 खादी भण्डार प्रदेश में कार्यरत हैं। राज्य सरकार द्वारा ग्रामीण दस्तकारों के उत्पादित माल को बड़े

उद्योगों की मूल कीमत से 10 प्रतिशत मूल्य वरीयता की सुविधा दी गई है। राज्य सरकार द्वारा ग्रामोद्योग उत्पादों को बिक्री कर से मुक्त रखा गया है। साबुन उद्योग में संस्थाओं के 15 लाख रु. तक के उत्पादन को बिक्री कर से मुक्त रखा गया है किन्तु समितियों व व्यक्तिगत इकाईयों के क्रमशः 5 लाख रु. व 2 लाख रु. तक के उत्पादन को ही बिक्री कर से मुक्त रखा गया है। बोर्ड समय-समय पर जिला स्तरीय, राज्य स्तरीय व राष्ट्र स्तर के मेलों में अपने उत्पादित माल के प्रदर्शन व बिक्री हेतु प्रदर्शनियां लगाकर उनमें भाग लेता है।

17.2.8 राजस्थान हाथकर्घा विकास निगम (Rajasthan Handloom Development Corporation, R.H.D.C.)

हाथकर्घा विकास निगम की स्थापना समाज के गरीब व अविकसित तबके को रोजगार उपलब्ध कराने व गरीबों को सस्ती दरों पर कपड़े उपलब्ध कराने के लिये की गई। हाथकर्घा कपड़ा बनाने की प्राचीनतम तकनीक है, जिसके द्वारा विभिन्न प्रकार के कपड़े निर्मित किये जाते हैं। आज भी भारत के गांवों में हाथकर्घा रोजगार का साधन है। हाथकर्घा निगम बुनकरों को निम्न सुविधायें उपलब्ध कराता है।

- कपड़ा बुनने के लिये सूत उपलब्ध कराना,
- कपड़ा बुनने का उचित पारिश्रमिक देकर कपड़ा प्राप्त करना।
- बुनकरों द्वारा हाथकर्घा पर निर्मित कपड़े का विपणन करना।

राजस्थान हाथकर्घा निगम का मुख्य कार्यालय चौमू हाऊस, जयपुर में स्थित है। इसके पूरे राज्य में 47 डिपो व 16 उप डिपो हैं। विपणन व्यवस्था के लिये राजस्थान के अतिरिक्त तीन अन्य केन्द्र दिल्ली, कलकत्ता एवं अहमदाबाद में स्थित हैं। भारत सरकार ने भी हाथकर्घा के विकास के लिये जनता कपड़े के निर्माण को प्रोत्साहित किया है तथा सरकार द्वारा निर्धारित दरों पर जनता कपड़ा बेचने पर अनुदान भी प्रदान किया जाता है। जिसकी वर्तमान दर रु.3.20 प्रति मीटर है।

17.2.9 राजस्थान कन्सल्टेन्सी आर्गेनाइजेशन लिमिटेड (Rajasthan Consultancy Organisation Ltd. RAJCON)

लघु तथा मध्यम श्रेणी के उद्योगों के योजनाबद्ध विकास में सहयोग की आवश्यकता हेतु अखिल भारतीय वित्तिय संस्थानों में राज्य स्तरीय वित्तीय संस्थाओं, विकास एजेंसियों तथा बैंकों के सहयोग से देश के विभिन्न राज्यों में तकनीकी परामर्शदात्री संस्थाओं (Technical Consultancy Organisations) का आयोजन किया। इसी क्रम में भारतीय औद्योगिक वित्त निगम (IFCI) के तत्वाधान में राजकॉन की स्थापना तकनीकी, प्रबन्धकीय, विपणन तथा वित्तीय परामर्श सेवा उद्यमियों को प्रदान करने हेतु की गई।

राजकॉन का प्रायोजन राष्ट्रीय स्तर पर आई एस सी आई, आई डी बी आई तथा आई सी आई सी आई, राज्य स्तर पर आर एफ सी, रीको तथा आर एस आई सी एवं राज्य में छः लीड बैंकों स्टेट बैंक ऑफ बीकानेर एण्ड जयपुर, बैंक ऑफ राजस्थान, बैंक ऑफ बड़ौदा, सेन्ट्रल बैंक ऑफ इंडिया, पंजाब

नेशनल बैंक तथा यूनाइटेड कमर्शियल बैंक द्वारा किया गया।

राजकॉन तकनीकी क्षेत्रों में नवीनतम विकास, मार्केट, राजकीय नियमों तथा प्रनोतक योजनाओं की पूर्ण जानकारी रखता है। साथ ही भविष्य की आवश्यकताओं का आकंलन भी करता रहता है। राजकॉन राज्य में अत्यन्त लघु तथा मध्यम क्षेत्र के उद्योगों के विकास के लिये आर एफ सी, रीको तथा उद्योग विभाग के साथ मिलकर कार्य करता है।

राजकॉन के निदेशक मंडल में राष्ट्रीय तथा राज्य स्तर की वित्तीय संस्थाओं के अनुभवी विशेषज्ञ, बैंकों के उच्चाधिकारी, उद्योग निदेशक तथा उद्योगपति होते है। राजकॉन के कन्सलटिंग स्टाफ में इंजीनियरी के विभिन्न क्षेत्रों के विशेषज्ञ, व्यापार, प्रबंध, वित्त, अर्थशास्त्र तथा मार्केटिंग के विशेषज्ञ हैं। इसके अतिरिक्त इसके प्रायोजित संस्थाओं के तकनीकी विशेषज्ञ एवं सहयोगी तकनीकी परामर्शदात्री संस्थाओं से भी उद्यमियों की कंसलटेंसी की आवश्यकताओं को परिपूर्ण करने हेतु सहायता लेता है।

राजकॉन निम्न प्रकार की सेवायें प्रदान करता है –

1. उद्यमियों की पहचान, उनका प्रशिक्षण तथा विकास।
2. प्रोजेक्ट्स की पहचान।
3. बाजार सर्वेक्षण तथा विपणन सहायता।
4. प्रोजेक्ट प्रोफाइल, सम्भाव्यता अध्ययन (Feasibility studies) तथा प्रोजेक्ट रिपोर्ट तैयार करना।
5. ऋण के लिये वित्तीय संस्थानों को अनुमोदित करना।
6. प्रोजेक्ट का तकनीकी- आर्थिक आंकलन (appraisal
7. प्रोजेक्ट प्रगति की मोनिटरींग करना।
8. विस्तार, आधुनिकीकरण तथा विशाखन (diversification) कार्यक्रम तैयार करना।
9. पुनर्निर्माण तथा पुनर्स्थापन (rehabilitation) अध्ययन करना एवं बीमार इकाईयों (Sick Units) के उत्थान हेतु कार्यक्रम बनाना।
10. प्रबन्धकीय परामर्श देना।
11. औद्योगिक सूचनाओं तथा आंकड़ों का संकलन।
12. औद्योगिक इंजीनियरी अध्ययन करना।
13. ऊर्जा का ऑडिट करना (Energy Audits)।
14. प्रदूषण नियंत्रण हेतु अध्ययन, सलाह तथा रिपोर्ट तैयार करना।

उद्योग लगाने के लिये परामर्श के साथ सम्भाव्यता अध्ययन व प्रोजेक्ट रिपोर्ट बनाने हेतु राजकॉन द्वारा लिया जाने वाले शुल्क निम्न प्रकार है –

	प्रोजेक्ट लागत (Project cost)	लिया जाने वाला शुल्क (Fees to be charged)
1	2 लाख रु. तक	कुल शुल्क 3,000 रु.
2	2 लाख रु. से अधिक व 5 लाख रु. तक	कुल शुल्क 5,000 रु.
3	5 लाख रु. से अधिक व 10 लाख रु. तक	प्रोजेक्ट लागत का 1 प्रतिशत
4	10 लाख रु. से अधिक व 20 लाख रु. तक	प्रोजेक्ट लागत का 0.75 प्रतिशत व न्यूनतम शुल्क 10,000 रु.
5	20 लाख रु से अधिक व 50 लाख रु. तक	प्रोजेक्ट लागत का 0.5 प्रतिशत व न्यूनतम शुल्क 15,000 रु.
6	50 लाख रु. से अधिक	सामान्यतः प्रोजेक्ट लागत का 0.4 प्रतिशत व न्यूनतम शुल्क 25,000 रु ।

नोट-

(i) राजकॉन द्वारा प्रोजेक्ट लागत में भूमि, भवन, संयंत्र तथा मशीनरी व्यय, प्रारम्भिक व्यय, कार्यकारी पूंजी, मार्जिन राशि आदि सभी राशियाँ ली जाती हैं ।

(ii) राजकॉन अनुसूचित जाति व जनजाति के उद्यमियों से 5 लाख रू. तक की प्रोजेक्ट लागत के लिये कोई शुल्क नहीं लेता है ।

(iii) राजकॉन प्रारम्भ में 10 प्रतिशत शुल्क लेता है तथा शेष शुल्क राजकॉन द्वारा बनाई गई रिपोर्ट के आधार पर आर. एफ. सी/ बैंक द्वारा ऋण स्वीकृति के पश्चात लिया जाता है ।

राजकॉन निम्न विभागों के तत्वाधान में प्रायोजित उद्यमिता विकास कार्यक्रम (E.D.P's) का आयोजन विभिन्न स्थानों पर करता हैं

1. विज्ञान एवं प्रौद्योगिकी विभाग (Deptt. of Science and Technology)
2. भारतीय औद्योगिक वित्त निगम (TFCI)
3. भारतीय औद्योगिक ऋण एवं निवेश निगम (ICICI)
4. भारतीय औद्योगिक विकास बैंक (IDBI)

इसके अतिरिक्त राजकॉन आई एफ सी आई, आई डी बी आई की विभिन्न प्रवर्तित योजनाओं (promotional schemes) में परामर्श हेतु अनुदान योजनाओं (Scheme of Subsidy) के लिये कार्यकारी एजेंसी है ।

17.3 अनुसंधान, परीक्षण एवं मानक संगठन/संस्थान (Research, Testing and Standard Organisations)

उद्योगों के विकास तथा सहायतार्थ सरकार ने निम्न अनुसंधान/परीक्षण एवं मानक संगठन/संस्थान की स्थापना की है ।

1. राष्ट्रीय अनुसंधान प्रयोगशालाएं एवं संस्थान ; 2. राष्ट्रीय परीक्षण गृह
3. भारतीय मानक ब्यूरो (B.I.S.)

17.3.1 राष्ट्रीय अनुसंधान प्रयोगशालाएं एवं संस्थान (National Research Laboratories and Institutions)

भारत सरकार ने विज्ञान तथा औद्योगिक विकास हेतु 1942 में औद्योगिक विकास, विज्ञान एवं प्रौद्योगिकी मंत्रालय (Ministry of Industrial Development, Science & Technology) के अधीन एक स्वायतशाषी संस्था के रूप में वैज्ञानिक एवं औद्योगिक अनुसंधान परिषद (Council of Scientific and Industrial Research, C.S.I.R) की स्थापना की थी, ताकि देश में वैज्ञानिक तथा औद्योगिक अनुसंधान को प्रोत्साहन दिया जा सके, उद्योगों की समस्याओं को हल करने तथा अनुसंधान हेतु प्रयोगशालायें स्थापित की जा सकें, अनुसंधान के परिणामों तथा अन्य सम्बन्धित मामलों की सूचना को संग्रह कर उपयोग हेतु प्रसारित किया जा सके।

लघु उद्योगों के मार्गदर्शन करने तथा उनकी समस्याओं को हल करने में उनकी सहायता करने के उद्देश्य से सी.एस.आई.आर. के नई दिल्ली स्थित प्रधान कार्यालय में सूचना तथा सम्पर्क कक्ष की स्थापना की है। इस कक्ष में लघु उद्योग सेवा संस्थान के माध्यम से इस प्रकार की समस्यायें आती है जिन्हे प्रयोगशालाओं में हल करना होता है। यह कक्ष लघु उद्योगों को उनसे सम्बन्धित सभी मामलों में आवश्यक जानकारी प्रदान करता है, जो उसके पास उपलब्ध होती है।

सी.एस.आई.आर. द्वारा देश के विभिन्न भागों में 36 राष्ट्रीय प्रयोगशालाएं तथा अनुसंधान संस्थान स्थापित किये गये हैं। इनमें निम्न प्रकार के कार्य होते हैं –

(i) नये उत्पादों तथा नई तकनीकों एवं प्रक्रियाओं का विकास करने के लिये अनुसंधान किये जाते हैं।

(ii) प्राकृतिक साधनों के विकास तथा उपयोग के बारे में अनुसंधान किया जाता है।

(iii) देश में उपलब्ध कच्चे माल का उत्पादन हेतु अपनाने के लिये कार्य किया जाता है।

(iv) पहिले से ज्ञात तरीकों तथा तकनीकों में संशोधन करने और उन्हें अपनाने के लिये कार्य किया जाता है।

(v) आयातित वस्तुओं का उत्पादन देश में करने हेतु बहुत कार्य होता है।

(vi) उद्योगों के लिये विकसित तरीकों व तकनीकों का प्रदर्शन आयोजित किया जाता है।

(vii) लघु तथा बड़े उद्योगों की समस्याओं का समाधान ज्ञात कर उन्हें सहयोग प्रदान किया जाता है।

17.3.2 राष्ट्रीय परीक्षण गृह (National Test House)

यह भारत सरकार का उपक्रम है तथा उद्योग एवं व्यापार के कच्चे माल, मध्यवर्ती उत्पाद और तैयार माल के परीक्षण का कार्य करता है। परीक्षणों का शुल्क परीक्षणों की संख्या तथा उनकी किस्म पर निर्भर करता है। लघु उद्योग इकाईयों से परीक्षण शुल्क में कुछ छूट दी जाती है अथवा उनसे रियायती शुल्क लिया जाता है। इसके परीक्षण प्रमाण पत्र का बहुत महत्व होता है तथा इसे कानूनी दस्तावेज के रुप में प्रस्तुत किया जा सकता है।

परीक्षण गृह की सेवायें प्राप्त करने के लिये जिन वस्तुओं का परीक्षण करवाना हो उनके नमूने परीक्षण गृह को भेजने होते हैं। परीक्षण गृह में नमूने प्राप्त होने पर परीक्षण शुल्क के बारे में सूचित कर दिया जाता है। परीक्षण शुल्क राशि प्राप्त हो जाने पर आवश्यक जांच व परीक्षण किये जाते हैं

तथा परीक्षण प्रमाण पत्र जारी किया जाता है जिससे परीक्षण सम्बन्धी विस्तृत रिपोर्ट होती है। यदि उत्पादों की तुलना भारतीय मानक ब्यूरों अथवा मानकों से करनी हो तो उसकी रिपोर्ट भी परीक्षण प्रमाण पत्र में दी जाती है। यह परीक्षण प्रमाण पत्र परीक्षण गृह की सरकारी मोहर के साथ जारी किया जाता है।

17.3.3 भारतीय मानक ब्यूरो (Bureau of Indian Standards; B.I.S.)

भारतीय मानक ब्यूरो (भा.मा.ब्यूरो) जिसे पूर्व में भारतीय मानक संस्थान (Indian Standards Institute, I.S.I) के नाम से जाना जाता था, की स्थापना भारत सरकार द्वारा विभिन्न प्रकार के कच्चे व तैयार माल की गुणवत्ता बनाये रखने के लिये की गई थी। इस ब्यूरों द्वारा विभिन्न वस्तुओं के आदर्श गुण उनके परीक्षण के लिये आवश्यक उपकरण/ परीक्षण विधि तथा स्टेंडर्डस आदि के विषय में भारतीय मानक प्रकाशित किये जाते हैं। अभी तक ब्यूरों द्वारा 10,000 से अधिक मानक एवं उनके संशोधन प्रकाशित किये जा चुके हैं।

भारत सरकार द्वारा सभी तकनीकी समितियों में लघु उद्योगों के प्रतिनिधि को अवश्य रखा जाता है। इन्हीं समितियों को भारतीय मानक तैयार करने का कार्य सौंपा जाता है। इस प्रकार छोटे उद्यमियों को अपने विचार व्यक्त करने तथा बड़े उद्योगपतियों को समझने का अवसर प्राप्त होता है।

भारतीय मानक ब्यूरो प्रमाणन योजना

भारतीय मानक ब्यूरो एक प्रमाणन योजना चलाता है। जिसके अन्तर्गत निर्माताओं और उत्पादकों को अपने माल पर मानक मुहर लगाने के लाइसेंस जारी किये जाते हैं। ये लाइसेंस ऐसे माल के लिये होते है जिनका उत्पादन तत्सम्बन्धी भारतीय मानको के अनुरुप हुआ हो। यह योजना भारतीय मानक ब्यूरो अधिनियम 1986 और उसके अधीन नियमों व विनियमों द्वारा ब्यूरो को उक्त कार्यों के लिये प्रदत्त अधिकारों के अधीन चलाई जाती है।

लाइसेंस लेने की विधि

मानक मुहर लगाने की लाइसेंस लेने की विधि इस प्रकार है:

(i) मुहर लगाने का लाइसेंस लेने के इच्छुक निर्माता को भारतीय मानक ब्यूरों को आवेदन पत्र निर्धारित फार्म में तीन प्रतियों में भरकर भेजना होता है। आवेदन पत्र के साथ प्रत्येक लाइसेंस के लिये 500 रुपये आवेदन फीस भेजनी होती है।

(ii) किसी विशेष भारतीय मानक के अधीन आने वाली वस्तुओं में से प्रत्येक पर मुहर लगाने का लाइसेंस लेने के लिये अलग आवेदन पत्र देना होता है। यदि मानक के कई भाग हो तो हर भाग के लिये अलग आवेदन पत्र देना जरूरी होगा।

(iii) आवेदन पत्र प्राप्त होने पर ब्यूरो फैक्टरी का प्रारम्भिक मुआयना यह देखने के लिये करवाता है कि उसके यहां माल बनाने के दौरान परीक्षण के लिये क्या सुविधायें हैं तथा गुणवत्ता नियंत्रण की क्या विधियां अपनाई जाती हैं? बने हुये माल का नमूना लेकर स्वतन्त्र परीक्षणशालाओं से परीक्षण करवा कर यह देखा जाता है कि वह माल तत्सम्बन्धी भारतीय मानक के अनुरूप है या नहीं। इन नमूनों की लागत व परीक्षण का खर्च आवेदक को ही उठाना पड़ता है।

(iv) आवेदक को लाइसेंस लेने तथा उसको चलाने के लिये परीक्षण और निरीक्षण की योजना अपने यहां रखनी पड़ती है। यह योजना ब्यूरो द्वारा तैयार करके फर्म को दी जाती है, जिससे गुणवत्ता

बनाये रखने के लिये नियंत्रण दिये जाते हैं। योजना के साथ ही वस्तु पर मुहर लगाने की फीस, जो कि वार्षिक उत्पादन की मात्रा पर निर्भर करती है, आवेदक को सूचित कर दी जाती है।

(v) निम्नलिखित शर्तें पूर्ण होने पर मुहर लगाने का लाइसेंस स्वीकृत किया जाता है-

(क) आवेदक के यहां परीक्षण के लिये पूरी सुविधायें हों,

(ख) लिये गये माल के नमूने भारतीय मानकों के अनुरुप उतरें, तथआ

(ग) आवेदक परीक्षण व निरीक्षण की योजना तथा मुहर लगाने की फीस की दर पर अपनी स्वीकृति दे दे तथा मुहर लगाने की फीस व लाइसेंस फीस (प्रति लाइसेंस 500 रुपये वार्षिक) जमा करवा दे।

(vi) लाइसेंस स्वीकृत होने के पश्चात् निर्माता को अपने माल पर मानक मुहर लगाने का अधिकार मिल जाता है।

(vii) प्रारम्भ में लाइसेंस एक वर्ष की अवधि के लिये दिया जाता है। तत्पश्चात् इसी अवधि के लिये नवीनीकरण किया सकता है। लाइसेंसधारी को लाइसेंस की वैधता अवधि की समाप्ति से एक माह पूर्व नवीनीकरण के लिये आवेदन भेजना चाहिये। नवीनीकरण के लिये प्रति आवेदन पत्र 300 रुपये फीस है। यदि ब्यूरो यह पाता है कि योजना सन्तोषजनक रूप से नहीं चलाई गई है तो हो सकता है वह लाइसेंस का नवीनीकरण नहीं करे अथवा जब तक फर्म सन्तोषजनक रूप से योजना चलाने योग्य नहीं बन जाती, उसका नवीनीकरण स्थगित भी किया जा सकता है।

लाइसेंस स्वीकृति के पश्चात नियंत्रण

लाइसेंस लागू रहने की अवधि में यह निश्चित करने के लिये कि जिस माल पर मानक मुहर लगी हो वह तत्सम्बन्धी भारतीय मानक में दी गई अपेक्षाओं के अनुसार ही तैयार किया जाय, इसके लिये ब्यूरो कई आवश्यक कदम उठाता है, जैसे-

(i) ब्यूरों के योग्यता प्राप्त निरीक्षक अकस्मात तथा नियमित रूप से जाकर लाइसेंसधारी की फैक्टरी का मुआयना करते हैं। तैयार तथा बनते हुए माल के जहां जहां से नमूने लेकर भारतीय मानक ब्यूरो की तथा अन्य स्वतंत्र परीक्षणशालाओं में उन नमूनों का परीक्षण करवाया जाता है। इसके अतिरिक्त लाइसेंसधारी भी दी गई योजना के अनुसार नमूने लेकर अपने यहां जो परीक्षण करता रहता है उनके रिकॉर्ड की जांच की जाती है।

(ii) मानक मुहर लगा माल बाजारों से ब्यूरो द्वारा सीधा खरीद लिया जाता है और उसकी जांच ब्यूरो की तथा अन्य स्वतंत्र परीक्षणशालाओं में कराई जाती है।

(iii) मानक मुहर लगे माल के बारे में उपभोक्ताओं और खरीददारों से जो शिकायतें प्राप्त होती है उनकी जांच की जाती है और जब कभी कोई शिकायत सही पाई जाती है तो उसे घटिया माल के बदले ठीक माल बिना किसी लागत के दिलाने का प्रबन्ध किया जाता है।

मानक मुहर लगे माल की लाइसेंसधारी अपने यहां जो परीक्षण करता है और उसके नमूनों की ब्यूरो की अथवा अन्य परीक्षणशालाओं में जो जांच की जाती है, उनके परिणाम एक दूसरे से मेल खाने चाहिये, तभी यह ज्ञात होता है कि गुणवत्ता नियंत्रण प्रणाली ठीक काम कर रही है। अगर ये दोनों परिणाम आपस में मेल नहीं खाते तो कारणों की जांच की जाती है और यदि आवश्यक हुआ तो भारतीय मानक ब्यूरों अधिनियम 1986 के नियमों व विनियमों के तहत लाइसेंसधारी के विरुद्ध

कार्यवाही भी की जाती है। अगर किसी गलती के पीछे कोई बदनीयती न हो तो उसे ठीक करने के उपाय किये जाते हैं तथा प्रणाली में सुधार हो जाने की अवधि तक माल पर मुहर लगाना बन्द रखा जाता है।

प्रश्न

1. उद्यमियों के सहायतार्थ निम्न संगठनों के कार्य समझाइये।
   (i) राज्य वित्त निगम (राज .नव.94)
   (ii) जिला उद्योग केन्द्र (राज .नव94, नव95, अप्रेल 95)
   (iii) भारतीय मानक ब्यूरो (राज. नव.94)
   (iv) लघु उद्योग सेवा संस्थान (राज. नव94, नव95)
   (v) सीडो (राज. अप्रेल 98)
   (vi) रीको (राज.अप्रेल 98)
2. प्रदूषण नियंत्रण मंडल के कार्यों को लिखिये। (राज. अप्रेल 96, अप्रेल 97)
3. राष्ट्रीय लघु उद्योग निगम लिमिटेड„ उद्यमियों को किस प्रकार सहायता करता है? (राज. नव.96)
4. राजकॉन उद्यमियों को किस प्रकार की सेवायें उपलब्ध कराता है? (राज.नव96)
5. लघु उद्योग सेवा संस्थान के बारे में जानकारी देते हुये बताइये कि यह संस्था लघु उद्योगों की किस प्रकार सहायता करता है? (राज.नव97)
6. वाणिज्यिक बैंक लघु उद्योगों को किस प्रकार सहायता प्रदान करते हैं?
7. राजस्थान लघु उद्योग निगम द्वारा चलाये जा रहे विभिन्न कार्यक्रमों को समझाइये।
8. निम्न पर संक्षिप्त टिप्पणी लिखिये-
   (i) रीको (राज.नव95)
   (ii) भारतीय मानक ब्यूरो (राज.नव95)
   (iii) राष्ट्रीय लघु उद्योग निगम लिमिटेड (राज. अप्रेल 96)
   (iv) लघु उद्योग विकास संगठन (राज.अप्रेल96)
   (v) राष्ट्रीय लघु उद्योग विस्तार प्रशिक्षण संस्थान
   (vi) उद्योग निदेशालय/उद्योग आयुक्तालय
   (vii) राज्य विद्युत मंडल
   (viii) राजस्थान खादी तथा ग्रामोद्योग बोर्ड।
   (ix) लघु उद्योग सेवा संस्थान (राज. अप्रेल 99)
   (x) राज्य वित्तीय निगम (राज. नव.99)
9. राष्ट्रीय लघु उद्योग निगम लिमिटेड अथवा राजस्थान लघु उद्योग निगम लघु उद्योगों को कौन-कौन सी सहायता/सेवायें प्रदान करते हैं? वर्णन कीजिये। (राज. अप्रेल 2000)
10. राज्य विद्युत मंडल को औद्योगिक इकाइयों द्वारा पावर कनेक्शन लेने की विधि तथा पावर टैरिफ की जानकारी दीजिये। (राज. अप्रेल 2000)

अध्याय - 18

श्रम अधिनियम
(Labour Legislations)

18.1 प्रस्तावना (Introduction)

निम्न अधिनियमों के मुख्य प्रावधानों (Main Provisions) का संक्षिप्त विवरण दिया जा रहा है। इनमें अभी तक हुए सभी संशोधन (Amendments) सम्मिलित करने का पूर्ण प्रयास किया गया है।

18.2 फैक्टरी अधिनियम, 1948 (Factories Act, 1948)

यह अधिनियम भारत के सभी भागों पर लागू होता है। फैक्टरी से तात्पर्य ऐसे प्रतिष्ठान से है, जिनमें 10 या अधिक श्रमिक काम करते हैं या पिछले बारह महीनों के किसी भी दिन कार्य किया हो तथा उत्पादन प्रक्रम में कही भी शक्ति (Power) का प्रयोग होता हो या जिनमें 20 या अधिक श्रमिक काम करते हैं या पिछले बारह महीनों में किसी भी दिन कार्य किया हो तथा उसमें शक्ति का प्रयोग नहीं होता हो।" इसके अन्तर्गत वे खानें नहीं आती जो खान अधिनियम 1952 (Mines Act, 1952) के अन्तर्गत आती हैं तथा रेल्वे रनिंग शेड भी इनके अन्तर्गत नहीं आते हैं। इस अधिनियम के अनुसार फैक्टरी में कार्य करने वाला व्यक्ति चाहे वह किसी भी कार्य पर नियुक्त है, श्रमिक कहलाता है। इस अधिनियम को कार्यान्वित करने का भार राज्य सरकारों को दिया हुआ है। इस अधिनियम के मुख्य प्रावधान निम्न हैं-

18.2.1. स्वास्थ्य (Health)

1. फैक्टरी बिल्कुल स्वच्छ रखनी चाहिये। फर्श, बैंचों, सीढ़ीयों व रास्तों की प्रतिदिन सफाई होनी चाहिये। दीवारों पर सफेदी या रंग एक निश्चित अवधि में फिर करवाना आवश्यक है। कूड़ा तथा बहिःस्राव (effuent) के निस्तारण का उचित प्रबन्ध होना चाहिये।
2. फैक्टरी में संवातन (ventilation) की पर्याप्त व्यवस्था होनी चाहिये ताकि ताजी हवा मिल सके। तापक्रम व आर्द्रता इतनी रहे कि श्रमिकों को उचित वातावरण मिल सके। यदि तापक्रम अत्यधिक हो तो उसे कम करने के लिये उचित साधन अपनाने चाहिये।
3. इस अधिनियम के अनुसार प्रत्येक श्रमिक के लिये पुरानी फैक्टरियों में (इस अधिनियम के लागू होने की दिनांक 1.4.1948 से पहले स्थापित) कम से कम 9.9 घन मीटर (350 घन

फुट) स्थान तथा नई फैक्टरियों में कम से कम 14.2 घन मीटर (500 घन फुट) स्थान हो। इसके लिये फर्श से 4.2 मीटर (14 फुट) से ऊपर की जगह को गणना में नहीं लिया जायेगा।

4. फैक्टरी के प्रत्येक भाग में जहां श्रमिक कार्य करते हैं या जाते हैं, प्राकृतिक या कृत्रिम प्रकाश अथवा दोनों की समुचित व्यवस्था होनी चाहिये।
5. पीने के स्वच्छ जल की व्यवस्था उचित स्थान पर होनी चाहिये तथा धोने के स्थान, थूकदान, मूत्रालयों एवं शौचालयों से कम से कम 6 मीटर (20 फुट) दूर होने चाहिये। जहां 250 से अधिक श्रमिक कार्य करते हैं, गर्मी में ठण्डे जल की व्यवस्था व वितरण के लिये प्रभावी साधन होने चाहिये।
6. पुरुषों व स्त्रियों के लिये मूत्रालयों एवं शौचालयों की अलग-अलग व्यवस्था उचित स्थानों पर उचित संख्या में होनी चाहिये। पीकदान (Spittoons) भी उचित स्थानों पर लगे होने चाहिये। इनकी सफाई की उचित व्यवस्था होनी चाहिये ताकि हमेशा स्वच्छता बनी रहे।

18.2.2 सुरक्षा (Safety)

1. मशीन के चालित हिस्सों, ट्रांसमिशन, मशीनरी व मशीनों के अन्य खतरनाक हिस्सों पर सुरक्षा की दृष्टि से रक्षक (Safe guards) लगे होने चाहिये।
2. स्त्रियों व युवाओं को चलती मशीनों की सफाई, इन्हें सुधारने तथा तेल डालने आदि कार्यों तथा खतरनाक मशीनों पर नहीं लगाने का प्रावधान है।
3. फैक्टरी में आग लग जाने पर श्रमिकों को तुरन्त बचाने की उचित व्यवस्था होनी चाहिये। फैक्टरी में आग लग जाने पर निकलने के लिये उचित माध्यम होने चाहिये तथा उनकी जानकारी सभी श्रमिकों को होनी चाहिये। आग लग जाने पर चेतावनी देने के ऐसे साधन होने चाहिये ताकि सभी श्रमिक साफ सुन सके।
4. फैक्टरी में किसी कार्य को करने से आँखों पर बुरा प्रभाव पड़ने की संभावनाएं हो तो श्रमिकों को चश्में दिये जाने चाहिये।
5. किसी भी व्यक्ति को निर्धारित मात्रा से अधिक वजन उठाने के लिये काम पर नहीं लगाया जा सकता।

18.2.3 कल्याण (Welfare)

1. फैक्टरी में प्रत्येक 150 श्रमिकों के लिये एक सुसज्जित प्राथमिक चिकित्सा बॉक्स (First aid box) या कप बोर्ड होना चाहिये। यह ऐसे उत्तरदायी व्यक्ति के पास हो जिसके पास प्राथमिक चिकित्सा का वैध प्रमाण पत्र हो।
2. प्रत्येक फैक्टरी में पुरुष व स्त्री श्रमिकों को हाथ, पांव आदि धोने के लिये अलग व पर्याप्त नल लगे होने चाहिये।
3. यदि फैक्टरी में 150 से अधिक श्रमिक हो तो विश्राम गृह व खाना खाने का कमरा होना चाहिये, जिसमें पीने के पानी की व्यवस्था हो। 250 से अधिक श्रमिक हो तो केन्टीन की भी व्यवस्था होनी चाहिये।

4. जहां 30 से अधिक स्त्री श्रमिक हों तो शिशु गृह (cretches) की व्यवस्था होनी चाहिये ताकि उनके 6 वर्ष से कम उम्र के बालक उसका उपयोग कर सके।
5. फैक्टरी में 500 या अधिक श्रमिक हो तो कल्याणकारी अधिकारी (Welfare Officer) की नियुक्ति अनिवार्य है।

18.2.4 कार्य के घण्टे (Working Hours)

1. व्यस्क (Adult) (उम्र 18 वर्ष पूरी कर ली हो) श्रमिकों से सप्ताह में 48 घण्टे तथा प्रतिदिन 9 घण्टे से अधिक काम नहीं लिया जा सकता है। प्रत्येक श्रमिक को 5 घण्टे काम करने के पश्चात् कम से कम आधे घण्टे का विश्राम देना आवश्यक है। किसी भी दिन विश्राम अवधि को मिलाकर कार्य साढ़े दस घण्टे से अधिक नही लिया जा सकता। मुख्य निरीक्षक श्रम, समय विस्तार को 12 घण्टे तक बढ़ा सकता है।
2. निश्चित समय से अधिक (Over time) काम लेने पर अतिरिक्त कार्य के लिये दुगुनी मजदूरी देय होगी। एक सप्ताह में अतिरिक्त समय को मिलाकर कुल कार्य के घण्टे 60 तथा अतिरिक्त समय प्रत्येक तिमाही में 50 घण्टों से अधिक नहीं होगा।
3. स्त्री श्रमिकों को प्रातः 6 से सांय 7 बजे तक ही कार्य पर लगाया जा सकता है। राज्य सरकार गजट, अधिसूचना द्वारा किसी विशेष फैक्टरी या फैक्टरी के समूह के लिये इस समय में परिवर्तन कर सकती है, लेकिन कार्य समय स्त्री श्रमिक के लिये रात्रि 10 बजे से प्रातः 5 बजे तक नहीं रखा जा सकता है।
4. किसी नवयुवक (Male adolescent) या नवयुवती (Female adolescent) (उम्र 15 वर्ष पूरे व 18 वर्ष से कम) को प्रमाण सर्जन जांच करके वयस्क का कार्य करने के योग्य प्रमाणित कर देता है तो ऐसी अवस्था में किशोर (Adolescent) के कार्य घण्टे वयस्क के बराबर होंगे अन्यथा बालक के कार्य घण्टों के बराबर होंगे। उनको प्रातः 6 बजे से शाम 7 बजे तक कार्य पर लगाया जा सकता है। किसी विशेष फैक्टरी या फैक्टरी के समूह के लिये राज्य सरकार गजट अधिसूचना द्वारा इस समय में परिवर्तन कर सकती है, लेकिन किसी नवयुवती (Female Adolescent) के लिये कार्य समय रात्रि 10 बजे से प्रातः 5 बजे तक नहीं रखा जा सकता है।
5. बालक (Child) (उम्र 15 वर्ष पूरी नहीं की हो) से प्रतिदिन 4-1/2 घण्टे से अधिक कार्य नहीं लिया जा सकता है तथा सांय 7 बजे से प्रात8 बजे तक काम पर नहीं लगाया जा सकता है।

18.2.5 मजदूरी सहित वार्षिक अवकाश (Annual Leave with Wages)

प्रत्येक श्रमिक जिसने फैक्टरी में एक कलेण्डर वर्ष में 240 दिन या अधिक कार्य किया है, उसे आगामी कलेण्डर वर्ष में प्राप्त होने वाली मजदूरी सहित अवकाश की गणना निम्न दरों से की जायेगी-

1. वयस्क के लिये, पिछले कलेण्डर वर्ष में उसके 20 दिन कार्य के लिये एक दिन।
2. बालक के लिये, पिछले कलेण्डर वर्ष में उसके 15 दिन कार्य के लिये एक दिन।

18.2.6 अपराध के लिये सामान्य दण्ड (General penalties for Offences)

1. इस अधिनियम के किसी भी उपबन्ध का उल्लंघन करने पर फैक्टरी के मालिक (Occupient) साझेदार, निदेशक या प्रबंधक को दोषी ठहराये जाने पर कैद अथवा जुर्माना या दोनों दण्ड देने का प्रावधान है। इन्हें दो वर्ष तक कैद की सजा या एक लाख रुपये तक का जुर्माना या दोनों दण्ड दिये जा सकते हैं। दण्ड देने के बाद भी अपराध जारी रखता है तो 1000 रुपये प्रतिदिन तक जुर्माना किया जा सकता है।
2. यदि वह उसी उपबन्ध में फिर दोषी पाया जाता है तो दण्ड की अवधि 3 वर्ष तक तथा जुर्माना 2 लाख रुपये तक अथवा दोनों दण्ड दिये जा सकते है। जुर्माना 10,000 रु. में कम नहीं होगा।
3. यदि श्रमिक किसी तरह के उपबन्ध या नियमों का उल्लंघन करने का दोषी पाया जावे तो उस पर पांच सौ रुपये तक का जुर्माना किया जा सकता है।
4. यदि कोई किशोर प्रमाण सर्जन (Certifying Surgeon) का झूठा प्रमाण-पत्र जानकर उपयोग में लाता है तो उसे दो माह की कैद या 1000 रु. तक का जुर्माना या दोनों दण्ड दिये जा सकते हैं।
5. यदि निरीक्षक को इस अधिनियम के तहत अपनी शक्तियों का उपयोग करने से रोकने में किसी को दोषी पाया जाये तो उसे छः माह की सजा या 10,000 रु. तक का जुर्माना अथवा दोनों दण्ड दिये जा सकते हैं।

18.3 श्रमिक क्षतिपूर्ति अधिनियम, 1923, (Workmen's Compensation Act, 1923)

इस अधिनियम में श्रमिक के दुर्घटनाग्रस्त होने की स्थिति में नियोक्ता द्वारा क्षतिपूर्ति किये जाने संबंधी प्रावधान हैं। यह अधिनियम सम्पूर्ण भारत पर लागू होता है। सेना के जवान इसके अन्तर्गत नहीं आते हैं।

दुर्घटना के कारण श्रमिक में अयोग्यता दो प्रकार की हो सकती है- पूर्ण तथा आंशिक अयोग्यता।

"**पूर्ण अयोग्यता** (Total Disablement) से तात्पर्य उस स्थाई अयोग्यता से है जिससे श्रमिक की दुर्घटना से पूर्व प्राप्त योग्यता, शक्ति एवं क्षमता पूर्ण रूप से नष्ट हो जाती है। प्रथम अनुसूची (Schedule 1) में निर्दिष्ट क्षतियों के कारण यदि कमाई की हानि 100 प्रतिशत हो जाती है तो स्थायी पूर्ण अयोग्यता मानी जायेगी।"

"**आंशिक अयोग्यता** (Partial Disablement) से तात्पर्य दुर्घटना के कारण श्रमिक की कमाई की शक्ति (earning capacity) उन सब रोजगार में जो वह दुर्घटना से पूर्व करता था, कम हो जाती है से है। अस्थायी आंशिक अयोग्यता का अर्थ है कि अयोग्यता अस्थायी है। स्थायी आंशिक अयोग्यता का अभिप्राय है कि अयोग्यता स्थायी है जैसा कि प्रथम अनुसूची के द्वितीय भाग (Part II of Sch.I) में निर्दिष्ट क्षतियों को स्थायी आंशिक अयोग्यता माना गया है।"

18.3.1 नियोक्ता का क्षतिपूर्ति के लिये दायित्व (Employer's liabilities for compensation)

यदि श्रमिक को अपने कार्यकाल के दौरान दुर्घटना से किसी भी प्रकार की क्षति होती है तो नियोक्ता को निम्न परिस्थितियों के अलावा अन्य सभी परिस्थितियों में इस अधिनियम के उपबन्धों के अनुसार क्षतिपूर्ति करनी पड़ती है –

1. क्षति ऐसी हो जिसके कारण श्रमिक तीन दिन से अधिक पूर्ण या आंशिक रूप से अयोग्य नहीं होता है।
2. दुर्घटना में लगी चोट से जिसका अन्त मृत्यु न हुआ हो तथा प्रत्यक्ष रूप से जिसका कारण निम्न में से कोई भी हो-
   (i) श्रमिक दुर्घटना के समय नशीले पदार्थ या दवा के प्रभाव में हो।
   (ii) श्रमिक सुरक्षा नियमों या अन्य निर्देशों का जानकर पालन नहीं करता हो।
   (iii) श्रमिक अपनी इच्छा से सुरक्षा गार्ड या सुरक्षा के साधनों को हटाता है, जो इसकी सुरक्षा के लिये लगे हों।

यदि कोई श्रमिक बीमार हो जाता है तथा इसका कारण रोजगार या जिस प्रक्रिया में वह लगा है, हो तथा उसकी बीमारी व्यावसायिक रोग (occupational disease) की श्रेणी में आती हो तो यह भी इस अधिनियम के अनुसार दुर्घटना से क्षति के समान ही समझी जावेगी।

18.3.2 क्षतिपूर्ति की राशि (Amount of compensation)

इस अधिनियम के प्रावधानों के अनुसार क्षतिपूर्ति की राशि निम्न प्रकार होगी-

1. दुर्घटना के कारण मृत्यु होने पर	श्रमिक के वेतन का 40 प्रतिशत x संबंधित गुणांक (अनुसूची IV के अनुसार) या 40,000 रु. जो भी अधिक हो।
2. दुर्घटना के कारण पूर्ण स्थायी अयोग्यता होने पर	श्रमिक के वेतन का 50 प्रतिशत x संबंधित गुणांक या 48,000 रु. जो भी अधिक हो।

उपरोक्त 1 व 2 में मासिक वेतन 1000 रु. से अधिक हो तो गणना के लिये 1,000 रु. ही माना जायेगा।

3. दुर्घटना के कारण स्थायी आंशिक अयोग्यता होने पर	(अ) अनुसूची I के भाग II में दी गई क्षति के लिये क्षतिपूर्ति स्थायी पूर्ण अयोग्यता के कारण दी जाने वाली राशि का उतना प्रतिशत जितनी कमाई की क्षमता की हानि हुई हो।
	(ब) अनुसूची I में वर्णित नहीं की गई क्षति के लिये क्षतिपूर्ति स्थायी पूर्ण अयोग्यता के कारण दी

	जाने वाली राशि के उसी अनुपात में जितनी कमाई की क्षमता की हानि (जो कि योग्य डॉक्टर द्वारा निर्धारित की गई हो) हुई हो।
4. दुर्घटना के कारण पूर्ण या आंशिक अस्थायी अयोग्यता	श्रमिक की मासिक मजदूरी की 25 प्रतिशत राशि का अर्द्धमासिक भुगतान निम्न प्रावधानों के अनुसार- (अ) यदि अयोग्यता 28 दिन से कम समय तक रहे तो दुर्घटना होने की दिनांक से 3 दिन प्रतीक्षा करने के बाद क्षतिपूर्ति का प्रारम्भ होगा। (ब) यदि अयोग्यता 28 दिन से अधिक समय तक रहे तो दुर्घटना होने की दिनांक से क्षतिपूर्ति देय होगी जब तक अयोग्यता बनी रहे, जो कि अधिकतम पांच वर्ष तक देय हो सकती है।

18.3.3 चूक के लिये दण्ड (Penalties for default)

क्षतिपूर्ति राशि का भुगतान जब भी देय हो किया जाना चाहिये। यदि नियोक्ता को श्रमिक द्वारा मांगी गई क्षतिपूर्ति की राशि देना स्वीकार न हो तो अस्थाई तौर पर जितनी राशि उसे स्वीकृत हो, देने के लिये बाध्य होगा। यदि श्रमिक राशि लेने से इन्कार करे तो कमिश्नर के पास जमा करानी होगी।

यदि इन नियमों के तहत नियोक्ता क्षतिपूर्ति राशि जब देय हो, उसके एक माह के भीतर नहीं देता है तो दण्ड स्वरुप कमिश्नर यह आज्ञा दे सकता है कि क्षतिपूर्ति राशि के अलावा 6 प्रतिशत प्रति वर्ष की दर से ब्याज भी दिया जावे। यदि कमिश्नर की राय में नियोक्ता द्वारा भुगतान में देरी का उचित कारण न हो तो क्षतिपूर्ति राशि व ब्याज के अतिरिक्त क्षतिपूर्ति राशि के 50 प्रतिशत तक दण्ड के रूप में वसूल किया जा सकता है।

18.3.4 क्षतिपूर्ति अधिनियम में चार अनुसूचियां (Schedules) दी हुई है।

इसमें दी गई जानकारी संक्षिप्त में निम्न प्रकार है-

अनुसूची I- इसके भाग I में 6 प्रकार की क्षतियों की सूची जिनके कारण स्थायी पूर्ण अयोग्यता हो जाती है, दी गई है (देखें अगले पृष्ठ पर) तथा भागII में 48 प्रकार की क्षतियों की सूची जिनके कारण स्थायी आंशिक अयोग्यता व उसके कारण कमाई की क्षमता में कितने प्रतिशत हानि होती है, दी गई है।

अनुसूची II- इसमें उन सभी व्यक्तियों की श्रेणियों की सूची दी गई है, जो इस अधिनियम के अनुसार श्रमिक की श्रेणी में आते हैं। कुल 32 प्रकार के व्यक्ति व व्यवसाय इस सूची में दिये गये हैं।

SCHEDULE - I

PART-I

List of Injuries Deemed to Result in permanent Total Disablement

S.No	Description of Injury		Percentage of loss of earning capacity
1	Loss of both hands or amputation at higher sites	....	100
2	Loss of a hand and a foot	....	100
3	Double amputation through leg or thigh amputation through leg or thigh on one side and loss of other foot	....	100
4	Loss of sight to such an extent as to render the claimant unable to perform any work for which eye sight is essential	....	100
5	Very severe facial disfigurement	....	100
6	Absolute deafness	....	100

अनुसूची III- इसमें व्यावसायिक रोगों (Occupational deseases) की सूची तथा किन व्यवसायों के लक्षण किन रोगों को उत्पन्न करते हैं, दिये गये हैं।

अनुसूची IV- इसमें स्थायी अयोग्यता तथा मृत्यु हो जाने पर क्षतिपूर्ति राशि की गणना हेतु गुणांक (Factors) दिये हुये हैं।

SCHEDULE IV

Factors for working out lump sum equivalent of compensation amount in case of permanent disablement and death.

Completed years of age on the last birthday of the workman immediately preceding the date on which the compensation fell due				Factors	Completed years of age on the last birthday of the workman immediately preceding the date on which the compensation fell due			Factors
(1)				(2)	(1)			(2)
not more than	16	....	....	228.54	41	....	....	181.37
	17		....	227.49	42	....	....	178.49
	18	....	....	226.38	43	....	....	175.54
	19	....	....	225.22	44	....	....	172.52

20	....	....	224.00	45	....	....	169.44
21	....	....	222.71	46	....	....	166.29
22	....	....	221.37	47	....	....	163.07
23	....	....	219.95	48	....	....	159.80
24	....	....	218.47	49	....	....	156.47
25	....	....	216.91	50	....	....	153.09
26	....	....	215.28	51	....	....	149.67
27	....	....	213.57	52	....	....	146.20
28	....	....	211.79	53	....	....	142.68
29	....	....	209.92	54	....	....	139.13
30	....	....	207.98	55	....	....	135.56
31	....	....	205.95	56	....	....	131.95
32	....	....	203.85	57	....	....	128.33
33	....	....	201.66	58	....	....	124.70
34	....	....	199.40	59	....	....	121.05
35	....	....	197.06	60	....	....	117.14
36	....	....	194.64	61	....	....	113.77
37	....	....	192.14	62	....	....	110.14
38	....	....	189.56	63	....	....	106.52
39	....	....	186.90	64	....	....	102.93
40	....	....	184.17	65 or more		....	98.37

18.4 प्रशिक्षु अधिनियम, 1961 (Apprentices Act, 1961)

इस अधिनियम द्वारा व्यवसाय प्रशिक्षुओं (Trade Apprentices), इंजीनियरिंग, डिप्लोमा व डिग्रीधारियों के लिये विभिन्न प्रतिष्ठानों में प्रशिक्षण की व्यवस्था की गई है। व्यवसाय प्रशिक्षुओं के लिये 138 विभिन्न ट्रेड में प्रशिक्षण की व्यवस्था है जिनके लिये योग्यता इस अधिनियम की प्रथम अनुसूची (Schedule I) में दर्शाई गई है तथा प्रशिक्षण की अवधि विभिन्न ट्रेड के लिये अलग अलग है जो कि एक से चार वर्ष तक है। व्यवसाय प्रशिक्षुओं को दिये जाने वाले स्टाइपेंड (Stipend) की न्यूनतम दर निम्न प्रकार होगी –

प्रशिक्षण के प्रथम वर्ष के दौरान	460 रु. प्रतिमाह
प्रशिक्षण के द्वितीय वर्ष के दौरान	530 रु. प्रतिमाह
प्रशिक्षण के तृतीय वर्ष के दौरान	610 रु. प्रतिमाह
प्रशिक्षण के चतुर्थ वर्ष के दौरान	700 रु. प्रतिमाह

स्टाइपेंड की दर निश्चित करने के लिये प्रशिक्षुओं द्वारा राष्ट्रीय कौंसिल द्वारा मान्यता प्राप्त संस्थाओं में प्रशिक्षण की अवधि को सम्मिलित किया जायेगा।

इंजीनियरिंग डिप्लोमा तथा डिग्रीधारियों के लिये प्रशिक्षण अवधि एक वर्ष है। इंजीनियरिंग के सेंडविच पाठ्यक्रम (Sandwich Course) के विद्यार्थियों के लिये इस अधिनियम के तहत प्रशिक्षण की व्यवस्था है। इन्हें प्रशिक्षण के दौरान स्टाइपेंड (Stipend) दिया जाता है; जो निम्न प्रकार है-

(क) इंजीनियरी स्नातक — 1630 रु. प्रतिमाह (संस्थागत प्रशिक्षण के बाद के लिए)

(ख) सेंडविच कोर्स (डिग्री संस्थाओं के विद्यार्थी) — 1160 रु. प्रतिमाह

(ग) डिप्लोमा धारक — 1160 रु. प्रतिमाह (संस्थागत प्रशिक्षण के बाद के लिए)

(घ) सेंडविच कोर्स (डिप्लोमा संस्थाओं के विद्यार्थी) — 940 रु. प्रतिमाह

(घ) व्यावसायिक प्रमाणपत्र धारक — 900 रु. प्रतिमाह

प्रशिक्षण के दौरान आवर्ती लागत (Recurring Cost) को नियोक्ता वहन करता है तथा स्टाइपेंड की राशि आधी-आधी केन्द्रीय सरकार तथा नियोक्ता वहन करते हैं। प्रशिक्षण की समाप्ति पर ऐसे प्रशिक्षणार्थियों को प्रतिष्ठान नियमित नौकरी में रखने को बाध्य नहीं होता है।

प्रशिक्षुओं के प्रशिक्षण के दौरान फैक्टरी में सुरक्षा, कल्याण तथा स्वास्थ्य संबंधी प्रावधान फैक्टरी अधिनियम, 1948 के अनुसार हैं। फैक्टरी में प्रशिक्षण के दौरान प्रशिक्षुओं की दुर्घटना हो जाने पर श्रमिक क्षतिपूर्ति अधिनियम, 1923 (Workmen's Compensation Act, 1923) के अनुसार नियोक्ता द्वारा क्षतिपूर्ति देने का प्रावधान है।

प्रश्न

1. फैक्टरी अधिनियम के अन्तर्गत स्वास्थ्य, सुरक्षा तथा कल्याण संबंधी प्रावधानों को समझाइये।
2. फैक्टरी अधिनियम 1948 के मुख्य प्रावधान क्या है? (राज.नव94)
3. फैक्टरी अधिनियम में कार्य के घंटों के बारे में क्या प्रावधान हैं? (राज.अप्रेल,95)
4. फैक्टरी अधिनियम 1948 में श्रमिकों के कल्याण के लिये क्या प्रावधान हैं? (राज. अप्रेल,96)
5. फैक्टरी अधिनियम 1948 के मुख्य प्रावधानों को समझाइये। (राज. नव.97, नव.99)
6. श्रमिक क्षतिपूर्ति अधिनियम, 1923 के मुख्य प्रावधान क्या हैं? समझाइये। (राज. अप्रेल 95, अप्रेल 99, अप्रेल 2000)
7. श्रमिक क्षतिपूर्ति अधिनियम के अनुसार नियोक्ता का क्षतिपूर्ति के लिये क्या दायित्व है? इस अधिनियम के अनुसार क्षतिपूर्ति की राशि के लिये क्या प्रावधान है?
8. प्रशिक्षु अधिनियम 1961 पर एक टिप्पणी लिखिये।
9. प्रशिक्षु अधिनियम में इंजीनियरिंग डिप्लोमा तथा डिग्रीधारियों के लिये क्या प्रावधान हैं?
10. फैक्ट्री अधिनियम 1948 पर संक्षिप्त टिप्पणी लिखिये। (राज. नव.98)

अध्याय - 19

प्रदूषण नियंत्रक अधिनियम (Pollution Control Acts)

19.1 जल प्रदूषण निवारण एवं नियंत्रण अधिनियम, 1974 (Water-Prevention and Control of Pollution Act, 1974)

यह अधिनियम जल प्रदूषण के निवारण व नियंत्रण तथा जल की शुद्धता को बनाये रखने के उद्देश्य से लागू किया गया था। इस अधिनियम के अन्तर्गत जल प्रदूषण निवारण तथा नियंत्रण हेतु ऐसे मंडलों का गठन करना है जो उन्हें सौंपे गये अधिकारों द्वारा जल प्रदूषण निवारण एवं नियंत्रण से सम्बन्धित कार्य कर सकें। इस अधिनियम की व्यावहारिक कठिनाइयों को दूर करने के उद्देश्य से जल (प्रदूषण निवारण एवं नियंत्रण) संशोधन अधिनियम,1988 के द्वारा कई प्रावधानों में व्यापक संशोधन किये गये।

19.1.1 अधिनियम के मुख्य प्रावधान (Provisions)

जल (प्रदूषण निवारण एवं नियंत्रण) अधिनियम के मुख्य प्रावधान निम्नानुसार है –

1. **केन्द्रीय व राज्य जल प्रदूषण नियंत्रण मंडल का गठन-** यह अधिनियम केन्द्र सरकार को केन्द्रीय प्रदूषण नियंत्रण मंडल तथा राज्य सरकार को राज्य प्रदूषण नियंत्रण मंडल के गठन की शक्ति प्रदान करते हुये उसे सौंपे गये कार्य व शक्तियों के उपयोग की अनुमति देता है।

2. **प्रदूषण मंडलों के अधिकार -**
   - (i) केन्द्र सरकार को जल प्रदूषण निवारण एवं नियंत्रण से सम्बन्धी सलाह देना।
   - (ii) राज्य सरकार द्वारा जल प्रदूषण निवारण एवं नियंत्रण क्षेत्रों की घोषणा सम्बन्धी अधिकार प्रदान करना।

3. **जल प्रदूषण का निवारण तथा नियंत्रण-**
   - (i) राज्य मंडल अथवा किसी अधिकारी को जल प्रदूषण से सम्बन्धित क्षेत्रों का सर्वेक्षण करने की अनुमति।
   - (ii) उद्योगों से निष्कासित जल का सैम्पल लेने का अधिकार।
   - (iii) यदि दुर्घटनावश उद्योग से निष्कासित प्रदूषित जल किसी नदी या धारा में प्रवाहित

हो जाता है तो उद्योग को उसकी सूचना राज्य मंडल तथा अन्य एजेन्सियों को भेजनी होगी।

4. **निरीक्षण हेतु प्रवेश की अनुमति-** जल प्रदूषण से सम्बन्धित कार्यों हेतु अधिकृत व्यक्तियों को किसी भी औद्योगिक परिसर में प्रवेश का अधिकार।

5. **प्रदूषित पदार्थों के नदी आदि में प्रवाह पर निषेध-** उद्योगों द्वारा निष्कासित जहरीले अथवा प्रदूषित जल के लिये किसी भी नदी या धारा के उपयोग पर निषेध।

6. **नये प्रदूषण उत्पन्न करने वाले उद्योगों पर प्रतिबन्ध-**

   (i) बगैर राज्य प्रदूषण नियंत्रण मंडल की अनुमति के ऐसा कोई उद्योग नहीं स्थापित किया जा सकता जिसमें प्रदूषित जल निष्कासित होता है।

   (ii) अधिनियम के अन्तर्गत मंडल को अधिकार है कि वह ऐसे किसी भी उद्योग को बंद करने के निर्देश दे सकता है जो प्रदूषण अधिनियम की अवहेलना कर रहे हों।

19.1.2 अधिनियम के अन्तर्गत मुख्य दंड (Penalties)

1. जल प्रदूषण सम्बन्धित धाराओं के निर्देशों की अवहेलना करने पर तीन माह के कारावास या रु. 10000 तक का जुर्माना अथवा दोनों किये जा सकते हैं। यदि वह अपराध फिर भी होता है तो रु.5000 प्रतिदिन के हिसाब से जुर्माना देना होगा।
2. प्रदूषण मंडल की सम्पत्ति, उसके खंभे जिन पर सम्बन्धित सूचना लगी हो अथवा मंडल के व्यक्तियों के कार्य में रुकावट डालने पर भी तीन माह के कारावास या रु. 10000 तक जुर्माना अथवा दोनों सजाओं का प्रावधान है।
3. किसी नदी अथवा धारा में प्रदूषित जल प्रवाह की निषेधाज्ञा का उल्लंघन करने पर 18 माह से 6 वर्ष तक के कारावास का प्रावधान है।
4. किसी कम्पनी द्वारा जल प्रदूषण सम्बन्धी अपराध होने की स्थिति में अपराध के समय उस कार्य से सम्बन्धित प्रत्येक व्यक्ति अपराधी माना जावेगा।
5. किसी सरकारी विभाग द्वारा इस प्रकार का अपराध होने की स्थिति में विभागाध्यक्ष को अपराधी मानते हुये सजा देने का प्रावधान है परन्तु यदि विभागाध्यक्ष यह सिद्ध कर देता है कि यह अपराध उसकी जानकारी के बगैर हुआ है तो उसे निरपराधी माना जायेगा।

19.2 वायु (प्रदूषण का निवारण एवं नियंत्रण) अधिनियम, 1981 [Air (Prevention and Control of Pollution) Act, 1981]

इसमें कोई संदेह नहीं है कि विज्ञान और प्रौद्योगिकी के विकास ने समाज को अच्छी व उन्नत गुणवत्ता की सामग्री उचित मूल्य व अधिक मात्रा में उपलब्ध कराने में एक अहम भूमिका निभाई है। परन्तु प्रौद्योगिकी के इस विकास ने प्रदूषण (Pollution) सम्बन्धी कई समस्यायें भी उत्पन्न की हैं। सामान्य रूप में प्रदूषण से तात्पर्य अवांछित स्थान पर अवांछित मात्रा में अवांछित पदार्थ की उपस्थिति से लिया जा सकता है। उदाहरण के तौर पर टैंकों में अधिक मात्रा में औद्योगिक गैस का संग्रहण

विविध वस्तुओं के उत्पादन में उपयोगी हो सकता है, परन्तु इस गैस के वायुमंडल में निकल जाने से यह आस-पास रहने वाले लोगों व जानवरों के स्वास्थ्य के लिये हानिकर व खतरनाक सिद्ध हो सकती है। यहां तक कि कारखानों में उत्पादन प्रक्रियाओं के फलस्वरुप बाहर निकलने वाली धूल, धुंआ, तथा अन्य प्रदूषित पदार्थ भी भले ही एकदम हानि न पंहुचाये परंतु लम्बी अवधि में वे भी स्वास्थ्य के लिये खतरनाक हैं। इसलिये यह आवश्यक है कि वायु के इस प्रकार होने वाले प्रदूषण की भली भांति रोकथाम की जावे।

औद्योगिकीकरण के इस युग में वातावरण को स्वच्छ रखने का महत्व बढ़ता जा रहा है। सन् 1984 में भोपाल में हुई भयंकर गैस त्रासदी के बाद तो वातावरणीय संरक्षण (environmental protection) की ओर अधिक ध्यान देना आवश्यक हो गया है। इस संदर्भ में सरकार ने कुछ श्रेणी के उद्योगों को बहुत अधिक प्रदूषण युक्त मानते हुये एक शर्त यह लगा दी है कि ऐसे उद्योगों को जारी किये गये लैटर आफ इन्टेंट (Letter of intent) को तब तक औद्योगिक लाइसेंस (Industrial Licence) में परिवर्तित नहीं किया जावे जब तक कि वह उद्योग उस राज्य के अनुबंधों (Stipulatios) के अनुसार प्रदूषण नियंत्रण के पर्याप्त उपाय नहीं कर लेता है।

19.2.1 वायु प्रदूषण के नियंत्रण अधिनियम, (Air Pollution Control Acts)

वायु प्रदूषण का निवारण व नियंत्रण अधिनियम, 1981 के प्रादुर्भाव से पूर्व वायु प्रदूषण के नियंत्रण के कोई निश्चित वैधानिक (Legal) प्रयास नहीं किये गये हालांकि कुछ राज्यों ने कारखानों से निकलने वाले धुंए के अपदूषण (nuisance) नियंत्रण को अधिनियमित (enactment) किया था परन्तु उन्हें प्रभावी रूप में लागू नहीं किया गया। इस समस्या से प्रभावी रूप से निपटने के लिये केन्द्र सरकार ने पहल की, तथा इस दिशा में पहले जल (प्रदूषण का निवारण एवं नियंत्रण) अधिनियम 1974 तथा बाद में वायु (प्रदूषण निवारण एवं नियंत्रण) अधिनियम, 1981 लागू होने के पश्चात इसकी केन्द्र व राज्य सरकारों तथा केन्द्र व राज्य मंडलों द्वारा क्रियान्विति की गई। बाद में क्रियान्वयन एजेन्सियों (inplementing agencies) द्वारा इस अधिनियम के क्रियान्वयन में कुछ व्यवहारिक कठिनाइयों को देखते हुए इसमें कुछ संशोधन (amendments) कर वायु (प्रदूषण निवारण एवं नियंत्रण) संशोधन अधिनियम, 1987 लागू किया गया।

19.2.2 अधिनियम के मुख्य प्रावधान (Provisions)

इस अधिनियम के मुख्य प्रावधान निम्नानुसार है-

1. **केन्द्रीय व राज्य वायु प्रदूषण नियंत्रण मंडल का गठन-** केन्द्रीय प्रदूषण नियंत्रण मंडल (Central pollution control board) तथा राज्यों में राज्य वायु प्रदूषण निवारण एवं नियंत्रण मंडल (State board for prevention and control of air pollution) के गठन की अनुमति।

2. **वायु प्रदूषण निवारण एवं नियंत्रण सम्बन्धी-**

   (i) राज्यों में शासकीय गजट के माध्यम से वायु प्रदूषण नियंत्रण क्षेत्र/क्षेत्रों की घोषणा।

   (ii) राज्य के वायु प्रदूषण नियंत्रण क्षेत्र/ क्षेत्रों में अनुमोदित ईंधन के अतिरिक्त अन्य ईंधन के उपयोग पर रोक लगाना।

(iii) वायु प्रदूषण नियंत्रण क्षेत्र/ क्षेत्रों में परिसरों में अनुमोदित साधनों (appliances) के अतिरिक्त अन्य साधनों के उपयोग पर रोक लगाना।

(iv) वायु प्रदूषण नियंत्रण क्षेत्र/ क्षेत्रों में किसी भी पदार्थ (ईंधन के अतिरिक्त) के जलाने पर रोक लगाना, जिसके द्वारा वायु प्रदूषण हो सकता है।

(v) मंडल द्वारा निर्धारित मानक(Standard) से अधिक वायु प्रदूषको (Polluents) के निकास पर निषेध (Prohibit)।

(vi) कोई भी व्यक्ति किसी वायु प्रदूषण नियंत्रण क्षेत्र में राज्य प्रदूषण मंडल की पूर्व सहमति के बगैर कोई औद्योगिक प्लांट स्थापित अथवा प्रचालित (Operate) नहीं कर सकता है।

3. **प्रदूषण सम्बन्धी कार्यों हेतु प्रवेश व सूचना प्राप्त करने का अधिकार-**

(i) यह अधिनियम राज्य प्रदूषण मंडल द्वारा प्राधिकृत (authorised) व्यक्ति को प्रदूषण नियंत्रण के सम्बन्ध में किसी भी औद्योगिक परिसर में प्रवेश की अनुमति देता है, तथा ऐसे व्यक्ति को उसके कार्य से रोकने अथवा मांगे गये दस्तावेज उपलब्ध नहीं कराना अधिनियम के अन्तर्गत अपराध है।

(ii) राज्य प्रदूषण मंडल द्वारा प्राधिकृत व्यक्ति को प्रदूषण सम्बन्धी कोई भी सूचना प्राप्त करने की शक्ति है।

(iii) राज्य प्रदूषण मंडल द्वारा प्राधिकृत अधिकारी को विश्लेषण के उद्देश्य से चिमनी या किसी अन्य निकास से सैम्पल (Sample) लेने का अधिकार है।

19.2.3 अधिनियम के अन्तर्गत मुख्य दंड (Penalties)

1. वायु प्रदूषण नियंत्रण क्षेत्र में बगैर अनुमति के किसी औद्योगिक प्लांट स्थापित अथवा प्रचालित करने तथा मानक से अधिक प्रदूषित वायु का निकास पाये जाने पर जुर्माने के साथ 1-1/2 वर्ष से 6 वर्ष तक कारावास का दंड दिया जा सकता है। इस अपराध की पुनरावृति होने पर रु. 5000 प्रतिदिन के हिसाब से जुर्माना किया जा सकता है।

2. अधिनियम के किसी भी प्रावधान की अनदेखी करने पर तीन माह का कारावास या रु.10000 तक का जुर्माना अथवा कारावास व जुर्माना दोनों दंड दिये जा सकते हैं।

19.3 पर्यावरण (संरक्षण) अधिनियम, 1986 [Environment (Protection Act, 1986)]

पर्यावरण (Environment) से तात्पर्य उन समस्त बाह्य व अन्तस्थ भौतिक व जैव (Biotic) कारकों से लिया जाता है जो सभी जीवित वस्तुओं के जीवन तथा व्यवहार को प्रभावित करते हैं। इसलिये यह महत्वपूर्ण हो जाता है कि पर्यावरण जिसके भूमि, जल, वायु, मानव, पेड़-पौधे तथा जीव-जन्तु अवयव होते हैं, को पारिस्थितिक संतुलन (ecological balance) बनाये रखने के लिये अवक्रमित (degradation) होने से परिरक्षित (preserved) तथा सुरक्षित रखा जावे।

अतः इन समस्त प्राकृतिक साधनों को हमारी समस्त क्रियाओं के लिये गुणात्मक एवं मात्रात्मक रूप से संतुलित रखना अत्यन्त महत्वपूर्ण हो जाता है। वर्तमान समय में प्रोद्योगिकीकरण की वृद्धि के कारण पर्यावरण की सुरक्षा अति महत्वपूर्ण हो गई है क्योंकि इस कारण न केवल प्राकृतिक साधनों का अधिक उपयोग होता है बल्कि जल व वायु आदि का प्रदूषण भी बढ़ गया है। जहां एक ओर अर्थव्यवस्था के लिये विकास आवश्यक है वहीं दूसरी ओर यह भी आवश्यक है कि पारिस्थितिक प्रणालियों को क्षति न पंहुचे।

भारत में प्रदूषण नियंत्रण एवं पर्यावरण संरक्षण का महत्व 1984 में भोपाल गैस दुखान्तिका के कारण और अधिक बढ़ गया तथा 1986 में पर्यावरण की सुरक्षा व सुधार तथा मानव जाति, पेड़ पौधे व जीव जन्तुओं को पर्यावरणीय दुर्घटनाओं से बचाने के लिये पर्यावरण सुरक्षा अधिनियम लागू किया गया।

19.3.1 अधिनियम के मुख्य प्रावधान (Provisions)

इस अधिनियम के मुख्य प्रावधान अग्रलिखित हैं-

1. सुरक्षा साधनों का उपयोग- इस अधिनियम के अन्तर्गत औद्योगिक क्रियाएं करने वाले तथा खतरनाक पदार्थों को उपयोग करने वाले व्यक्तियों पर दायित्व डाला गया है कि वे पर्यावरण प्रदूषण के निवारण, नियंत्रण व समाप्ति के लिये पर्याप्त सुरक्षा साधनों का उपयोग करें।

2. केन्द्र सरकार को प्रदत्त शक्तियां - केन्द्र सरकार को पर्यावरण प्रदूषण के निवारण, नियंत्रण व समाप्ति के लिये व्यापक शक्तियां प्रदान की गई हैं ताकि वह :-

(i) राज्य सरकारो के साथ इस संदर्भ में समन्वय स्थापित कर सके।

(ii) पर्यावरण प्रदूषण के निवारण व नियंत्रण के लिये राष्ट्रव्यापी कार्यक्रम आयोजित कर सके।

(iii) पर्यावरण की गुणवत्ता के मानक निर्धारित कर सके।

(iv) पर्यावरणीय प्रदूषकों (Polluents) के निकास के मानक निर्धारित कर सके।

(v) उद्योगों पर पर्यावरणीय प्रदूषण फैलने पर पाबंदी लगा सके।

(vi) पर्यावरणीय दुर्घटनाओं की रोकथाम के उपाय कर सके।

(vii) उद्योगों, प्रयोगशालाओं आदि का निरीक्षण कर सके। तथा

(viii) पर्यावरण प्रदूषण से सम्बन्धित सूचनाओं का संग्रहण व आकलन कर सके।

3. अधिनियम सम्बन्धी नियम- इस अधिनियम के अन्तर्गत निम्न नियम भी बनाये गये हैं-

(i) पर्यावरण (संरक्षण) नियम 1986

(ii) खतरनाक अधिशेष प्रबन्ध व प्रहस्तन नियम 1989 (Hazardous wastes-Management and Handlings Rules, 1989)

(iii) खतरनाक रसायनों का विनिर्माण, भंडारण व आयात नियम 1989 (The Manufacture, storage and Import of Hazardous Rules, 1989)

4. अधिनियम के अन्तर्गत प्रतिबन्ध –

(i) कोई भी उद्योग मानक निर्धारित मात्रा से अधिक कोई भी पर्यावरणीय प्रदूषक उद्योग से बाहर निष्कासित नहीं कर सकता है।

(ii) कोई भी व्यक्ति निर्धारित सुरक्षा व विधि के अतिरिक्त कोई भी खतरनाक पदार्थ इधर-उधर नहीं ले जा सकता।

(iii) यदि कोई व्यक्ति/उद्योग निर्धारित मात्रा से अधिक प्रदूषक विसर्जन (dicharge) करता है तो उसे इसकी सूचना प्राधिकारियों (authorities) को देनी होगी।

5. पर्यावरणीय प्रयोगशालाओं की स्थापना- इस अधिनियम के अन्तर्गत केन्द्र सरकार पर्यावरणीय प्रयोगशाला स्थापित कर सकती है अथवा स्थापित करने की अनुमति प्रदान कर सकती है।

6. निरीक्षण हेतु प्रवेश की अनुमति- यह अधिनियम किसी भी उद्योग में प्रवेश तथा निरीक्षण करने तथा सैम्पल लेने तथा उसके विश्लेषण की शक्ति प्रदान करता है।

19.3.2 अधिनियम के अन्तर्गत दंड (Penalties)

1. इस अधिनियम के अन्तर्गत किसी भी प्रावधान या निर्देश की अवहेलना करने पर 5 वर्ष के कारावास अथवा एक लाख रुपये जुर्माना अथवा दोनों सजाएं दी जा सकती हैं। यदि इसके बाद भी यह अपराध होता है तो प्रतिदिन रु.5000 का अतिरिक्त जुर्माना किया जायेगा। यह अपराध एक वर्ष से अधिक होता रहता है तो अपराधी को सात वर्ष के कारावास की सजा होगी।
2. किसी कम्पनी द्वारा इस अधिनियम के अन्तर्गत अपराध होने पर अपराध के समय उस कार्य से सम्बन्धित प्रत्येक व्यक्ति को अपराधी माना जायेगा।
3. किसी सरकारी विभाग द्वारा इस प्रकार का अपराध होने की स्थिति में विभागाध्यक्ष को अपराधी मानते हुये सजा देने का प्रावधान है, परन्तु यदि विभागाध्यक्ष यह सिद्ध कर देता है कि वह अपराध उसकी जानकारी के बगैर हुआ है तो उसे निरपराधी माना जायेगा।

19.4 वन्य जीव (संरक्षण) अधिनियम, 1972 [(Forest Animal (Conservation) Act, 1972]

वन्य पशुओं एवं पक्षियों के संरक्षण और उनसे सम्बन्धित या सहायक (ancillary) या प्रासंगिक (incidental) मामलों का प्रावधान करने हेतु लोक सभा द्वारा 1972 में अधिनियम बनाया गया। यह अधिनियम वन्य जीव (संरक्षण) अधिनियम,1972 कहलाता है। इस अधिनियम के मुख्य प्रावधान निम्न हैं :–

19.4.1 अधिनियम के अन्तर्गत प्रावधान-

1. इस अधिनियम के प्रयोजनार्थ राज्य सरकार निम्नलिखित की नियुक्ति कर सकती है:

(क) एक मुख्य वन्य जीव प्रतिपालक (Chief wild life Warden)

(ख) वन्य जीव प्रतिपालक, और

(ग) ऐसे अन्य अधिकारी एवं कर्मचारी, जो आवश्यक हों।

2. इस अधिनियम के तहत राज्य सरकार या संघीय प्रदेश एक वन्य जीव सलाहकार मंडल का गठन करेगा, जिसका कर्तव्य राज्य सरकार/संघीय प्रदेश को निम्न हेतु परामर्श देना होगा:

(i) आश्रय स्थलों (Sancturies), राष्ट्रीय उप क्रीड़ा संरक्षणों (game reserves) एवं निषिद्ध क्षेत्रों (closed areas) के लिये क्षेत्र का चुनाव और उसका प्रशासन,

(ii) इस अधिनियम के अन्तर्गत अनुज्ञा एवं अनुमति स्वीकृति सम्बन्धी नीति निर्धारण,

(iii) इसकी किसी अनुसूची के संशोधन सम्बन्धी कोई मामला और,

(iv) वन्य जीव संरक्षण सम्बन्धित कोई मामला, जो राज्य सरकार उसे प्रेषित करे।

3. वन्य पशुओं का शिकार

(i) कोई व्यक्ति अनुसूची । [स्तन पायी पशु (Mammals], जल, स्थलीय एवं सरी पशु (Amphibious and Reptiles), पक्षी (Birds) में उल्लेखित किसी वन्य पशु का शिकार (hunting) नहीं करेगा।

(ii) कोई व्यक्ति अनुसूची 2 (विशिष्ट शिकार/आखेट), अनुसूची 3 (वृहद शिकार/आखेट) या अनुसूची 4 (लघु शिकार/आखेट) में उल्लेखित किसी वन्य जीव का शिकार, उप धारा (5) के अन्तर्गत स्वीकृत अनुज्ञा में दी गई शर्तों के अधीन या अनुसार के सिवाय नहीं करेगा।

(iii) उपधारा [2] में संदर्भित एक अनुज्ञा पत्र (Licence) प्राप्त करने की इच्छा वाला कोई व्यक्ति, ऐसे प्रपत्र में और ऐसे शुल्क के भुगतान पर जैसा विहित हो, मुख्य वन्य जीव प्रतिपालक या राज्य सरकार द्वारा इस संबंध में अधिकृत अधिकारी को आवेदन करेगा।

(iv) निम्नलिखित प्रकार के समस्त या किसी अनुज्ञा पत्र हेतु एक आवेदन पत्र उपधारा [3] के अन्तर्गत दिया जावेगा, अर्थात्

(क) विशिष्ट क्रीड़ा (Special game) शिकार का अनुज्ञा पत्र,

(ख) वृहद क्रीड़ा (Big game) शिकार का अनुज्ञा पत्र,

(ग) लघु क्रीड़ा (Small game) शिकार का अनुज्ञा पत्र,

(घ) वन्य पशु के फंदा-शिकार का अनुज्ञा पत्र,

परन्तु अनुज्ञा पत्र में उल्लेखित ऐसे पशु के शिकार या फंदा शिकार हेतु किसी अनुज्ञा को सीमित किया जा सकता है।

(v) उपधारा (3) के अन्तर्गत एक प्रार्थना पत्र प्राप्त होने पर, मुख्य वन्य जीव प्रतिपालक या अधिकृत अधिकारी प्रार्थी की अनुज्ञा हेतु योग्यता या अन्य सम्बन्धी जांच जैसी वह उचित समझे, करने के पश्चात ऐसा अनुज्ञा पत्र स्वीकृत या अस्वीकृत करेगा और स्वीकृति या अस्वीकृति के कारण लिखित में देगा तथा जब अनुज्ञा अस्वीकृत की जाती है तो उस हेतु भुगतान किया गया शुल्क प्रार्थी को लौटाया जायेगा।

(vi) इस धारा के अन्तर्गत स्वीकृत अनुज्ञा पत्र निम्न प्रकार से होगा-

(क) ऐसे प्रपत्र में होगा जैसा कि विहित किया गया हो,

(ख) ऐसी अवधि हेतु मान्य होगा, जैसा कि उसमें उल्लेखित हो,

(ग) ऐसे पदों, शर्तों (Terms) एवं सीमाओं के अधीन होगा जैसा कि विहित किया गया हो।

(घ) अन्तरणीय (transferable) नहीं होगा।

4. कतिपय मामलों में वन्य पशुओं के शिकार की अनुमति-

1. यदि मुख्य वन्य जीव प्रतिपालक को यह सन्तोष है कि अनुसूची 1, 2, 3 या 4 में विशिष्ट किया गया कोई पशु मानव जीवन या सम्पत्ति के लिये खतरनाक हो गया है या इस प्रकार से असमर्थ या रोग युक्त हो गया है कि वह स्वस्थ नहीं हो सकता तो वह (मुख्य वन्य जीव प्रतिपालक) लिखित आज्ञा द्वारा एवं उसके कारण दर्शाते हुए ऐसे व्यक्ति को उस पशु का शिकार करने या शिकार करवाने की अनुमति देगा।
2. किसी व्यक्ति द्वारा स्वयं या किसी अन्य व्यक्ति की रक्षा हेतु निष्ठा में किसी वन्य पशु की हत्या या घायल करना कोई अपराध नहीं होगा।

5. विशिष्ट कारणों पर अनुज्ञा की स्वीकृति – मुख्य वन्य जीव प्रतिपालक अनुज्ञाधारी को उसमें निर्धारित की गई शर्तों के अधीन किसी भी वन्य पशु का शिकार, निम्नलिखित प्रयोजनार्थ, करने का हकदार बनायेगा-

(क) शिक्षा, (ख) वैज्ञानिक अनुसंधान, या (ग) प्राणी विज्ञान उद्यानों, अजायबघरों एवं ऐसी ही संस्थाओं हेतु नमूने संकलित करना।

6. निषिद्ध अवधि की घोषणा- राज्य सरकार अधिसूचना द्वारा पूर्ण वर्ष या उसके किसी भाग को समस्त राज्य या इसके किसी भाग हेतु ऐसे वन्य पशुओं के लिये जो उस अधिसूचना में विशेषित किये गये हों, निषिद्ध अवधि घोषित कर सकती है और ऐसे पशु का अधिसूचना में कथित अवधि एवं उसमें विशेषित क्षेत्र में कोई शिकार अनुज्ञेय नहीं होगा।

7. आश्रय स्थान, राष्ट्रीय उप-वन, शिकार, आरक्षण एवं निषिद्ध क्षेत्र अधिसूचना द्वारा राज्य सरकार किसी भी क्षेत्र को एक आश्रय स्थान (santuary), राष्ट्रीय उप वन (Park), शिकार आरक्षण एवं निषिद्ध क्षेत्र (Closed area) घोषित कर सकती है।

19.4.2 दंड (Penalties)

1. ऐसा व्यक्ति जो इस अधिनियम के किन्हीं प्रावधानों या किसी नियम या स्वीकृत कोई अनुज्ञा की

किन्हीं शर्तों का उल्लंघन करता है, वह इस अधिनियम के विरुद्ध एक अपराध का दोषी माना जावेगा एवं वह दोष सिद्ध (Conviction) होने पर वह कारागार के दंड से जिसकी अवधि 2 वर्ष तक हो सकती है या जुर्माना जो 2,000 रु. तक हो सकता है या दोनों से दंडनीय होगा।

2. इस अधिनियम के तहत अनुज्ञा या अनुमति पत्र का निरस्तीकरण या जप्त की गई वस्तु एवं ऐसे अपराध के लिये दिये गये अन्य दंड अतिरिक्त होंगे।
3. इस अधिनियम के तहत दोष सिद्ध हो जाता है तो न्यायालय यह आदेश दे सकता है कि शस्त्र अधिनियम, 1959 के अन्तर्गत कोई ऐसा शस्त्र जिससे उसने अपराध किया है उसे रखने हेतु स्वीकृत अनुज्ञा को निरस्त किया जावेगा और दोष सिद्ध होने की तिथि से पांच वर्ष की अवधि तक अनुज्ञा हेतु योग्य नहीं रहेगा।

19.5. मोटर वाहन अधिनियम के अन्तर्गत प्रदूषण नियंत्रण प्रावधान (Pollution Control Provisions in Motor Vehicle Act)

आधुनिक विज्ञान व प्रौद्योगिकी के इस युग में आवागमन के द्रुतगामी साधन मानव जीवन की आवश्यकता बन गए हैं। आवागमन के इन साधनों ने समय के संदर्भ में एक ओर जहाँ दूरियाँ इतनी कम कर दी हैं कि मानों पृथ्वी सिकुड़ गई लगती है, वही दूसरी ओर इन साधनों के अन्धाधुंध उपयोग से वातावरण इतना अधिक भयावह रूप धारण करता जा रहा है कि ये संसाधन वरदान न होकर अभिशाप लगने लगा है। यह भयावह रूप वाहनों के धुए सें प्रदूपित होता जा रहा वातावरण है। यह एक प्रभावित कटु सत्य है कि डीजल चलित वाहनों के काले धुएं से अधिक खतरनाक प्रदूषक आपकी पैट्रोल चलित कार अथवा स्कूटर का हल्का नीले-भूरे रंग का धुंआ है क्योंकि इस धुंए में रंगहीन, गंधहीन व अत्यन्त विषैली कार्बन मोनोक्साइड उपस्थित रहती है जो शरीर के रक्त में उपस्थित हीमोग्लोबिन से ऑक्सीजन की तुलना में अधिक तीव्र रासायनिक प्रतिक्रिया कर कार्बोक्सी हीमोग्लोबिन बनाती है जिसके कारण प्राणांत तक हो सकता है।

इस प्रभाव को रोकने का उपाय इस विकासशील युग में इन संसाधनों का उपयोग निषिद्ध कर देना नहीं बल्कि इस धुंए से वातावरण को प्रदूषित होने से बचाने के लिए नियंत्रण करना है। केन्द्र व राज्य सरकारों ने वाहन प्रदूषण को नियंत्रित करने की दिशा में केन्द्रीय मोटर वाहन नियम 1989 के अन्तर्गत कुछ प्रावधान लागू किये हैं, जिनके द्वारा मोटर वाहनों से निकलने वाले धुंए से वातावरण में उत्पन्न इस प्रदूषण को काफी हद तक रोका जा सकता है।

19.5.1. प्रावधान (Provisions)

केन्द्रीय मोटर वाहन नियम 1989 के अन्तर्गत लागू किये गए प्रमुख प्रावधान निम्नानुसार हैं -

(1) निकास गैसे (Exhaust Gases) - प्रत्येक मोटर वाहन का निर्माण इस प्रकार किया जाना चाहिए कि इंजन से निष्कासित, निकास गैसे वाहन के नीचे अथवा उल्टे हाथ की दिशा में निष्कासित न होकर वाहन के पीछे अथवा सीधे हाथ की और एक पूर्व निश्चित कोण पर निष्काषित हो सकें/ट्रेक्टरों में यह निकास पाइप ऊर्ध्वाकार दिशा में इस प्रकार होना चाहिए कि ड्राइवर इन गैसों से सुरक्षित रह सके।

(2) निकास पाइप की स्थिति (Location of Exhaust Pipe) - किसी भी वाहन का निकास पाइप ईंधन टैंक तथा इंजन को जोड़ने वाली ईंधन लाइन से 35mm दूरी के अन्दर नहीं लगाया जा सकता है।

(3) लोक सर्विस वाहनों का निकास पाइप (Exhaust pipe of public service vehicles) - लोक सर्विस वाहनों का निकास पाइप इस प्रकार व्यवस्थित किया जाना चाहिए कि उस पर किसी भी दिशा से ज्वलनशील (inflammable) पदार्थ न फैंका जा सके ताकि वाहन के आसपास उसके द्वारा आग न लगने पावे।

(4) मोटर वाहनों से उत्सर्जित धुंआ, वाष्प आदि (Emmision of Smoke, Vapour etc. from motor vehicle) - प्रत्येक मोटर वाहन निर्धारित मानकों में ही प्रदूषण होने की पालना करेगा। ये अधिकतम उत्सर्जन सीमा हेतु मानक निम्नानुसार निर्धारित किये गए हैं -

(i) पेट्रोल चलित दो व तीन पहिया वाहन	- सी.ओ. 4.5% बाई वोल्यूम
(ii) पैट्रोल चलित चार पहिया वाहन	- सी.ओ.3% बाई वोल्यूम
(iii) डीजल चलित वाहन	- सी.ओ.14 के.डब्ल्यू.एच.
	- एच.सी.3.5 के.डब्ल्यू.एच.
	- एन.ओ.18 के.डब्ल्यू.एच.

इस मानक निर्धारित सीमा के अन्तर्गत प्रदूषण को बनाए रखने के लिए राज्य सरकार द्वारा स्थापित वाहन जनित प्रदूषण जांच केन्द्र पर प्रत्येक वाहन धारी को अपने वाहन की जाँच करा कर पोल्यूशन अन्डर कन्ट्रोल (Pollution Under Control) का प्रमाण पत्र व स्टिकर प्राप्त करना होगा। यह प्रमाण पत्र निर्धारित फीस देकर प्रत्येक छः माह की अवधि के लिए होगा। विभिन्न प्रकार के वाहनों के लिए यह फीस निम्नानुसार होगी -

दो पहिया वाहन पेट्रोल चलित	रू.15
तीन पहिया वाहन पेट्रोल चलित	रू.25
चार पहिया वाहन पेट्रोल चलित	रू.20
डीजल चलित वाहन (बस व ट्रक के अतिरिक्त)	रू.25

प्रमाण पत्र की अवधि समाप्त हो जाने पर वाहन धारी को यह प्रमाण पत्र पुनः निर्धारित फीस देकर व वाहन की जाँच करा कर प्राप्त करना होगा।

19.5.2. दंड (Penalities)

यदि कार, जीप तथा तीन व चार पहिया वाहन धारी पोल्यूशन अंडर कन्ट्रोल का प्रमाण पत्र व स्टिकर प्राप्त नहीं करते, साथ नहीं रखते हैं तो उनके विरुद्ध मोटर वाहन अधिनियम के अन्तर्गत कार्यवाही करते हुए उक्त अपराध को रु.500 देकर कम्पाउन्ड कराया जा सकेगा।

19.5.3. वाहन प्रदूषण सीमित रखने के उपाय (Remedies to keep the motor vehicle pollution under limit)

अपने वाहन के प्रदूषक धुंए को नियंत्रित रखने के लिए निम्नलिखित उपाय किये जा सकते हैं-

(i) आवश्यकता होने पर ही वाहन का उपयोग करें।

(ii) वाहन गति 40 - 50 कि.मी. प्रति घंटे की सीमा में रखें।

(iii) इंजन की ट्यूनिंग उचित अन्तराल पर करायें।

(iv) क्लच का उपयोग केवल गियर परिवर्तन के लिए करें।

(v) एयर फिल्टर / क्लीनर साफ रखें।

(vi) उच्च श्रेणी का ईंधन तथा घर्षण रोधी पदार्थ का उपयोग करें।

(vii) पहियों में सदैव उचित वायु दाब बनाए रखें।

(viii) क्षमता से अधिक मानवीय या अन्य भार नहीं लादें।

प्रश्न

1- वातावरण नियंत्रण अधिनियम अथवा जल प्रदूषण नियंत्रण अधिनियम के मुख्य प्रावधानों को समझाइये। (राज.नव97)

2. निम्नलिखित के प्रावधानों पर लेख लिखिये-
(i) जल (प्रदूषक नियंत्रण) अधिनियम 1974 व 1981 (राज.अप्रेल 98)
(ii) मोटर वाहन अधिनियम में प्रदूषण नियंत्रण सम्बन्धी प्रावधान (राज. अप्रेल,98)
(iii) वन्य जीव (संरक्षण) अधिनियम, 1972

3- वायु (प्रदूषण निवारण एवं नियंत्रण) अधिनियम, 1981 के मुख्य प्रावधान क्या हैं? समझाइये।

4. पर्यावरण (संरक्षण) अधिनियम, 1986 के मुख्य प्रावधानों को लिखिये। (राज. नव.99)

5. पर्यावरण के प्रदूषण से क्या तात्पर्य हैं? पर्यावरण संरक्षण की आवश्यकता समझाइये।

6. मोटर वाहन अधिनियम में प्रदूषण नियंत्रण सम्बन्धी प्रावधान परलेख लिखिये। (राज. अप्रैल,98)

7. जल प्रदूषण नियंत्रण अधिनियम 1974 क्या है? (राज. नव. 98)

8. जल प्रदूषण निवारण एवं नियंत्रण अधिनियम 1979 के मुख्य प्रावधानों को लिखिये। (राज. अप्रेल 99)

9. वन्य जीव (संरक्षण) अधिनियम 1972 के मुख्य प्रावधानों को समझाइये (राज. अप्रेल 2000)

अध्याय - 20

विविध
(Miscellaneous)

20.1 परियोजना अनुसूचीयन- सी.पी.एम. व पर्ट (Project Scheduling-C.P.M. and PERT)

परियोजना का अर्थ किसी भी कार्य से लिया जा सकता है। जहां एक ओर हम साधारण घरेलू कार्य को परियोजना की संज्ञा दे सकते हैं तो दूसरी ओर एक परमाणु शक्ति संयंत्र (atomic power plant) का निर्माण भी परियोजना कहा जावेगा। किभी भी परियोजना में कार्यांगों की संख्या के आधार पर उसे छोटी अथवा बड़ी परियोजना के क्षेत्र में रखा जा सकता है।

20.1.1 परियोजना अनुसूचीयन तकनीकें (Project Scheduling Techniques)

कम्प्यूटर के इस युग में परियोजनाओं का आयोजन व उनकी प्रगति का नियंत्रण औद्योगिक इंजीनियरों के लिये प्रारम्भ से ही एक चुनौतिपूर्ण महत्वपूर्ण कार्य रहा है। परियोजनाओं को सफलतापूर्वक आयोजित व नियंत्रित करने के लिये विगत वर्षों में सी.पी.एम. व पर्ट सहित कई नई तकनीकों का आविष्कार किया गया है। इन परियोजनाओं के उपयोग द्वारा परियोजना के समय को काफी हद तक नियंत्रित करने में महत्वपूर्ण सफलतायें अर्जित की जा चुकी हैं। उदाहरण के लिये इन विभिन्न तकनीकों में से एक तकनीक का उपयोग अमेरिकी प्रक्षेपणास्त्र कम्पनी की निर्माण परियोजना के लिये किया जाकर उसके समय को नियंत्रित कर लगभग 2 वर्ष की कमी करने में सफलता अर्जित की जिसके कारण इन तकनीकों का महत्व और अधिक हो गया।

ये सभी तकनीकें आपस में लगभग समान नेटवर्क विश्लेषण (Network Analysis) सिद्धान्त पर आधारित होती हैं, केवल कुछ परिवर्तनों एवं नये नाम के साथ इनका उपयोग विभिन्न परियोजनाओं के लिये किया जाता है।

परियोजना अनुसूचीयन की इन तकनीकों के उपयोग से समय की बचत तो संभव होती ही है साथ ही इनके उपयोग द्वारा पूंजी निवेश में भी कभी कर पाना संभव हो जाता है।

20.1.2 नेट वर्क विश्लेषण के उपयोग (Applications of Network Analysis)

नेटवर्क विश्लेषण को निम्न कार्यों में सफलतापूर्वक काम में लिया जा सकता है-

1. किसी नई परियोजना की आयोजना हेतु।

2. निर्माण कार्यों में।

3. परियोजनाओं को नियंत्रित करने के लिये।

4. कार्यांगों में अन्तः सम्बन्ध स्थापित करने के उद्देश्य से।

5. परियोजनाओं के अनुसंधान व अभिकल्पना के लिये।

6. उत्पादन को नियंत्रित करने के लिये।

7. सुरक्षा प्रतिष्ठानों में।

8. अनुरक्षण व मरम्मत कार्यों में।

9. बड़े कार्यक्रमों में, जैसे ओलम्पिक खेल, बोर्ड अथवा विश्वविद्यालय के परीक्षा कार्य, बड़ी प्रदर्शनी आदि।

20.1.3. नेट वर्क विश्लेषण के लाभ (Advantage)

नेट वर्क विश्लेषण के निम्नलिखित लाभ होते हैं।

1. विस्तृत तर्कपूर्ण आयोजना की जा सकती है।

2. क्रांतिक क्रियाओं को खोजकर उन पर निगाह रखी जा सकती है।

3. परियोजना की अवधि का पूर्वानुमान लगाया जा सकता है।

4. साधनों का अनुकूलन (Optimising) करने में सहायक रहता है।

5. निर्णय लेने में सहायता करता है।

6. सम्बन्धित क्षेत्रों के मध्य समन्वय होता है।

7. यह सामान्य व सरल भाषा में प्रभावी सूचनाएं प्रदान करने का साधन होता है।

20.1.4 क्रांतिक पथ विधि (Critical Path Method) या सी.पी.एम. (C.P.M.)

यह परियोजनाओं के अनुसूचीयन तथा नियंत्रण के लिये प्रयोग में लाई जाने वाली तकनीक होती है जिसे छोटी व बड़ी दोनों ही प्रकार की परियोजनाओं में प्रयुक्त किया जा सकता है। यह तकनीक भारत जैसे विकासशील देशों में अधिक पसंद की जाती है। इसका विकास 1957 में सिविल व यांत्रिक परियोजनाओं के अनुसूचीयन के लिये किया गया था। सी.पी.एम. तकनीक उत्पादन, अनुरक्षण (maintenance) तथा निर्माण कार्यों को पूरा करने में लगने वाले समय में कमी करने तथा प्रत्यक्ष तथा अप्रत्यक्ष खर्चों को न्यूनतम करने के उद्देश्य से प्रयोग में लाई जाती है।

20.1.5 सी.पी.एम. तकनीक के लाभ

सी.पी.एम. तकनीक से प्राप्त होने वाले कुछ लाभ इस प्रकार हैं-

1. समय अनुसूचीयन के ज्ञान में सहायता करती है।

2. प्रबन्ध द्वारा नियंत्रण कार्य में सहायक होती है ।

3. विस्तृत एवं अच्छी आयोजना बनाने में योगदान देती है ।

4. अनुशासन को बढाती है ।

20.1.6 सी.पी.एम. के अनुप्रयोग (Applications of C.P.M.)

सामान्यतया सी.पी.एम. नेटवर्क का उपयोग दोहराये जाने वाली परियोजनाओं के लिये अथवा ऐसी परियोजनाओं के लिये किया जाता है जिसमें प्रक्रियाओं के समय को अधिक यथार्थता (accurate) से ज्ञात किया जा सकता है तथा जिनकी लागत को अच्छे यथार्थता अंश के साथ प्राप्त किया जा सकता है । इस विधि का उपयोग परियोजनाओं के विकास तथा अनुसंधान कार्यों में नहीं किया जा सकता है । सी.पी.एम. नेटवर्क के कुछ उपयोग निर्माण एवं उत्पादन के क्षेत्र में निम्न हो सकते हैं-

1. नदी के ऊपर पुल का निर्माण ।
2. बहुमंजिली इमारत का निर्माण ।
3. फैक्टरी भवन का विस्तार ।
4. डीजल इंजन की ओवरहॉलिंग (Overhauling)
5. कार का निर्माण आदि ।

20.1.7 सी.पी.एम. से सम्बन्धित से कुछ महत्वपूर्ण पद (Important terms related to C.P.M.)

1. कार्यांग या क्रिया (Activity or operation)

किसी भी परियोजना को छोटे छोटे भागों में विभक्त किया जाता है । इन छोटे भागों को कार्यांग कहा जाता है । इन कार्यांगों का आदि व अन्त दिखने योग्य होना चाहिये । उदाहरण के लिये नींव बनाने की परियोजना के विभिन्न मुख्य कार्यांग नींव खोदना (excavation of foundation) तथा नींव भरना (filling the foundation) हो सकते हैं । किसी परियोजना को कितने कार्यांगों में बांटा जावे यह मुख्य तीन बातों पर निर्भर करता है । ये हैं-

(अ) प्रबन्ध का परियोजना से क्या उद्देश्य है ?

(ब) वे कितना सूक्ष्म नियंत्रण करना चाहते हैं ? तथा

(स) गणना का कार्य साधारण होगा अथवा जटिल । जटिल कार्य की संगणक (computer) की सहायता से गणना करनी होगी ।

कार्यांग या क्रिया को प्रदर्शित करने के लिये वृत का उपयोग किया जाता है तथा इस वृत के अन्दर लिखी संख्या कार्यांग संख्या को प्रदर्शित करती है । कार्यांग दो प्रकार के होते हैं-

(i) पूर्व कार्यांग या पूर्व क्रिया (Pre operation)- जिस कार्यांग को किसी कार्यांग से पहले किया जाता है उसे पूर्व कार्यांग कहा जाता है।

(ii) पश्च कार्यांग (Post operation)- जब कोई कार्यांग किसी कार्यांग के पश्चात सम्पन्न किया जाता है तो वह पश्च कार्यांग कहलाता है।

(iii) संगामी कार्यांग (Concurrent operation) - ये कार्यांग स्वतंत्र होते हैं तथा इनके लिये कोई पूर्व कार्यांग नहीं होता। इन्हें साथ-साथ सम्पन्न किया जा सकता है।

चित्र 20.1 में दिखलाये गये कार्यांग नींव खोदना व नींव भरना को प्रदर्शित करते हैं।

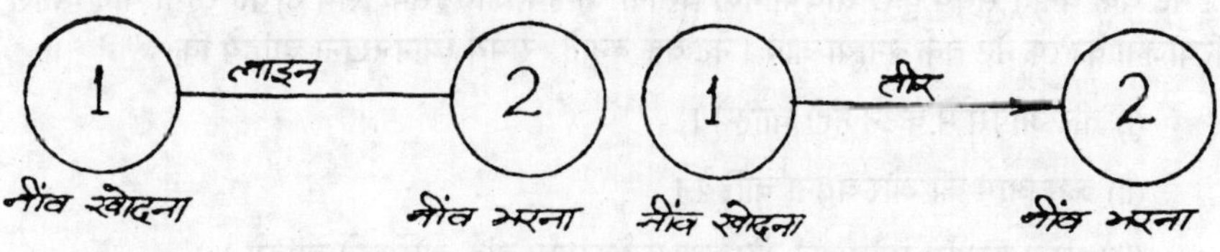

चित्र 20.1

इस चित्र में नींव खोदना (1), नींव भरना (2), कार्यांग के लिये पूर्व कार्यांग है जबकि नींव भरना (2), नींव खोदना (1), कार्यांग के लिये पश्च कार्यांग है। अर्थात् बांई ओर का कार्यांग सदैव पूर्व कार्यांग होगा तथा दाईं ओर का कार्यांग पश्च कार्यांग होगा।

2. लाइन (Line) या तीर (Arrow)

सी.पी.एम. विधि में कार्यांगों के क्रम को प्रदर्शित करने के लिये लाइन अथवा तीर का प्रयोग किया जाता है। तीर का उपयोग अधिक प्रचलित है तथा क्रम को स्पष्ट रूप से प्रदर्शित करता है। तीर की पूंछ की ओर पूर्व कार्यांग होता है तथा शीर्ष की ओर पश्च कार्यांग रहता है।

3. क्रांतिक पथ (Critical Path)

किसी भी परियोजना के विविध कार्यांगों अथवा क्रियाओं में केवल कुछ ही अधिक महत्वपूर्ण होते हैं तथा ऐसे कार्यांगों का समय पर पूरा होना आवश्यक होता है क्योंकि ये कार्यांग ही पूरी परियोजना के समय को नियंत्रित करते हैं। इन कार्यांगो के समय से पूर्व समाप्त होने से पूरी परियोजना को भी जल्दी पूरा किया जा सकता है, जबकि इसके विपरीत यदि ये कार्यांग समय पर समाप्त नहीं हो पाते तो परियोजना की समाप्ति में विलम्ब हो सकता है। अतः परियोजना के नियंत्रण के लिये ऐसे कार्यांगों को जिन्हें क्रांतिक (Critical) कार्यांग कहा जा सकता है खोजना आवश्यक हो जाता है। इन क्रांतिक कार्यांगों को जोड़ने वाले पथ को क्रांतिक पथ कहा जाता है तथा इस क्रांतिक

पथ पर स्थित कार्यांगों में लगने वाले समय का योग परियोजना की अवधि बतलाता है। इन क्रांतिक कार्यांगों के अतिरिक्त कार्यांग परियोजना की अवधि को प्रभावित नहीं करते हैं। सी.पी.एम. विधि का उद्देश्य ऐसे महत्वपूर्ण कार्यांगों को खोजकर क्रांतिक पथ का निर्धारण करना होता है। क्रांतिक पथ को नेट वर्क पर मोटी रखा द्वारा दिखाया जाता है।

4. नेट वर्क (Net work)

सी.पी.एम.विधि में क्रांतिक पथ के निर्धारण के लिये सभी कार्यांगों में अन्तःसम्बन्ध स्थापित करने के पश्चात इस सम्बन्ध को प्रदर्शित करने के लिये जो चित्र बनाया जाता है उसे नेट वर्क की संज्ञा दी जाती है। नेट वर्क बनाकर क्रांतिक पथ का निर्धारण करने में आसानी रहती है। सी.पी.एम. विधि में नेट वर्क के लिये नोड़ पर कार्यांग (Activity on lode) प्रणाली का उपयोग किया जाता है। नेट वर्क बनाते समय कुछ सावधानियाँ बरतनी चाहिये और इसके लिये उचित रहेगा यदि पहले परियोजना का रफ नेट वर्क बनाया जावे। नेट वर्क बनाते समय ध्यान रखना चाहिये कि-

(i) तीर आपस में कटने नहीं चाहिये।

(ii) क्रम आगे की ओर बढ़ना चाहिये।

(iii) पश्च कार्यांग सदैव दाईं ओर तथा पूर्व कार्यांग बांई ओर रहने चाहिये।

(iv) नेट वर्क कहीं पर टूटा हुआ नहीं होना चाहिये।

(v) नेट वर्क में कार्यांगों का क्रम तर्कपूर्ण (Logical) होना चाहिये।

5. क्रमांकित करना (Numbering)

नेट वर्क बनाने के पश्चात सभी कार्यांगों को क्रमांकित किया जाता है तथा उन्हें क्रमानुसार 1,2,3... आदि संख्याओं से प्रदर्शित किया जाता है।

6. परियोजना प्रिसिडेंस चार्ट (Project precedence chart)

नेट वर्क बनाने से पूर्व समस्त कार्यांगों को एक तालिका के रूप में प्रदर्शित किया जाता है जिसमें प्रत्येक कार्यांग के पूर्व कार्यांगों अथवा पश्च कार्यांगों अथवा दोनों के संदर्भ के साथ-साथ प्रत्येक कार्यांग का समय भी लिखा जाता है। इस चार्ट के द्वारा नेट वर्क बनाने में आसानी रहती है।

7. विभिन्न समय मान (Various time estimates)

(i) शीध्रतम प्रारम्भ समय (Earliest Start Time or ES)- यह किसी कार्यांग को प्रारम्भ करने का सर्व प्रथम समय होता है।

(ii) शीध्रतम समाप्ति समय (Earliest Finish Time of EF)- यह किसी कार्यांग की समाप्ति का सबसे पहला समय होता है। प्रारम्भिक कार्यांग के लिये ES = EF = 0 माना जाता है।
किसी कार्यांग का ES = पूर्व कार्यांगों का अधिकतम EF
किसी कार्यांग का EF = उस कार्यांग का ES + उस कार्यांग का समय

(iii) अन्तिम प्रारम्भ समय (Latest Start Time of LS)- यह वह अन्तिम समय होता है जिस समय तक कार्यांग प्रारम्भ हो जाना चाहिये।

(iv) अन्तिम समाप्ति समय (Latest Finish Time or LF) - यह वह अन्तिम समय होता है जिस समय तक कार्यांग समाप्त हो जाना चाहिये।

अन्तिम कार्यांग के लिये LS = LF = निर्धारित समय = परियोजना अवधि

किसी कार्यांग का LF = पश्च कार्यांगों का न्यूनतम LS

किसी कार्यांग का LS = उस कार्यांग का LF- उस कार्यांग का समय

ES व EF ज्ञात करने के लिये प्रारम्भिक कार्यांग से अन्तिम कार्यांग की ओर बढ़ना चाहिये जबकि LS व LF का मान ज्ञात करने के लिये विपरीत दिशा में अन्तिम कार्यांग से प्रारम्भिक कार्यांग तक आना चाहिये।

जांच (Check)

प्रारम्भिक कार्यांग के लिये ES = EF लेकर आगे बढ़ने पर अन्तिम कार्यांग का ES = EF होना चाहिये तथा इसी प्रकार अन्तिम कार्यांग का LS = LF लेकर पीछे लौटने पर प्रारम्भिक कार्यांग के ES व EF का मान समान आना चाहिये।

(v) कुल फ्लोट (Total Float or TF)

कार्यांग का TF = LS-ES

(vi) मुक्त फ्लोट (Free Float or FF)

कार्यांग का FF = किसी कार्यांग का EF- पश्च कार्यांगों में न्यूनतम ES

(vii) स्वतंत्र फ्लोट (Independent Float or IF)

कार्यांग का IF = कार्यांग का LS -पश्च कार्यांग का ES

(viii) व्यतिकारी फ्लोट (Interfering Float)

यह कुल फ्लोट और मुक्त फ्लोट का ऋणात्मक अन्तर होता है।

20.1.8 क्रांतिक पथ निर्धारण की सी.पी.एम. विधि (C.P.M. Method of Finding Critical Path)

सी.पी.एम. तकनीक के द्वारा क्रांतिक पथ निर्धारित करने के लिये विधि निम्न क्रम में प्रयोग की जाती है।

1. पूरी परियोजना को कार्यांगों में विभाजित करना।
2. परियोजना प्रिसिडेंस चार्ट तैयार करना।
3. नेट वर्क का निर्माण करना तथा कार्यांगों का समय उस पर लिखना।
4. समस्त कार्यांगों के लिये विभिन्न समय मान ज्ञात करना।

5. क्रांतिक कार्यागों की खोज करना।

6. नेट वर्क पर क्रांतिक पथ का निर्धारण करना तथा परियोजना की अवधि का अनुमान लगाना।

7. ज्ञात समय मानों के आधार पर परियोजना की आयोजना व नियंत्रण सफलतापूर्वक करने की लाभप्रद योजना तैयार करना।

इस विधि को निम्न उदाहरण द्वारा स्पष्ट किया जा सकता है।

उदाहरण 20.1

औद्योगिक क्षेत्र में शेड (Shed) लेकर एक लघु उद्योग प्रारम्भ करने के लिये निम्न विवरण द्वारा वर्कशॉप तैयार करना है-

क्रिया या कार्यांग (Activity)	विवरण (Particulars)	समय दिनों में (Time in days)
A	नींव बनाना।	10
B	विद्युत फिटिंग करना।	15
C	फर्श की मरम्मत करना।	20
D	मशीनों की स्थापना करना।	12
E	शेड प्राप्त करना।	15
F	सफेदी करना।	2
G	सफाई करना।	1

(i) सी.पी.एम. नेटवर्क बनाइये।

(ii) क्रांतिक पथ का निर्धारण कीजिये। तथा

(iii) परियोजना की अवधि ज्ञात कीजिये।

हल- इस विवरण के लिये सर्वप्रथम परियोजना प्रिसिडेंस चार्ट निम्नानुसार बनाना होगा।

कार्यांग संख्या N	विवरण	पूर्व कार्यांग	सामान्य समय दिनों में t
1	प्रारम्भ	—	0
2	शेड प्राप्त करना	1	15
3	नींव बनाना।	2	10
4	विद्युत फिटिंग करना।	2	15
5	मशीनों की स्थापना करना।	3	12
6	सफेदी करना।	4	2
7	फर्श की मरम्मत करना।	5	20
8	सफाई करना।	6,7	1
9	समाप्त।	8	0

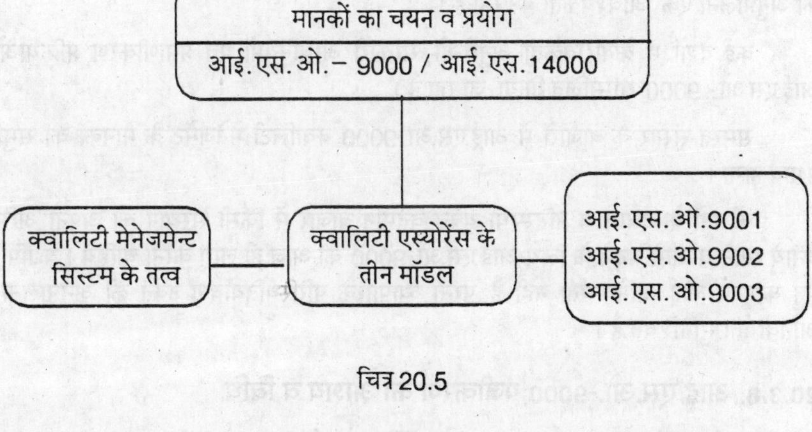परियोजना प्रिसिडेंस चार्ट के आधार पर सी.पी.एम. विधि के लिये नेट वर्क चित्र 20.2 में दिखाये अनुसार बनाना होगा।

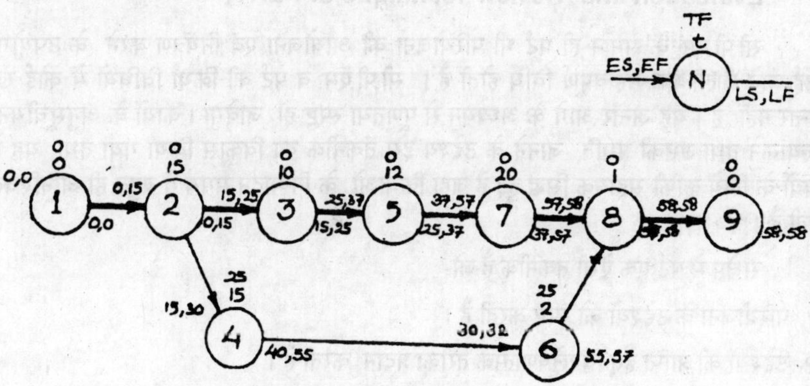

चित्र- 20.2

(अ) साधारण विधि

साधारण विधि में 1 से 8 तक पंहुचने के विभिन्न पथ ज्ञात कर उन पर लगा कुल समय ज्ञात करना होगा। इस परियोजना में केवल दो पथ हैं। अत पथ 1-2-3-5-7-8-9 पर कुल समय $= 0 + 15 + 10 + 12 + 20 + 1 + 0 = 58$ दिन तथा पथ 1-2-4-6-7-8-9 पर कुल समय $= 0 + 15 + 15 + 2 + 1 + 0 = 33$ दिन

विभिन्न पथों में से जिस पथ पर कुल समय अधिक लगता है वही क्रांतिक पथ होगा। अतः क्रांतिक पथ 1-2-3-5-7-8-9 है तथा इस परियोजना की कुल अवधि 58 दिन है। इस पथ को चित्र 20.2 में मोटी रेखा (thick line) द्वारा दर्शाया गया है।

(ब) समय आकलन की विधि (Method of time estimates)

इस विधि में विभिन्न समय मान ES, EF, LS व LF प्रत्येक कार्यांग के लिये ज्ञात किये जाते हैं तथा उन्हें चित्र 20.2 में दिखाये अनुसार कार्यांग के दोनों ओर लिख दिया जाता है। TF का मान कार्यांग के वृत्त के ऊपर लिखा जाता है। अंकों का तात्पर्य दिखलाने के लिये दायें कोनें में एक सूचक, चित्र में दिखाये अनुसार चित्रित कर दिया जाता है।

अब जिन कार्यांगों के लिये TF का मान न्यूनतम (इस उदाहरण में न्यूनतम 0 है) हो तो वे कार्यांग क्रांतिक होंगे तथा इन कार्यांगों को जोड़ने वाला पथ क्रांतिक पथ होगा। अन्तिम कार्यांग का ES = EF परियोजना के समय को बतलावेगा।

अतः दी गई परियोजना के लिये क्रांतिक पथ (मोटी रेखा द्वारा दर्शाया गया) 1-2-3-5-7-8-9

है तथा परियोजना का समय चित्र 20.2 के अनुसार 58 दिन है।

20.2 कार्यक्रम मूल्यांकन एवं पुनरावलोकन तकनीक या पर्ट (Programme Evaluation and Review Technique of PERT)

सी.पी.एम. के समान ही पर्ट भी परियोजना की आयोजना एवं नियंत्रण करने के उपयोग मे लाई जाने वाली एक महत्वपूर्ण विधि होती है। सी.पी.एम. व पर्ट की क्रिया विधियों में कोई खास अन्तर नहीं है। यह अन्तर आगे के अध्ययन से पूर्णतया स्पष्ट हो जावेगा। कार्यों के अनुसूचीयन के मूल्यांकन तथा उसकी प्रगति जानने के उद्देश्य इस तकनीक का विकास किया गया तथा यह ऐसे कार्यों के लिये काफी सहायक सिद्ध हुई है जहां क्रियाओं के निष्पादन समय में बहुत ही अनिश्चितता होती है।

संक्षेप में पर्ट एक ऐसी तकनीक है जो-

1. परियोजना के उद्देश्यों को स्पष्ट करती है।
2. उद्देश्यों की प्राप्ति हेतु विश्लेषणात्मक तरीका प्रदान करती है।
3. विस्तृत आयोजना व कार्यक्रमों की महत्वपूर्ण घटनाओं का वर्णन करती है।
4. विभिन्न क्रियाओं के बीच अन्तः सम्बन्ध तथा क्रम प्रस्तुत करती है।
5. महत्वपूर्ण घटनाओं और क्रियाओं की ओर प्रबन्ध का ध्यान आकर्षित करती है, ताकि प्रबन्ध समस्याओं का निदान करने के लिये निर्णय ले सके।
6. क्रियाओं के अनुसूचीयन के लिये तर्कपूर्ण (Logical) आयोजना बनाने में सहयोग करती है।
7. परियोजना के बारे में अन्तिम समय तक की सूचनायें देकर उसके प्रत्येक चरण को प्रगति का शीघ्र पुनर्अवलोकन करने में सक्षम होती है।
8. निर्णय लेने वाले को सहायता करती है परन्तु उसके निर्णय तैयार नहीं करती।
9. किसी परियोजनाओं के साथ सम्बन्धित क्रियाओं की अनिश्चितता के सम्बन्ध में सांख्यिकीय सूचनायें प्रस्तुत करती है।

20.2.1 पर्ट से सम्बन्धित कुछ महत्वपूर्ण पद (Important terms related to PERT)

1. **क्रिया घटना नेट वर्क** (Activity Event Network)- जिस आरेख या नेट वर्क का उपयोग पर्ट की कार्य विधि में क्रांतिक पथ के निर्धारण के लिये किया जाता है, उसे क्रिया घटना नेट वर्क कहा जाता है।

2. **घटना** (Events)- घटना जिसे नोड (node) भी कहा जाता है किसी कार्यांग अथवा क्रिया (activity) के प्रारम्भ तथा समाप्ति को दर्शाती हैः जैसे नींव खोदना एक क्रिया है जबकि इसके लिये नींव खोदना प्रारम्भ तथा नींव खोदना समाप्त घटनायें हैं। घटना से समय व सामग्री का उपयोग नहीं होता, यह केवल परियोजना के महत्वपूर्ण बिन्दुओं को प्रदर्शित करती है। पर्ट नेट वर्क में घटनाओं को वृत्त द्वारा प्रदर्शित किया जाता है तथा वृत्त में लिखी संख्या उस घटना की संख्या को बतलाती है। ये घटनायें तीन प्रकार की हो सकती है –

(i) पूर्ववर्ती घटना (Predecessor event)- किसी घटना के पूर्व सम्पन्न होने वाली घटना को पूर्ववर्ती घटना कहा जाता है।

(ii) पश्चवर्ती घटना (Successor event)- किसी घटना के सम्पन्न होने के पश्चात होने वाली घटना को पश्चवर्ती घटना की संज्ञा दी जाती है।

(iii) संगामी घटनायें (Concurrent events)- ऐसी दो घटनायें जो साथ-साथ होती है वे संगामी घटनायें कहलाती है।

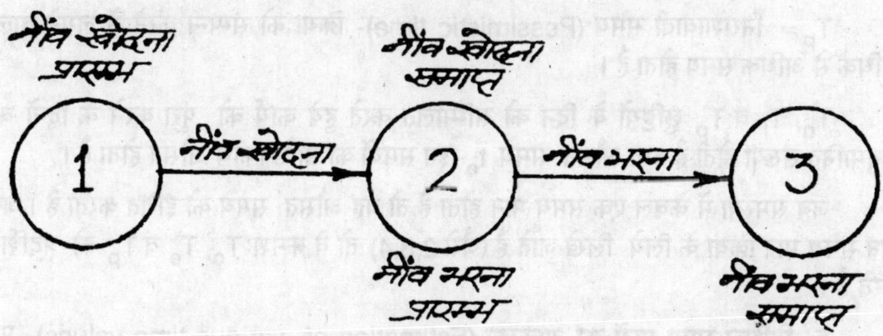

चित्र 20.3

चित्र 20.3 से स्पष्ट है कि पूर्ववर्ती घटना सदैव तीर की पूंछ की ओर होती है तथा तीर के शीर्ष की ओर वाली घटना पश्चवर्ती होती है। नींव खोदना प्रारम्भ (1) नींव खोदना समाप्त (2) के लिए पूर्ववर्ती घटना है जबकि, घटना (2), घटना (1) के लिये पश्चवर्ती घटना होगी। नींव खोदना समाप्ति तथा नींव भरना प्रारम्भ को एक ही घटना माना जावेगा क्योंकि ये संगामी है। इसी प्रकार घटना (3) के लिये पूर्ववर्ती घटना (2) तथा घटना (2) के लिये पश्चवर्ती घटना (3) होगी।

3. क्रिया या कार्यांग (Activity or Operation)- पर्ट नेट वर्क में क्रियाओं को तीर द्वारा प्रदर्शित किया जाता है तथा ये तीर क्रियाओं के क्रम को बतलाते हैं। चित्र 20.3 के अनुसार क्रियायें नींव खोदना (1-2) तथा नींव भरना (2-3) क्रमशः सम्पन्न होंगी। क्रियाओं का औसत समय तीर के निशान के ऊपर लिखा जाता है।

कभी कभी पर्ट नेट वर्क को संतुलित करने के लिये नकली क्रियाओं (dummy activities) का प्रयोग भी करना पड़ता है। ये नकली क्रियाएं कोई समय नहीं लेती, इन्हें केवल नेट वर्क को संतुलित करने के लिये जोडा जाता है। इन्हें टूटे (dotted) तीर के द्वारा प्रदर्शित किया जाता है।

कुछ क्रियाएं या कार्यांग भी पर्ट नेट वर्क में संगामी हो सकते हैं। ऐसी क्रियाओं की पूर्ववर्ती घटना एक ही रहती है।

4. औसत समय (Average time)- किसी क्रिया के लिये सामान्य रूप में लगने वाला समय औसत समय (t_e) कहलाता है जिसे निम्न सूत्र द्वारा व्यक्त किया जाता है-

$$\text{औसत समय } t_e = \frac{T_o + 4T_l + T_p}{6}$$

जहां T_o = आशावादी समय (Optimistic time)- यह वह कम से कम समय है जिसमें कार्यांग को पूरा किया जा सकता है। साधारण से अधिक कुशलता के द्वारा क्रिया को इस समय में पूरा किया जा सकता है।

T_l = परम सम्भावित समय (Most likely time) - यह क्रिया को पूरा करने का सामान्य व सर्वाधिक सही अनुमान होता है।

T_p = निराशावादी समय (Pessimistic time)- क्रिया को सम्पन्न करने में लगने वाला अधिक से अधिक समय होता है।

T_o, T_l व T_p छुट्टियों के दिन को सम्मिलित करते हुये कार्य को पूरा करने के दिनों की अनुमानित संख्या होती है तथा औसत समय t_e इन समयों का सांख्यिकीय औसत होता है।

जब समस्या में केवल एक समय मान होता है तो वह औसत समय को इंगित करता है। जब तीन समय मान क्रिया के लिये लिखे जाते है (जैसे 2,3,4) तो वे क्रमशः T_o, T_e व T_p को प्रदर्शित करते हैं।

5. विभिन्न समय मानों का आकलन (Estimation of various time values)- पर्ट विधि द्वारा क्रांतिक पथ का निर्धारण करने के लिये प्रत्येक घटना के लिये विभिन्न समय मानों का आकलन किया जाता है। ये समय मान है-

(i) शीघ्र से शीघ्र प्रत्याशित समय (Earliest expected time-t_E) यह किसी घटना का शीघ्र से शीघ्र प्रारम्भ करने वाला समय होता है जिसे प्रारम्भिक घटना से प्रारम्भ कर आगे की घटनाओं के लिये अन्त तक आसानी से ज्ञात किया जाता है। किसी घटना के लिये

T_E = पूर्ववर्ती घटनाओं से ज्ञात अधिकतम T_E

(ii) देर से देर अनुज्ञेय समय (Latest Allowable Time-T_L) यह वह समय होता है जो बतलाता है कि कोई घटना देर से देर कितने समय में प्रारम्भ हो जाना चाहिये। इस समय मान को ज्ञात करने के लिये अन्तिम घटना से समय की गणना प्रारम्भ करके सबसे पहली घटना तक पहुंचा जा सकता है।

किसी घटना का T_L = पश्चवर्ती घटनाओं से ज्ञात न्यूनतम T_L

T_E व T_L की इन गणनाओं के लिये प्रारम्भिक घटना के लिये $T_E = 0$ तथा अन्तिम घटना के लिये $T_L = T_E$ या परियोजना के लिये निर्धारित अवधि (T_s) माना जाता है।

(iii) ढील (Slack)- किसी भी घटना के लिये ढील उस घटना के लिये T_L व T_E का अन्तर होता है तथा सामान्यतया इसे s से प्रदर्शित करते हैं। यह अन्तर उस विलम्ब का मान बतलाता है जो परियोजना के समय को बढ़ाये बगैर उस घटना को प्रारम्भ करने में हो सकता है। T_s के मान के अनुसार यह ढील +ve,-ve अथवा शून्य हो सकती है। $T_s = T_L$ अन्तिम घटना के लिये मानने पर ढील का मान कुछ घटनाओं के लिये शून्य होगा। इस ढील के आधार पर ही पर्ट विधि में क्रांतिक पथ का निर्धारण किया जाता है।

ऐसी घटनाएं जिनके लिये ढील (Slack) का मान शून्य अथवा न्यूनतम होता है, परियोजना को समय पर पूरा करने के लिये इनका समय पर प्रारम्भ होना अत्यावश्यक होता है। इन घटनाओं को जोड़ने वाला पथ क्रांतिक पथ कहलाता है।

उदाहरण 10.4

हमें औद्योगिक क्षेत्र में शेड लेकर एक लघु उद्योग प्रारम्भ करने के लिये वर्कशॉप तैयार करना है। इसके लिये निम्न विवरण दिया गया है-

क्रिया (Activity)	विवरण	पूर्व क्रिया	समय दिनों में
A	शेड प्राप्त करना	-	15
B	नींव बनाना	A	10
C	विद्युत फिटिंग	A	15
D	मशीनें स्थापित करना	B	12
E	सफेदी करना	C	2
F	फर्श की मरम्मत करना	D	20
G	सफाई करना	E, F	1

इस विवरण के लिये पर्ट नेट वर्क बनाइये व क्रांतिक पथ निर्धारित कीजिये।

हल- दी गई क्रियाओं को निम्न प्रकार घटनाओं में परिवर्तित किया जा सकता है।

घटना क्रमांक	घटना विवरण	पूर्व घटना
1.	शेड प्राप्त करना प्रारम्भ (परियोजना का प्रारम्भ)	—
2.	शेड प्राप्त कर लिया गया	1
3.	नींव बन गई	2
4.	विद्युत फिटिंग हो गई	2
5.	मशीनें स्थापित हो गई	3
6.	सफेदी करना समाप्त	4
7.	फर्श की मरम्मत समाप्त	5
8.	सफाई हो गई	6

घटनाओं के इस विवरण के आधार पर पर्ट नेट वर्क चित्र 20.4 में दिखाये अनुसार बनाया जा सकता है।

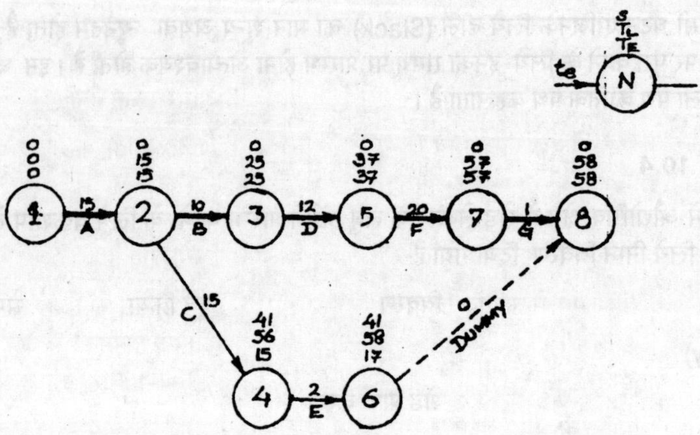

चित्र 20.4

इस नेटवर्क में क्रिया 6-7 जो कि एक नकली क्रिया है, नेट वर्क को संतुलित करने के लिये जोड़ी गई है। इस नेटवर्क में घटनाएं 2,3,4,5 व 7 में विभिन्न संगामी घटनाएं सम्मिलित है जैसे घटना 2 तीन संगामी घटनाओं शेड प्राप्त करना समाप्त, नींव बनाना प्रारम्भ तथा विद्युत फिटिंग प्रारम्भ को प्रदर्शित करती है।

अब चित्र पर ही विभिन्न मान T_E, T_L व s ज्ञात करके लिखे गये हैं।

चित्र से ज्ञात होता है कि घटनाओं 1,2,3,5,7 व 8 के लिये ढील (s) का न्यूनतम मान शून्य है। अतः क्रांतिक पथ (मोटी रेखा द्वारा प्रदर्शित) 1-2-3-5-7-8 होगा तथा इस कार्य को पूरा करने में कुल समय 58 दिन लगेगा।

पथ 2-4-6-8 उप क्रांतिक पथ (sub critical path) कहलावेगा। इस पथ पर घटना 4 व 6 के लिये s का समान मान 41 है।

क्रांतिक पथ की विभिन्न क्रियाओं के समय के योग द्वारा गणना की सत्यता की जांच की जा सकती है।

20.2.2. सी.पी.एम. व पर्ट में अन्तर (Difference between C.P.M. and PERT)

क्र.सं.	सी.पी.एम. (C.P.M.)	पर्ट (PERT)
1.	यह क्रिया आधारित है।	यह घटना आधारित है।
2.	इसमें क्रियाओं को वृत्त द्वारा प्रदर्शित किया जाता है तथा तीर उनका क्रम दर्शाता है।	इसमें घटनाओं को वृत्त के द्वारा तथा तीर के द्वारा क्रियाओं के क्रम को दर्शाया जाता है।

3.	सी.पी.एम. नेट वर्क में नकली क्रियाओं (dummy activities) की आवश्यकता नहीं होती।	पर्ट नेट वर्क में संतुलन के लिये नकली क्रियाओं को देने की आवश्यकता होती है।
4.	इसमें केवल एक समय क्रिया के लिये होता है।	अनिश्चितता के कारण तीन समय T_o, T_l व T_p प्रयुक्त होते है जिनके द्वारा औसत समय ज्ञात किया जात है।
5.	सी.पी.एम. में क्रांतिक क्रियाओं को छांटा जाता है।	पर्ट में मूल रूप से क्रांतिक व गैर क्रांतिक क्रियाओं में कोई सीमांकन नहीं किया जाता है।
6.	गणना का कार्य विभिन्न समय मानों के कारण कठिन होता है।	गणना का कार्य सरल होता है।
7.	यह विधि स्थापना, विस्तार, प्लांट, अनुरक्षण व निर्माण आदि कार्यों के लिये उपयोगी होती है।	यह विधि प्रतिरक्षा परियोजनाओं तथा अनुसंधान व विकास कार्यों के लिये प्रयोग में लाई जाती है।

20.3. आई.एस.ओ. (International Standard Organization)

आई.एस.ओ. (अन्तर्राष्ट्रीय मानक संस्थान) मानकीकरण के क्षेत्र में एक विशेष संस्था है। वर्तमान में भारत सहित कुल 91 देशों के मानकीकरण संगठन इसके सदस्य हैं।आई.एस.ओ. में लगभग 180 तकनीकी कमेटियां हैं। प्रत्येक कमेटी अनेक क्षेत्रों में से किसी एक क्षेत्र के लिये जिम्मेदार है।

20.3.1. आई.एस.ओ. का उद्देश्य:-

1. मानकीकरण विकास को उन्नत करना।

2. माल और सेवाओं के अन्तर्राष्ट्रीय आदान-प्रदान को आसान बनाना।

3. बौद्धिक, वैज्ञानिक, तकनीकी एवं आर्थिक कार्य क्षेत्रों में सहयोग विकसित करना।

आई.एस.ओ. के तकनीकी कार्य का परिणाम अन्तर्राष्ट्रीय मानक के रूप में प्रकाशित होता है।

20.3.2. आई.एस.ओ.- 9000 मानक श्रेणी तथा इसका विकास

सम्पूर्ण विश्व में गुणवत्ता (Quality) की महत्ता के देखते हुए विश्व के विभिन्न मानक संस्थानों ने गुणवत्ता के क्षेत्र में विभिन्न मानक तैयार किये हैं। हालांकि इन सब मानकों में से कईयों में समानताएँ थी, इससे कुल मिलाकर गुणवत्ता की तस्वीर अत्याधिक भ्रान्तिमय बन गई। शब्दावली जैसे कि क्वालिटी मैनेजमेंट, क्वालिटी कन्ट्रोल, क्वालिटी सिस्टम, क्वालिटी एश्योरेंस एवं क्वालिटी पोलिसी ने एक राष्ट्र से दूसरे राष्ट्र के मध्य, एक ही राष्ट्र में बल्कि एक ही उद्योग में भी भिन्न एवं कभी

कभी परस्पर विरोधी अर्थ उपार्जित कर लिये। इस कारण अन्तर्राष्ट्रीय स्तर पर मानकीकरण की आवश्यकता महसूस की गई। इसके लिये आई.एस.ओ.-9000 ने कार्य प्रारम्भ किया और 1987 में छः मानक जारी किये। जिनमें से एक मानक शब्दावली एवं शेष पांच मानक (जिनको आई.एस.ओ.-9000 श्रेणी के रूप में जाना जाता है) जो कि गुणवत्ता के संदर्भ में विभिन्न धारणाओं को स्पष्ट करते हैं एवं क्वालिटी एश्योरेंस सिस्टम के तीन नमूने प्रस्तुत करते हैं।

आई.एस.ओ.-9000 मानक श्रेणी, प्रदायकों एवं निर्माताओं को क्वालिटी सिस्टम अनुस्थापन के लिये क्या क्या आवश्यक है, के बारे में जानकारी देती है। यह न सिर्फ छोटी छोटी विशिष्ट अहर्तायें जिनकी सिर्फ कुछ ही फर्मों को आवश्यकता है, के बारे में जानकारी देती है, बल्कि यह तो क्वालिटी सिस्टम हेतु एक प्रायोगिक मानक हैं जिसे भारत की सभी कम्पनियां काम में ले सकती हैं।

20.3.3. आई.एस.ओ. के उपयोग की आवश्यकता

आई.एस.ओ.-9000 सभी विकासशील देशों के लिये एक अवसर एवं चुनौती है। अब वे अच्छी गुणवत्ता स्तर जिसकी विक्रेता आदेश करता है, के बारे में निश्चित तौर पर जान सकेंगे। वे क्वालिटी मैनेजमेंट हेतु पूर्वापेक्षाओं एवं अभिलक्षणों को भी जान सकते हैं। विकासशील देशों के सामने निम्न चुनौतियां हैं –

1. प्रक्रमियों एवं निर्माताओं द्वारा इन मानकों को स्वीकार एवं कार्य करने हेतु प्रेरित करना।
2. एक विश्वसनीय राष्ट्रीय गुणवत्ता पंजीयन योजना स्थापित करना जो कि ट्रेडिंग पार्टनर्स द्वारा मान्य हो।

बाजार एवं उद्योगों की बढ़ती हुई संख्या के साथ-साथ थर्ड पार्टी द्वारा गुणवत्ता मूल्यांकन एवं पंजीयन, व्यापार करने के लिये पूर्वापेक्षा बनती जा रही है। आई.एस.ओ.-9000 हेतु पंजीयन किसी सप्लायर के लिये निम्नतम स्वीकार्य स्तर समझा गया है। जो सप्लायर यह निम्नतम स्तर प्रमाणित नहीं कर सकते उन्हें न केवल बाजार में व्यापार करना दुर्लभ होगा बल्कि वे बाजार से बाहर भी हो सकते हैं। सप्लायर्स जिसका कि आई.एस.ओ.-9000 हेतु पंजीयन नहीं है, को ज्यादा इन्श्योरेंस रेट देनी पड़ सकती है व हो सकता है कि किन्हीं स्थानों पर उन्हें इन्श्योरेंस के लिये भी मना कर दिया जाय।

बीमाकर्ताओं के ऐसे व्यवहार का कारण उत्पाद से दायित्व सम्बद्ध नई पहल जो यूरोपियन कम्यूनिटी के 12 राष्ट्रों द्वारा लागू की गई है, की वजह से है। अपने उत्पाद के लिये उसे न केवल सफाई देने में सक्षम होना चाहिये बल्कि यह प्रदर्शित करने में सक्षम होना चाहिये कि उसका उत्पाद श्रेष्ठ रूपांकित व समस्त मानकों एवं अधिनियमों के अनुरूप है, बल्कि उसे यह प्रदर्शित करने में भी समर्थ होना चाहिये कि उत्पाद निर्बाध रूप से निश्चित प्रणाली के तहत कम से कम, अन्तर्राष्ट्रीय स्तर पर स्वीकार्य मानकों के अनुरूप बना है।

20.3.4. आई.एस.ओ.-9000 के लाभ

1. निर्यातकों को प्रेरित करती है।
2. आधारभूत रेखा निर्धारित करती है।

3. शासकीय आवाप्तियों के लिये वांछनीय मानक स्थापित करती है।

4. प्रशिक्षण व व्यावसायिक विकास पर ध्यान केन्द्रीभूत करती है।

5. स्वास्थ्य व सुरक्षा नियंत्रण के लिये सामान्य बाजार कार्य विधि निर्धारित करती है।

6. क्रेता व नियंत्रणकर्ता द्वारा की जाने वाली कन्जूमिंग आडिट कम करती है।

7. विपणन लाभ एवं ई.सी.92 स्तर प्रदान करती है।

8. प्रेरणा, सहयोग एवं गुणवत्ता जागृति का स्तर उन्नत करती है।

9. दक्षता बढ़ाती है व रद्दी माल व रिवर्क कम करती है।

20.3.5. श्रेणी के कार्य करने की विधि -

मानकों का रूपांकन उपभोक्ता की सुविधा के अनुसार किया गया है। प्रकृति से वे व्यापक हैं व एक तर्कसंगत, सुग्राह्य ग्रंथाकार का अनुसरण करते हैं। फिर भी प्रत्येक कम्पनी विलक्षण होती है ऐसे में मानकों के लागू करने में कम्पनी की तैयारी में वृहत अन्तर हो सकता है।

श्रेणी के लिये आई. एस. ओ. - 9000 एक मार्ग दर्शक है। इसका उद्देश्य उपभोक्ता को आई.एस.ओ. श्रेणी के मानकों के चयन व प्रयोग हेतु निर्देश प्रदान करना है।

निम्नलिखित रेखा-आलेख एवं सारणी इसे दर्शाते हैं-

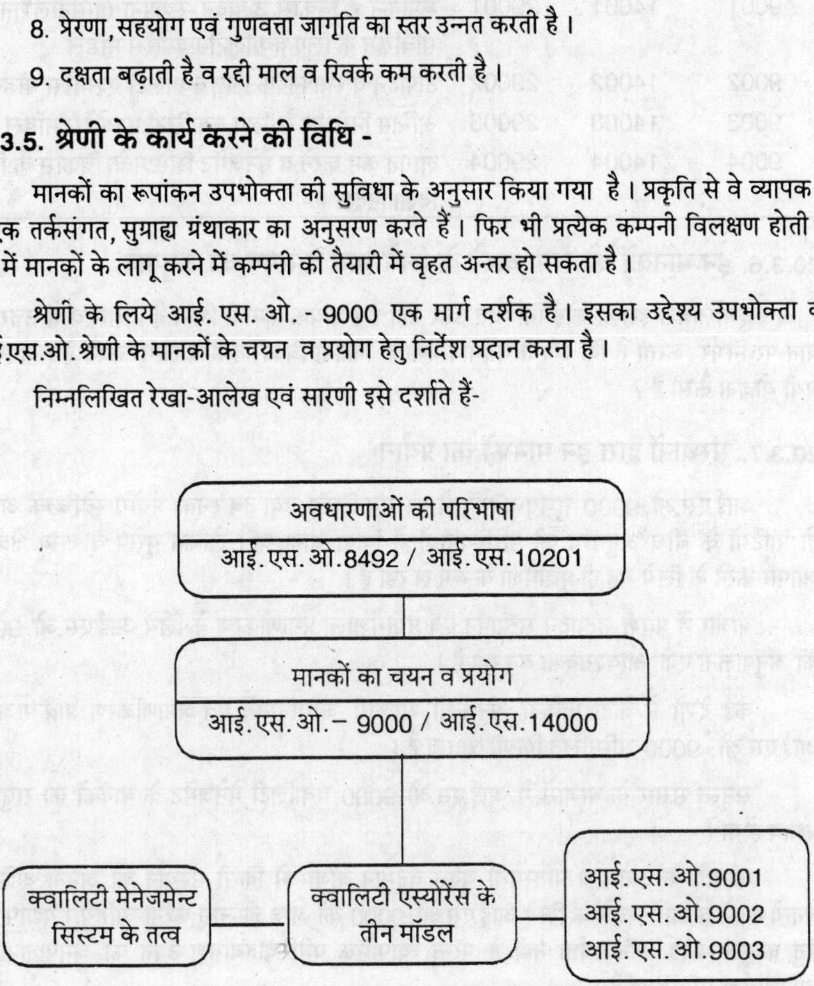

चित्र 20.5

गुणवत्ता प्रणाली के तुल्य मानक

आई.एस.ओ.	आई.एस.	ई.एन.	शीर्षक
9000	14000	29000	क्वालिटी मेनेजमेंट एवं क्वालिटी एश्योरेंस मानकों का चयन व उपयोग
9001	14001	29001	रूपांकन / विकास उत्पादन, स्थापना (इन्सटॉलेशन) व सर्विसिंग के लिए क्वालिटी एश्योरेंस मॉडल
9002	14002	29002	उत्पादन व स्थापना के लिए क्वालिटी एश्योरेंस मॉडल
9003	14003	29003	अन्तिम निरीक्षण के लिए क्वालिटी एश्योरेंस मॉडल
9004	14004	29004	लागत कम करने व मैनेजमेंट सिस्टम के विकास के लिए दिशा निर्देश।

20.3.6. इन मानकों को लागू करने के लिये व्यय व समय का अनुमान

दुर्भाग्यवश इसका कोई निश्चित उत्तर नहीं है। प्रत्येक कम्पनी भिन्न है। वास्तव में उत्तर इस बात पर निर्भर करता है कि अपनी वर्तमान प्रणाली कितनी विकसित है व लागू करने हेतु अपनायी गयी योजना कैसी है ?

20.3.7. संस्थानों द्वारा इन मानकों का प्रयोग

आई.एस.ओ.-9000 गुणवत्ता मानकों को जब लिखा गया तब इनका प्रयोग स्वेच्छिक अथवा दो पार्टियों के बीच अनुबन्ध की परिस्थितियों में किया जाना था। लेकिन यूरोप व अन्य क्षेत्रों में व्यापार करने के लिये यह ही पूर्वापेक्षा के रूप ले रही है।

बाजार में प्रवेश, उत्पादन सत्यापन एवं प्रयोगशाला प्रमाणीकरण के लिये आई.एस.ओ.-9000 की अनुपालना एक आवश्यकता बन रहा है।

कई देशों में क्रेता/विक्रेता अनुबन्धों, सरकारी अधिनियमों एवं प्रमाणीकरण प्रक्रियाओं में आई.एस.ओ.- 9000 सम्मिलित किया जा रहा है।

समस्त संसार के बाजारों में आई.एस.ओ.-9000 क्वालिटी मेनेजमेंट के मानकों का समुचित प्रभाव होगा।

कीमतों के दबाव व प्रतिस्पर्धा युक्त वर्तमान बाजार में किसी संस्थान को अपना अस्तित्व बनाये रखने व आगे बढ़ने के लिये आई.एस.ओ.-9000 को आज ही लागू करना चाहिये। यद्यपि इस हेतु कानूनन कोई अनिवार्यता नहीं है, परन्तु व्यापारिक परिस्थितियोंवश उक्त की अनुपालना की अनिवार्यता सुनिश्चित है।

20.3.8. आई.एस.ओ.-9000 पंजीकरण का आशय व विधि

आई.एस.ओ.-9000 पंजीकरण का आशय यह है कि कम्पनी के क्वालिटी सिस्टम का

प्रमाणीकरण किसी तीसरी पार्टी की पंजीकरण कार्यविधि द्वारा किया जाना। आई.एस.ओ.-9000 सीरीज से सम्बन्धित यह एक महत्वपूर्ण बिन्दु है।

अधिक से अधिक यूरोपीय ग्राहक, भारतीय कम्पनियों से यह अपेक्षा करते हैं कि उनके क्वालिटी सिस्टम का पंजीकरण आई.एस.ओ.-9001, 9002 या 90003 के अन्तर्गत हो।

सामान्यतया किसी तीसरी अधिकृत व स्वतंत्र संस्था द्वारा वांछनीय मानक की आवश्यकताओं के अनुसार, कम्पनी के कार्य कलापों/गतिविधियों का साईट पर जाकर ऑडिट किया जाता है।

ऑडिट के सफलतापूर्वक समापन के पश्चात कम्पनी को एक पंजीकरण प्रमाण पत्र प्राप्त होगा जो यह दर्शाता है कि आपकी क्वालिटी कम्पनी का नाम, अधिकृत तीसरी पार्टी प्रमाणीकरण संस्था के रजिस्टर में अंकित कर दिया गया है। आप अपने प्रमाणीकरण का प्रचार कर सकते हैं व तीसरी पार्टी के पंजीकृत प्रमाणीकरण मार्क का उपयोग प्रचार हेतु अपने लेटर पेड व अन्य प्रकार की सामग्रियों (परन्तु उत्पादों पर नहीं) पर कर सकते हैं।

वर्तमान में भारत वर्ष में पंजीकरण हेतु कोई संस्था उपलब्ध नहीं है, लेकिन बहुत सारे अन्य राष्ट्रों में पंजीकरण संस्थायें स्थापित हो चुकी हैं, जो कि अपनी सेवायें भारत को अग्रसर करने को इच्छुक हैं।

संसार के सबसे बडे बाजार (यूरोपियन कम्युनिटी बाजार) से व्यावसायिक अवरोधों (ट्रेड बेरियर्स) को दूर करने हेतु, तीसरी पार्टी द्वारा मूल्यांकन व आई.एस.ओ.-9000 पंजीकरण एक आधार भूत सिद्धान्त बनता जा रहा है।

यूरोपीय बाजार का गुणवत्ता व तीसरी पार्टी द्वारा मूल्यांकन पर जोर देना, बाकी संसार में आई.एस.ओ.-9000 अंगीकरण के लिये एक प्रमुख उत्प्रेरक बन चुका है।

20.3.9. पंजीकरण की अवधि

अधिकृत तीसरी पार्टी पंजीयक (रजिस्ट्रार) समय-समय पर पर्यावलोकन करेंगे कि आपका क्वालिटी सिस्टम कायम है या नही। पर्यावलोकन की आवृत्ति, उद्योग/कम्पनी की प्रकृति, लागू प्रणाली आदि पर निर्भर करती है।

20.4. सम्पूर्ण गुणवत्ता प्रबंध (Total Quality Management)

संगठन का यह विचार कि परम्परागत गुणवत्ता तकनीकों के द्वारा उत्पाद की गुणवत्ता सम्बन्धी समस्त समस्यायें दूर हो जावेगी एकदम गलत व भ्रान्तिपूर्ण है। कठोर निरीक्षण व मानक गुणवत्ता में सुधार नहीं ला सकते हैं। न तो गुणवत्ता किसी भी स्थिति में गुणवत्ता नियंत्रण विभाग का दायित्व है और न ही उत्पाद विभाग जो कि उत्पादन का कार्य करता है इस गुणवत्ता के लिये जिम्मेदार है। किसी उद्योग की वृद्धि के लिये आवश्यक है कि गुणवत्ता केवल उत्पाद में ही नहीं लाई जावे बल्कि उद्योग के प्रत्येक कार्य में लाई जावे। इसी क्रांतिकारी संकल्पना (Concept) को जापानियों ने सम्पूर्ण गुणवत्ता प्रबंध (Total Quality Management or TQM) की संज्ञा दी है।

गुणवत्ता के सम्बन्ध में यह सामान्य बोध कि गुणवत्ता में सुधार उत्पादिता (Productivity)

को कम करते हुये लागत (cost) में वृद्धि करता है, गलत सिद्ध हो चुका है। वास्तव में बगैर उत्पादिता में कमी तथा लागत में वृद्धि के भी गुणवत्ता में लगातार सुधार किया जाना सम्भव है। डब्ल्यू. ई. डेमिंग के अनुसार,'जब गुणवत्ता ऊपर जाती है तो उत्पादिता में वृद्धि तथा लागत में कमी आती है। इस परिप्रेक्ष्य में उत्पाद तथा सेवायें जो उपभोक्ता की आवश्यकताओं व आशाओं को सभी प्रकार लगातार संतुष्ट करती हैं, सम्पूर्ण गुणवत्ता (Total Quality) कहलाती हैं।

20.4.1. सम्पूर्ण गुणवत्ता प्रबन्ध की परिभाषा (Definition of TQM)

1. संगठन में प्रत्येक व्यक्ति द्वारा उत्पाद, सेवायें (Services) तथा प्रक्रमों (process) के उचित समस्या निवारण विधियों सहित लगातार सुधार द्वारा बाह्य व आन्तरिक उपभोक्ताओं की आशाओं को पूर्ण करते हुए उन्हें पूर्णतया संतुष्ट करने के एकीकृत (integrated) संगठनात्मक तरीके को सम्पूर्ण गुणवत्ता प्रबन्ध कहा जाता है।

2. यह प्रबन्ध का एक प्रकार होता है, जिसमें समस्त कर्मचारी अपने सम्पूर्ण योगदान द्वारा कार्य को सम्पन्न करते हैं।

20.4.2. सम्पूर्ण गुणवत्ता प्रबन्ध के घटक (Components of TQM)

सम्पूर्ण गुणवत्ता प्रबन्ध के लिये निम्नलिखित घटकों का महत्वपूर्ण योगदान है-

(i) गुणवत्ता नीति (Quality Policy) व उसका संप्रेक्षण (Communication)

(ii) टीम कार्य तथा भाग लेना (Participation)

(iii) समस्या निवारण तकनीकें (Problem solving, techniques)

(iv) मानकीकरण (Standardisation)

(v) गुणवत्ता प्रणाली की डिजाइन व क्रियान्विति

(vi) गुणवत्ता लागत (Cost)

(vii) प्रक्रम नियंत्रण (Process control)

(viii) उपभोक्ता-सप्लायर एकीकरण (integration)

(ix) शिक्षा व प्रशिक्षण

(x) गुणवत्ता परीक्षा व पुनरावलोकन (review)

20.4.3. सम्पूर्ण गुणवत्ता प्रबंध (TQM) के लाभ

सम्पूर्ण गुणवत्ता प्रबन्ध द्वारा निम्न लाभ प्राप्त किये जा सकते हैं-

(i) भरोसे मंद (Commited) उपभोक्ता बने रहते हैं।

(ii) उत्पादिता में वृद्धि होती है।

(iii) लागत में कमी आती है।

(iv) अच्छा लाभ अर्जित होता है ।

(v) उद्योग की छवि (image) सुधरती है ।

(vi) कर्मचारी उत्साहित होते हैं ।

(vii) टीम भावना बनी रहती है ।

(viii) अभिवृत्ति (attitude) में सुधार होता है ।

(ix) समर्पित (dedicated) प्रबन्ध होता है ।

(x) निश्चित संगठनात्मक संस्कृति (Positive organisational culture) को बढ़ावा मिलता है ।

प्रश्न-

1. प्रोजेक्ट अनुसूचियन (शीड्यूलिंग) की परिभाषा दीजिये । (राज.अप्रेल,96, अप्रेल 99)
2. क्रांतिक पथ विधि के अनुप्रयोग लिखिये । (राज. अप्रेल,97)
3. सी.पी.एम. व पर्ट (पी.ई.आर.टी) का क्या तात्पर्य है ?
4. सी.पी.एम. व पर्ट में अन्तर समझाइये । (राज.नव.96, नव.97)
5. आई.एस.ओ.-9000 के उपयोग की आवश्यकता दर्शाते हुए उद्योगों द्वारा इन मानकों के प्रयोग पर प्रकाश डालिये । (राज.नव97)
6. आई.एस.ओ.-9000 पंजीकरण का आशय व विधि समझाइये ।
7. आई.एस.ओ.-9000 क्या है ? और इसके क्या लाभ है ? (राज. नव.99)
8. सम्पूर्ण गुणवत्ता प्रबन्ध (TQM) की परिभाषा दीजिये ।
9. सम्पूर्ण गुणवत्ता प्रबन्ध (TQM) के लाभ बताइये ।
10. सम्पूर्ण गुणवत्ता प्रबंध (TQM) की अवधारणा स्पष्ट कीजिये । (राज.अप्रेल,98)
11. संक्षिप्त टिप्पणी लिखिये-
    (i) प्रोजेक्ट शीड्यूलिंग (राज. नव.95)
    (ii) आई.एस.ओ.-9000
    (iii) सम्पूर्ण गुणवत्ता प्रबंध (राज. अप्रेल 99, नव.99)
    (iv) सी.पी.एम एवं पर्ट तकनीक (राज. नव.99)
12. आई. एस. ओ. 9000 की उद्योगों में उपयोग की आवश्यकता को समझाइये । (राज. अप्रेल 2000)